普通高等教育计算机类系列教材

数字图像处理教程

（OPENCV 版）

侯俊　杨晖 ◎编著

机械工业出版社
CHINA MACHINE PRESS

本书系统介绍了数字图像处理的基本概念、原理和技术方法，以及图像处理技术如何用 OPENCV 编程实现。全书共 12 章，包括绪论、数字图像的基本概念和运算、图像灰度变换与空间域滤波、图像的频域处理、图像复原、彩色图像处理、小波与多分辨率处理、图像压缩、形态学处理、图像分割、目标的表示与描述、目标识别。

本书内容既覆盖图像处理技术的专业基础知识，又紧跟当前数字图像处理技术的发展动向，用适合理工类数字图像初学者的语言对新技术的原理、思路、实现方法进行介绍。全书表述通俗，易于理解。

本书可作为高等院校计算机科学与技术、光电信息、电子信息工程、通信工程、自动化、信号与信息处理、生物医学工程等专业本科生的专业课教材，也可作为相关研究方向研究生的基础课程教材，还可作为从事相关工作的技术人员的参考书。

图书在版编目（CIP）数据

数字图像处理教程：OPENCV 版/侯俊，杨晖编著. —北京：机械工业出版社，2024.1

普通高等教育计算机类系列教材

ISBN 978-7-111-74484-9

Ⅰ.①数… Ⅱ.①侯… ②杨… Ⅲ.①数字图像处理-教材 Ⅳ.①TN911.73

中国国家版本馆 CIP 数据核字（2024）第 000174 号

机械工业出版社（北京市百万庄大街 22 号　邮政编码 100037）

策划编辑：刘琴琴　　　　　　责任编辑：刘琴琴　张翠翠

责任校对：张勤思　牟丽英　　封面设计：王　旭

责任印制：刘　媛

唐山楠萍印务有限公司印刷

2024 年 4 月第 1 版第 1 次印刷

184mm×260mm · 19.25 印张 · 451 千字

标准书号：ISBN 978-7-111-74484-9

定价：59.80 元

电话服务　　　　　　　　　　　网络服务

客服电话：010-88361066　　　　机 工 官 网：www.cmpbook.com

　　　　　010-88379833　　　　机 工 官 博：weibo.com/cmp1952

　　　　　010-68326294　　　　金 书 网：www.golden-book.com

封底无防伪标均为盗版　　　机工教育服务网：www.cmpedu.com

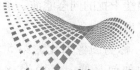

前 言

　　随着计算机科学、光学、电子信息等技术的迅猛发展，许多应用领域采用数字图像处理取代人工处理，已经成为一个成本高效的解决方案。特别是近20年来，数字图像处理已经成为成熟的工程科学，理论创新及其应用领域均在不断加速拓展。

　　本书不仅介绍了数字图像处理的基本概念、理论和方法，还与时俱进地介绍了当前广泛应用的一些数字图像处理技术，对各技术如何采用OPENCV编程实现进行了介绍，并给出了部分编程示例。对于数字图像处理技术，本书基于三点介绍理论知识和算法：①图像处理的基础；②广泛应用；③对本书读者而言，能够采用OPENCV编程实现。综上，本书介绍的算法大多数在OPENCV中有集成，这样读者无须掌握算法的所有细节就能通过调用OPENCV类或函数实现算法仿真，降低了实现难度。同时，在介绍算法理论时，本书较好地平衡了算法总体思路介绍与细节说明的比重，便于读者理解掌握。

　　数字图像处理算法需要用到大量的数学知识，本书在介绍理论知识时采用通俗易懂的语言对技术的原理、思路进行了详细介绍，而非罗列大量数学公式。同时，对数学公式也进行了文字说明，深入浅出，降低了读者的理解难度。本书的主要内容如下：

　　第1章介绍了数字图像处理系统的组成、各波段电磁波的特性、视觉系统特性等，并列举了部分数字图像处理的应用领域。

　　第2章介绍了数字图像的基本概念和运算。关于图像各像素间的关系，本章介绍了像素的连通性、像素间距离不同的度量方式等。本章还介绍了图像间的算术计算、逻辑运算以及各类运算应用场景。对机器视觉中常用的图像仿射变换、图像内插像素值计算方法等也给出了数学模型。

　　第3章介绍了图像灰度变换以及空间域滤波。图像灰度变换用于增强图像的视觉效果，介绍了对数变换、幂律变换、直方图均衡、直方图规定化、限制对比度自适应直方图均衡等方法。图像在空间域可以通过平衡消除或减弱噪声，介绍了基本的空间域滤波原理、平滑和锐化滤波方法及示例，还介绍了边缘保留滤波器中的双边滤波器、meanshift滤波器等。

　　第4章介绍了图像在频域的处理，给出了傅里叶变换的性质，对低频滤波器、高频滤波器进行了详细介绍。此外，本章还对消除或减弱乘性干扰的同态滤波、消除周期性干扰的频率选择滤波器进行了详细介绍，并给出了滤波器实现的程序。

图像成像过程中由于某种原因会造成最终成像质量下降，称为图像退化，第 5 章给出了图像退化的数学模型，介绍了仅由噪声造成的退化图像如何复原、仅由退化函数造成的退化如何复原，并进一步介绍了以上两种退化因素均发生作用时的图像复原技术，如 Lucy-Richardson 复原算法。另外，还介绍了当退化函数未知、噪声未知时的图像盲复原采用的盲 Lucy-Richardson 算法。

第 6 章介绍了彩色图像的色彩空间，不同色彩空间对应不同的应用领域。此外还介绍了灰度图像伪彩色处理，以及彩色图像在不同色彩空间的平滑、锐化、分割等处理。

小波变换在图像去噪、图像融合、图像压缩、数字水印等领域的应用逐渐增多。第 7 章介绍了图像小波变换的基本理论，以及小波变换在图像去噪、图像融合中如何应用。

图像的存储和传输不可避免地需要图像压缩以减少数据量。第 8 章介绍了图像压缩常用的编码，如熵编码中的霍夫曼编码和算术编码、字典编码中的 LZW 编码、有损编码中的矢量量化编码等，并详细介绍了 JPEG 编码。此外，还介绍了基于小波变换的嵌入式零树小波编码，以及在数字电影、远程医疗、遥感中广泛使用的 JPEG 2000 图像编码等技术。

形态学处理是提取目标、消除噪声的常用技术，第 9 章介绍了二值图像和灰度图像的形态学处理技术及其应用场景。

图像分割是机器视觉中不可或缺的步骤，第 10 章不仅介绍了基于阈值、边缘、区域的基本分割方法，还详细介绍了基于聚类的 Kmeans 分割、依据高斯混合模型的 EM 分割算法、基于图论的 Graph Cut 和 Grab Cut 分割算法，以及形态学分水岭分割。对于利用分割提取视频中的运动目标，本章介绍了帧间差法及背景差法，并详细介绍了基于高斯混合模型的背景估计算法。

第 11 章介绍了图像中目标的各种表示与描述方法。除对边界、区域的常规描述外，还有对纹理特点的描述，如方向梯度直方图等，并介绍了减少数据维度的主成分分析法。针对当前机器视觉中常用的特征点描述，本章详细介绍了各类角点的检测算法，以及 SIFT 特征点、SURF 特征点、ORB 特征点的检测与描述，并给出了 BRIEF 描述子的说明。

第 12 章介绍了目标识别中特征的分类和特征点匹配，以及视频中运动目标的跟踪技术。本章首先介绍了分类的基本理论，然后对支持向量机（SVM）、神经网络结构进行了介绍。关于特征点匹配的方法介绍了暴力匹配、近似最近邻匹配方法。针对匹配结果的一致性问题，本章对 RANSAC 算法、基于网格的运动统计算法进行了详细介绍。在视频运动目标跟踪部分，本章详细介绍了稀疏估计的 Lucas-Kanade 法及其对应的金字塔 Lucas-Kanade 法、稠密估计的 Farneback 算法，以及 meanshift 跟踪、Camshift 跟踪等运动目标跟踪算法。

本书的编写得到上海理工大学"一流本科系列教材"资金支持，张凤登、张荣福、韩彦芳、陈晓荣、胡兴、马佩等给出了宝贵的意见。本书的编写参考了众多相关教材、专业书籍和论文，以及 OPENCV 等官网、各大学相关课程网站的资料，在此深表感谢。

由于编者水平有限，书中不足之处在所难免，期待广大读者批评指正！

编者

CONTENTS · · · · · · · · · · · · · · · · ·

目 录

第 1 章 绪 论

　　自然界的图像本身是连续信号，连续既体现在空间坐标上，也体现在图像值上。连续信号不适合计算机处理。对自然图像进行空间坐标数字化和图像值数字化，可获得空间有限、精度有限的数字图像 f，f 中的空间坐标 (x, y) 对应的点称为像素（Pixel），像素值用 $f(x, y)$ 表示。数字图像处理技术可采用灵活多样的算法处理数字图像，是数字信号处理的一个分支，该技术广泛应用于环境监测、农业、军事、工业自动化和医疗等领域。

1.1　数字图像处理系统的组成

　　数字图像处理系统结构如图 1.1 所示。物体发射电磁波或在光源照射下产生反射波，传感器接收到波后将其转换为电信号并数字化，形成数字图像。根据指定用途，图像在分析处理子系统中采用适当的算法进行处理，输出子系统显示或存储处理结果。

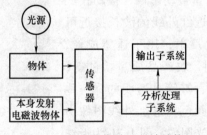

图 1.1　数字图像处理系统结构

1.2　电磁波谱与可见光

　　数字图像处理的主要图像源是电磁波。电磁波的传播速度为 $3 \times 10^8 \mathrm{m/s}$，根据波长由长至短可分为无线电（Radio）、微波（Microwave）、红外线（Infrared）、可见光（Visible）、紫外线（Ultraviolet）、X 射线（X-ray）和伽马射线（Gamma ray）等多个波段，其中，可见光能被视觉系统感知，在视觉上分别呈现为红、橙、黄、绿、青、蓝、紫等色彩，如图 1.2 所示。

　　图像处理技术涉及的电磁波从无线电到伽马射线，不同波段的电磁波被对应波段的传感器捕获，捕获信号以图像形式进行处理分析。除可见光外，由其他波段光学传感器获得的信号本身并无色彩，视觉系统无法感知，需要将信号强度转换为图像灰度，或者根据强度赋予不同的色彩，将信号用图像这种直观的方式表示。

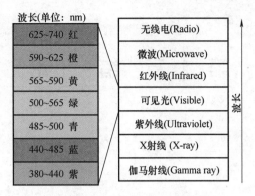

图 1.2 电磁波谱与可见光波段

无线电和微波统称为无线电波（Radio Wave），是通信的主要波段，其中频率低于 300MHz 时为无线电，微波频率范围为 300MHz～300GHz。医疗检查中的 B 超、磁共振成像（MRI）均属于无线电波成像，B 超成像是向人体发射频率高于 20kHz 的电磁波并检测其回波，根据回波的延迟时间、强度判断脏器的位置和密度等特性。MRI 发射无线电波脉冲，脉冲通过置于强磁场中的人体，引发人体组织产生脉冲响应，根据接收到的脉冲响应强度绘制出脏器的剖面图像。雷达图像也是无线电波成像，雷达发射微波脉冲，根据回波得到图像。无线电波中的部分频率段可以穿透冰层、云层、雾霾、烟雾，受雨雪影响较小，因而可以探测植被、沙漠、冰层的下方。无线电波成像还可用于天文观测，类星体（Quasar）发射大量的无线电波，大多数类星体都被周围星系的尘埃阻挡，在可见光波段难以发现，用工作于无线电波波段的射电望远镜可探测其存在。

红外线是频率范围为 300GHz～430THz 的电磁波，按波长由长至短又分为远红外线、中红外线、近红外线等。在安防、生物检测、无损探伤中采用的太赫兹成像的部分设备工作于红外波段，还有部分设备工作于微波波段。在远红外线、中红外线两个波段的传感器不需要外部光/热源也可获得热排放量被动影像，被动式红外夜视仪工作于上述波段。近红外线的波长接近可见光，主要来自物体对光的反射，用于遥感成像、地面灾害检测、矿物质勘测、农产品质量检测等，在近红外线图像中，水蒸气、雾等是透明的，一些可见光成像中看起来相似的颜色在近红外线图像中的差别较大。图 1.3a 为可见光图像，图 1.3b 为近红外图像，腐烂部分很明显。

 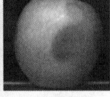

a) 可见光图像   b) 近红外图像

图 1.3 苹果质量检测图像

可见光图像是最常见的，无须处理人眼就可直接看到，这一波段的成像应用领域之广远超其他波段，广泛应用于遥感、天文、工业检测、娱乐等各个方面。

紫外线成像应用于平板印刷、工业检测、生物检测、天文观测等。由于紫外线波段比可见光波长短，因此更易发生散射，在可见光下几乎看不见的光滑表面划痕在紫外线成像中非常明显。图 1.4a 为光滑的 CD 塑料盒照片，相比左侧的可见光图像，右侧紫外线成像中的划痕更清晰。血液、体液、油脂等对紫外线波段光的吸收率与背景不同，紫外线成像可用于检测光滑物体上难以发现的指纹、被清洗后肉眼无法看见的血迹等。图 1.4b 为打蜡地板图像，在左侧可见光图像中只能看到地板纹理，看不出蜡的痕迹；在右侧紫外图像中，蜡不再是透明的，可以看到蜡存在的区域、打蜡划过的痕迹以及鞋印对蜡造成的影响。

a) CD盒 (左为可见光，右为紫外线)　　　　b) 打蜡地板(左为可见光，右为紫外线)

图 1.4　可见光成像与紫外线成像对比

X 射线是最早用于成像的电磁波辐射源之一。我们熟悉的 X 光检查就是让 X 光穿过人体，不同组织对 X 光的吸收程度不同，胶片明暗反映了各组织的密度。用于诊断血管病变的血管造影也是 X 射线成像，将显影剂注入血管里，X 光无法穿透显影剂，将此图像与注射显影剂前的图像相减可以消除骨骼和软组织影像，清晰显示血管。计算机断层成像（Computed Tomography，CT）、乳腺钼靶也是 X 射线成像。X 射线成像在工业检测、安防领域也有很多应用，如机场的行李安检机就是 X 射线成像，海关的大型集装箱检查仪多数成像于 X 射线波段。

伽马射线频率最高，该波段成像主要用于核医学和天文观测。医学中的单光子发射计算机断层成像（SPECT）、正电子发射计算机断层成像（PET）均采用伽马射线成像。SPECT 将含放射性同位素的药物输入人体，靶向到达特定组织器官，同位素衰变时发出伽马光子，经代谢后在病变部位与正常组织之间、不同组织之间形成放射性浓度差异，成像设备根据探测到的伽马光子分布情况，通过计算机处理重建同位素在人体内分布的二维图像。天文观测中通过伽马射线成像，对超新星爆发、活动星系核、黑洞、暗物质等进行研究。

1.3　电磁波传感器

不同频率电磁波对应的传感器不同。可见光波段传感器主要有贝叶（Bayer）传感器，又称贝叶阵列，包含分别对红（Red，R）、绿（Green，G）、蓝（Blue，B）光产生反应的 3 种滤波器。光传感器矩阵的每个位置上只有一种滤波器，如图 1.5 所示，由于人眼对绿色最敏感，每个 2×2 阵列中都有两个绿光、一个红光和一个蓝光滤波器。经过滤波，每个位置上都只有一种颜色光的强度值，其他两种颜色光的强度值由周围同色滤波器处理结果经内插计算得到。

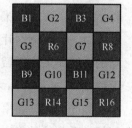

图 1.5　光传感器矩阵

1.4　视觉系统特性

人依靠视网膜对光进行感知，视网膜中包含 600 万~800 万个视锥细胞（Cones）、9000 万~12000 万个视杆细胞（Rod）。其中，视锥细胞可以感知色彩和一定强度的光线；视杆细胞仅能分辨明暗，不能感知色彩，但其对光的敏感度约是视锥细胞的一万倍。因此人眼对亮度比对色彩更敏感，在弱光环境下仅视杆细胞起作用，视觉系统无法在暗环境中辨别色彩。

视锥细胞有 3 种，分别对红光、绿光、蓝光最敏感。3 种视锥细胞有部分重叠的频率响应曲线，但响应强度有所不同，它们共同决定了色彩感觉。亮度（Luminance）正比于视网膜细胞接收到的光强度能量。视觉系统对相同强度、不同波长的光敏感度不同，其中，对绿光最敏感，对蓝光最不敏感。

1.4.1　视觉适应性

视觉的适应分为暗适应、明适应和色适应。暗适应是由视杆细胞代替视锥细胞的过程，是视觉感应性由相对较低的状态变为相对较强的过程。人从亮的地方突然进入黑暗的地方，由于在亮处的视觉感应性相对较低，所以刚进入黑暗的地方会看不清东西，经过一段时间后，视觉感应性逐渐变强，便能够识别黑暗中的物体，这个过程称为暗适应。暗适应时间因人而异，一般为 10~30s。反之，当人由很暗处骤然进入非常明亮的环境时，会感到光线耀眼，眼前一片白色，无法看清东西，眼睛也有适应亮环境的过程，这就是明适应。由于视锥细胞的恢复远比视杆细胞快，因此明适应几秒内就可完成。色适应指视觉系统随着观测光谱的分布变化对颜色刺激的灵敏度发生变化的特性，比如，长时间观看很鲜艳的物体后感觉色彩没那么鲜艳了，长时间看色彩灰暗的物体后感觉色彩变鲜艳了，强蓝光刺激后再看红色物体，感觉物体是绿色等。

1.4.2　视觉惰性

人眼对于亮度突变不能立即响应，有过渡时间，这种对亮度变化反应滞后的特性称为视觉惰性。视觉惰性的一个表现是当一定强度的光突然作用于视网膜时，不能在瞬间形成稳定的主观亮度感觉，有短暂的过渡时间。随着时间增加，主观亮度感觉由小到大，达到最大值后又降低到正常值。另一个常见的表现是当光消失时，亮度感觉并不会立即消失，而是以近似指数衰减，视觉系统对消失的光维持 0.05~0.1s 的时间。当眼睛看向图 1.6 中的某处时，会感觉这片区域的交叉点是亮的，其他区域的交叉点都是暗的，转换关注区域会得到同样的感觉，似乎亮的交叉点随着眼睛而移动。

图 1.6　视觉惰性示例

当光的闪烁频率高于 46Hz 时，由于视觉惰性，人眼无法觉察出闪烁，看到的是稳定的光源。计算机显示器、电视扫描利用此特性，以不低于 50Hz 的频率刷新屏幕。

1.4.3　同时对比效应与马赫带效应

视觉系统具有同时对比效应，对某个区域的亮度感觉不仅取决于该区域亮度值本身，还与区域周围的亮度有关。相同亮度块在不同的背景下，主观感觉亮度不同。如图 1.7 所示，各方块内圆的亮度相同，但感觉左侧圆暗，右侧圆更亮些。

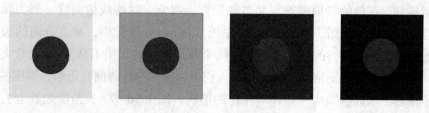

图 1.7 同时对比效应示例

　　视觉系统在明暗交界处会感觉亮处更亮、暗处更暗。如图 1.8a 所示的图像，每个条带的亮度恒定，实际亮度水平剖面图如图 1.8b 所示。然而视觉系统感觉每个条带边缘的亮度与内部的亮度不同，会感觉靠近亮条带的边缘亮度比条带中心暗，而靠近暗条带的边缘处的亮度比条带中心亮，视觉系统感觉到的亮度如图 1.8c 所示。这种在不同亮度区域边缘出现"下冲"或"上冲"的现象称为马赫带效应。马赫带效应是一种主观的边缘对比效应，它表明视觉系统有增强边缘对比度的机制。

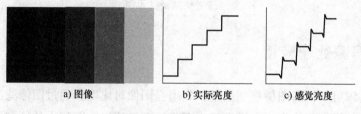

a) 图像　　　　　　　b) 实际亮度　　　　　　c) 感觉亮度

图 1.8 马赫带效应示例

1.4.4　视觉分辨率

　　当亮度太低时，只有视杆细胞起作用，视觉分辨率降低，而当亮度太高时，视觉分辨率也会降低，只有在亮度合适的情况下，视觉分辨率才能达到最大。景物相对对比度定义为物体亮度与背景亮度的差值，再除以背景亮度得到的比值。该比值越小，表示物体亮度与背景亮度越接近，此时分辨率下降。被观察物体的运动速度越快，视觉分辨率越低。

　　视觉系统对光强度变化的响应是非线性的，当光强度在一定范围内变化时，视觉系统感知不到亮度变化，只有光强度变化值超出某阈值时，视觉系统才感觉到亮度变化。通常把主观上可辨别出亮度差异所需的最小光强度变化称为亮度的可见度阈值，该阈值因初始亮度而异。可见度阈值随初始亮度不同而不同的现象称为视觉系统亮度掩蔽特性。

　　视觉系统对不同色彩的分辨能力不同，如对波长为 380~430nm 的光基本感觉不出色彩差别，对 655~740nm 的光也是如此，但在 480~640nm 波段，即使波长只有 1nm 的变化，也能辨别出色彩差异。

1.4.5　视觉错觉

　　视觉错觉指对图像不正确的感知，发生在视网膜和大脑皮层细胞对简单图形的加工过程中。通常，人们认为能以同样的清晰度看清楚视野内的任何东西，但其实这是错误的，只有接近视觉中心才能看到物体的细节，越偏离视觉中心，对细节的分辨能力越差，视觉系统会利用知识经验填补降低的分辨能力，有时这种填补会造成错觉。如图 1.9a 所示，明暗相间的砖块交错排列，灰色的"填缝剂"将各层隔开，视觉上这些线像曲线，但实际上它们是直的，并且是平行的。如图 1.9b 所示，在左氏（zollner）错觉中，垂直方向的短线误导了人们，看上去横线不是平行的，其实 4 条横线全部是水平的。图 1.9c 所示是意大利心理学家 Gaetano Kanizza 设计的图形，在错觉中，人们可以感知白色的倒三角形，周围的形状诱使大脑填补了空白，从而感知到一些并不存在的形状。图 1.9d 中，3 条横线看上去中间的最长，其实 3 条线的长度相同。图 1.9e 中，小圈包围的中心圆看起来比大圈包围的中心圆更大些，而实际上两者大小相同。

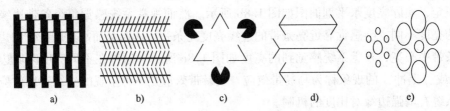

图 1.9　视觉错觉示例

1.5　数字图像处理应用

数字图像处理可以提高图像视觉质量，如增强图像对比度、通过图像滤波来减少噪声以提高观感、对运动模糊图像进行去模糊等。图像处理还能提取图像中的特定目标特征，便于后续分析以及目标识别。许多信息（如温度场）并非可视化信息，将这些信息转换为视觉形式呈现，更易于观测和分析。

当发生地质灾难时，可以通过遥感卫星从高空扫描获取事发地图像，并通过图像处理技术提高图像质量并分析及提取信息，类似地，也可通过遥感卫星成像分析雨林植被覆盖情况等。高清视频所含数据量巨大，如果不进行压缩就在网络上传输，会造成网络阻塞，数字图像处理中的图像压缩技术根据人眼视觉特性提供图像清晰的高压缩率视频流。正是有了这些技术，人们才能通过网络流畅地观看视频。

在生物医学工程中，数字图像处理技术的应用非常广泛，除前述的 CT、MRI 和 X 光等用于医学检查外，图像技术还用于辅助手术和诊断，如对脊柱使用连续多幅 CT 图像进行分割，标定位置后，根据这些图像进行三维重构脊柱等，根据神经网络学习自动诊断，此外还有显微图像自动分析、DNA 成像分析等。

在智能交通领域，通过雷达、红外线和可视摄像头获取多个波段图像，进行车辆自动驾驶、交通信号识别以及障碍物识别等。此外，通过图片自动识别车牌实现无人停车收费、交通违章自动识别等。在安全方面，指纹自动识别、人脸自动识别、视频监控自动检测入侵等图像处理技术也得到广泛应用。

工业 4.0 中，数字图像处理技术是不可或缺的一环，机器人通过双目定位确定工件位置，实现准确抓取和放置到正确位置。通过图像处理进行工业缺陷检测、产品参数自动测量、产品分类等，可以达到降低人工成本、提高生产效率的目的。

习 题

1-1 数字图像处理系统中传感器的作用是什么？

1-2 贝叶传感器中，为什么每个 2×2 区域中的绿色传感器数量比红色、蓝色传感器多？

1-3 贝叶传感器中，每个像素位置实际只有一个色彩值，该位置的其他两个色彩值如何得到？

1-4 伽马波段电磁波成像，能否获得彩色图像？为什么？

1-5 什么是马赫带效应？马赫带效应表明视觉系统的什么机制？

1-6 什么是视觉系统的亮度掩蔽特性？

1-7 什么是视觉系统的同时对比效应？

1-8 列举 3 个日常生活中用到数字图像处理技术的应用场景。

第 2 章　数字图像的基本概念和运算

本章首先给出图像成像模型，然后介绍图像中的基本概念，接着介绍像素间的基本关系，最后介绍数字图像的基本操作，包括两幅大小相同图像之间的算术运算、两幅图像或单幅图像的逻辑运算以及单幅图像的空间几何变换。

2.1　图像成像模型

图像 f 可定义为一个二维函数 $f(x,y)$ 阵列，其中 x、y 分别表示数字化的行、列坐标，均为整数。$f(x,y)$ 表示图像在该坐标对应的色彩值或亮度值（又称灰度值）。$f(x,y)$ 来源于两部分：一个是照射在 (x,y) 处的光总量，通常用 $i(x,y)$ 表示；另一个是在 (x,y) 处的光反射或透射系数，用 $r(x,y)$ 表示。则有

$$f(x,y)=i(x,y)\times r(x,y) \tag{2.1}$$

式中，$0<i(x,y)<\infty$ ；$0<r(x,y)<1$。

2.2　图像中的基本概念

2.2.1　采样和量化

自然界中连续的图像经数字化变成数字图像。连续图像上的任意两点之间都有无数个点，各点的图像值可以是任意值。数字化首先对空间坐标进行数字化，然后对数字化的空间行、列坐标 (x,y) 所对应的图像值进行数字化。空间坐标数字化只选取空间上有限个位置的图像点，这个过程称为采样，例如，在一幅连续图像垂直方向等间隔选取 M 个位置、水平方向等间隔选取 N 个位置，那么得到的数字图像有 $M\times N$ 个点。然后对选取点的图像值进行数字化，这个过程称为量化，将所有图像值的动态范围分为有限个子区间，落在同一子区间内的所有像素值均用该子区间分配的常数代替，若图像取值范围被分成 L 个区间，则量化后的图像值最多有 L 种取值，L 称为图像灰度级数。经过采样和量化得到数字图像。

2.2.2　数字图像表示

数字图像最常用的表示方法有两种：直接显示图像和矩阵表示法。直接显示图像可非常

直观地表达图像空间与色彩/亮度/灰度的关系，而矩阵表示法则在图像处理算法中使用，用矩阵 F 表示 M 行 N 列的图像方式为

$$F = \begin{bmatrix} f(0,0) & f(0,1) & \cdots & f(0,N-1) \\ \vdots & \vdots & & \vdots \\ f(M-1,0) & f(M-1,1) & \cdots & f(M-1,N-1) \end{bmatrix} \qquad (2.2)$$

用矩阵表示图像通常以图像左上角的点为坐标原点，行坐标 x 由原点出发向下增加，列坐标 y 由原点出发向右增加，如式（2.2）所示。故本书垂直方向又称 x 方向，水平方向又称 y 方向。

对图像数字化时还需要考虑行数 M、列数 N 以及色彩/亮度/灰度的 L 种取值。通常对 M、N 没有严格要求，只要是正整数并且硬件能够处理即可，有些应用中会希望 M、N 是 2 的整数次幂。考虑到存储或者数据处理的硬件限制，L 通常是 2 的整数次幂：

$$L = 2^k \qquad (2.3)$$

式中，k 称为比特深度，如一幅图像有 256 个灰度级，称其为 8 比特深度的图像。图像取值动态范围为 $[0,L-1]$，当图像最小取值与最大取值相差很大时，称图像动态范围大，也就是通常说的图像对比度强。在不考虑图像压缩的情况下，存储一幅单色图像需要的比特数 B 为

$$B = k \times M \times N = MN \times \log_2 L \qquad (2.4)$$

2.2.3　空间分辨率与灰度分辨率

图像分辨率是图像中最小可辨识细节的度量，分辨率包括空间分辨率和灰度分辨率。空间分辨率由采样间隔决定，可用单位距离内像素点的数目来度量，打印机扫描仪中的 dpi 指每英寸点阵数目（dots per inch），该值越高则分辨率越高。使用同样大小的显示屏时，将分辨率 1600×1200 像素与分辨率 640×480 像素相比，前者每个像素的尺寸更小，屏幕上显示的像素更多。分辨率越高，图像越清晰细腻。当每个像素的大小相同时，使用越多的像素表示相同的场景图像，则图像尺寸越大，意味着空间分辨率越高，图像细节越丰富。如图 2.1 所示，从左到右类似金字塔，空间分辨率依次降低，图像细节逐渐模糊。

图 2.1　不同空间分辨率

通常把图像灰度级数 L 作为图像灰度分辨率衡量指标。例如，比特深度为 8、对应量化级数 L 为 256 的图像，其灰度分辨率为 256。如图 2.2 所示，从左到右分别是灰度分辨率为 256、4、2 的图像，随着灰度分辨率降低，图像呈现出的细节越来越少。

a) 256级灰度分辨率   b) 4级灰度分辨率   c) 2级灰度分辨率

图2.2 不同灰度分辨率

2.2.4 OPENCV中的图像读取

OPENCV将图像数据以矩阵形式存放在Mat对象中，Mat分为信息头和数据矩阵两部分。信息头中含有指向数据矩阵的指针、矩阵大小、类型、数据格式等信息；数据矩阵中以矩阵形式存放图像，其大小由图像本身决定。数据矩阵占用的存储容量很大，当在程序中复制、传递图像时，多次复制图像会大量消耗内存，降低处理速度。OPENCV可以让每个Mat对象有自己的信息头，但共享同一数据矩阵，复制构造函数时只复制信息头和矩阵指针。例如，Mat Img只创建信息头部分；Img=imread("test.bmp")为矩阵开辟了内存；Mat B(Img)用复制构造了Mat对象B，但B中的数据矩阵是共享Img的数据矩阵，当Img中的数据改变时，B中的数据也改变，同理使用Mat C=Img创建的C也是共享Img的数据矩阵。如果的确需要复制出具有独立数据矩阵的Mat对象，则可以采用clone()或copyTo()函数，例如：

```
Mat F =Img.clone();      //F与Img完全独立,各自有独立的数据矩阵
Mat G;  Img.copyTo(G);   //Img与G完全独立,各自有独立的数据矩阵
```

Mat::dtype()函数获得Mat矩阵的数据类型。例如，CV_8U表示8比特深度无符号整数，动态范围为0~255；CV_8S为8比特有符号整数，动态范围为-128~127；CV_16U为16比特无符号整数；CV_16S为16比特有符号整数；CV_32S为32比特有符号整数；CV_32F、CV_64F分别为32位、64位浮点数。Mat::channels()函数返回图像的通道数，灰度图像通道数为1，彩色图像通道数为3。Mat::rows()函数、Mat::cols()函数可分别获得图像行、列数。Size Mat::size()函数可获取图像的高度和宽度，其结果放在Size结构体中。

可用Mat::at(行,列)函数获取Mat矩阵中的某个像素值。例如，对于8比特无符号数据类型的灰度图像，Scalar intensity=Img.at<uchar>(x,y)可以获得坐标(x,y)处的灰度值。对三通道的彩色图像，则用

```
Vec3b intensity = Img.at<Vec3b>(x,y); //获得蓝、绿、红三色值,放在三维向量中
uchar blue = intensity.val[0];        //单独获取其中的蓝色值
uchar green = intensity.val[1];       //单独获取其中的绿色值
uchar red = intensity.val[2];         //单独获取其中的红色值
```

Mat imread（输入参数 1，输入参数 2）函数可将图像文件读入 Mat 中，它支持的文件有 .bmp、.dib、.jpg、.jp2、.png、.webp、.pgm、.ppm、.tif 等。其中，输入参数 1 为字符串，用于指定图像文件名。输入参数 2 指示以何种形式将图像文件读入 Mat 对象。形式为 IMREAD_UNCHANGED 时，保持图像所有格式不变；为 IMREAD_GRAYSCALE 时，图像以灰度形式读入；为 IMREAD_COLOR 时，将图像以彩色图像形式读入，数据存储顺序为蓝、绿、红；为 IMREAD_ANYDEPTH 时，对 16 比特深度或 32 比特深度的图像仍保持原深度，若无该设置，则无论图像原比特深度如何，读入时一律将比特深度转换为 8。imread()函数的返回值为 Mat 对象，读入的图像文件存储于该对象，若读入不成功，则返回空 Mat 对象。下列程序给出了 imread()函数的使用范例：

```
#include<iostream>
#include<opencv2/opencv.hpp>   //OPENCV 函数在此定义
using namespace cv;    /* 引入 OPENCV,这个必须有,否则无法调用 OPENCV 函
数 */
using namespace std;
int main(){
    Mat img=imread("d:\\images \\cat.jpg");/* 读入的图像保持格式、数
据类型不变 */
     /* 等同于 Mat img = imread ( "d: \\images \\cat.jpg", IMREAD_
UNCHANGED) */
    if (Mat::data==NULL){   //检查图像文件是否被正确打开
        cout<<"输入文件不存在!"<<endl;  exit(0); }
    else{     //文件读入正确
        if (img.channels()= =3)    //检查图像是否为彩色图像
        cout<<"高度"<<img.size().height<<"; 宽度"<<img.size().
width<<"."<<endl; }
    /*打印出图像的高度和宽度信息,img.size().height 可用 img.rows()代
替,同理,img.size().width 可用 img.cols()代替 */
    img=imread("d:\\cat.jpg",IMREAD_COLOR);   /*将图像以 8 比特深度彩色
图像的形式放入 Mat 对象中,这里的图像深度没有指定,则意味着以 8 比特深度读入图
像 */
    img= imread("d:\\images \\cat.jpg",IMREAD_COLOR |IMREAD_ANY-
DEPTH);
    //保持图像深度不变,图像以彩色形式读入 Mat 对象 img 中
}
```

2.3 像素间的基本关系

2.3.1 相邻像素

对于空间坐标(x,y)的像素p而言，它在x方向、y方向共有4个相邻像素，其坐标分别为$(x-1,y)$、$(x+1,y)$、$(x,y-1)$和$(x,y+1)$，这4个像素构成的集合称为p的4邻域，用符号$N_4(p)$表示，如图2.3a中的阴影所示。此外，p还有对角线方向的4个相邻像素，其坐标分别为$(x-1,y-1)$、$(x+1,y+1)$、$(x-1,y+1)$和$(x+1,y-1)$，如图2.3b中的阴影部分所示，这4个像素构成的集合称为p的对

a)4邻域　　b)对角邻域　　c)8邻域

图2.3　像素邻域关系

角邻域，用符号$N_D(p)$表示。以上两个集合共8个像素构成p的8邻域，用符号$N_8(p)$表示，如图2.3c中的阴影所示。

2.3.2 连通性、区域和边界

假设V代表一个连通区域像素值的集合，二值图像中通常$V=\{1\}$，即该连通区域像素值均为1。在动态范围为0~255的灰度图像中，V的取值通常为0~255之间的值，并且V不一定是一个确定值，可以是0~255集合的一个子集。通常定义3种连通性：

1）4连通：像素p、q是4邻域，即$q \in N_4(p)$，并且p、q的像素值均属于V。

2）8连通：像素p、q是8邻域，即$q \in N_8(p)$，并且p、q的像素值均属于V。

3）m连通：即混合连通。像素值在集合V中的像素p和q，如果q在p的4邻域中，或者q在p的对角邻域中，并且$N_4(p)$与$N_4(q)$交集中像素的像素值不属于集合V，那么称p、q是m连通的。

m连通是4连通和8连通的混合连通，旨在消除8连通的二义性。如图2.4a所示的二值图像，从左上角坐标$(0,0)$的像素值1出发，如果采用8连通方式找出连通区域的所有像素，则得到的连通路径如图2.4b中的虚线所示，中心点既可以由坐标$(1,0)$的像素经4连通连接，又可由坐标$(0,0)$的像素经8连通连接，从出发点到达中心点的连通路径不唯一。同理，到达坐标$(2,0)$的连通路径也不唯一。而图2.4c按照m连通定义，中心点的4邻域连通与坐标$(0,0)$点的4邻域连通的交集为坐标点$(1,0)$，交集不为空，因此中心点只能由$(1,0)$点经4连通连接。同理，坐标$(2,0)$点只能由坐标$(1,0)$经4连通连接。m连通的定义看上去很复杂，其实归纳起来很简单：若像素q由某像素的4邻域可以连通，同时另有像素的8邻域也可以连通q，则q点由4邻域连通。连通性影响着连通区域、区域边界的判定结果。

S是像素子集，如果S中的全部像素之间存在一个通路，则可以说S中的任意两个像素是连通的，这些连通的像素构成区域R，R称为一个连通分量。是否连通、连通分量的数目均与连通性有关。图2.5a所示的图像若采用8连通，则中左上角、右下角的像素是连通的，

图像共有两个连通分量，如图 2.5b 所示；若采用 4 连通，则图像共有 3 个连通分量，如图 2.5c 所示。

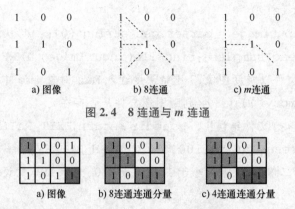

a) 图像　　b) 8连通　　c) m连通

图 2.4　8 连通与 m 连通

a) 图像　　b) 8连通连通分量　　c) 4连通连通分量

图 2.5　连通性对连通分量的影响

区域 R_i 和 R_j 如果能形成一个连通集，则称它们为邻接区域。图 2.6a 所示的两个区域 R_1、R_2（分别用网格和阴影表示），8 连通时是邻接的，连接点见粗方框；4 连通时，两区域不邻接。图 2.6b 所示阴影处的像素，4 连通时，它的邻域像素均为 1，邻域中没有背景像素，因此该点不是边界点，但在 8 连通时，由于其左上方的像素值为 0，属于背景，因此该点是区域的边界点。

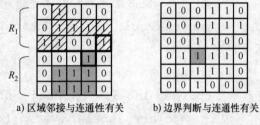

a) 区域邻接与连通性有关　　b) 边界判断与连通性有关

图 2.6　连通性对区域邻接、边界判断的影响

OPENCV 函数 int labels = connectedComponents(InputArray image, OutputArray labelsImage, int connectivity = 8, int ltype = CV_32S) 计算输入的二值图像 image 中含背景共有多少个连通区域，连通区域的数量放在返回值 labels 中。若函数返回值 labels 为 N，则表示有 $N-1$ 个非背景的连通区域和一个背景。每个连通区域都分配一个标号，背景区标号为 0，$N-1$ 个非背景的连通区域标号为 $1\sim N-1$。输出的 Mat 对象 labelsImage 是与原图大小相等的标号图像，其像素值为图像 image 对应位置上的连通区域标号 $i(i=0,1,\cdots,N-1)$。参数 connectivity 用于指定连通性，默认为 8 连通。ltype 指定标号图像的数据类型，即标号的数据类型，默认为 32 比特有符号数。

下列程序首先将输入图像变为二值图像，然后统计二值图像中共有多少个连通区域，将各连通区域用不同的色彩填充。

```
#include<iostream>
#include<opencv2/opencv.hpp>
using namespace cv;
using namespace std;
int main(int argc,const char * * argv){
```

```
Mat img,Bimg,labelImage,dst;
int nLabels;
String inputImage = parser.get<string>(0);  //从命令行输入图像文件名
img =imread(samples::findFile(inputImage),IMREAD_GRAYSCALE);
//将图像文件以灰度图像、8 比特深度读入 Mat 对象 img 中
if(img.empty()){  //判断图像文件是否存在
    cout <<"文件错误! " << endl; return EXIT_FAILURE;}
Bimg =threshold(img,100,255,THRESH_BINARY);
```
/* 对图像进行二值化,像素值小于 100 的设为 0,大于 100 的设为 255,二值化结果放入 Bimg */
```
nLabels =connectedComponents(Bimg,labelImage,8);
//对于二值图像 Bimg,以 8 连通方式标记连通区域
vector<Vec3b> colors(nLabels); /*建立色彩数组,数组大小由连通区域
```
数量决定 */
```
colors[0] =Vec3b(0,0,0);  //色彩数组中对背景赋予黑色
for(int label = 1; label < nLabels; label++){
    colors[label] =Vec3b((rand()&255),(rand()&255),(rand()
&255));
}//为每个前景连通区域随机分配一种颜色,保存在 colors 数组中
dst(img.size(),CV_8UC3);  /*创建一个与输入图像大小相同的三通道彩
```
色、8 比特无符号数据类型的 Mat 对象 */
```
for(int r = 0; r < dst.rows; ++r){
for(int c = 0; c < dst.cols; ++c){
    int label = labelImage.at<int>(r,c);  /* 对每个像素检查其连
```
通区域标号 */
```
    Vec3b &pixel = dst.at<Vec3b>(r,c);  //获取像素值保存的位置指针
    pixel = colors[label];/* 分配的连通区域色彩赋给指针指向的数
```
据,即修改该位置色彩 */
```
    }
}
imshow("连通区域示意图",dst);
waitKey(0);  //等待键盘输入任意符号
destroyALLWindows();  //清除所有打开的窗口
}
```

2.3.3　距离度量

1. 像素间距离的定义

对分别位于坐标(x,y)、(s,t)、(v,w)处的像素 p、q、z，用 $D(p,q)$ 来表示像素 p、q 间的距离，距离 D 应满足如下条件：

1）$D(p,q) \geq 0$，即距离为非负值，当且仅当 $p=q$ 时 $D(p,q)=0$。

2）$D(p,q)=D(q,p)$，可以看出距离没有方向，是标量。

3）$D(p,q)+D(q,z) \geq D(p,z)$，即两点之间的直线距离最短。

2. 常用距离度量

（1）欧几里得距离（欧氏距离）

坐标(x,y)、(s,t)处的像素 p、q 间的欧氏距离，就是人们熟悉的欧几里得直角坐标系中最常用的两点间的直线距离，定义如下：

$$D(p,q) = \sqrt{(x-s)^2+(y-t)^2} \tag{2.5}$$

（2）城区距离（D_4 距离）

坐标(x,y)、(s,t)处的像素 p、q 间的 D_4 距离定义为

$$D_4(p,q) = |x-s| + |y-t| \tag{2.6}$$

两点的 D_4 距离就是行距离与列距离之和。从点 p 出发向 q 点前进，每一步只能选择当前点 4 邻域中的像素点作为落脚点，则到达 q 点时所用的最少步数就是 D_4 距离。根据 4 邻域定义，每一步只能走横竖方向，不能走斜线。

（3）棋盘距离（D_8 距离）

坐标(x,y)、(s,t)处的像素 p、q 间的 D_8 距离定义为

$$D_8(p,q) = \max(|x-s|, |y-t|) \tag{2.7}$$

D_8 距离是 p、q 两点 x 方向距离和 y 方向距离中的最大值。从点 p 出发向 q 点前进，每一步都以当前点 8 邻域中的像素点作为落脚点，到达 q 点时所用的最少步数即为 D_8 距离。

图 2.7 所示为不同距离度量的示意图。

$\sqrt{8}$	$\sqrt{5}$	2	$\sqrt{5}$	$\sqrt{8}$		4	3	2	3	4		2	2	2	2	2
$\sqrt{5}$	$\sqrt{2}$	1	$\sqrt{2}$	$\sqrt{5}$		3	2	1	2	3		2	1	1	1	2
2	1	0	1	2		2	1	0	1	2		2	1	0	1	2
$\sqrt{5}$	$\sqrt{2}$	1	$\sqrt{2}$	$\sqrt{5}$		3	2	1	2	3		2	1	1	1	2
$\sqrt{8}$	$\sqrt{5}$	2	$\sqrt{5}$	$\sqrt{8}$		4	3	2	3	4		2	2	2	2	2
a) 欧氏距离						b) D_4 距离						c) D_8 距离				

图 2.7　不同距离度量的示意图

2.4　数字图像的基本操作

2.4.1　图像间算术运算

图像间算术运算是大小相同、比特深度相同、通道数相同（均是灰度图或均是彩色图）

的两幅图像中相同坐标的一对像素之间的运算。常用的图像间算术运算有加、减、乘、除等。

对于图像 f 和 h，加计算公式如下：

$$g(x,y)=f(x,y)+h(x,y) \tag{2.8}$$

图像间加运算的一个典型应用是将相同场景的多张噪声图像相加后求平均来进行降噪，噪声随机出现在每张图像的不同位置，N 张图相加后除以 N 可以衰减噪声。图像间还可进行加权加运算，即

$$g(x,y)=w_1f(x,y)+w_2h(x,y) \tag{2.9}$$

式中，w_1、w_2 为加权系数，通常 $w_1+w_2=1$。

图像 f 和 h 的减运算公式为

$$g(x,y)=f(x,y)-h(x,y) \tag{2.10}$$

减运算用于增强图像间的差别，可检测物体运动、对混合图像进行分离等。

图像间乘运算通常用于对图像添加阴影或非均匀光照，除运算用于消除图像阴影或非均匀光照。图像 $g(x,y)$ 从光影角度可看作均匀光照图像 $f(x,y)$ 和阴影函数 $s(x,y)$ 的乘积，即

$$g(x,y)=f(x,y)\times s(x,y) \tag{2.11}$$

如果阴影函数已知，那么用 $g(x,y)/s(x,y)$ 即可得到均匀光照图像 $f(x,y)$。在图 2.8a 所示的成像中，光源来自左上方，成像中光照不均匀；图 2.8b 所示是在同样光照条件下拍摄到的白纸图像，该图反映了非均匀光照；图 2.8c 所示为前两幅图像的除运算结果，图中光照均匀。

a) 光照不均匀成像　　　　b) 非均匀光照成像　　　　c) 图a与图b除运算结果

图 2.8　图像除运算示例

图像间算术操作的结果可能超出图像数据格式所表示的动态范围，通常还需要对数据进一步处理。以 8 比特深度动态范围为 0~255 的图像为例，可以把小于 0 的结果设置为 0，将大于 255 的结果用 255 代替。还可以对运算结果进行线性归一化，将 $g(x,y)$ 中的最小值归一化为 0，将 $g(x,y)$ 中的最大值归一化为 $L-1$，这里的 L 指图像灰度级数，假设实际图像减运算后得到的数值范围为 $-30~60$，那么将 -30 映射为 0，将 60 映射为 255，将 15 映射为 127。

OPENCV 函数 add（InputArray img1，InputArray img2，OutputArray dst，InputArray mask，int dtype）函数可将两幅图像 img1、img2 相加，结果放在 dst 中。此外，还可指定掩模图像 mask，mask 是大小与 img1、img2 相同的二值图像。mask 用非 0 像素值指定感兴趣的区域。在 img1、img2 中，只有感兴趣区域的像素才进行相加计算。dtype 用于指定 dst 的数据类型，

默认 dst 与 img1、img2 的数据类型相同。函数 substract（）用于图像间减运算，multiply（）用于图像间乘运算，这两种函数的输入/输出参数和格式与 add（）一致。函数 divide（InputArray img1，InputArray img2，OutputArray dst，float scale，int dtype）实现图像间除运算，dst = scale × （img1/img2）。函数 Mat addWeighted（InputArray img1，float w1，InputArray img2，float w2，float gama）可进行图像加权求和，返回值为 w1×img1+w2×img2+gama。

由于图像存放在 Mat 对象中，因此还可以直接用 Mat 对象的算术操作进行图像的算术计算。Mat 提供了 mul（）函数进行对应位相乘或除的操作。需要注意，由于数据类型限制，结果可能出现溢出的问题，可以在程序中指定如果溢出如何处理，也可以在进行计算前修改矩阵数据类型，从而提前防范。图像算术操作例程如下：

```
img1=imread("first Image.jpg");  //读入一幅图像
img2=imread("second Image,jpg");  //读入另一幅图像
if((img1.rows!=img2.rows)‖(img1.cols!=img2.cols)‖(img1.type()!=
img2.type())‖(img1.channels()!=img2.channels())){       /* 比较图像
尺寸、数据类型、通道数是否相同 */
    cout<<"两幅输入图像的类型不一致,无法进行算术计算"<<endl;
    exit(0);  }
//采用 Mat 对象直接计算,为防止溢出,提前将整型数据转换为浮点型
Mat Img1F,Img2F;
img1.convertTo(Img1F,CV_16F); //将整型数据类型转换为浮点型
img2.convertTo(Img2F,CV_16F); //将整型数据类型转换为浮点型
/* 直接用 Mat 的加、减、乘、除函数,或者直接用 Mat 矩阵的+、-等方法,事先转换数
据类型 */
Mat dst1_add=Img1F+Img2F; //图像间加运算
Mat dst1_sub=Img1F-Img2F; //图像间减运算
Mat dst1_mul=Img1F.mul(Img2F);  //图像间乘运算
Mat dst1_div=Img1F.mul(5/Img2F); /* 图像间除运算,相当于 divide
(Img1,Img2,dst1_div,5); */
//下面给出图像间算术运算函数的使用方法,无须事先转换数据类型
Mat dst2_add,dst2_addw,dst2_sub,dst2_mul,dst2_div;
add(img1,img2,dst2_add,noArray(),CV_16F);
//图像间加运算,为防止相加结果溢出,指定输出为 16 位浮点数
dst2_addw=addWeighted(img1,0.7,img2,0.3,3); /* 图像加权求和 0.7×
img1+0.3×img2+3 */
substract(img1,img2,dst2_sub,NULL,CV_16F);
//图像间减运算,为防止相减结果溢出,指定输出为 16 位浮点数
```

```
multiply(img1,img2,dst2_mul);    //图像间乘运算
divide(img1,img2,dst2_div,5,CV_16F); //图像间除运算,5×img1/img2
Mat dst;
normalize(dst2_mul,dst,0,255,NORM_MINMAX,CV_8U); /*显示图像必须为
8、16 比特深度整型或者范围为 0~1 的浮点型,这里用 8 比特整型归一化到 0~255 整型
无符号数据 */
imshow("乘运算结果",dst);
convertScaleAbs(dst1_sub,dst);    /*转换为 CV_8U 型格式的另一个方式,
首先对输入矩阵取绝对值,然后将所有绝对值的动态范围归一化至 0~255 的整数 */
imshow("减运算结果",dst);
```

2.4.2　图像逻辑运算

逻辑运算是将一幅或两幅大小相同的图像进行像素的与、或、非等运算,在图像分析中常用。

图像逻辑非运算只需一幅图像,对各像素值的每个比特取反,例如,二值图像非运算使得像素值 0 变 1、1 变 0,图 2.9a 所示二值图像的逻辑非运算的结果如图 2.9b 所示。

逻辑与运算需要两幅图像参与,主要用于提取图像中感兴趣区域的内容并屏蔽其他区域。在参与图像中,至少一幅为二值图像,该二值图像称为掩模（mask）图像,用于指定感兴趣区域。在掩模图像中,像素值不为 0 的区域对应感兴趣区域。另一幅图像可以是二值图像、灰度或彩色图像。逻辑与运算将两幅图像相同位置的像素值进行与运算,掩模图像中的 0 值像素与任何数进行逻辑与运算的结果仍为 0,而掩模图像的非 0 像素值与任何数 V 的与运算结果仍为 V,这样可以提取出感兴趣区域的信息。图 2.9d 为 A 与 B 的结果。

逻辑或、异或运算通常在两幅二值图像间进行,结果仍是二值图像。逻辑或运算将两幅图像的感兴趣区域均作为结果图像的感兴趣区域,A 或 B 的运算结果如图 2.9e 所示。逻辑异或运算则保持两幅图像各自独特的感兴趣区域,并将共同的感兴趣区域变为非感兴趣区域,A 异或 B 的运算结果如图 2.9f 所示。

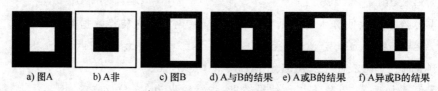

| a) 图A | b) A非 | c) 图B | d) A与B的结果 | e) A或B的结果 | f) A异或B的结果 |

图 2.9　图像逻辑运算示例

OPENCV 可以用 bitwise_and（InputArray src1,InputArray src2,OutputArray dst,InputArray mask = noArray（））、bitwise_or（src1,src2,dst,mask）、bitwise_xor（src1,src2,dst,mask）、bitwise_not（src1,dst,mask）函数分别实现图像逻辑与、或、异或、非操作。src1、src2 为大小相同的输入图像,逻辑运算结果放入 dst 中,mask 是与 src1 大小相同的二值图像,输入图像

只在 mask 中非 0 值所对应的区域进行逻辑运算。OPENCV 中二值图像的非 0 值与图像的比特深度有关，例如，8 比特深度二值图像的非 0 值为 255（二进制 8 比特全 1），16 比特深度二值图像的非 0 值为 65535（二进制 16 个比特全 1）。以逻辑与运算为例，src1、src2 中相同位置的像素值分别用二进制表示，对应位置进行比特与运算，例如，两幅 8 比特深度图像对应位置的像素值分别为 15(00001111)、255(11111111)，bitwise_and( ) 的结果为 15（00001111）。

　　下面的程序将为一幅图像添加 logo 标记。

```cpp
#include<opencv2/opencv.hpp>
using namespace cv;
using namespace std;
int main(int argc,const char ** argv){
    Mat mask,mask_inv,img1_bg,img2_fg;
    Mat img1 = imread('messi.jpg'); //将输入图像读入 img1 中
    Matimg2 = imread('logo.png',IMREAD_GRAYSCALE); /*将 logo 的灰度
图读入 img2 */
    Mat roi = img1[0:img2.rows,0:img2.cols]; /*为将 logo 添加在输入
图像左上角,首先选择 img1 的左上角与 logo 图像大小相同的区域 */
    threshold(img2,mask,10,255,THRESH_BINARY); /*logo 二值化,像素
值小于 10 的设置为 0,大于 10 的设置为 255(由于图像的比特深度为 8,故用 8 比特全 1
作为二值图像的非 0 值) */
    bitwise_not(mask,mask_inv);  /* 掩模图像逻辑非运算,结果放在 mask_inv
中 */
    bitwise_and(roi,roi,img1_bg,mask_inv); /*输入图像中对应 logo 图
像背景位置的像素值保持不变,将输入图像中 logo 前景对应位置的像素值清 0 */
    bitwise_and(img2,img2,img2_fg,mask); /*从 logo 图像提取 logo 前
景 */
    Mat dst =img1_bg+img2_fg; //输入图像中加入 logo
    img1[0:img2.rows,0:img2.cols] = dst;  /* 将结果返回到存放输入图像的
矩阵 */
    imshow('添加 logo 后的图像',img1);  //显示添加 logo 后的图像
    waitKey(0);
    destroyAllWindows()
}
```

　　图 2.10a 所示为 logo 图像，图 2.10b 所示为 logo 图像二值化的结果，用该二值图提取 logo 前景。对图 2.10b 进行逻辑非运算，其结果作为掩模图像，用于提取输入图像左上局部中未被 logo 前景遮蔽的区域。输入图像添加 logo 的结果如图 2.10c 所示。

a) logo图像　b) logo图像二值化的结果　　　　　c) 原图像上添加logo的结果

图2.10　图像逻辑运算示例

2.4.3　图像空间几何变换

空间几何变换改变像素间的空间关系，包括图像平移、镜像、旋转以及放大、缩小等形状变换。空间几何变换包含两步：首先需要根据几何变换类型计算原图像中每个像素变换后的新坐标位置；然后对变换后的图像进行内插计算，求出变换后的图像在整数坐标处的像素值。

1. 几何变换后坐标位置计算

图像坐标在欧几里得空间用二维向量(x,y)表示，(x,y)称为非齐次坐标（Non-Homogeneous Coordinate）。齐次坐标（Homogeneous Coordinate）是用$N+1$维向量表示N维空间坐标，多用于投影空间的处理，二维图像坐标(x,y)用三维向量表示为$(x,y,1)$。引入齐次坐标的好处在于几何变换后的坐标可以用变换矩阵与变换前坐标向量的乘积表示。

三维空间中的某点以两个不同视角分别投影到两幅图像上，它在两幅图中的坐标关系在齐次坐标系下用射影变换（Projective Transformation）表示，射影变换也称为单应性变换（Homography Transformation）、透视变换（Perspective Transformation）等。设某点在一幅图像中的齐次坐标为$(x,y,1)$，在另一幅图像中为$(x',y',1)$，则有

$$\begin{bmatrix} x' \\ y' \\ 1 \end{bmatrix} = \begin{bmatrix} h_{11} & h_{12} & h_{13} \\ h_{21} & h_{22} & h_{23} \\ h_{31} & h_{32} & h_{33} \end{bmatrix} \begin{bmatrix} x \\ y \\ 1 \end{bmatrix} = \boldsymbol{H} \begin{bmatrix} x \\ y \\ 1 \end{bmatrix} \tag{2.12}$$

式中，$\boldsymbol{H}$称为单应性矩阵（Homography Matrix）。通常h_{33}归一化为1，这样$\boldsymbol{H}$共有8个自由度。射影变换在图像校准、拼接、双目立体视觉、相机位姿估计等领域非常重要。原本共线的3点经射影变换后仍共线，原来的三角形变换后仍为三角形，但平行线变换后不一定平行。图2.11a所示为原图像，图2.11b所示为射影变换后的图像。

仿射（Affine）变换是射影变换的特例，平行线经仿射变换后仍为平行线，线段上的任一点到两个端点的距离之比变换后不变，即线段中点经变换后仍为线段中点，仿射变换后的图像如图2.11c所示。仿射属于线性变换，$\boldsymbol{H}$矩阵有6个自由度，$\boldsymbol{H}$的最后一行恒为$\begin{bmatrix} 0 & 0 & 1 \end{bmatrix}$，故可以用2×3仿射矩阵（即$\boldsymbol{H}$矩阵的前两行）表示仿射变换。

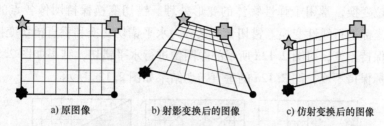

a) 原图像   b) 射影变换后的图像   c) 仿射变换后的图像

图 2.11 射影变换与仿射变换示例

仿射变换包括图像平移、缩放（尺度变换）、旋转、镜像、错切等变换。图像进行平移，则坐标变化为 $x'=x+x0$，$y'=y+y0$，单应性矩阵 $\boldsymbol{H}$ 表示的变换前后坐标关系如下：

$$\begin{bmatrix} x' \\ y' \\ 1 \end{bmatrix} = \begin{bmatrix} 1 & 0 & x0 \\ 0 & 1 & y0 \\ 0 & 0 & 1 \end{bmatrix} \begin{bmatrix} x \\ y \\ 1 \end{bmatrix} = \boldsymbol{H} \begin{bmatrix} x \\ y \\ 1 \end{bmatrix} \tag{2.13}$$

图像缩放（Scale）指原始图像坐标 x、y 分别乘以比例因子 $c1$、$c2$，当比例因子大于 1 时图像放大，反之图像缩小。图像缩放坐标变换关系为

$$\begin{bmatrix} x' \\ y' \\ 1 \end{bmatrix} = \begin{bmatrix} c1 & 0 & 0 \\ 0 & c2 & 0 \\ 0 & 0 & 1 \end{bmatrix} \begin{bmatrix} x \\ y \\ 1 \end{bmatrix} = \boldsymbol{H} \begin{bmatrix} x \\ y \\ 1 \end{bmatrix} \tag{2.14}$$

图像旋转指图像绕原点转动一定角度 θ，新坐标与原坐标的对应关系为

$$x'=x\cos\theta-y\sin\theta$$
$$y'=x\sin\theta+y\cos\theta \tag{2.15}$$

写成矩阵形式有

$$\begin{bmatrix} x' \\ y' \\ 1 \end{bmatrix} = \begin{bmatrix} \cos\theta & -\sin\theta & 0 \\ \sin\theta & \cos\theta & 0 \\ 0 & 0 & 1 \end{bmatrix} \begin{bmatrix} x \\ y \\ 1 \end{bmatrix} = \boldsymbol{H} \begin{bmatrix} x \\ y \\ 1 \end{bmatrix} \tag{2.16}$$

图像镜像分为水平镜像和垂直镜像，镜像后的图像高度和宽度均不变。水平镜像以原图 y 方向中轴线为中心不动轴，将图像在水平方向进行 180° 旋转，水平镜像后的行坐标保持不变，有 $x'=x$，$y'=w-1-y$，其中 w 为图像宽度。水平镜像矩阵形式为

$$\begin{bmatrix} x' \\ y' \\ 1 \end{bmatrix} = \begin{bmatrix} 1 & 0 & 0 \\ 0 & -1 & w-1 \\ 0 & 0 & 1 \end{bmatrix} \begin{bmatrix} x \\ y \\ 1 \end{bmatrix} = \boldsymbol{H} \begin{bmatrix} x \\ y \\ 1 \end{bmatrix} \tag{2.17}$$

类似地，垂直镜像以原图 x 方向中轴线为中心不动轴，将图像在垂直方向进行 180° 旋转，镜像后的列坐标保持不变，有 $x'=h-1-x$，$y'=y$，其中 h 为图像高度。垂直镜像矩阵形式为

$$\begin{bmatrix} x' \\ y' \\ 1 \end{bmatrix} = \begin{bmatrix} -1 & 0 & h-1 \\ 0 & 1 & 0 \\ 0 & 0 & 1 \end{bmatrix} \begin{bmatrix} x \\ y \\ 1 \end{bmatrix} = \boldsymbol{H} \begin{bmatrix} x \\ y \\ 1 \end{bmatrix} \tag{2.18}$$

错切（Shearing）变换本质上是原图像在投影平面上进行非垂直投影，错切变换也称为

剪切变换、错位变换，常用于弹性物体的变形处理。错切变换保持图像各点的某一坐标不变，对另一个坐标进行线性变换。错切变换又分为水平错切变换和垂直错切变换。水平错切变换的行坐标保持不变，对图 2.12a 所示的原图像进行水平错切，结果如图 2.12b 所示，垂直错切则列坐标保持不变，图 2.12a 的垂直错切结果如图 2.12c 所示。

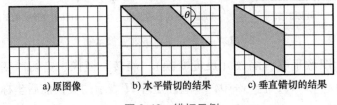

a) 原图像　　　　　　b) 水平错切的结果　　　　c) 垂直错切的结果

图 2.12　错切示例

水平错切变换矩阵为

$$\begin{bmatrix} x' \\ y' \\ 1 \end{bmatrix} = \begin{bmatrix} 1 & 0 & 0 \\ c & 1 & 0 \\ 0 & 0 & 1 \end{bmatrix} \begin{bmatrix} x \\ y \\ 1 \end{bmatrix} = \boldsymbol{H} \begin{bmatrix} x \\ y \\ 1 \end{bmatrix} \tag{2.19}$$

当 $c>0$ 时，有 $y'=cx+y>y$，沿 y 轴正方向错切。反之，当 $c<0$ 时，则沿 y 轴反方向错切，图 2.12b 为 $c>0$ 时的水平错切结果。类似地，垂直错切变换矩阵为

$$\begin{bmatrix} x' \\ y' \\ 1 \end{bmatrix} = \begin{bmatrix} 1 & c & 0 \\ 0 & 1 & 0 \\ 0 & 0 & 1 \end{bmatrix} \begin{bmatrix} x \\ y \\ 1 \end{bmatrix} = \boldsymbol{H} \begin{bmatrix} x \\ y \\ 1 \end{bmatrix} \tag{2.20}$$

2. 图像内插

原图像的各像素点坐标 x、y 均为整数，经过空间几何变换后分别映射为 x'、y'，这里的 x'、y' 不一定是整数，而数字图像要求给出各坐标为整数位置的取值，因此还需要计算出几何变换后图像整数坐标位置对应的像素值，这个计算称为图像内插或图像插值。常用的内插方法有最近邻内插法、双线性内插法、双三次内插法等。

无论使用哪种内插方法，首先都要进行空间几何反变换。不妨将空间几何正向变换后的图像整数坐标位置用 (u',v') 表示，u'、v' 均为整数，用空间几何反变换求出 (u',v') 在变换前图像（此处称为原图像）中的对应坐标 (u,v)，u、v 不一定为整数。设正向变换的单应性矩阵为 $\boldsymbol{H}$，$\boldsymbol{H}^{-1}$ 为 $\boldsymbol{H}$ 的逆矩阵，根据式（2.12）有

$$\begin{bmatrix} u \\ v \\ 1 \end{bmatrix} = \boldsymbol{H}^{-1} \begin{bmatrix} u' \\ v' \\ 1 \end{bmatrix} \tag{2.21}$$

内插就是在原图像中估计坐标 (u,v) 处像素 P 的像素值 $f(u,v)$。

最近邻内插法可将原图像中距离 (u,v) 最近的整数坐标像素点的值赋予 $f(u,v)$，如图 2.13a 所示，P 点为反变换得到的像素点，其坐标 (u,v) 不为整数，实线网格交叉点上的实心圆表示原图像中整数坐标位置的像素点。距离坐标 (u,v) 最近的整数坐标为 $(x,y+1)$，则 $f(u,v)=f(x,y+1)$，因此在空间几何正变换得到的图像中，整数坐标位置 (u',v') 的像素值为 $f(x,y+1)$。最近邻内插法计算简单，但误差较大，当图像放大倍数较大时，图像会出现

马赛克现象。

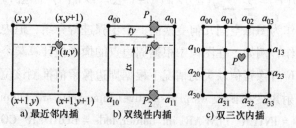

图 2.13　内插算法示意图

对于空间几何反变换到原图像中坐标为 (u,v) 的像素点 P，双线性内插法对其 4 个最近邻整数坐标点的像素值加权求和，计算出 P 点像素值。图 2.13b 中，a_{01}、a_{11}、a_{00}、a_{10} 为 P 点坐标 (u,v) 四周的整数坐标点，可见 a_{00}、a_{01} 的行坐标相同，列坐标相差 1，类似地，a_{00}、a_{10} 的垂直距离为 1。首先求 a_{00}、a_{01} 连线上 y 坐标为 v 的点 P_1 的像素值 $f(P_1)$，有

$$f(P_1) = ty \times f(a_{01}) + (1-ty) \times f(a_{00}) \tag{2.22}$$

式中，ty 是像素点 P 与 a_{00} 的水平距离，P_1 点离某点越近，则某点加权系数就越大。类似地，求出 a_{10} 与 a_{11} 连线在 y 坐标为 v 时的像素点 P_2 的像素值 $f(P_2)$。P_1、P_2 点的列坐标相同、行坐标相差 1。最后根据 $f(P_1)$、$f(P_2)$ 求出坐标 (u,v) 处的对应像素值 $f(P)$，有

$$f(P) = tx \times f(P_1) + (1-tx) \times f(P_2) \tag{2.23}$$

式中，tx 是像素点 P 与 P_2 的垂直距离。$f(P)$ 为空间几何正变换得到的图像在整数坐标 (u',v') 处的像素值。

双线性内插法获得的图像比最近邻内插结果更平滑，不会出现马赛克现象。由于该方法具有类似低通滤波器的性质，因此可能会使图像边界轮廓在一定程度上变得模糊。

双三次内插（Bicubic Interpolation）法在商业图像处理软件中广泛使用，它能够克服以上两种内插法的不足，内插后的图像既平滑又能最大限度地保持边缘清晰，算法所需的计算量大。算法如图 2.13c 所示，对于空间几何反变换至原图像的 P 点，取其上、下各两行、左、右各两列的整数坐标点，这样共选 16 个坐标为整数的像素点，分别用 $a_{00},a_{01},\cdots,a_{33}$ 表示。这里假设 P 的坐标 $(u,v) = (u0+\Delta u, v0+\Delta v)$，其中，$u0$、$v0$ 分别为 u、v 的整数部分，Δu、Δv 分别表示它们的小数部分。首先构造双三次（Bicubic）函数 $W(d)$，有

$$W(d) = \begin{cases} (k+2)^2 |d|^3 - (k+3) |d|^2 + 1 & |d| \leq 1 \\ k^2 |d|^3 - 5k |d|^2 + 8k |d| - 4k & 1 < |d| < 2 \\ 0 & 其他 \end{cases} \tag{2.24}$$

式中，$k = -0.5$；d 为某整数坐标点到 P 点的行距离（计算行加权值时用）或列距离（计算列加权值时用）。每个整数坐标点对 P 点都有两个加权值：行加权值和列加权值。$W(d)$ 用于计算这两个加权值。以图 2.13c 中的像素点 a_{00} 为例，它与 P 点的行、列距离分别为 $1+\Delta u$、$1+\Delta v$，因此 a_{00} 对 P 点的行权重为 $W(1+\Delta u)$，列权重为 $W(1+\Delta v)$，a_{00} 对 P 点像素值的贡献为 $f(a_{00}) \times W(1+\Delta u) \times W(1+\Delta v)$。类似地，可以计算出原图像中 16 个整数坐标点分别对 P 点像素值所做的贡献，最终 P 点像素值是 16 个整数坐标点的贡献之和，即

$$f(P) = \sum_{i=0}^{3} \sum_{j=0}^{3} f(a_{ij}) \times W(|i-1-\Delta u|) \times W(|j-1-\Delta v|) \qquad (2.25)$$

虽然本书将内插作为图像空间几何变换的一个步骤进行介绍，但内插可以不依附于空间几何变换进行独立操作，例如，在图像中根据周边点的像素值计算某个坐标不为整数的位置像素值，或者在某个位置像素值缺失的情况下根据周边像素值推测该位置像素值。

OPENCV 提供了射影变换函数 warpPerspective(InputArray src, OutputArray dst, InputArray M, Size dsize, int flags = INTER_LINEAR, int borderMode = BORDER_CONSTANT, const Scalar &borderValue = Scalar()) 和仿射变换函数 warpAffine(InputArray src, OutputArray dst, InputArray M, Size dsize, int flags = INTER_LINEAR, int borderMode = BORDER_CONSTANT, const Scalar &borderValue = Scalar())。src 为输入图像。dst 为空间几何变换后的输出图像。M 为输入参数，用于指定空间几何变换矩阵，在射影变换函数中 M 是 3×3 的单应性矩阵，在仿射变换函数中 M 为 2×3 的矩阵。参数 dsize 指定输出图像 dst 的大小，用 Size 结构体（宽度，高度）表示，由于宽度对应图像列数、高度取决于图像行数，故此输入参数为（图像列数，图像行数）。图像变换后的像素值内插方式由输入参数 flags 指定，INTER_NEAREST 指定使用最近邻内插，INTER_LINEAR 指定使用双线性内插，而 INTER_CUBIC 则指定采用双三次内插。参数 borderMode 指定图像边界填充的方式，当边界用常数值填充时，参数值由参数 boderValue 指定。以仿射变换为例，程序首先指定 3 个坐标点，然后给出这 3 点经仿射变换后的坐标，根据仿射变换有 6 个自由度，每个坐标点有行、列两个参数，3 个点共有 6 个参数，可以列方程求出仿射变换对应的 2×3 矩阵，然后用调用仿射变换函数对输入图像进行仿射变换。函数应用范例如下：

```cpp
#include <opencv2/opencv.hpp>
#include <iostream>
using namespace cv;
using namespace std;
int main(int argc, char ** argv) {
    CommandLineParser parser(argc, argv, "{@ input | lena.jpg | input image}");
    Mat src = imread(samples::findFile(parser.get<String>("@ input")));
    if(src.empty()) { //检测输入图像是否正确打开
        cout << "无法打开输入图像" << endl; return -1; }
    Point2f srcTri[3], Point2f dstTri[3];
    srcTri[0] = Point2f(0.f, 0.f);  srcTri[1] = Point2f(src.cols-1.f, 0.f);
    srcTri[2] = Point2f(0.f, src.rows - 1.f);
```

```
    dstTri[0] = Point2f(0.f,src.rows*0.33f); dstTri[1] = Point2f
(src.cols*0.85f,src.rows*0.25f);
    dstTri[2] = Point2f(src.cols*0.15f,src.rows*0.7f);
    Mat warp_mat = getAffineTransform(srcTri,dstTri); /* 计算 2×3
仿射变换矩阵 */
    Mat warp_dst = Mat::zeros(src.rows,src.cols,src.type()); /* 存
放仿射变换后的图像 */
    warpAffine(src,warp_dst,warp_mat,warp_dst.size());
    // 对输入图像用计算出的仿射变换矩阵进行仿射变换,变换结果放于 warp_dst 中
    Point center = Point(warp_dst.cols/2,warp_dst.rows/2); /* 以
warp_dst 中心为原点 */
    double angle = -50.0,scale = 0.6;
    Mat rot_mat = getRotationMatrix2D(center,angle,scale);
    // 计算以图像中心为原点进行旋转并缩放的空间几何变换对应的 2×3 变换矩阵
    Mat warp_rotate_dst;
    warpAffine(warp_dst,warp_rotate_dst,rot_mat,warp_dst.size());
    // 用该空间几何变换矩阵对图像再次进行仿射
    imshow("第一次仿射变换结果",warp_dst);
    imshow("再次仿射变换结果",warp_rotate_dst);
    waitKey(); return 0;
}
```

图 2.14 所示为仿射变换示例。

a) 原图像　　　　b) 第一次仿射变换结果　　c) 第二次仿射变换结果

图 2.14　仿射变换示例

此外还可以用函数 resize(InputArray src, OutputArray dst, Size dsize, double fy = 0, double fx = 0, int interpolation = INTER_LINEAR)对图像 src 进行缩放,结果放在 dst 中。dszie 为输出图像 dst 的大小,用 Size 结构体(宽度,高度)表示。fx、fy 分别是 x 方向、y 方向的缩放因子,当两者不为 0 时,dsize 可以不用设置;反之,当 dsize 为非 0 时,fx、fy 可以不用设置。参数 interpolation 指定像素内插方式。例如,将不同尺寸的输入图像统一为 216 列(宽

度）、260 行（高度）像素的图像，使用语句 resize(src,dst,Size(216,260),0,0)。这里由于输出图像大小通过 dsize 参数设定了，因此缩放因子 fx、fy 就没必要设置；反之，若将输入图像缩放至高度为原图像的 1.5 倍、宽度为原图像的 0.7 倍，则用 resize(src,dst,Size(0,0), 0.7,1.5)。

2-1 简述 m 连通与 8 连通的区别。

2-2 连通性对区域分量的影响有哪些？

2-3 如图 2.15 所示，图像在 4 连通时有几个连通分量？在 8 连通时有几个连通分量？

2-4 如图 2.15 所示，分别计算出图像中的各点到图中阴影点的欧几里得距离、城区距离和棋盘距离。

2-5 如图 2.16 所示，分别给出两幅图像与运算、或运算、异或运算的结果。

 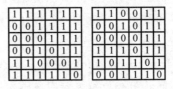

图 2.15 习题 2-3、习题 2-4 图   图 2.16 习题 2-5 图

2-6 图像绕坐标(0,0)的原点旋转 30°，计算原坐标(3,2)旋转后的坐标。

2-7 图像中的像素坐标(x,y)经水平镜像后的坐标是什么？垂直镜像后的坐标是什么？

2-8 图像坐标(x,y)处的像素值为$f(x,y)$，若$f(2,3)=5$，$f(2,4)=7$，$f(3,3)=6$，$f(3,4)=11$，计算分别采用最近邻内插、双线性内插时$f(2.2,3.4)$的像素值。

第 3 章 图像灰度变换与空间域滤波

图像在空间域的处理主要分为两大类：灰度变换和空间域滤波。灰度变换常用于图像对比度增强、图像阈值处理，变换后的像素值取决于变换函数、该位置变换前的像素值或图像所有变换前的像素值。空间域滤波多用于消除图像噪声、提取边界，滤波结果不仅与该像素滤波前的像素值有关，还与邻域内其他像素的取值有关。

本章介绍经典灰度变换和空间域滤波方法，所有灰度变换和空间滤波均用映射关系 T 表示，设图像坐标 (x,y) 处的原像素值为 $f(x,y)$，灰度变换或空间滤波后的像素值为 $g(x,y)$，则变换前后的像素值关系表述为

$$g(x,y) = T[f(x,y)] \tag{3.1}$$

3.1 常用灰度变换

灰度变换可改善图像对比度，也可根据需要突出图像某些区域、抑制不需要的特征。单色图像的像素值只有一个分量，该分量称为灰度，而彩色图像的每个像素有多个分量，如红、绿、蓝 3 个分量。图像灰度变换针对单色图像进行，如果需要对彩色图像进行类似处理，则可将每个色彩分量图当作一幅单色图像，分别进行灰度变换。本章中的像素值指单色图像灰度值。

3.1.1 线性变换

设空间坐标 (x,y) 变换前的像素值 $f(x,y)=r$，经灰度变换 T 后像素值 $g(x,y)=s$，即 $s=T(r)$，若 s 与 r 满足如下线性关系：

$$s=T(r)=a \times r+b \tag{3.2}$$

则变换称为线性变换。式中，a、b 均为常数，

选择不同的 a、b 值会得到不同的线性变换效果。若 $a>1$，则变换后图像最小值与最大值的差距增大，图像明暗对比度增加；当 $0<a<1$ 时，图像对比度降低，对图 3.1a 用 $a=0.5$、$b=0$ 进行线性变换，结果如图 3.1b 所示。若 $a=1$ 且 $b \neq 0$，则图像最小值与最大值的差距不变，明暗对比度不变，此时若 $b>0$，则图像灰度值整体升高，图像变亮，对图 3.1b 中的每个像素值增加 64，结果如图 3.1c 所示；同理，$b<0$ 时，图像整体变暗。若原始图像 r 的取值范围为 $[0,R-1]$，当 $a=-1$，$b=R-1$ 时，图像明暗反转，如同黑白摄影胶片的负片。

3.1.2　对数变换与反对数变换

对数变换前后像素值的对应关系为

$$s = T(r) = c\log(1+r) \tag{3.3}$$

式中，c 为常数。对 $1+r$ 取对数是为了避免 $r=0$ 时对数值为负无穷的情况，确保 s 最小值非负。对数变换用于对图像暗部细节进行增强，变换将 $r=0$ 附近的低灰度值映射到范围更宽的灰度区间，扩展了暗区动态范围，同时压缩原图像高灰度值区间的动态范围。对图 3.1b 进行对数变换可得图 3.1d，暗区动态范围拓展，能看清更多暗部细节。

反之，若 $s = T^{-1}(r)$，其中 T^{-1} 是对数变换的反函数，则灰度变换称为反对数变换。反对数函数的曲线和对数的曲线是对称的，其效果与对数变换相反，前者压缩灰度值较低区间的动态范围，同时扩大高灰度值区间的动态范围。

a) 原图像　　　　b) 像素值减半　　　c) 图b)加常数的结果　　d) 图b)对数变换的结果

图 3.1　线性变换和对数变换示例

3.1.3　幂律变换（伽马变换）

幂律变换前后像素值的对应关系为

$$s = c \times r^{\gamma} \tag{3.4}$$

式中，c 和 γ 均为大于 0 的常数。幂指数 γ 又称伽马指数，幂律变换也称为伽马变换。幂律变换函数如图 3.2 所示。$\gamma<1$ 可增大低灰度值区间的动态范围，对低灰度值起放大作用，同时压缩高灰度值区间的动态范围；$\gamma>1$ 时则情况相反。

图 3.3 是对图 3.1a 使用 $c=1$ 及不同的 γ 进行幂律变换的示例。γ 分别为 0.4、0.7 时，原图像暗区的动态范围变大，暗区灰度值放大；γ 分别为 1.5、3.0 时，原图像的暗部被进一步压缩动态范围，灰度值变小，幂律变换后的图像比原图像更暗。

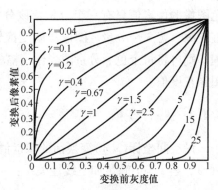

图 3.2　幂律变换函数

a) $\gamma=0.4$　　　　b) $\gamma=0.7$　　　　c) $\gamma=1.5$　　　　d) $\gamma=3.0$

图 3.3　幂律变换示例

灰度线性变换、对数变换和幂律变换的程序如下：

```cpp
#include <iostream>
#include <opencv2/openv.hpp>
using namespace cv;
using namespace std;
int main(){
    Mat img,tmp,dst_linear,dst_log,dst_gamma;
    img=imread("cat.jpg",IMREAD_GRAYSCALE);  //以灰度形式读取图像
    if (img.empty()){  cout<<"读取有误"<<endl; return -1; }
    img.convertTo(img,CV_16F); //将图像数据转换为浮点型
    addWeghted(img,1.5,img,0,3,dst_linear,CV_16F); /*线性变换,1.5
*f(x,y)+3=g(x,y)*/
    normalize(dist_linear,dist_linear,0,255,NORM_MINMAX,CV_8U);
/*将线性变换后的数据归一化到0~255的区间,归一化后的数据格式为8比特深度无符
号数据*/
    imshow("线性变换后图像",dist_linear);  //显示图像
    tmp=Mat::ones(img.rows,img.cols,CV_16F);
    //创建一个与原图大小相同、像素值均为1的Mat对象,数据类型与img相同
    tmp=add(tmp,img,tmp);  //像素值加1,结果放入tmp中
    dst_log=log(tmp)*5; //对数运算,  g(x,y)=5*log[1+f(x,y)]
    normalize(dist_log,dst_log,0,255,NORM_MINMAX,CV_8U);
    /* 将线性变换后的浮点型数据归一化,将最小值归一化为0,将最大值归一化为
255*/
    imshow("对数变换后图像",dst_log);  //显示图像
    pow(img,2.2,dst_gamma);  //幂律变换,g(x,y)=f(x,y)的2.2次幂
    normalize(dist_gamma,dst_gamma,0,255,NORM_MINMAX,CV_8U);
//数据归一化
    imshow("幂律变换后的图像",dst_gamma);  //显示图像
    waitKey(0);  //等待键盘输入
    return 0;
}
```

3.1.4　分段线性变换

分段线性变换对位于不同灰度区间段的像素值分别采用不同的线性变换函数，选择性拉伸或压缩某段灰度区间的像素值可改善输出图像质量。如图 3.4a 所示，每段灰度采用不同

的线性变换策略。图3.4b中，灰度值在$[a,b]$之外的像素值清0，灰度值在$[a,b]$内的像素值被赋予最大值，变换后的图像只有两种取值。图3.4c中，对灰度值落在$[a,b]$段内的像素值保持不变，而灰度值落在该区间之外的像素值均清0。图3.4b、c通常用于提取灰度值在一定范围内的特定目标。

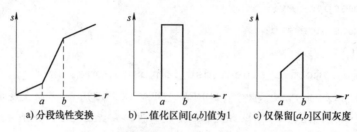

a) 分段线性变换　　　　b) 二值化区间[a,b]值为1　　　　c) 仅保留[a,b]区间灰度

图 3.4　常用分段线性变换

图像编码中常用的位平面分层也属于分段线性变换。每个像素值都可以用二进制数表示，例如，8比特深度图像的像素值二进制表示为$a_7a_6a_5a_4a_3a_2a_1a_0$，其中，a_7为最高有效位（Most Significant Bit，MSB），a_0为最低有效位（Least Significant Bit，LSB）。将所有像素位于同一比特位上的二进制数组合会得到一幅二值图像（像素值为0或1），该图像被称为位平面图像。将图像分解成多个位平面图像的处理称为位平面分层。高有效位包含图像主要信息，低有效位包含进一步的细节信息。图3.1a中，8比特深度的图像经位平面分层后得到8个二进制图像，如图3.5所示，从左至右、从上到下，有效位依次增高，可以看到最高3层的有效位平面图像反映了图像基本的轮廓。

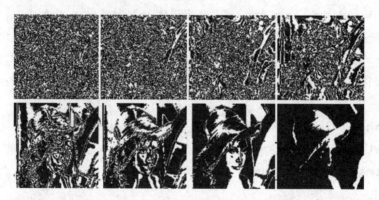

图 3.5　位平面分层，从左至右、从上到下，位平面有效性依次增高

假设原图像的比特深度为8，存放于Mat对象img中，可用如下程序获得位平面图：

```
vector<Mat> dst;  //存放各位平面图像
for (int i = 0; i<8; i++){
    Mat tmp(img.size(),CV_8UC1);
    uchar BitCode = 0x01<<i;
    Mat mask(img.size(),CV_8UC1,Scalar(BitCode));
    //定义矩阵大小与原图像相同,8比特深度,矩阵中的所有数据值均为BitCode
```

```
    bitwise_and(img,mask,tmp); /*原图数据与 mask 数据按像素与操作,结
果为 0 或 BitCode * /
    normalize(tmp,tmp,0,255,NORM_MINMAX); //将结果归一化至 0 或 255
    dst.push_back(tmp);//存放在 dst 容器中
}
```

3.2 基于直方图的灰度变换

3.2.1 直方图

直方图用于对像素值进行特征统计,它描述了图像中的各灰度值与其出现频次之间的关系,这里的"频次"可以是概率密度,也可以是出现次数。设图像中灰度值 r_k 的出现次数为 n_k,则可以描述为该灰度值的出现次数 $h(r_k)=n_k$,概率密度 $p(r_k)$ 为 $n_k/(MN)$,其中,M、N 分别为图像高度和宽度,MN 表示像素总数,使用概率密度表示的直方图也称为归一化直方图。

直方图最常见的形式是以柱状图表示。如图 3.6 所示,横坐标代表灰度级,从左至右的范围为 $[0,2^{depth}-1]$,其中,$depth$ 表示图像深度,或者横坐标为灰度区间(bin),例如将 0~255 的灰度级分为 32 个区间,每个区间有 8 个灰度级;纵坐标表示图像中各灰度或灰度区间出现的频次。直方图还可用表格表示,表格索引值为图像灰度值或灰度值区间,表格中存储与索引值对应的频次。直方图反映图像灰度分布,可以直观地反映出图像的明暗程度。图 3.6 中,从左至右分别为图 3.3a、b、d 的直方图,直方图左侧部分占比较大,说明图像整体偏暗,偏右则说明图像偏亮。图像直方图数据集中于很窄的一段区间,说明图像对比度不高。

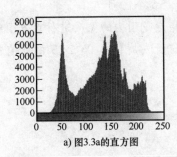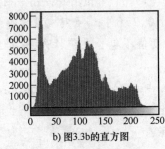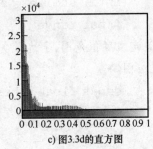

a) 图3.3a的直方图　　b) 图3.3b的直方图　　c) 图3.3d的直方图

图 3.6 直方图反应图像灰度分布

根据不同亮度、不同对比度图像对应的直方图差异,也可以设想:如果修改了灰度直方图,那么图像的亮度或对比度也会发生变化。基于直方图的图像灰度变换,通过调整灰度值分布可实现灰度变换。

函数 calcHist(const Mat * images,int nimages,const int * channels,InputArray mask,Output-

Array hist，int dims，const int ＊ histSize，const float ＊＊ ranges，bool uniform = true，bool accumu-late = false）用于计算直方图。images 为输入图像；nimages 指定输入图像数量；channels 指明需要统计图像哪个通道（分量）的直方图，假设输入图像有 N 个通道（分量），则 channels 输入范围为 $0 \sim N-1$；mask 为掩模图像，用于指定感兴趣区域，函数只统计 images 感兴趣区域的直方图；hist 为输出直方图数组；dims 指定输出直方图的维数；histSize 指定直方图横轴分为多少个区间；ranges 为统计像素值的区间；uniform 指示是否对直方图数组进行归一化处理；accumulate 指明当多个图像需要统计直方图时，是否在每个 bin 中累加像素值的个数，默认为否。调用该函数统计图像直方图的例程如下：

```cpp
#include "opencv2/opencv.hpp"
#include <iostream>
using namespace std;
using namespace cv;
int main(int argc,char ＊＊ argv){
    CommandLineParser parser(argc,argv,"{@ input | lena.jpg | input image}");
    Mat src = imread(samples::findFile(parser.get<String>("@ input")),IMREAD_COLOR);
    //从命令行接收输入文件的名字,以彩色图像形式将文件读入 src 中
    if(src.empty())  {//检查输入图像是否正确读取
        cout<<"输入文件有误,检查输入文件名称!"<<endl; return EXIT_FAILURE;  }
    vector<Mat> bgr_planes;  //定义 Mat 对象数组
    split(src,bgr_planes); /*将彩色图的蓝、绿、红 3 个通道(分量)分成 3 个单色图像*/
    int histSize = 256;    //指定直方图共有 256 个区间
    float range[] = {0,256}; /*对灰度值在指定范围内的像素进行直方图统计,设定灰度值范围,上边界灰度值不包含在统计内,这里统计灰度值在 0~255 的所有像素直方图 */
    const float ＊ histRange[] = { range };
    bool uniform = true,accumulate = false;
    Mat b_hist,g_hist,r_hist;
    calcHist(&bgr_planes[0],1,0,Mat(),b_hist,1,&histSize,histRange,uniform,accumulate);
    /*对蓝色分量统计直方图,输入图像在 bgr_planes[0]中;输入图像只有一个,故第二个参数 nimages=1;输入图像是单通道图像,通道编号从 0 开始,故这里只能
```

选择第 0 个分量进行直方图统计;没有掩模图像;输出的直方图放在 Mat 对象 b_hist 的
矩阵中;指定输出直方图的维数,这里用一维直方图,故设置为 1;指定直方图每维的区间
(bin)数量,这里设定每个灰度级一个区间,故有 256 个区间;在直方图的每维中,指定对
灰度值在什么范围的像素进行统计,这里由 range 设定的像素值在 0~255 范围内的都统
计;统计结果进行归一化;统计结果不累加,每次统计直方图前将存放直方图结果的
b_hist 清 0 * /

```
      calcHist(&bgr_planes[1],1,0,Mat(),g_hist,1,&histSize,his-
tRange,uniform,accumulate);
      //对绿色分量进行直方图统计,结果放入 g_hist
      calcHist(&bgr_planes[2],1,0,Mat(),r_hist,1,&histSize,his-
tRange,uniform,accumulate);
      //对红色分量进行直方图统计,结果放入 r_hist
      int hist_w = 512,hist_h = 400;   //设置后续用于显示直方图的图像大小
      int bin_w = cvRound((double) hist_w/histSize);
      Mat histImage(hist_h,hist_w,CV_8UC3,Scalar(0,0,0));
      normalize(b_hist,b_hist,0,histImage.rows,NORM_MINMAX,-1,Mat());
      normalize(g_hist,g_hist,0,histImage.rows,NORM_MINMAX,-1,Mat());
      normalize(r_hist,r_hist,0,histImage.rows,NORM_MINMAX,-1,Mat());
      /*3 个色彩分量分别进行归一化,各自的直方图最大值后续均显示在最顶端。注
意,这样处理后,3 个色彩分量直方图的纵坐标尺度不同。如果想用相同的纵坐标尺度,可用
NORM_L2 代替上面的 NORM_MINMAX,输出数据类型改为 CV_32F,并归一化至 0~1.0 * /
      for(int i = 1; i < histSize; i++) {
         line(histImage,Point(bin_w * (i-1),hist_h - cvRound(b_
hist.at<float>(i-1))),
         Point(bin_w *(i),hist_h - cvRound(b_hist.at<float>(i))),
         Scalar(255,0,0),2,8,0);   //用蓝色画蓝色分量直方图
         line(histImage,Point(bin_w * (i-1),hist_h - cvRound(g_
hist.at<float>(i-1))),
         Point(bin_w *(i),hist_h - cvRound(g_hist.at<float>(i))),
         Scalar(0,255,0),2,8,0);   //用绿色画绿色分量直方图
         line(histImage,Point(bin_w * (i-1),hist_h - cvRound(r_
hist.at<float>(i-1))),
         Point(bin_w *(i),hist_h - cvRound(r_hist.at<float>(i))),
         Scalar(0,0,255),2,8,0);   //用红色画红色分量直方图
      }
      imshow("原图像",src); imshow("直方图",histImage); //显示直方图
```

```
    waitKey();
    return EXIT_SUCCESS;
}
```

3.2.2 直方图均衡

直方图均衡是图像增强的常用方式，它使像素值分布更平衡，可扩大分布的动态范围，进而增强图像整体对比度。直方图均衡将灰度概率密度函数（Probability Density Function，PDF，又称概率密度分布）$p_r(r)$ 的图像进行灰度变换，使得变换后图像灰度的概率密度函数 $p_s(s)$ 为常数。例如，原图像 PDF 如图 3.7a 所示，经过直方图均衡后的 PDF 如图 3.7b 所示。这里的变量 r、s 分别表示原图像灰度、直方图均衡后的图像灰度，$p(\ )$ 表示概率密度函数，下标 r、s 表示对应的 PDF 分别是直方图均衡前、均衡后的。由于直方图对应灰度值概率分布，因此这里概率密度函数的变化就是直方图的变化。

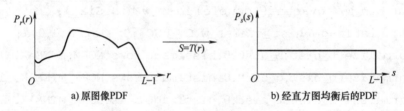

图 3.7 直方图均衡前后图像灰度的 PDF

1. 直方图均衡理论基础

数字图像直方图均衡前后的灰度值 r 和 s 均是整数，这里为了理论描述方便，先用连续函数表示，与它们对应的概率密度函数 $p_r(r)$、$p_s(s)$ 也先用连续函数表示。设 r、s 的动态范围均为 $0 \sim L-1$，其中，L 表示图像灰度级数，当 r、s 为 0 时表示黑色，r、s 为 $L-1$ 时表示白色，r、s 的映射关系 $s = T(r)$ 应满足以下两个限制条件：

1）在 $0 \leqslant r \leqslant L-1$ 范围内，$T(r)$ 应为单调递增函数，均衡后图像的明暗次序与原图像相同。若原图像中的灰度 $r1 < r2$，则经过直方图均衡后，$s1 = T(r1) < T(r2) = s2$。

2）在 $0 \leqslant r \leqslant L-1$ 范围内有 $0 \leqslant s = T(r) \leqslant L-1$，该条件确保均衡后图像的灰度值仍在允许范围内。

满足上述条件的灰度变换函数存在反变换，反变换表示为 $r = T^{-1}(s)$，显然反变换也应满足上述两个限制条件。如果已知 r 的概率密度函数为 $p_r(r)$，而 s 是关于 r 的函数，则 s 的概率密度函数 $p_s(s)$ 可由 $p_r(r)$ 求出。设 s 的累积分布函数为 $F_s(s)$，则有

$$F_s(s) = \int_0^s p_s(v)\,\mathrm{d}v = \int_0^r p_r(w)\,\mathrm{d}w \tag{3.5}$$

式中，两个积分式相等的依据：原图像灰度 $0 \sim r$ 的像素直方图均衡后灰度为 $0 \sim s$，原图像中灰度 $0 \sim r$ 的像素占比应等于均衡后图像中灰度 $0 \sim s$ 的像素占比。概率密度函数 $p_s(s)$ 可通过

对累积分布函数求导得到，对式（3.5）求导有

$$p_s(s) = \frac{\mathrm{d}F_s(s)}{\mathrm{d}s} = \frac{\mathrm{d}\left[\int_{-\infty}^{r} p_r(w)\,\mathrm{d}w\right]}{\mathrm{d}s} = p_r(r)\frac{\mathrm{d}r}{\mathrm{d}s} = p_r(r)\frac{\mathrm{d}r}{\mathrm{d}\left[T(r)\right]} \qquad (3.6)$$

由式（3.6）最后一项可以看出，概率密度函数 $p_s(s)$ 由概率密度函数 $p_r(r)$ 和变换函数 $T(r)$ 共同决定，$p_r(r)$ 是原图像归一化直方图，因此需要做的就是找到满足上述两个限制条件且使 $p_s(s)$ 均匀分布的映射关系 T。不妨看这样一个映射关系 T：

$$s = T(r) = (L-1) \times \int_0^r p_r(w)\,\mathrm{d}w \qquad (3.7)$$

式中，右侧积分式是 r 的累积分布函数。累积分布函数单调递增，并且取值范围为 0~1，显然这个映射关系满足两个限制条件。对式（3.7）求导：

$$\frac{\mathrm{d}s}{\mathrm{d}r} = \frac{\mathrm{d}T(r)}{\mathrm{d}r} = (L-1)\frac{\mathrm{d}}{\mathrm{d}r}\left[\int_0^r p_r(w)\,\mathrm{d}w\right] = (L-1) \times p_r(r) \qquad (3.8)$$

将式（3.8）代入式（3.6）有

$$p_s(s) = p_r(r)\frac{\mathrm{d}r}{\mathrm{d}s} = p_r(r)\frac{1}{(L-1)p_r(r)} = \frac{1}{(L-1)} \quad 0 \leqslant s \leqslant L-1 \qquad (3.9)$$

可见，在式（3.7）中，r 与 s 的映射关系 T 既满足直方图均衡的两个限制条件，又能确保映射后 s 的灰度值符合均匀分布。"常数 $L-1$ 乘图像灰度累积分布函数"就是直方图均衡的映射关系。

2. 直方图均衡的实现

数字图像中的直方图为离散函数，对于 M 行 N 列图像的灰度 r_k，r 表示均衡前的灰度，下标 k 表示灰度值为 k。该灰度在均衡前图像中出现的次数为 n_k，则概率密度函数表示为 $p_r(r_k) = n_k/(MN)$。根据式（3.7），直方图均衡映射关系为

$$s_k = T(r_k) = (L-1)\sum_{j=0}^{k} p_r(r_j) = \frac{L-1}{MN}\sum_{j=0}^{k} n_j \quad k = 0,1,\cdots,L-1 \qquad (3.10)$$

s_k 是灰度 r_k 均衡后的灰度值。这样计算得到的 s_k 不一定是整数，还需要将其近似到最近的整数。下面结合例子对数字图像直方图均衡的步骤进行说明。

【例 3.1】 原图像大小为 128×64 像素，3 比特深度，灰度取值范围为 0~7，各灰度值出现的次数和概率密度如表 3.1 所示。对图像进行直方图均衡，并统计均衡后图像的直方图。

表 3.1　原始图像灰度分布

灰度值 r	像素数目 n	概率密度 p
0	1837	0.22424
1	1286	0.15698
2	954	0.11646
3	1938	0.23657
4	1025	0.12512
5	184	0.02246
6	481	0.05872
7	487	0.05945

3 比特深度表示共有 8 个灰度级，式（3.10）中的 L 值为 8，灰度值范围为 $0 \sim L-1$（即 $0 \sim 7$）。根据式（3.10）计算 k 分别取 $0 \sim 7$ 时的 s_k：

$$s_0 = T(r_0) = (8-1)\sum_{j=0}^{0} p_r(r_j) = 7p_r(r_0) = 7 \times 0.22424 = 1.56968$$

$$s_1 = T(r_1) = (8-1)\sum_{j=0}^{1} p_r(r_j) = 7p_r(r_0) + 7p_r(r_1) = 2.6685$$

同理可得 $s_2 = 3.48376$，$s_3 = 5.13978$，$s_4 = 6.0156$，$s_5 = 6.1728$，$s_6 = 6.5838$，$s_7 = 7$。分别将以上 s_k 近似到最近的整数，则有 $s_0 \rightarrow 2$、$s_1 \rightarrow 3$、$s_2 \rightarrow 3$、$s_3 \rightarrow 5$、$s_4 \rightarrow 6$、$s_5 \rightarrow 6$、$s_6 \rightarrow 7$、$s_7 \rightarrow 7$。说明原图像灰度值 0 在直方图均衡后被映射到灰度值 2，原灰度值 1 和 2 均被映射到灰度值 3，原灰度值 3 被映射到灰度值 5，原灰度值 4、5 均被映射到灰度值 6，原灰度值 6、7 均被映射到灰度值 7。均衡后的图像中没有灰度值 0、1、4 的像素，而灰度值 3 的像素数目为原图像中灰度值 1、2 像素数之和，灰度级 6 的像素数目为 1025+184=1209 个，灰度级 7 的像素数目为 481+487=968 个。均衡后的灰度分布如表 3.2 所示。

表 3.2 均衡后图像灰度分布

均衡后的灰度值 s	像素数目 n	概率密度 p
0	0	0
1	0	0
2	1837	0.22424
3	2240	0.27343
4	0	0
5	1938	0.23657
6	1209	0.14758
7	968	0.11816

数字图像直方图均衡后不一定得到完全均匀分布的直方图，但均衡后的直方图在整个动态范围内的概率密度分布更均匀，客观上起到了增强对比度的作用。图 3.8a 的直方图如图 3.8b 所示。对图 3.8a 所示的直方图均衡后的结果如图 3.8c 所示，图 3.8c 的直方图如图 3.8d 所示。

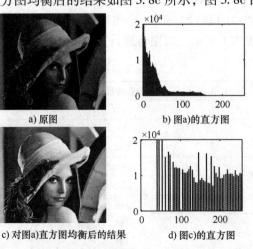

a) 原图　　　　　　　b) 图a)的直方图

c) 对图a)直方图均衡后的结果　　　　d) 图c)的直方图

图 3.8 直方图均衡前后图像及直方图对比

函数 void equalizeHist(InputArray src,OutputArray dst)对图像 src 进行直方图均衡,均衡后的图像放在 dst 中, dst 与 src 大小相同。直方图均衡程序如下:

```
int main(int argc,char * * argv) {
    CommandLineParser parser(argc,argv,"{@ input | lena.jpg | input
image}");
    Mat src = imread(samples::findFile(parser.get<String>("@ in-
put")),IMREAD_COLOR);
    //读入彩色图像,图像文件名从命令行输入
    if(src.empty()){  //检查文件是否正确
        cout <<"找不到输入的图像文件 \n" << endl;
        cout <<"命令格式:" << argv[0] << " <Input image>" << endl; return –1;  }
    cvtColor(src,src,COLOR_BGR2GRAY); /* 将输入的彩色图像转换为灰度
图像,也可以在通过 imread()读入图像文件时设置标志 IMREAD_GRAYSCALE,直接以灰
度形式读入文件 */
    Mat dst;
    equalizeHist(src,dst); /* 对图像进行直方图均衡,均衡后的图像放在
dst 中 */
    imshow("均衡后的图像",dst); //显示均衡后的图像
    waitKey();
    return 0;
}
```

3.2.3　直方图规定化（直方图匹配）

1. 直方图规定化理论

直方图规定化也称直方图匹配,可对图像进行灰度变换,使得变换后的灰度分布符合任意指定的概率密度函数。直方图均衡是直方图规定化的特例。

为了方便说明,这里仍然先用连续函数表示直方图和灰度。令 $p_r(r)$、$p_z(z)$ 分别代表原图像像素值 r、直方图规定化后图像灰度值 z 的概率密度函数, $p_z(z)$ 就是指定的概率密度函数。令 s 代表一个变量,其与 r 的关系与式(3.7)相同:

$$s = T(r) = (L-1)\int_0^r p_r(w)\,\mathrm{d}w \tag{3.11}$$

接着定义一个关于变量 z 的函数:

$$G(z) = (L-1)\int_0^z p_z(v)\,\mathrm{d}v \tag{3.12}$$

如果 $G(z) = T(r) = s$,那么可以推断 z 必须满足:

$$z = G^{-1}\big[T(r)\big] = G^{-1}(s) \tag{3.13}$$

由图像归一化直方图可得 $p_r(r)$，根据式（3.11）即可确定 s。类似地，根据指定的变换后灰度概率密度 $p_z(z)$，由式（3.12）即可确定 $G(z)$。最后根据 $z = G^{-1}(s)$ 获得 s 到 z 的映射。

这里有两个问题待解决：

1）对实际数字图像离散的直方图如何处理？

2）$z = G^{-1}(s)$ 如何计算？

对于数字图像，可以将式（3.11）用离散形式代替：

$$s_k = T(r_k) = (L-1) \sum_{j=0}^{k} p_r(r_j) = \frac{L-1}{MN} \sum_{j=0}^{k} n_j \quad k = 0,1,\cdots,L-1 \tag{3.14}$$

同样，对式（3.12）中的 $G(z)$ 也用离散形式代替：

$$G(z_q) = (L-1) \sum_{i=0}^{q} p_z(z_i) \quad q = 0,1,\cdots,L-1 \tag{3.15}$$

实际中并不需要计算函数 $G()$ 的反变换 $G^{-1}()$，可以根据式（3.15）分别计算 $G(z_q)$，得到 L 个值 $G(z_0),G(z_1),\cdots,G(z_{L-1})$，将它们分别近似到最近的整数。同理，将式（3.14）计算出的每个 s_k 值也近似到最近的整数。然后将 s_k 的近似整数与各 $G(z_q)$ 的近似整数相比较，假设 s_k 的近似整数与 $G(z_i)$ 的近似整数最接近，则认为 $z_i = G^{-1}(s_k)$。

2. 直方图规定化实现

直方图规定化步骤为：

1）计算原图像直方图，根据式（3.14）求出 s_k，并将结果近似到 $[0,L-1]$ 范围内的整数。

2）根据指定 $p_z(z)$，由式（3.15）计算 $G(z)$ 并将结果近似到 $[0,L-1]$ 范围内的整数，将所有 $G(z)$ 的近似整数值存储在一个查找表中。

3）对于 $s_k(k=0,1,\cdots,L-1)$ 的整数近似值，在步骤2）的查找表中找到与其最接近的值，若其与 $G(z_q)$ 的近似整数最接近，则认为 $z_q = G^{-1}(s_k)$。

通过比较直方图均衡式（3.10）与规定化式（3.14）可以看到，步骤1）根据式（3.14）求 s_k 并近似到整数，其实就是直方图均衡。因此步骤1）可以描述为：对原图像进行直方图均衡，原图像各灰度均衡后对应的灰度值即为 s_k。下面结合例子对直方图规定化步骤进行详细讲解。

【例3.2】图像大小为128×64像素，共8个灰度级，各灰度值出现的次数和概率密度如表3.1所示。对该图像进行直方图规定化，规定化后的灰度分布概率如表3.3所示。

表3.3　直方图规定化指定的灰度分布

直方图规定化后的灰度 z	指定概率密度 p
0	0
1	0
2	0
3	0.15

（续）

直方图规定化后的灰度 z	指定概率密度 p
4	0.20
5	0.30
6	0.20
7	0.15

首先执行步骤 1），根据原图像灰度分布计算并近似 s_k 为整数，可直接利用【例 3.1】的直方图均衡结果，$s_0 \to 2$、$s_1 \to 3$、$s_2 \to 3$、$s_3 \to 5$、$s_4 \to 6$、$s_5 \to 6$、$s_6 \to 7$、$s_7 \to 7$，即 $s_k(k=0,\cdots,7)$ 有 2、3、5、6、7 共 5 种取值。然后执行步骤 2），根据表 3.3，由式（3.15）计算得

$$G(z_0) = (8-1)\sum_{i=0}^{0} p_z(z_i) = 7p_z(z_0) = 7 \times 0 = 0$$

$$G(z_1) = (8-1)\sum_{i=0}^{1} p_z(z_i) = 7p_z(z_0) + 7p_z(z_1) = 0$$

类似可得 $G(z_2)=0$、$G(z_3)=1.05$、$G(z_4)=2.45$、$G(z_5)=4.55$、$G(z_6)=5.95$、$G(z_7)=7$。将结果近似为整数：$G(z_0) \to 0$、$G(z_1) \to 0$、$G(z_2) \to 0$、$G(z_3) \to 1$、$G(z_4) \to 2$、$G(z_5) \to 5$、$G(z_6) \to 6$、$G(z_7) \to 7$。将 $G(z_q)$ 值存储在以 $z_q(q=0,\cdots,7)$ 为索引的表 3.4 中。

表 3.4　查找表

z_q	$G(z_q)$ 近似整数
0	0
1	0
2	0
3	1
4	2
5	5
6	6
7	7

最后执行步骤 3），对每个 s_k 的近似整数找到与其最接近的 $G(z_q)$ 近似整数。本例中，$s_0 \to 2$、$G(z_4) \to 2$，即原图像中的灰度值 0 经过直方图均衡后为 2（$s_0 \to 2$），最终在指定直方图的图像中被映射到灰度 4（$G(z_4) \to 2$）。原图像的灰度值 1、2 经直方图均衡后均为 3（$s_1 \to 3$、$s_2 \to 3$），比较 $G(z_4) \to 2$、$G(z_5) \to 5$，显然 $G(z_4) \to 2$ 与 3 最接近，因此原图像的灰度值 1、2 经直方图规定化被映射到灰度值 4；由 $s_3 \to 5$、$G(z_5) \to 5$ 可知，原图像的灰度值 3 经直方图规定化后为 5；同理，原图像的灰度值 4、5 经直方图规定化后为 6；原图像的灰度值 6、7 经直方图规定化后为 7。

3.2.4　限制对比度自适应直方图均衡

基于直方图的灰度变换对整幅图像的所有像素使用相同映射，当像素值的局部分布与全

局分布相似时，图像增强效果较好。若图像中有局部与全局明暗分布不一致的情况，则上述方法图像增强的效果不尽如人意。自适应直方图均衡算法的基本思想是将图像分成若干个矩形子区域，对每个子区域做直方图均衡，达到改进图像局部对比度的目的。

简单的自适应直方图均衡在改善局部对比度的同时也会放大平坦区域的噪声，平坦区域中的像素值相近，像素值的动态范围小，对该区域进行直方图均衡可扩大像素值的动态范围，放大了区域内原本微弱的噪声与其他部分的差异。限制对比度自适应直方图均衡（Contrast Limited Adaptive Histogram Equalization，CLAHE）通过限制自适应均衡算法中的对比度提高程度，抑制噪声放大的问题。由式（3.7）可知，均衡后的像素值 s 与累积分布函数成正比，若累积分布函数变化缓慢，则原图中相近的灰度值均衡后的差异小。图 3.9a 所示为图像一个子区域的直方图，阴影部分为概率密度超过预定义阈值的部分，CLAHE 首先对超出阈值的部分进行裁剪，并将这部分均匀分布到直方图对应的各灰度级中，如图 3.9b 所示。比较图 3.9a 和 b 可以看出，裁剪后的概率密度曲线变化趋缓，对应的累积分布函数变化较慢。

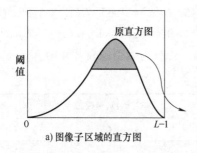 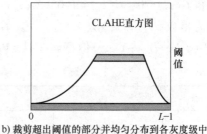

a）图像子区域的直方图   b）裁剪超出阈值的部分并均匀分布到各灰度级中

图 3.9   CLAHE 直方图裁剪

CLAHE 对直方图裁剪的过程如下：

1）将原图像分成若干不重叠的矩形子区域（tile），每个子区域的大小为 $M×N$，通常为 $8×8$。

2）对每个子区域分别求直方图，然后对每个子区域执行步骤 3）~6）。

3）先计算一个区域内的平均每个灰度级分配多少个像素 $N_{avg} = MN/N_{gray}$，这里的 N_{gray} 表示图像灰度级数，如灰度图像为 8 比特深度，则 $N_{gray} = 2^8 = 256$。然后求像素数量的裁剪阈值（clip limit）$N_{cl} = N_{clip}×N_{avg}$，$N_{clip}$ 是 0~1 之间的常数，由使用者设置，当某个灰度值的像素数目超过 N_{cl} 时，如图 3.9a 阴影所示，超过的部分后续将会被裁剪掉。

4）遍历所有灰度值 0~$N_{gray}-1$，统计需要被裁剪掉的像素数量总和 $N_{\sum clip}$，计算每个灰度值需要分摊的像素数量 $N_{avggray} = N_{\sum clip}/N_{gray}$。

5）遍历所有灰度值 0~$N_{gray}-1$，对被裁剪像素数量进行初次分配，分 3 种情况：

① 该灰度值下的原像素数量已经超过阈值 N_{cl}，则分配该灰度值下的像素数量 N_{cl}。

② 该灰度值下的原像素数量小于 N_{cl}，但若增加 $N_{avggray}$ 个像素，则超过 N_{cl}，此时分配该灰度值下的像素数量为 N_{cl}。

③ 该灰度值下的原像素数量加 $N_{avggray}$ 后仍小于 N_{cl}，则分配该灰度值下的像素数量为原数量加上 $N_{avggray}$。

6）检查余下未被分配的被裁剪像素数量，将它们均匀分配到步骤 5）后像素数量仍未超过 N_{cl} 的灰度值下。

接下来，CLAHE 对每个子区域裁剪后的直方图分别进行均衡。对每个子区域分别进行直方图均衡后通常会出现块效应：子区域内部看上去过渡自然，但各子区域边界处的灰度差异明显。CLAHE 采用双线性内插消除块效应。如图 3.10 所示，距离像素点 P 最近的 4 个子区域为 A、B、C、D，它们的中心点分别用空心圆表示，P 均衡后的灰度值由这 4 个子区域各自的直方图均衡结果内插得到。设原图像中 P 的灰度值为 r，r 在子区域 A、B、

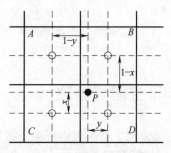

图 3.10　CLAHE 中的双线性内插

C、D 的直方图均衡后分别映射为灰度 $T_A(r)$、$T_B(r)$、$T_C(r)$ 和 $T_D(r)$，通过双线性内插计算像素点 P 最终均衡后的灰度值为

$$T(r) = xyT_A(r) + x(1-y)T_B(r) + (1-x)yT_C(r) + (1-x)(1-y)T_D(r) \qquad (3.16)$$

式中，x、y 分别是 P 到子区域 D 中心点的归一化垂直、水平距离，取值范围为 0~1。

对于低对比度图像（见图 3.11a），直方图均衡结果（见图 3.11b）增强了对比度，但在高亮处无法提供更多细节，CLAHE 结果如图 3.11c 所示，对高亮区域提供了更多细节。

a) 原图像　　　　　　　b) 直方图均衡结果　　　　　　c) CLAHE结果

图 3.11　直方图均衡与 CLAHE 效果比较

OPENCV 提供 CLAHE 类，类函数 Ptr<CLAHE> createCLAHE(double clipLimit = 40.0, Size tileGridSize = Size(8,8)) 可创建一个指向 CLAHE 类的指针并初始化该类。clipLimit 用于设置裁剪阈值 clip limit，输入图像被分割为大小相等的若干矩形区域（tiles），tileGridSize 定义了在行、列方向上分别分割多少个子区域。创建 CLAHE 类对象后，调用类函数 CLAHE::apply(InputArray src, OutputArray dst) 对灰度图像 src 进行 CLAHE，src 必须是 CV_8UC1 或 CV_16UC1 格式，dst 为均衡后的输出图像，其格式与 src 相同。函数使用例程如下：

```
Mat src = imread("lowContrast.png",IMREAD_GRAYSCALE); /* 以灰度形
式输入图像*/
Ptr<CLAHE> clahe = createCLAHE(); /*创建指向 CLAHE 类对象的指针,灰度
值出现的次数超过默认阈值 40 就进行直方图裁剪,图像分为若干个 8×8 矩形子区域*/
clahe->setClipLimit(4); //修改阈值为 4
Mat dst;
```

```
clahe->apply(src,dst); /* 对输入图像进行 CLAHE 均衡,均衡后图像放入 dst
中 */
    imshow("CLAHE 结果",dst);
```

3.3 空间域滤波

滤波用于对图像进行平滑或锐化,平滑滤波用于减小噪声,而锐化滤波用于提取边缘、突出边缘和细节。空间域滤波在空间域对像素进行操作。

3.3.1 空间域滤波基础知识

空间域滤波可在一个小区域进行预定义的运算。小区域在滤波中用模板表述,模板是 $(2a+1)×(2b+1)$ 的矩形,其尺寸远小于图像尺寸。图 3.12 中是一个 3×3 模板,模板中心方形框出的位置称为模板的锚点（Anchor Point）。可选择模板上的任何位置作为锚点,通常以模板中心为锚点。当模板锚点移动到图像坐标 (x,y) 时,图像被模板覆盖区域的各像素参与空间滤波。例如,图 3.12 中,以模板对应位置的数值为加权系数,对图像被覆盖区域的像素值进行加权求和,作为

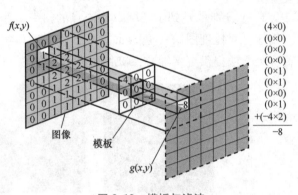

图 3.12　模板与滤波

图像 (x,y) 处的滤波结果,则对图像 $(1,1)$ 处滤波时选择图像被模板覆盖的左上角 3×3 区域像素参与滤波,在 $(1,1)$ 处的滤波结果为 −8。

若滤波结果是图像在 (x,y) 点的像素值及其邻域各像素值的线性组合,则滤波被称为线性空间滤波。以模板锚点为模板的坐标原点,模板坐标 (s,t) 位置的模板像素值用 $w(s,t)$ 表示。以图 3.12 中的 3×3 模板为例,线性空间滤波结果为 $g(x,y)=w(-1,-1)f(x-1,y-1)+w(-1,0)f(x-1,y)+\cdots+w(1,1)f(x+1,y+1)$。

线性空间滤波中的模板又称为核（Kernel）、滤波器（Filter）、卷积核等。对于 $(2a+1)×(2b+1)$ 的模板,图像线性滤波结果 $g(x,y)$ 的数学表达式为

$$g(x,y)=\sum_{s=-a}^{a}\sum_{t=-b}^{b}w(s,t)f(x+s,y+t)\qquad(3.17)$$

当模板锚点移到图像边缘时,模板的一部分落在图像之外,由于图像在边缘处只检测到部分像素点,因此滤波结果与非边缘处的差异较大。为解决此问题,可在进行滤波前对图像进行边界填充,在边界处填充像素点以增加图像尺寸,使得原图像边界在填充图中不再是边界。若模板大小为 $(2a+1)×(2b+1)$,则需要在图像上、下各填充 a 行,左、右各填充 b 列,

如图 3.13a 所示的图像用 5×5 模板滤波，则需要上、下各填充两行、左、右各填充两列。常用的填充策略有：①常数值填充，通常用 0 填充；②复制图像边界，x 方向的填充值使用边缘行像素值，y 方向的填充值使用图像边缘列像素值，如图 3.13b 所示；③镜像填充，分别以图像上、下边缘为对称轴对 x 方向进行镜像填充，分别以图像左、右边缘为对称轴对 y 方向进行镜像填充，如图 3.13c 所示。

　　　　a) 图像　　　　　　　b) 复制边界填充　　　　　　c) 镜像填充

图 3.13　边界填充示意图

OPENCV 函数 void filter2D（InputArray src，OutputArray dst，int ddepth，InputArray kernel，Point anchor = Point（-1，-1），double delta = 0，int borderType = BORDER_DEFAULT）可对图像 src 进行线性滤波。dst 为大小、通道数与 src 相同的输出图像。ddepth 指定输出图像比特深度。kernel 是单通道模板，若彩色图像的 3 个分量用相同的模板，则可直接对彩色图像调用 filter2D（）；如果各分量用不同的模板，则需将图像先用 split（）函数分为 3 个单色图像，然后分别调用 filter2D（）。anchor 指明模板锚点的相对位置，默认值（-1，-1）表示锚点位于模板中心。delta 为输入常数，对图像每个位置的线性滤波结果加上 delta 可作为 dst 的像素值。borderType 指定边界填充的方式。用 filter2D（）对彩色图像 src 进行滤波的程序如下：

```
imshow("原彩色图像",src); //显示原图像
src.convertTo(img,CV_64FC3); /*将数据类型转换为 64 位浮点型以避免滤波结果溢出 */
Mat kernel =(Mat_<double>(3,3) << 4,0,0,0,0,0,0,0,-4);
//设定 3×3 模板的各个系数,系数以 double 型存储
Point anchor = Point(-1,-1); //指定模板中心为锚点
double delta = 0;  //不加常数,直接以线性滤波结果作为输出
int ddepth = -1;  //输出图像比特深度与输入图像的一样
filter2D(src,dst,ddepth,kernel,anchor,delta,BORDER_REFLECT);
//线性滤波
normalize(dst,dst,0,255,NORM_MINMAX,CV_8U);/*结果归一化为无符号 8 位数据 */
imshow("滤波结果",dst);
```

3.3.2 平滑滤波

图像具有局部连续的性质，即同一区域内的相邻像素具有相似性，像素值变化不大，而噪声会使像素值发生突变。空间域平滑滤波利用上述特点可减少或消除图像中的噪声。

1. 线性平滑滤波

常用的空间域线性平滑滤波有均值滤波（模板的所有系数相同）和加权滤波，模板锚点为模板中心点。图 3.14 给出了两个典型的 3×3 模板，模板中的所有系数取值范围为[0,1)，并且系数之和为 1。对图像中被模板覆盖区域的像素值用对应模板系数加权后求和，由于每个加权系数都小于 1，因此可以衰减尖锐的噪声。空间域线性平滑滤波等效于频域低通滤波器。

$$1/9\times\begin{bmatrix}1&1&1\\1&1&1\\1&1&1\end{bmatrix}\qquad 1/16\times\begin{bmatrix}1&2&1\\2&4&2\\1&2&1\end{bmatrix}$$

a) 均值滤波模板　b) 加权滤波模板

图 3.14　平滑滤波器模板

若模板中的所有系数之和不为 1，则线性平滑滤波计算公式可写为

$$g(x,y)=\frac{\sum_{s=-a}^{a}\sum_{t=-b}^{b}w(s,t)f(x+s,y+t)}{\sum_{s=-a}^{a}\sum_{t=-b}^{b}w(s,t)} \tag{3.18}$$

若图像的各区域边缘存在像素值突变，则线性平滑滤波同样会抑制这种突变，造成边缘模糊。图 3.15 给出了不同尺寸模板的均值滤波结果，随着模板增大，滤波结果愈发模糊。

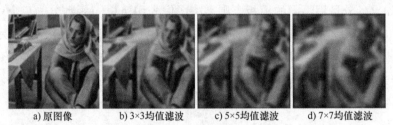

a) 原图像　b) 3×3均值滤波　c) 5×5均值滤波　d) 7×7均值滤波

图 3.15　线性平滑滤波效果

除可用 filter2D( ) 函数进行线性平滑外，OPENCV 对均值滤波还提供了函数 blur( )、boxFilter( )。blur(InputArray src,Output dst,Size ksize,Point anchor=Point(-1,-1),int borderType=BORDER_DEFAULT) 可对图像 src 平滑滤波，结果放入 dst，ksize 指定模板尺寸，anchor 设置锚点在模板中的位置。boxFilter(InputArray src,Output dst,int ddepth,Size ksize,Point anchor=Point(-1,-1),bool normalize=true,int borderType=BOURDER_DEFAULT) 中的参数 ddepth 用于设置输出图像深度，参数 normalize 为 1 时，模板的系数归一化，即所有模板系数均为 1/（模板高度×模板宽度），其他参数与 blur( ) 中的对应参数意义相同。

2. 统计排序滤波

统计排序滤波属于非线性空间滤波，可将图像被模板所覆盖区域中的像素依据像素值大小进行排序，用排序中的第 i 个像素值代替原图像中被模板锚点覆盖处的像素值。常见的排序滤波方法有中值滤波、最大值滤波，最小值滤波等。

中值滤波是最常见的统计排序滤波，用排序序列的中间值作为结果，例如，在图像坐标

(x, y) 处,当 3×3 模板的锚点位于此处时,对图像中被模板覆盖的 9 个像素的灰度值排序,用中间值即排序的第 5 个值作为图像 (x, y) 处滤波结果。中值滤波能够消除孤立的极亮点和极暗点,对去除椒盐噪声非常有效。相比线性平滑滤波,中值滤波能更好地保留边缘清晰度。图 3.16 所示为中值滤波去除椒盐噪声的示例,可以看到滤波后的各边缘仍然清晰。中值滤波器可以多次使用,但多次中值滤波会造成边缘模糊。

a) 无噪声图像   b) 图a)添加椒盐噪声   c) 图b)3×3中值滤波结果

图 3.16 中值滤波去除椒盐噪声的示例

最大值滤波用排序的最大值作为滤波结果,可消除椒噪声(即黑点噪声)。最小值滤波用排序最小值作为滤波结果,可以消除盐噪声(即白点噪声)。图 3.17a、b 分别是含椒噪声图像、含盐噪声污染的图像,对图 3.17a 用 3×3 的最大值滤波,结果如图 3.17c 所示,椒噪声被消除,滤波后原局部深色区域变小,局部亮区变大。图 3.17d 是对图 3.17b 用 3×3 最小值滤波得到的结果,消除了盐噪声,滤波后的局部亮区域减小、局部暗区域增大。

a) 含椒噪声图像   b) 含盐噪声图像   c) 图a)最大值滤波结果 d) 图b)最小值滤波结果

图 3.17 最大值滤波与最小值滤波示例

大尺寸模板对高噪声的滤波效果优于小尺寸模板,因此噪声越大,选取的模板尺寸应越大。但模板越大,滤波结果中各区域的边缘越模糊。对图 3.18a 分别用大小为 3×3、13×13、25×25 的模板中值滤波,结果如图 3.18b ~ d 所示,随着滤波器尺寸增加,滤波后的图像变得越模糊。

a) 原图像   b) 3×3中值滤波   c) 13×13中值滤波   d) 25×25中值滤波

图 3.18 不同尺寸中值滤波比较

OPENCV 函数 medianBlur(Inputarray src , OutputArray dst , int ksize) 可对图像 src 进行中值滤波,结果放入 dst 中。模板大小为 ksize×ksize。当 ksize 为 3 或 5 时,src 图像数据可以是

CV_8U、CV_16U 或 CV_32F 类型；当 ksize 为其他值时，src 只能是 CV_8U 类型数据。dst 的数据类型、图像深度、图像大小均与 src 相同。

3. 边缘保留滤波

相比上述滤波器，非线性空间滤波中的边缘保留滤波（Edge Preserving Filter，EPF）可以在去噪的同时更好地保留图像边缘信息。常用的边缘保留滤波有双边滤波（Bilateral Filter）、meanshift 滤波、局部均方差滤波等，其中用得最多的是双边滤波。

有些线性平滑滤波考虑了空间位置对模板加权系数的影响，离模板锚点越近，加权系数越大，这在平坦区域内部是合理的。但不同区域的像素值差异较大，区域边缘存在像素值跃变，不同区域的像素间彼此没有参考价值。线性平滑滤波对区域平坦部分和区域边缘采用相同的策略，平滑了边缘像素值突变，造成滤波后的边缘模糊。双边滤波以图像的空间位置和像素值的相似度为参考，同时考虑像素空间距离和像素值分布，某点的滤波结果应该参考同一区域的邻近像素，该点邻近像素中与其分属不同区域的则不应该参与滤波计算。

双边滤波器加权系数由空间加权系数 $s(i,j,k,l)$ 和像素值加权系数 $r(i,j,k,l)$ 两部分组成，两个加权系数分别称为空间滤波器和色彩滤波器，即

$$s(i,j,k,l) = \mathrm{e}^{-\frac{(i-k)^2+(j-l)^2}{2\sigma_s^2}} \tag{3.19}$$

$$r(i,j,k,l) = \mathrm{e}^{-\frac{\|f(i,j)-f(k,l)\|^2}{2\sigma_r^2}} \tag{3.20}$$

式中，σ_s^2、σ_r^2 分别为空间滤波器、色彩滤波器的高斯函数方差；模板锚点位于图像坐标 (k,l) 处，此时被模板覆盖的图像像素的坐标用 (i,j) 表示；$f(i,j)$、$f(k,l)$ 分别为图像在坐标 (i,j)、(k,l) 处的像素值。可见，(i,j)、(k,l) 距离越近，则空间加权系数越大；像素值 $f(i,j)$、$f(k,l)$ 越相似，则像素值加权系数越大。将上述两个加权系数相乘，得到双边滤波器加权系数为

$$w(i,j,k,l) = s(i,j,k,l) r(i,j,k,l) = \mathrm{e}^{-\left[\frac{(i-k)^2+(j-l)^2}{2\sigma_s^2}+\frac{\|f(i,j)-f(k,l)\|^2}{2\sigma_r^2}\right]} \tag{3.21}$$

由于两个加权系数都采用高斯函数，因此双边滤波器又称高斯双边滤波器。若两个像素分属不同区域，则像素值差距较大，相应的像素值加权系数很小，即使两者的空间距离近、空间加权系数大，由式（3.21）得到的双边滤波器加权系数仍然很小，彼此影响有限。图 3.19 给出了双边滤波器原理。

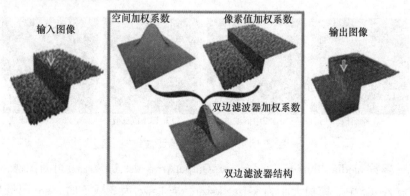

图 3.19 双边滤波器原理

函数 bilateralFilter（InputArray src，OutputArray dst，int d，double sigmaColor，double sigmaSpace，int borderType＝BORDER_DEFAULT）可对图像 src 双边滤波，dst 存放滤波结果。模板大小为 d×d，如果该值不大于 0，则模板尺寸由 sigmaSpace 计算得到。sigmaColor 设置色彩滤波器的高斯函数方差，方差大，则像素值差别较大的像素也可以参与平滑。sigmaSpace 指定空间滤波器高斯函数的方差。borderType 指定边界填充方式。

图 3.20 所示为均值滤波与双边滤波结果示例，双边滤波边缘清晰，代价是计算量较大。

a) 原图像　　　　b) 均值滤波结果　　　c) 双边滤波结果

图 3.20　均值滤波与双边滤波结果示例

设当前像素位于坐标 (x,y) 处，meanshift 滤波算法将该像素用其红（r）、绿（g）、蓝（b）色彩和空间位置组成的五维向量表示为 (x,y,r,g,b)。该像素的同类邻域像素是指同时满足以下两个条件的像素：①在该像素的空间距离半径 S_p 范围内；②与该像素的色彩距离 S_r 在指定范围内。所有的同类邻域像素构成同类邻域像素集合。对该集合计算空间位置均值和色彩均值。空间均值指集合内所有像素 x 坐标的平均值 $\bar{x}$、y 坐标平均值 $\bar{y}$ 构成的坐标向量 $(\bar{x},\bar{y})$，类似地，色彩均值为色彩向量的平均 $(\bar{r},\bar{g},\bar{b})$。将这两个均值组成的五维向量作为新的"当前像素"的表示，对新的"当前像素"重复"找同类邻域像素集合、计算空间位置均值和色彩均值、用均值构成新的五维向量"这一过程，多次迭代直到空间均值和色彩均值不再发生变化，将最终的色彩均值作为 (x,y) 处的滤波结果。meanshift 滤波中和色彩分布相近的颜色，平滑色彩细节。色彩不相似的邻域虽然其空间距离在半径 S_p 范围内，但色彩距离大于 S_r，因此无须理会，区域之间边界得以保留。对图 3.21a 所示的图像用不同空间距离、不同色彩距离参数进行 meanshift 滤波，结果如图 3.21b、c 所示，色彩距离越小，边缘越清晰。

a) 原图像　　　　b) 空间半径为2、色彩距离为20　c) 空间半径为6、色彩距离为50

图 3.21　meanshift 滤波示例

函数 pyrmeanshiftfiltering（InputArray src，OutputArray dst，double sp，double sr，int MaxLevel＝1，TermCriteria termcirt）可对图像 src 进行 meanshift 滤波，src 必须是 8 比特深度的三通道彩色图像，滤波结果放在 dst 中，其大小、图像类型、数据格式均与 src 相同。参数 sp 设定空间距离半径，坐标 (x,y) 处的像素空间邻域指像素坐标 (x',y') 满足 $x-\mathrm{sp}\le x'\le x+\mathrm{sp}$、$y-\mathrm{sp}\le y'\le$

y+sp 的那些像素。参数 sr 可设置色彩距离，设邻域内的像素色彩为 (r',g',b')，当前像素色彩为 (r,g,b)，则要求 $|r'-r|+|g'-g|+|b'-b| \leqslant$ sr。MaxLevel 设置为 0 则对 src 进行 meanshift 滤波，不为 0 则对 src 降低分辨率后再进行 meanshift 滤波。termcrit 指定迭代停止的条件，如迭代次数达到若干次或者相邻迭代达到均值变化小于指定值等条件。

3.3.3 锐化滤波

1. 基础知识

锐化处理的作用是增强灰度反差，突出图像突变的部分，其作用与平滑滤波相反。由于平滑滤波相当于对图像求平均或者求加权和，那么它的逆过程也就是微分，可以用于锐化。对于一维空间的函数 $f(x)$，其一阶微分为

$$\frac{\partial f}{\partial x}=f(x+1)-f(x) \tag{3.22}$$

这样的微分被称为前向一阶微分。类似地，可以定义二阶微分为

$$\frac{\partial^2 f}{\partial^2 x}=f(x+1)+f(x-1)-2f(x) \tag{3.23}$$

图 3.22a 为图像某行或列的像素值，由式（3.22）、式（3.23）可得像素值一阶微分、二阶微分的结果，如图 3.22b 所示。像素值恒定区域的一阶微分为 0，只要有灰度变化，一阶微分就不为 0。灰度恒定区域和灰度缓慢变化区域的二阶微分均为 0，但在灰度趋势发生变化的位置，二阶微分不为 0。注意，图 3.22a 中的 3 个灰度恒定区域(0,0,0)、(5,5,5)、(0,0,0)的边缘，边缘处像素值突变，二阶微分在边缘的一侧为正、另一侧为负，可以想象在正、负值之间的连线上必然有个值为 0 的点，该点称为过零点。过零点可以用于精准定位区域边界。

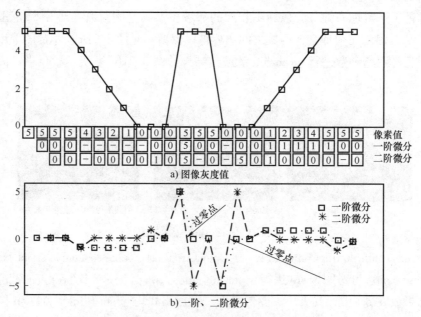

a) 图像灰度值

b) 一阶、二阶微分

图 3.22　一维像素值及其对应一阶、二阶微分

由于噪声相当于像素值突变，因此一阶或二阶微分计算均会突显噪声，因此实际应用中，在图像锐化前需要对图像进行平滑以抑制噪声。

2. 拉普拉斯算子

将微分扩展到二维图像，x、y 方向的二阶微分分别为

$$\frac{\partial^2 f}{\partial^2 x} = f(x+1,y) + f(x-1,y) - 2f(x,y) \tag{3.24}$$

$$\frac{\partial^2 f}{\partial^2 y} = f(x,y+1) + f(x,y-1) - 2f(x,y) \tag{3.25}$$

一个常用的图像二阶微分算子为

$$\nabla^2 f(x,y) = \frac{\partial^2 f}{\partial^2 x} + \frac{\partial^2 f}{\partial^2 y} = f(x+1,y) + f(x-1,y) + f(x,y+1) + f(x,y-1) - 4f(x,y) \tag{3.26}$$

该算子称为拉普拉斯算子，其与图像的运算结果及邻域像素的顺序无关，图像旋转后的计算结果不变，结果具有旋转不变性。因此拉普拉斯算子具有旋转不变性，又称该算子是各向同性算子。拉普拉斯算子常用于边缘检测。拉普拉斯算子还可用模板表示。图 3.23a 是用于检测 x 方向、y 方向边缘的拉普拉斯模板，又称为 4 邻域拉普拉斯模板；图 3.23b 增加了对角线方向的边缘检测，也称为 8 邻域拉普拉斯模板；图 3.23c、d 则是另外两种拉普拉斯模板。与图 3.22b 中的二阶微分结果类似，二维图像的二阶微分结果在灰度突变处也出现正峰和负峰，也可通过正负峰之间的过零点精确定位区域边缘。

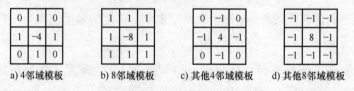

a) 4 邻域模板　　　b) 8 邻域模板　　　c) 其他 4 邻域模板　　　d) 其他 8 邻域模板

图 3.23　拉普拉斯模板

拉普拉斯算子对孤立点、细线、曲线端点敏感，特别适用于以突出图像中的孤立点、孤立线或线端点为目的的应用。用拉普拉斯算子做锐化处理必然会增强噪声，实际中使用拉普拉斯算子前，通常先对图像进行平滑处理以抑制噪声。

锐化处理也可先用拉普拉斯算子对原图像进行滤波，产生描述灰度突变的图像，再将滤波结果与原图像相加。这种锐化方法既可保留图像中各区域的内部信息，又能使灰度突变处的对比度得到增强，进一步强调了图像的细节。该方法的数学描述如下：

$$g(x,y) = \begin{cases} f(x,y) - \nabla^2 f(x,y), & \text{算子模板中心系数为负} \\ f(x,y) + \nabla^2 f(x,y), & \text{算子模板中心系数为正} \end{cases} \tag{3.27}$$

图 3.24a 所示图像的拉普拉斯滤波结果如图 3.24b 所示，滤波结果强调了灰度突变的边缘，但没有平坦区域的信息。图 3.24c 为图 3.24a、b 之和，包含了图 3.24a 中各平坦区域的灰度信息，各区域边界的对比度比图 3.24a 所示的图像有所增强，看上去边缘更清晰。

除可用 filter2D() 函数实现拉普拉斯滤波外，还可用函数 Laplacian(InputArray src,Output-Array dst,int ddepth,int ksize = 1,double scale = 1,double delta = 0,int borderType = BORDER_

a) 原图像　　　　b) 拉普拉斯滤波结果　　　c) 图a)+图b)的结果

图 3.24　拉普拉斯滤波示例

DEFAULT) 对图像 src 进行拉普拉斯滤波，结果放在 dst 中。ddepth 指定输出变量 dst 的比特深度。ksize 设置拉普拉斯模板大小，该值必须为大于 0 的奇数，当 ksize 为 1 时用图 3.23a 所示的 3×3 模板。src 拉普拉斯滤波的结果乘以 scale 并加上 delta，得到 dst。参数 scale 的默认值为 1，delta 的默认值为 0。borderType 指定边界填充方式。

3. 一阶微分算子

一阶微分也可用于图像锐化，图像在两个相互正交的方向分别进行一阶微分。图像 $f(x,y)$ 在坐标 (x,y) 处的梯度定义为这两个方向一阶微分组成的二维向量：

$$\nabla f \equiv \mathrm{grad}(f) = \begin{bmatrix} g_x \\ g_y \end{bmatrix} = \begin{bmatrix} \dfrac{\partial f}{\partial x} \\ \dfrac{\partial f}{\partial y} \end{bmatrix} \tag{3.28}$$

图像梯度表示图像在位置 (x,y) 处的最大变化率。梯度的幅度定义为

$$M(x,y) = \mathrm{mag}(\nabla f) = \sqrt{g_x^2 + g_y^2} \tag{3.29}$$

它表示梯度沿梯度向量方向的变化率。由 $M(x,y)$ 作为像素值组成的图像称为梯度图像。为了计算方便，有时梯度幅度 $M(x,y)$ 也可用如下公式计算：

$$M(x,y) \approx |g_x| + |g_y| \tag{3.30}$$

常用的一阶微分计算有 Roberts 算子、Prewitt 算子和 Sobel 算子等。Roberts 算子是基于交叉差分的，函数（图像） $f(x,y)$ 在 (x,y) 处 ±45° 两个方向的一阶微分、梯度幅度分别为

$$g_{-D}(x,y) = -f(x,y) + f(x+1,y+1)$$
$$g_D(x,y) = -f(x,y+1) + f(x+1,y) \tag{3.31}$$
$$M(x,y) = \mathrm{mag}(\nabla f) = \sqrt{g_{-D}^2(x,y) + g_D^2(x,y)}$$

式中，下标 D 表示对角线。

Roberts 算子计算量小，对细节反应敏感。一阶微分计算也可用模板表示，Roberts 算子模板如图 3.25a 所示。

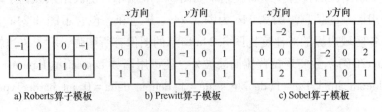

a) Roberts算子模板　　　　b) Prewitt算子模板　　　　c) Sobel算子模板

图 3.25　一阶微分算子的模板

Prewitt 算子的 x、y 方向模板如图 3.25b 所示，图像 $f(x,y)$ 在 x、y 方向的计算如下：

$$g_x = -f(x-1,y-1)-f(x-1,y)-f(x-1,y+1)+f(x+1,y-1)+f(x+1,y)+f(x+1,y+1) \quad (3.32)$$
$$g_y = -f(x-1,y-1)-f(x,y-1)-f(x+1,y-1)+f(x-1,y+1)+f(x,y+1)+f(x+1,y+1) \quad (3.33)$$

Sobel 算子与 Prewitt 算子类似，区别在于前者认为距离越近的像素点对当前像素的影响越大，因此对近距离像素赋予更高的加权值。Sobel 算子结合了高斯平滑和一阶微分求导，图 3.25c 给出了 Sobel 算子 x 方向、y 方向的模板。

对图 3.26a 用 Roberts 算子求一阶微分，根据式（3.31）得到的锐化结果如图 3.26b 所示。对图 3.26a 用 Sobel 算子求 x 方向、y 方向的一阶微分后，根据式（3.29）得到的锐化结果如图 3.26c 所示。

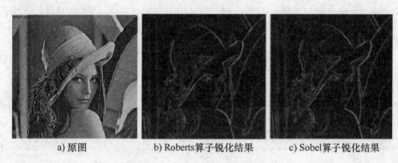

a) 原图　　　　　　　b) Roberts算子锐化结果　　　　　c) Sobel算子锐化结果

图 3.26　一阶微分锐化示例

上述一阶微分算子可用函数 filter2D() 实现。函数 Sobel(InputArray src, OutputArray dst, int ddepth, int dy, int dx, int ksize = 3, double scale = 1, double delta = 0, int borderType = BOURDER_DEFAULT) 在 x、y 方向用 Sobel 算子对图像 src 进行 1~3 阶微分计算，dst 为输出变量。ddepth 设置 dst 的深度。dx 设置在 x 方向进行微分的阶数，dx 设置范围为 0~3。类似地，dy 指定在 y 方向进行几阶微分，dy 设置范围也是 0~3。ksize 指定模板大小，有效输入值分别为 1、3、5 和 7，当 ksize 为 1 时，采用的 Sobel 算子模板为 3×1 或者 1×3，此时 dx、dy 的最大允许值为 2。例如，(dy = 0, dx = 1, ksize = 3) 采用 3×3 的 Sobel 算子 x 方向模板进行锐化，而 (dy = 1, dx = 0, ksize = 5) 则采用 5×5 的 y 方向模板进行图像锐化。src 用 Sobel 算子微分，微分结果乘以 scale 并加上 delta，得到 dst，scale 默认为 1，delta 默认为 0。borderType 指定边界填充方式。

图像 src 在 x、y 方向的梯度还可用函数 spatialGradient(InputArray src, OutputArray ldy, OutputArray ldx, int ksize = 3, int borderType = BORDER_DEFAULT) 计算，输出矩阵 ldx 中存放 src 在 x 方向的梯度，ldy 存放 y 方向梯度，ksize 目前只能设置为 3，borderType 指定边界填充方式。spatialGradient() 函数用 Sobel 算子分别计算 src 在 x、y 方向的一阶微分，等价于分别调用 Sobel(src, ldx, CV_16SC1, 1, 0, 3) 和 Sobel(src, ldy, CV_16SC1, 0, 1, 3)。用 Sobel 算子对图像进行锐化的完整程序如下：

```cpp
#include <opencv2/opencv.hpp>
#include <iostream>
```

```
using namespace cv;
using namespace std;
int main(int argc,char * * argv){
    Mat image,src,src_gray;
    Mat grad;
    int ksize = 5,scale =1,delta = 0;
    int ddepth = CV_16S;    /* 16 比特有符号类型,因为 Sobel 算子的计算结
果有负值 * /
    image =imread("lena,jpg",IMREAD_COLOR); //读入指定图像
    if(image.empty()){    //检查读入数据是否正确
        printf("读取错误,请检查文件是否存在 \n"); return EXIT_
FAILURE; }
    /* 由于图像锐化会加剧噪声,因此在锐化前先平滑滤波,消除噪声,用 3×3 高斯
滤波平滑 * /
    GaussianBlur(image,src,Size(3,3),0,0,BORDER_DEFAULT);
    cvtColor(src,src_gray,COLOR_BGR2GRAY); //图像转换为灰度图像
    Mat grad_x,grad_y,abs_grad_x,abs_grad_y;
    Sobel(src_gray,grad_x,ddepth,0,1,ksize,scale,delta,BORDER_
DEFAULT);
    //在 x 方向,Sobel 算子进行一阶差分
    Sobel(src_gray,grad_y,ddepth,1,0,ksize,scale,delta,BORDER_
DEFAULT);
    //在 y 方向,Sobel 算子进行一阶差分
    convertScaleAbs(grad_x,abs_grad_x); /*将 x 方向的差分结果取绝对
值并归一化 * /
    convertScaleAbs(grad_y,abs_grad_y); /*将 y 方向的差分结果取绝对
值并归一化 * /
    addWeighted(abs_grad_x,0.5,abs_grad_y,0.5,0,grad);
    //对 x 方向、y 方向的差分结果绝对值求平均
    imshow("Sobel 算子锐化结果",grad);
    waitKey(0);    //等待键盘输入
    return EXIT_SUCCESS;
}
```

灰度值恒定的平坦区域的一阶微分计算结果为 0，锐化后，此类平坦区域的信息便没有了。为了在强调边缘、突出灰度变化的同时不丢失平坦区域信息，除式（3.27）的方法外，

还有一种广泛采用的方法，即首先对图像 $f(x,y)$ 进行平滑，平滑图像用 $f_{\text{blur}}(x,y)$ 表示，然后将 $f(x,y)$ 与 $f_{\text{blur}}(x,y)$ 相减，即

$$g_{\text{mask}}(x,y)=f(x,y)-f_{\text{blur}}(x,y) \tag{3.34}$$

得到掩模图像 $g_{\text{mask}}(x,y)$，将其叠加至原图 $f(x,y)$ 上，有

$$g(x,y)=f(x,y)+kg_{\text{mask}}(x,y) \tag{3.35}$$

当 $k=1$ 时，这种处理称为反锐化掩蔽；当 $k>1$ 时，这种处理称为高提升（Highboost）滤波。图像各区域的内部像素值相等或接近，平滑前后差别不大，因此对应的 $g_{\text{mask}}(x,y)$ 值很小，只有在图像各区域边缘处平滑前后像素值的差异较大，$g_{\text{mask}}(x,y)$ 计算结果的绝对值较大。这种处理强调了图像灰度值跳变部分。

习　题

3-1　图像整体偏亮，是否可以用对数变换使得图像对比度增强？为什么？

3-2　幂律变换中，若幂指数大于 1，变换后的图像与变换前的图像相比，亮度如何变化？

3-3　对整体偏暗的图像，如果想用幂律变换调整图像对比度，幂指数应如何选择？

3-4　什么是直方图？如果图像直方图偏向右侧，那么可说明图像什么情况？

3-5　什么是直方图均衡？图像像素值动态范围为 $0\sim15$，概率分布为 $p(0)=p(1)=p(2)=p(3)=p(4)=p(5)=0.02$，$p(13)=p(14)=p(15)=0.1$，其余像素值分布概率相等。计算直方图均衡后像素值的映射关系。

3-6　图像的像素值概率分布同习题 3-5，对其进行直方图规定化，规定化后 $p(0)=p(1)=p(2)=p(3)=0.08$，其余像素值等概率分布。给出直方图规定化后像素值的映射关系。

3-7　图像如图 3.27 所示，计算图像中心点分别经过图 3.14a、b 的均值滤波、加权滤波以及 3×3 中值滤波后的结果。

3-8　图像如图 3.27 所示，对图像中心点分别计算：

1）Sobel 算子 x 方向一阶微分、y 方向一阶微分。

2）Roberts 算子得到的梯度幅度值。

18	23	11
32	14	41
19	17	35

图 3.27　习题 3-7、习题 3-8 图

3-9　图像被轻微噪声干扰，对该图像用拉普拉斯进行锐化，在用拉普拉斯算子前应做何处理？请说明理由。

3-10　图像以及模板如图 3.28 所示，若对图像采用镜像填充，用模板进行线性平滑计算，给出平滑后的图像。

3-11　图像如图 3.29 所示，对图像采用复制边界填充，计算中值滤波得到的图像。

3-12　图像如图 3.30 所示，对其镜像填充后用图 3.23b 所示的拉普拉斯模板进行锐化处理，给出锐化图像。

12	14	20	89	97
21	15	21	88	91
13	17	98	90	88
18	15	86	78	79
12	21	20	69	75

a) 图像

$1/12 \times$

1	1	1
1	4	1
1	1	1

b) 模板

图 3.28 习题 3-10 图

2	4	2	3	1	5
2	30	4	7	4	7
2	2	9	21	5	8
4	5	2	8	0	9
6	1	3	7	9	9

图 3.29 习题 3-11 图

2	5	3	3	1	5
6	5	6	40	4	7
3	2	30	45	5	8
4	5	4	8	5	9
6	1	3	7	9	9

图 3.30 习题 3-12 图

第 4 章　图像的频域处理

图像的频域处理又称频域滤波，以离散傅里叶变换为理论基础。频域处理充分利用频率成分和图像之间的对应关系，一些空间域处理对应某些频域处理，如空间域线性平滑滤波与频域低通滤波对应，而一些在空间域难以实现的处理在频域能轻松完成。

4.1　二维离散傅里叶变换

法国数学家傅里叶指出一维时间域函数/二维空间域函数可以映射到频域进行分析，并给出了这种映射关系，即傅里叶变换。二维图像通过傅里叶变换把像素值与空间坐标对应关系转换为傅里叶变换值与二维频率之间的关系。傅里叶变换是一对一变换，不同图像对应的傅里叶变换不同，反之亦然。傅里叶变换可以将对函数的分析转换为对构成它的频率成分的分析，每个傅里叶变换值都代表着其对应频率对函数的贡献量。

4.1.1　二维离散傅里叶变换和反变换

1. 二维离散傅里叶变换

设 $f(x,y)$ 是尺寸为 $M \times N$ 的数字图像在坐标 (x,y) 处的像素值，图像在 x、y 方向的频率分别为 u、v，则二维离散傅里叶变换（Discrete Fourier Transform，DFT）定义为

$$F(u,v) = \sum_{x=0}^{M-1} \sum_{y=0}^{N-1} f(x,y) \mathrm{e}^{-\mathrm{j}2\pi\left(\frac{ux}{M} + \frac{vy}{N}\right)} \tag{4.1}$$

式中，$u = 0,1,\cdots,M-1$；$v = 0,1,\cdots,N-1$。DFT 记为 $\xi[f(x,y)] = F(u,v)$，或用 $f(x,y) \leftrightarrow F(u,v)$ 表示空间域与频域的对应关系。通常将 $F(u,v)$ 表示为如下的极坐标形式：

$$F(u,v) = |F(u,v)| \mathrm{e}^{\mathrm{j}\phi(u,v)} \tag{4.2}$$

式中，$|F(u,v)|$ 称为幅度或幅度谱，$\phi(u,v)$ 称为相位或相位谱。

频谱严格意义上包含幅度谱和相位谱，由于幅度谱包含更多信息，因此在频域人们主要观察幅度谱，在不产生歧义的前提下，很多时候直接称幅度谱为频谱。功率谱定义为

$$P(u,v) = |F(u,v)|^2 \tag{4.3}$$

$|F(u,v)|$、$\phi(u,v)$、$|F(u,v)|^2$ 均为 $M \times N$ 的矩阵，可以用二维图像表示这些矩阵，分别称对应的图像为幅度谱图（在不产生歧义的条件下，有时直接称为频谱图）、相位谱图、功率谱图。根据式（4.1），当 $u = v = 0$ 时有

$$F(0,0) = \sum_{x=0}^{M-1} \sum_{y=0}^{N-1} f(x,y) = MN \left[\frac{1}{MN} \sum_{x=0}^{M-1} \sum_{y=0}^{N-1} f(x,y) \right] \tag{4.4}$$

$F(0,0)$ 称为图像直流分量，等于图像所有像素值之和。

频谱的动态范围很大，低频尤其是直流分量与其他频率的数值相差几个数量级，例如，频谱最高值可达 10^6，而最小值仅为 0.1，如果以 256 灰度级显示频谱图，10^6 线性归一化至灰度 255 表示，那么 0.1、10、100、1000 都归一化为 0，看不出差别。为了压缩频谱动态范围，显示频谱图前要对频谱做对数处理，令 $|F'(u,v)| = C\lg(|F(u,v)|+1)$，例如，对幅度值 10^6 进行对数处理后近似为 6，对 10 处理后为 1，对 1000 处理后为 3，对数处理后的动态范围为 0~6，然后对 $|F'(u,v)|$ 用常数 C 进行线性归一化，使得 $|F'(u,v)|$ 的最大值对应显示最大灰度级。由于 $|F(u,v)|$ 的最小值为 0，因此 $|F(u,v)|+1$ 可以确保 $|F(u,v)| = 0$ 时对应的 $|F'(u,v)|$ 为 0。

本书所有的频谱图均经对数处理，后续不再特别强调。

2. 二维离散傅里叶反变换

傅里叶变换是一对一映射，已知 $F(u,v)$ 可通过傅里叶反变换求出空间域图像 $f(x,y)$。傅里叶反变换（Inverse Discrete Fourier Transform，IDFT）定义为

$$f(x,y) = \frac{1}{MN} \sum_{u=0}^{M-1} \sum_{v=0}^{N-1} F(u,v) \mathrm{e}^{\mathrm{j}2\pi\left(\frac{ux}{M}+\frac{vy}{N}\right)} \tag{4.5}$$

式中，$x = 0,1,\cdots,M-1$；$y = 0,1,\cdots,N-1$。IDFT 可以记为 $\xi^{-1}[F(u,v)] = f(x,y)$。

4.1.2 二维离散傅里叶变换性质

1. 周期性

二维离散傅里叶变换和反变换均具有周期性。傅里叶变换/反变换中一个域的离散化会引发另一个域的周期性，空间域数字图像是空间域的离散化，它所对应的傅里叶变换在频域必然有周期性，即

$$\xi[f(x,y)] = F(u,v) = F(u+k_1M,v+k_2N) \tag{4.6}$$

式中，k_1、k_2 为任意整数。

离散傅里叶变换是对频域的离散化，其反变换对应的空间域图像必然也具有周期性，即

$$\xi^{-1}[F(u,v)] = f(x,y) = f(x+k_1M,y+k_2N) \tag{4.7}$$

式中，k_1、k_2 为任意整数。

2. 对称性与频谱中心化

像素值 $f(x,y)$ 为实数，对应的傅里叶变换 $F(u,v)$ 一定是共轭偶对称的，即 $|F(u,v)|$ 偶对称，$|F(u,v)| = |F(-u,-v)|$，相位谱 $\phi(u,v)$ 奇对称。

离散傅里叶变换中，频率 $u = 0$ 对应直流分量。u 越靠近 0 或 $M-1$，对应频率越低；u 越靠近 $M/2$，对应频率越高，$u = M/2$ 代表最高频率。类似地，v 越靠近 0 或 $N-1$，频率越低；$v = N/2$，对应最高频率。图像的大部分能量位于低频，图 4.1a 的频谱图如图 4.1b 所示，较亮的 4 个角是低频分量。为了将包含较多能量的低频放在频谱图中心以符合观看习惯，傅里

叶变换后还需要进行频谱搬移，又称频谱中心化，将频谱在 u、v 方向分别平移 $M/2$、$N/2$ 得 $F(u-M/2,v-N/2)$。频谱搬移后，原 $F(u,v)$ 的直流（$u=v=0$）移至图中心位置，越远离中心则频率越高。如图 4.1c 所示，右下角的粗实线内为图像频谱，若 M、N 均为偶数，在 u、v 方向分别将频率分为两部分，则频谱分为 4 个象限。根据频谱周期性，频谱可周期拓展，如图 4.1c 给出了频谱在左侧、上方的周期拓展，每个周期都用细实线画出，最高频用黑点表示。频谱搬移结果如图 4.1c 所示的中心粗虚线所围，相当于对原频谱图的 4 个象限进行了对调。图 4.1b 的频谱搬移结果如图 4.1d 所示，中心为直流，高频在 4 个角。搬移后的频谱仍关于图中心点对角对称。由于

$$(-1)^{x+y} = \mathrm{e}^{\mathrm{j}\pi(x+y)} = \mathrm{e}^{\mathrm{j}2\pi(0.5Mx/M+0.5Ny/N)} \tag{4.8}$$

根据式（4.1）可推导出 $f(x,y)(-1)^{x+y} \leftrightarrow F(u-M/2,v-N/2)$。在空间域对图像 $f(x,y)$ 进行计算 $f'(x,y)=f(x,y)(-1)^{x+y}$，然后对 $f'(x,y)$ 进行 DFT，$f'(x,y)$ 的频谱就是 $F(u-M/2,v-N/2)$，通过在空间域预处理也可实现频谱搬移。空间域预处理实现频谱搬移的方法对 M、N 的奇偶没有要求，是通用方法。

　　本书后续所有例子中的频谱图若无特别说明，均是经过对数处理和频谱搬移后的频谱图。

a) 原图像　　　b) 傅里叶变换频谱图　　　c) 频谱搬移原理　　　d) 图b)频谱搬移结果

图 4.1　频谱搬移原理及其示例

3. 平移和旋转

设图像 $f(x,y) \leftrightarrow F(u,v)$，图像空间平移表示为 $f(x-x_0,y-y_0)$，根据式（4.1）可得

$$f(x-x_0,y-y_0) \leftrightarrow F(u,v)\mathrm{e}^{-\mathrm{j}2\pi\left(\frac{x_0 u}{M}+\frac{y_0 v}{N}\right)} \tag{4.9}$$

式中，右侧对 $F(u,v)$ 乘以幅度恒为 1 的复指数信号，频域幅度谱不变，仅改变相位谱，即空间域平移对应频域相位偏移。同样，根据离散傅里叶变换定义还可以证明

$$f(x,y)\mathrm{e}^{\mathrm{j}2\pi\left(\frac{u_0 x}{M}+\frac{v_0 y}{N}\right)} \leftrightarrow F(u-u_0,v-v_0) \tag{4.10}$$

式中，左侧 $f(x,y)$ 乘以幅度为 1 的复指数项，仅改变空间域图像的相位，可在频域导致频率偏移。

　　若用极坐标系表示变量，在空间域有 $x=r\cos\theta$、$y=r\sin\theta$，在频域有 $u=\omega\cos\varphi$、$v=\omega\sin\varphi$。空间域与频域的对应关系可以表示为 $f(r,\theta) \leftrightarrow F(\omega,\varphi)$，根据极坐标与直角坐标的关系，$\omega$ 就是频域 $F(u,v)$ 的幅度、φ 是相位。傅里叶变换对应关系可以写为

$$f(r,\theta+\theta_0) \leftrightarrow F(\omega,\varphi+\theta_0) \tag{4.11}$$

　　当 $f(x,y)$ 的旋转角度为 θ_0 时，对应的 $F(u,v)$ 也旋转相同的角度，反之亦然。图 4.2a 左侧为原始图像，右侧是其频谱图；图 4.2b 的左侧图像由原始图像平移得到，右侧的频谱

图显示平移后的频谱没有变化；图 4.2c 的左侧图是将原始图像旋转得到的，则右侧对应的频谱也发生旋转。

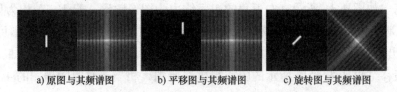

a) 原图与其频谱图   b) 平移图与其频谱图   c) 旋转图与其频谱图

图 4.2   图像平移与旋转对频谱的影响

4. 相位影响

离散傅里叶变换的相位谱携带位置信息。对图 4.3a、b 分别进行 DFT，将图 4.3a 的相位谱与图 4.3b 的幅度谱按照式（4.2）组合得到 $F(u,v)$，对 $F(u,v)$ 进行 IDFT 的结果如图 4.3c 所示，从中可以看出图 4.3a 的大致轮廓。将图 4.3a 的幅度谱与图 4.3b 的相位谱按照式（4.2）组合成 $F(u,v)$，再进行 IDFT，得到图 4.3d，该图大致反映出图 4.3b 中方块的轮廓。

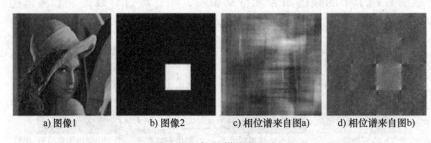

a) 图像1   b) 图像2   c) 相位谱来自图a)   d) 相位谱来自图b)

图 4.3   相位谱作用示例

OPENCV 函数 void dft(InputArray src, OutputArray dst, int flags = 0, int nonzeroRows = 0) 对输入图像 src 进行 DFT 或 IDFT，变换结果放在 dst 中。flags 设置为 DFT_INVERSE 时，函数进行 IDFT；设置为 DFT_SCALE 时，输出会将所有结果除以 $M×N$，该标识通常与 DFT_INVERSE 联合使用，用于傅里叶反变换。DFT 和 IDFT 均有快速算法。当图像尺寸为 2 的整数次幂时可用快速算法，因此通常变换前先将图像尺寸扩展到能进行快速变换的尺寸，int getOptimalDFTSize(int vecsize) 输入的 vecsize 为实际图像行或列时，即可计算出与该尺寸最接近的适合用快速算法的图像尺寸。图像 DFT 程序如下：

```cpp
#include <opencv2/opencv.hpp>
#include <iostream>
using namespace cv;
using namespace std;
int main(int argc,char * * argv){
    const char * filename = argc >=2 ? argv[1] :"lena.jpg";
    //从命令行读入需要进行变换的图像文件名,如果没输入,可用指定图像代替
    Mat I = imread(samples::findFile(filename),IMREAD_GRAYSCALE);
```

```
//读入图像
    if(I.empty()){   //检测是否正确打开文件
        cout <<"无法打开输入文件!!!" << endl; return EXIT_FAILURE;}
    Mat padded; //用于存放填充尺寸以适合快速变换的矩阵
    int m = getOptimalDFTSize(I.rows); /*根据原图像行数,求适合快速变
换的行数 */
    int n = getOptimalDFTSize(I.cols); /*根据原图像列数,求适合快速变
换的列数 */
  copyMakeBorder(I,padded,0,m-I.rows,0,n-I.cols,BORDER_CONSTANT,
Scalar::all(0));
  /* 对原图用全0进行边界填充,填充结果放在 padded 中,填充后的图像大小适合用
快速算法 */
    Mat planes[] = {Mat_<float>(padded),Mat::zeros(padded.size(),
CV_32F)};
    //planes 数组,planes[0]为填充后图像 padded,planes[1]为全0
    Mat complexI,tmp;
    merge(planes,2,complexI); /*构造一个矩阵 complexI,大小与 padded
相同。每个数据都是二维向量,其中第一维来自 padded,第二维为全0,即实部来自 pad-
ded,虚部为0,分别对应复数的实部和虚部 */
    dft(complexI,complexI);   //计算傅里叶变换,结果仍放在 complexI 中
    split(complexI,planes);   /*将离散傅里叶变换的实部、虚部分别放在
planes 数组中 */
    //实部放 planes[0]中,虚部放 planes[1]中
    magnitude(planes[0],planes[1],planes[0]);
    //计算频谱幅度值并将幅度值放到 planes[0]中,planes[0] =幅度值
    Mat magI = planes[0];
    magI +=Scalar::all(1); //magI =1+幅度值
    log(magI,magI); //计算 lg(1+幅度值)
    magI = magI(Rect(0,0,magI.cols & -2,magI.rows & -2)); /* 如果图
像的行或列为奇数,则裁剪图像,使行、列均为偶数,只有偶数才能用象限对调来实现频谱
搬移 */
    int cx = magI.cols/2; int cy = magI.rows/2;
    Mat q0(magI,Rect(0,0,cx,cy)); /*分别读取频谱4个象限,左上部分为
第2象限 */
    Mat q1(magI,Rect(cx,0,cx,cy)); //右上部分,第1象限
    Mat q2(magI,Rect(0,cy,cx,cy)); //左下部分,第3象限
```

```
    Mat q3(magI,Rect(cx,cy,cx,cy)); //右下部分,第 4 象限
    q0.copyTo(tmp); q3.copyTo(q0); tmp.copyTo(q3);  //2、4 象限对调
    q1.copyTo(tmp); q2.copyTo(q1); tmp.copyTo(q2); //1、3 象限对调
    normalize(magI,magI,0,1,NORM_MINMAX); //频谱归一化到 0~1 之间
    imshow("图像频谱",magI);
    waitKey();
    return EXIT_SUCCESS;
}
```

4.2　频域滤波基础知识

4.2.1　频域滤波基础

对大小为 $M×N$ 的图像 $f(x,y)$ 在空间域滤波，设滤波函数为 $h(x,y)$，则空间域滤波结果 $g(x,y)$ 为 $f(x,y)$ 与 $h(x,y)$ 的卷积，即 $g(x,y)=f(x,y)*h(x,y)$，其中，$*$ 表示卷积运算。这里不妨设空间域、频域的对应关系为 $f(x,y)↔F(u,v)$、$h(x,y)↔H(u,v)$。可以证明：

$$g(x,y)=f(x,y)*h(x,y)↔F(u,v)H(u,v)=G(u,v) \qquad (4.12)$$

式中，$G(u,v)$ 是 $g(x,y)$ 的离散傅里叶变换，若已知 $G(u,v)$，则可通过 IDFT 得到 $g(x,y)$。两个大小均为 $M×N$ 的矩阵 $F(u,v)$、$H(u,v)$，相同位置数值相乘可得 $M×N$ 的矩阵 $G(u,v)$。$H(u,v)$ 是频域滤波核，又称频域滤波器。如无特别说明，后续给出的 $H(u,v)$ 都是经过频谱搬移的，其中心代表直流分量，这就要求 $F(u,v)$ 与 $H(u,v)$ 相乘前也必须进行频谱搬移。

频谱中，低频信息对应像素值的缓慢变化，因此频域低频分量对应图像平坦区域。频域中，高频源自像素值的剧烈变化，区域边缘或噪声在频谱中表现为高频。低通滤波器 $H(u,v)$ 让频谱中低频分量通过、衰减高频分量，相当于降低噪声、模糊边界；反之，若 $H(u,v)$ 衰减低频而让高频分量通过，则 $H(u,v)$ 是高通滤波器，其作用是突出细节和边缘。

4.2.2　频域滤波步骤

设图像 $f(x,y)$ 的大小为 $M×N$，频域滤波步骤如下：

1）边界填充（可选）。确定边界填充后的图像尺寸 $P×Q$，填充后的图像用 $f_p(x,y)$ 表示，下标 p 表示图像是边界填充的，P、Q 最好是偶数（可用频谱象限对调实现频谱搬移），并且是 2 的整数次幂（可用快速算法实现离散傅里叶变换）。

2）若没有进行边界填充，令 $f'(x,y)=f(x,y)$，否则令 $f'(x,y)=f_p(x,y)$，计算 $f'(x,y)$ 的离散傅里叶变换 $F'(u,v)$。

3）对 $F'(u,v)$ 进行频谱搬移，得到 $F''(u,v)$。

4）产生一个与 $F''(u,v)$ 尺寸相同的滤波器函数 $H(u,v)$，其值为实数并关于中心对称。

5）采用矩阵点乘计算得到 $G''(u,v) = F''(u,v)H(u,v)$。

6）对 $G''(u,v)$ 进行频谱去中心化，将高频搬移到中心，得到 $G'(u,v)$。对 $G'(u,v)$ 进行 IDFT，取 IDFT 结果的实部，得到 $g'(x,y) = real\{\xi^{-1}[G'(u,v)]\}$。

7）若原图像没有填充，则 $g'(x,y)$ 为滤波结果。若执行了步骤 1），则从 $g'(x,y)$ 提取大小为 $M×N$ 的区域作为滤波结果。

4.3　频域低通滤波

频域低通滤波保留频谱低频信息，可达到平滑图像、弱化边缘、消除噪声的效果。

4.3.1　理想低通滤波器

理想低通滤波器（Ideal Lowpass Filter，ILPF）的频谱如图 4.4a 所示，以中心为圆心，在以 D_0 为半径的圆内无衰减地通过所有频率，而圆外的所有频率都衰减为 0。频域表达式为

$$H(u,v) = \begin{cases} 1 & D(u,v) \leq D_0 \\ 0 & D(u,v) > D_0 \end{cases} \tag{4.13}$$

式中，D_0 是正数，称为截止（Cutoff）频率；$D(u,v)$ 表示频率 (u,v) 到中心点的距离：

$$D(u,v) = \left[\left(u - \frac{P}{2}\right)^2 + \left(v - \frac{Q}{2}\right)^2 \right]^{1/2} \tag{4.14}$$

$P×Q$ 为 4.2.2 小节步骤 2）中图像 $f'(x,y)$ 的尺寸。图 4.4b 为 ILPF 频谱的一维剖面图。截止频率 D_0 越大，滤波后的更多频率信息会被保留，滤波前后的图像差别越小。

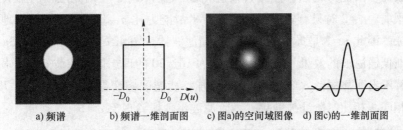

a）频谱　　b）频谱一维剖面图　　c）图a）的空间域图像　　d）图c）的一维剖面图

图 4.4　理想低通滤波器频谱及其对应空间域图像

对式（4.13）进行 IDFT，得到理想低通滤波器对应的空间域图像，如图 4.4c 所示，图中出现涟漪状的"虚边缘"，该现象称为振铃效应。图 4.4c 的一维剖面图如图 4.4d 所示。D_0 越大，则图 4.4d 中的波形越窄，"虚边缘"消失得越快，平滑度降低的同时振铃现象也减弱。

对图 4.3a 进行理想低通滤波，结果如图 4.5 所示。理想低通滤波对图像边缘有不同程度的模糊，D_0 越小，边缘模糊越严重。随着 D_0 增大，细节改善，边缘清晰度增加，振铃效应减弱。

a) $D_0=10$ b) $D_0=20$ c) $D_0=30$

图 4.5　理想低通滤波示例

4.3.2　巴特沃斯低通滤波器

巴特沃斯低通滤波器（Butterworth Lowpass Filter，BLPF）的性能由阶数 n、滤波器截止频率 D_0 共同确定，频域滤波器系数为

$$H(u,v)=\frac{1}{1+\left[D(u,v)/D_0\right]^{2n}} \tag{4.15}$$

式中，$D(u,v)$ 是频率 (u,v) 到频谱中心的距离，计算方法见式（4.14），n 称为 BLPF 阶数。图 4.6a 为 BLPF 频谱图，其一维半径剖面图如图 4.6b 所示，横轴为 u 或 v 到频谱图中心的距离。由图可见，在 D_0 相同的情况下，随着 n 减小，频谱通带到阻带的过渡越平滑。

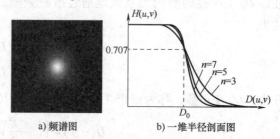

a) 频谱图   b) 一维半径剖面图

图 4.6　巴特沃斯低通滤波器频谱及一维半径剖面图

频谱通带与阻带的平滑过渡可以减弱或完全避免振铃效应。当阶数 $n \geqslant 3$ 时，n 越大，巴特沃斯滤波的平滑能力越强，但振铃效应也越严重，$n=1$ 时则完全没有振铃效应，但此时平滑能力很弱。$n=2$ 时只有轻微振铃效应，平滑能力比 $n=1$ 时强，能较好地平衡滤波效果与振铃现象，因此 $n=2$ 是最常用的巴特沃斯滤波器。图 4.7 给出了对图 4.3a 使用不同参数的巴特沃斯低通滤波的效果。对比 D_0 分别为 10、20 的理想低通滤波效果（图 4.5a、b），图 4.7a、b 看不出明显振铃效应，随着 D_0 增加，滤波图像变得更清晰。图 4.7b、c 滤波器的截止频率相同，相比二阶滤波效果，六阶滤波出现振铃现象。

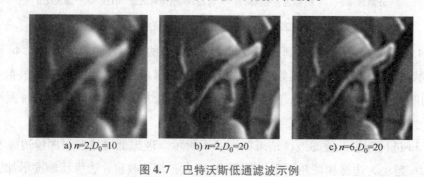

a) $n=2,D_0=10$ b) $n=2,D_0=20$ c) $n=6,D_0=20$

图 4.7　巴特沃斯低通滤波示例

可用如下程序生成理想低通滤波器或巴特沃斯低通滤波器：

```
void lowpass_kernel(Mat &scr,Mat &dst,int flag,double D0,int n)
{ /* src 为输入图像,生成的滤波器大小应与其相同;输出 dst 存放生成的滤波器频
谱 H(u,v),数据为 double 型;flag 标志设置生成的是理想低通滤波器还是巴特沃斯低
通滤波器;D0 指定滤波器截止频率;n 为巴特沃斯滤波器阶数,当 flag 指明生成巴特沃斯
滤波器时使用 */
    double d;
        for(int u=0;u<scr.rows ;u++){ //频率 u
          for(int v=0; v<scr.cols ; v++){  //频率 v
            d = sqrt(pow((u - scr.rows/2),2) + pow((v - scr.cols/2),2));
            //根据式(4.14)计算频率(u,v)到中心的距离
            if(flag==1) //flag 为 1,生成巴特沃斯低通滤波器频谱
              dst.at<doulbe>(u,v)=1.0 /(1 + pow( d /D0,2 * n));
//根据式(4.15)赋值
            else{ //flag 不是 1,则生成理想低通滤波器
              if (d <= D0){
                dst.at<double>(u,v)=1; /* 距离小于截止频率时,滤
波器系数为 1 */
              }else{ //距离大于截止频率时,滤波器系数为 0
                  dst.at<double>(u,v)= 0;  }
            } //根据式(4.13)设置理想低通滤波器频谱
          } //v 结束
        }  //u 结束
}
```

4.3.3　高斯低通滤波器

高斯低通滤波器（Gaussian Lowpass Filter, GLPF）的频域 $H(u,v)$ 是一个高斯函数，即
$$H(u,v)= e^{-D^2(u,v)/2\sigma^2} \tag{4.16}$$
式中，$D(u,v)$ 为频率 (u,v) 到频谱中心的距离；参数 σ 为高斯函数的标准差，表征频率距离频谱中心的扩散程度，σ 越大则频谱过渡带越平滑，滤波器平滑能力由 σ 决定。理想低通滤波器和巴特沃斯低通滤波器的参数均为 D_0，为与它们保持一致，这里也将高斯滤波器用参数 D_0 表示，令 $D_0=\sigma$，则高斯低通滤波器可写为
$$H(u,v)= e^{-D^2(u,v)/2D_0^2} \tag{4.17}$$
式中，D_0 也可看作截止频率。当 $D(u,v)=D_0$ 时，高斯低通滤波器的频谱幅度下降为最大值的 0.707，即衰减 3 dB。高斯低通滤波器是最常用的频域滤波器，图 4.8 给出了高斯低通滤

波器的频谱图和一维半径剖面图，随着 D_0 增加，通带带宽增加，可允许更多频率通过。

二维高斯函数具有旋转对称性，滤波器对各个方向的平滑程度是相同的。通常，一幅图像的边缘方向事先并不知道，因此在滤波前无法确定一个方向是否比另一方向需要进行更多的平滑。旋转对称性意味着高斯滤波器在处理中不会偏向某一方向。频域高斯函数的 IDFT 仍为高斯函数。

 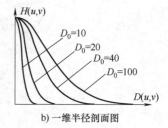

a) 频谱图　　　　　　　b) 一维半径剖面图

图 4.8　高斯低通滤波器频谱及一维半径剖面图

式（4.16）中，标准差 σ 越小（即 D_0 越小），IDFT 得到的高斯函数越宽，滤波的平滑效果越好，反之亦然。高斯滤波不会产生振铃现象。如图 4.9 所示，从左至右 D_0 分别为 10、20、30 时图 4.3a 的高斯低通滤波结果，可以看出，即使 D_0 很小，高斯滤波结果也没有振铃效应。随着 D_0 增加，滤波图像清晰度增加，平滑能力减弱。

a) $D_0=10$　　　　　　　b) $D_0=20$　　　　　　　c) $D_0=30$

图 4.9　高斯低通滤波示例

OPENCV 函数 void GaussianBlur(InputArray src, OutputArray dst, Size ksize, double sigmaY, double sigmaX = 0, int borderType = BORDER_DEFAULT) 对输入图像 src 进行高斯低通滤波，结果放在 dst 中。ksize 指定滤波核的宽度和高度，要求是大于 0 的奇数，当 ksize 为 0 时，由 sigmaX 和 sigmaY 算出实际 ksize 值。sigmaY 指定 y 方向的高斯函数标准差。sigmaX 指定 x 方向的高斯函数标准差，当其为 0 时表示 y 方向的标准差与 x 方向的相同，均为 sigmaY。如果 x、y 方向的标准差均为 0，则根据 sigma = 0.3×((ksize−1)×0.5−1)+0.8 由 ksize 计算出标准差。borderType 指定图像边界填充方式。使用该函数对图像高斯滤波的程序如下：

```cpp
#include <iostream>
#include <opencv2/opencv.hpp>
using namespace std;
using namespace cv;
int MAX_KERNEL_LENGTH = 31; //定义全局变量,高斯核最大尺寸
Mat src; Mat dst; //定义全局变量存放输入、输出图像
char window_name[] = "高斯平滑"; //指定输出图像显示窗口的名字
```

```
int main(int argc,char * * argv){
    namedWindow (window_name,WINDOW_AUTOSIZE);
    //定义一个显示窗口,窗口大小随实际图像自动调整
    const char * filename = argc >=2 ? argv[1] :"test.jpg";
    //从命令行输入图像文件名,如果没有输入图像文件名字,则默认使用 test.jpg
    src =imread(samples::findFile(filename),IMREAD_COLOR); /* 读
入图像 */
    if (src.empty()){ //检查图像是否正确打开
        printf("无法打开图像文件 \n"); return EXIT_FAILURE; }
    for (int i = 1; i < MAX_KERNEL_LENGTH; i = i + 2) { /*窗口尺寸为奇
数,每次增加 2 */
        GaussianBlur(src,dst,Size(i,i),0,0); /*由高斯核尺寸计算高斯
函数标准差,滤波 */
        imshow(window_name,dst); //显示滤波结果
        waitKey(500); //等待 0.5s
    }
}
```

4.4　频域高通滤波

图像锐化在频域可通过高通滤波实现，高通滤波器衰减图像频谱中的低频成分而保留频谱中的高频成分。频谱中的高频成分来自像素值的剧烈变化，经过高通滤波处理可以突出边缘等细节，达到图像增强的目的。高通滤波器频谱函数 $H(u,v)$ 可由与之性能相反的低通滤波器得到，$H(u,v)=1-H_{\mathrm{lp}}(u,v)$，其中 $H_{\mathrm{lp}}(u,v)$ 为低通滤波器的频谱，因此频域高通滤波等价于"图像减去图像低通滤波结果"。

4.4.1　理想高通滤波器

理想频域高通滤波器（Ideal Highpass Filter，IHPF）的频域表达式为

$$H(u,v)=\begin{cases}0 & D(u,v)\leqslant D_0 \\ 1 & D(u,v)>D_0\end{cases} \tag{4.18}$$

式中，D_0 为截止频率；$D(u,v)$ 为频率 (u,v) 到频谱中心 $(P/2,Q/2)$ 的距离，$P\times Q$ 为图像尺寸。理想高通滤波器将与频谱中心距离小于 D_0 的频谱直流和低频全部衰减为 0，反之，距离中心超过 D_0 的频率可以完全通过，由于远离中心的是高频信息，也就是将高频信息保留。图 4.10a 为理想高通滤波器频谱图，图 4.10b 为 IHPF 频谱的一维半径剖面图。

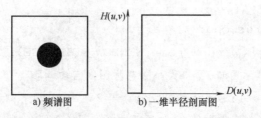

图 4.10　理想高通滤波器频谱及一维半径剖面图

　　理想高通滤波器的截止频率 D_0 分别是 20、30、50 时，对图 4.3a 滤波的结果如图 4.11 所示。在图 4.11a 中，由于截止频率低，不仅高频得以保留，一些中频信息也被保留下来，因此看上去边界更"厚"，边界定位不准确。随着 D_0 增大，各边界线逐渐变细，定位准确度增加。理想高通滤波一定会出现振铃现象。

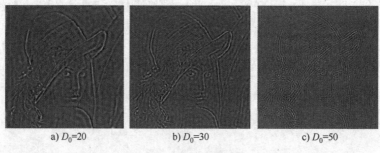

a) $D_0=20$ 　　　　　　b) $D_0=30$ 　　　　　　c) $D_0=50$

图 4.11　理想高通滤波示例

4.4.2　巴特沃斯高通滤波器

　　巴特沃斯高通滤波器（Butterworth Highpass Filter，BHPF）的性能由阶数 n 和截止频率 D_0 共同决定，滤波器频域表达式为

$$H(u,v)=\dfrac{1}{1+\left[D_0/D(u,v)\right]^{2n}} \tag{4.19}$$

式中，$D(u,v)$ 计算见式（4.14）。滤波器通带与阻带间有平滑的过渡带，n 越小，频域过渡带越平滑。当阶数 n 大于 1 时，巴特沃斯高通滤波器会产生振铃现象，$n=2$ 的 BHPF 用得最多。采用 $n=2$ 的 BHPF 对图 4.3a 进行滤波，结果如图 4.12 所示。随着 D_0 的增加，提取边缘更准确，与理想高通滤波结果比较，相同的 D_0 条件下，巴特沃斯滤波边缘失真小，只有很轻微的振铃现象。

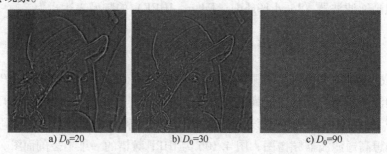

a) $D_0=20$ 　　　　　　b) $D_0=30$ 　　　　　　c) $D_0=90$

图 4.12　巴特沃斯高通滤波示例

4.4.3　高斯高通滤波器

高斯高通滤波器（Gaussian Highpass Filter，GHPF）的频谱函数为

$$H(u,v)=1-e^{-D^2(u,v)/2D_0^2} \tag{4.20}$$

式中，$D(u,v)$ 计算见式（4.14）；滤波器性能由截止频率 D_0 决定。图 4.13a 为 GHPF 频谱图，GHPF 频谱的一维半径剖面图如图 4.13b 所示，高斯滤波器过渡带比巴特沃斯滤波器的更平滑。

GHPF 是最常用的高通滤波器，图 4.14 给出了 D_0 为 20、30 和 50 时图 4.3a 的滤波结果，随着 D_0 的增加，提取的边缘更细，边缘定位更准确。与相同 D_0 的理想高通滤波、巴特沃斯高通滤波相比，

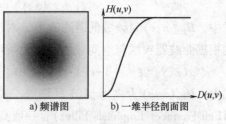

a) 频谱图　　　　b) 一维半径剖面图

图 4.13　高斯高通滤波器
频谱及一维半径剖面图

由于高斯高通滤波包含更多的低频信息，因此提取的边缘略厚。高斯高通滤波没有振铃现象。

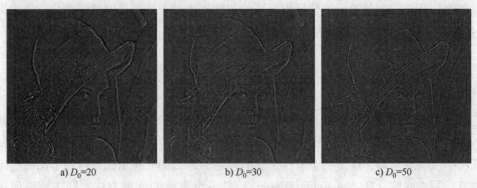

a) D_0=20　　　　　　b) D_0=30　　　　　　c) D_0=50

图 4.14　高斯高通滤波示例

4.4.4　拉普拉斯滤波器

频域拉普拉斯滤波器频谱为

$$H(u,v)=-4\pi^2 D^2(u,v) \tag{4.21}$$

式中，$D(u,v)$ 计算见式（4.14）。图像 $f(x,y)$ 中心化的频谱 $F(u,v)$ 与拉普拉斯滤波器 $H(u,v)$ 相乘后，离散傅里叶反变换得到的空间域图像为 $f(x,y)$ 的二阶导数，即 $f(x,y)$ 的拉普拉斯图像：

$$\nabla^2 f(x,y)=\xi^{-1}\{H(u,v)F(u,v)\} \tag{4.22}$$

通过 3.3.3 小节已知二阶微分的过零点能够准确定位边缘，由此推知频域拉普拉斯滤波可以准确定位边缘。拉普拉斯滤波后的图像完全失去低频信息。可以将拉普拉斯滤波后的图像与原图像加权求和，得到保留图像底色且边缘对比度增强的图像。在时域表示为

$$g(x,y)=f(x,y)+c\nabla^2 f(x,y) \tag{4.23}$$

式中，c 为一个常数。对应在频域的处理方式为

$$g(x,y)=\xi^{-1}\{F(u,v)+cH(u,v)F(u,v)\}=\xi^{-1}\{[1+c\times 4\pi^2 D^2(u,v)]F(u,v)\} \tag{4.24}$$

4.4.5　反锐化掩蔽与高提升滤波

在 3.3.3 小节介绍了原图像减去平滑后的图像得到的掩模图像，见式（3.34），对式（3.34）的等号两边同时进行离散傅里叶变换，可得

$$\xi\left[g_{\text{mask}}(x,y)\right]=F(u,v)-H_{\text{LP}}(u,v)F(u,v) \tag{4.25}$$

式中，$H_{\text{LP}}(u,v)$ 为频域低通滤波器。对于式（3.35）的反锐化掩蔽或高提升滤波，等号右侧根据滤波器频域与空间域的对应关系可写为

$$g(x,y)=\xi^{-1}\left\{\left[1+k\left[1-H_{\text{LP}}(u,v)\right]\right]F(u,v)\right\}=\xi^{-1}\left\{\left[1+kH_{\text{HP}}(u,v)\right]F(u,v)\right\} \tag{4.26}$$

式中，$H_{\text{HP}}(u,v)$ 为高通滤波器频谱。表达式右侧的 $1+kH_{\text{HP}}(u,v)$ 被称为高频应变滤波器（High-Frequency-Emphasis Filter），一般高通滤波器将频域低频分量衰减为 0，图像失去了低频信息，而加上常数 1 的高频应变滤波器则保留了低频信息，参数 k 控制高频分量对最终结果 $g(x,y)$ 的影响。一种更通用的高频应变滤波器表达式为

$$g(x,y)=\xi^{-1}\left\{\left[k_1+k_2H_{\text{HP}}(u,v)\right]F(u,v)\right\} \tag{4.27}$$

式中，常数 k_1 用于控制滤波后图像平坦区域的灰度值相对于原图灰度值的变化，通常 $k_1\geqslant0$；$k_2\geqslant0$ 控制高频分量对结果的影响。

4.5　同态滤波

空间域、频域滤波可以灵活地解决加性噪声干扰问题，但无法消除乘性噪声干扰。例如，图像处理中常常遇到动态范围很大但暗区的细节又不清楚的现象，这种情况产生的原因很可能在于照明不均匀，这是一个乘性干扰的问题。那么如何在增强暗区细节的同时不损失亮区细节？同态滤波（Homomorphic Filtering）是一个有效的处理方法。同态滤波属于图像频域非线性滤波，它将非线性问题转换成线性问题处理，将乘性干扰转换为加性干扰予以处理。

如 2.1 节所述，图像值 $f(x,y)$ 来源于两个部分，一个是照射在观测物体表面 (x,y) 处的入射光量 $i(x,y)$，另一个是物体在 (x,y) 处反射或透射的系数 $r(x,y)$，$f(x,y)=i(x,y)r(x,y)$。入射光是均匀或缓慢渐变的，从频谱角度看，入射光相当于频谱中的低频信息，减弱入射光可以达到缩小像素值动态范围的目的。不同物体的反射率差异较大，反射光在不同物体间的剧烈变化，从频谱角度看相当于频谱中的高频信息，增强反射光可以提高图像对比度。如果对 $f(x,y)$ 取对数，根据图像成像模型公式（2.1）有

$$\log\left[f(x,y)\right]=\log\left[i(x,y)r(x,y)\right]=\log\left[i(x,y)\right]+\log\left[r(x,y)\right] \tag{4.28}$$

在式（4.28）中，$i(x,y)$ 与 $r(x,y)$ 经过对数计算变为加性关系，并且它们恰好一个为低频、另一个为高频，这样可以用频域低通或高通滤波将两者分离。同态滤波的具体步骤如下：

1）对 $f(x,y)$ 做对数变换，获得对数图像 $\ln[f(x,y)]$：

$$\ln\left[f(x,y)\right]=\ln\left[i(x,y)\right]+\ln\left[r(x,y)\right] \tag{4.29}$$

2）对数图像 $\ln[f(x,y)]$ 进行离散傅里叶变换：

$$\xi\{\ln[f(x,y)]\}=\xi\{\ln[i(x,y)]\}+\xi\{\ln[r(x,y)]\} \tag{4.30}$$

3）设计频域滤波器 $H(u,v)$，对 $\ln[f(x,y)]$ 频域滤波：

$$G(u,v)=\xi\{\ln[f(x,y)]\}\times H(u,v) \tag{4.31}$$

4）对 $G(u,v)$ 进行离散傅里叶反变换，得到空间域图像 $g(x,y)=\xi^{-1}[G(u,v)]$

5）对 $g(x,y)$ 进行指数计算：

$$f'(x,y)=\mathrm{e}^{g(x,y)} \tag{4.32}$$

同态滤波的关键在于滤波器 $H(u,v)$ 的设计。对于一幅光照不均匀的图像，同态滤波可同时实现亮度调整和对比度提升，改善图像质量。例如，为了克服亮度分量不均匀的影响，需要压制低频分量（入射光），而为了提高物体细节边缘对比度，需要加大反射分量的影响，增强高频的反射分量，滤波器 $H(u,v)$ 应是一个高通滤波器，但又不能将低频分量完全衰减至 0，如可以对高通滤波器稍作修改：

$$H(u,v)=(\gamma_{\mathrm{H}}-\gamma_{\mathrm{L}})\left\{1-\mathrm{e}^{-c\left[\frac{D^2(u,v)}{D_0^2}\right]}\right\}+\gamma_{\mathrm{L}} \tag{4.33}$$

式中，c 用于控制通带与阻带之间的过渡带宽度；γ_{L} 为低频衰减值，$0<\gamma_{\mathrm{L}}<1$；γ_{H} 为高频放大值，通常大于 1。图 4.15 给出了式（4.33）同态滤波器频谱的一维半径剖面图。

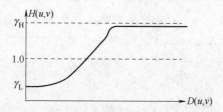

图 4.15　同态滤波器频谱的一维半径剖面图

图 4.16b 是图 4.16a 与不均匀光照乘积的结果，可以看出光从左上方射入，对其用同态滤波器滤波，结果如图 4.16c 所示，背景光照变得均匀，衣服暗部细节变清楚。

a）原图像　　　　　　　b）图a)添加不均匀光照　　　　　c）同态滤波结果

图 4.16　同态滤波示例

下面的同态滤波程序完整地呈现了图像由空间域转换到频域，再经过频域滤波后转换回空间域的全部过程。程序对式（4.33）中的 4 个参数 γ_{L}、γ_{H}、D_0 和 c 均采用窗口滑动条进行调整。

```cpp
#include<opencv2/opencv.hpp>
#include<iostream>
```

```
using namespace std;
using namespace cv;
char * filename; //输入文件名
float gl = 0; //滤波器参数 γL
int gl_slider = 0,gl_slider_max = 100;  /* γL 的最小允许设置值为 0,最
大允许值为 100 */
float gh = 0;//滤波器参数 γH
int gh_slider = 0,gh_slider_max = 100; /* γH 的最小允许设置值为 0,最大
允许设置值为 100 */
float d0 = 0;//滤波器参数 D0
int d0_slider = 50,  d0_slider_max = 100; //D0 的最小、最大允许设置值
float c = 0; //滤波器参数 c
int c_slider = 5,c_slider_max = 100; //c 的最小、最大允许设置值
int dft_M,dft_N; //图像进行快速离散傅里叶变换需要的尺寸
Mat complexImage; //定义存放离散傅里叶变换结果的矩阵
void DFTshift(Mat& image){ /*频谱搬移函数,按图4.1c实现1、3象限对调,
2、4 象限对调 */
      Mat tmp2,A,B,C,D;
      image = image(Rect(0,0,image.cols & -2,image.rows & -2));
      //若 image 的行或列为奇数,则将其裁剪为行和列均为偶数(去掉一行/列)
      int cx = image.cols/2,cy = image.rows/2;
      A = image(Rect(0,0,cx,cy)); B = image(Rect(cx,0,cx,cy));
      C = image(Rect(0,cy,cx,cy));  D = image(Rect(cx,cy,cx,cy));
//分别取 4 个象限的数据
      A.copyTo(tmp2);  D.copyTo(A);  tmp2.copyTo(D); /* 根据图 4.1c
实现 1、3 象限对调 */
      C.copyTo(tmp2);  B.copyTo(C);  tmp2.copyTo(B); //2、4 象限对调
   }
   void on_trackbar_homomorphic(int,void *) { /*获取同态滤波参数,进行
同态滤波 */
      gl = (float) gl_slider /gl_slider_max; /* 对输入参数 γL 归一化,使
其在 0~1 之间 */
      gh = (float) gh_slider /gh_slider_max+1.0; /* 对 γH 归一化后加 1,
使其在 1~2 之间 */
      d0 = 25.0 * d0_slider /d0_slider_max; /*归一化并重新调整参数 D0 的
```

大小,最大值为 25 * /

　　　c = (float) c_slider /c_slider_max; /*对参数 c 归一化,使其在 0~1 之间 * /

　　　dft(complexImage,complexImage); /* 离散傅里叶变换,结果仍放在 complexImage * /

　　　DFTshift(complexImage); /*调用频谱搬移子函数,将图像频谱的低频移到中心位置 * /

　　　Mat filter =Mat::zeros(complexImage.size(),CV_32F);/*定义频域滤波器 * /

　　　Mat tmp = Mat(complexImage.rows,complexImage.cols,CV_32F);

　　　for(int u=0; u < tmp.rows; u++){ //构建同态滤波器

　　　　for(int v=0; v < tmp.cols; v++){

　　　　　　float d2 = (u-dft_M/2) * (u-dft_M/2)+(v-dft_N/2) * (v-dft_N/2); //计算频谱距离

　　　　　　tmp.at<float> (u,v) = (gh-gl) * (1.0-(float)exp(-(c * d2/(d0 * d0)))) + gl;

　　　　　　//根据式(4.33)对滤波器频谱赋值

　　　　}

　　　}

　　　Mat comps[ ]={tmp,tmp};

　　　merge(comps,2,filter); /*同态滤波器频谱 filter 的实部与虚部数值相同 * /

　　　mulSpectrums(complexImage,filter,complexImage,0);

　　　//计算图像频谱与同态滤波器频谱的乘积,结果放在 complexImage

　　　DFTshift(complexImage); /* 频谱搬移,将低频搬移回频谱图的 4 个角,高频在中心位置 * /

　　　idft(complexImage,complexImage); /* IDFT 计算,反变换结果放在 complexImage 中 * /

　　　split(complexImage,comps);

　　　//将反变换结果分为实部和虚部,滤波结果应该是反变换的实部

　　　exp(comps[0],comps[0]); //只取反变换的实部进行式(4.32)计算

　　　//调用 OPENCV 的 exp()函数,进行指数运算,结果放在 comps[0]中

　　　normalize(comps[0],comps[0],0,1,CV_MINMAX); /*归一化在 0~1 之间 * /

　　　imshow("同态滤波图",comps[0]);

　　}

```
int main(int argc,char * * argv){
    Mat image,padded;
    namedWindow("原图像",WINDOW_NORMAL);
    namedWindow("同态滤波图",WINDOW_NORMAL);
    if (argc!= 2) { //检查输入命令格式是否正确
        cerr << "输入命令格式:" << argv[0] << " <img_path>" << endl;
return -1; }
    filename = argv[1];
    Mat src = imread(filename,IMREAD_GRAYSCALE); /*将图像以灰度图
形式读入 */
    src.convertTo(src,CV_32F); /*计算前一定要把 8 比特无符号整数转换
成浮点数,扩大范围 */
    src.clone(image); //将原图像复制到 image
    dft_M = getOptimalDFTSize(src.rows);
    dft_N = getOptimalDFTSize(src.cols); /*计算图像进行快速离散傅里
叶变换需要的尺寸 */
    copyMakeBorder(image,padded,0,dft_M-src.rows,0,dft_N-src.
cols,BORDER_CONSTANT,Scalar::all(0));
    /* 对图像进行填充 0,放入 padded 中,填充后的图像大小适合用快速傅里叶变
换 */
    Mat planes[] = {Mat_<float>(padded),Mat::zeros(padded.size(),
CV_32F)};
    //planes 数组,planes[0]为填充后的图像 padded,planes[1]为全 0
    merge(planes,2,complexImage); //complexImage 实部为图像,虚部为全 0
    char TrackbarName[50];
    //通过滚动条设置同态滤波器的 4 个参数 γ_L、γ_H、D_0、C
        sprintf(TrackbarName,"设置 gamma_L");
        createTrackbar(TrackbarName,"同态滤波图",&gl_slider,gl_
slider_max,on_trackbar_homomorphic); /*通过滚动条设置同态滤波参数 γ_L;滚
动条显示的提示文字由 TrackbarName 指定;滚动条附着在窗口名为"同态滤波图"的窗
口上;该滚动条设置的参数传给 gl_slider 变量;参数的最大值由 gl_slider_max 指
定;参数发生变化就回调 on_trackbar_homomorphic()函数 */
        sprintf(TrackbarName,"设置 gamma_H");
        createTrackbar(TrackbarName,"同 态 滤 波 图", &gh _ slider, gh _
slider_max,on_trackbar_homomorphic); //通过滚动条设置同态滤波参数 γ_H
```

```
        sprintf(TrackbarName,"设置 D0");
        createTrackbar(TrackbarName,"同 态 滤 波 图 ", &d0 _ slider, d0 _
slider_max,on_trackbar_homomorphic); //通过滚动条设置同态滤波参数 D₀
        sprintf(TrackbarName,"设置 c");
        createTrackbar(TrackbarName,"同态滤波图",&c_slider,c_slider_
max,on_trackbar_homomorphic); //通过滚动条设置同态滤波参数 c
        on_trackbar_homomorphic(100,NULL); //通过滚动条回调同态滤波函数
        while (1) { //检查是否按下<Esc>键
            char key = (char) waitKey(100);
            if(key == 27) break; //按<Esc>键退出程序
        }
        return 0;
}
```

4.6　频率选择滤波器

一些图像处理中需要滤波器选择频谱中的某段特定频率，允许其通过或将其衰减为零，这类滤波器统称为频率选择滤波器，主要包含带阻滤波器、带通滤波器和陷波滤波器。

4.6.1　带阻滤波器和带通滤波器

所谓"带阻"，就是阻止频谱中某一频带范围的分量通过，其他频率分量不受影响。经典的带阻滤波器（Bandreject Filter）有理想带阻滤波器、巴特沃斯带阻滤波器和高斯带阻滤波器等。

理想带阻滤波器频谱表达式为

$$H(u,v)=\begin{cases}0 & D_0-\dfrac{W}{2}\leqslant D(u,v)\leqslant D_0+\dfrac{W}{2}\\[2mm]1 & 其他\end{cases} \tag{4.34}$$

式中，W 为阻带宽度，相比理想低通、高通表达式，理想带阻滤波器多了参数 W；$D(u,v)$ 为频率 (u,v) 到频谱中心的距离；D_0 为截止频率，又称阻带中心半径。

n 阶巴特沃斯带阻滤波器表达式为

$$H(u,v)=\frac{1}{1+[D(u,v)W/((D(u,v))^2-D_0^2)]^{2n}} \tag{4.35}$$

高斯带阻滤波器表达式为

$$H(u,v)=1-e^{-\left[\frac{(D(u,v))^2-D_0^2}{D(u,v)W}\right]^2} \tag{4.36}$$

图 4.17 给出了 3 种经典带阻滤波器的三维图。

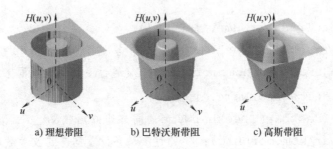

a) 理想带阻   b) 巴特沃斯带阻   c) 高斯带阻

图 4.17   经典带阻滤波器三维图

带阻滤波器常用于抑制周期噪声。原始图像（图 4.18a）的频谱如图 4.18b 所示，对图 4.18a 加上条状纹理噪声，得到图 4.18c，其频谱如图 4.18d 所示。通过比较图 4.18b、d 可以发现，周期噪声在频谱上表现为规律分布的离散点和线，如 $-45°$ 方向的亮点及频谱中心的横线（高频分量明显变强）等。为了消除在图 4.18d 中较亮而在图 4.18b 中较暗的频率分量（显然这些分量主要来自噪声），设计了频谱如图 4.18e 所示的带阻滤波器，图 4.18c 的带阻滤波结果如图 4.18f 所示，周期噪声明显衰减，滤波后图像的频谱如图 4.18g 所示。空间域无法处理的周期噪声在频域可通过带阻滤波器消除。

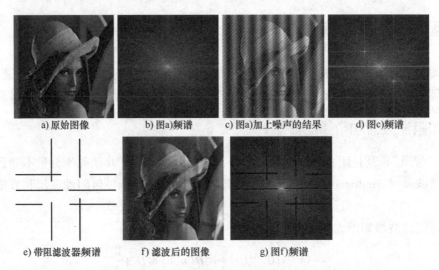

a) 原始图像   b) 图a)频谱   c) 图a)加上噪声的结果   d) 图c)频谱

e) 带阻滤波器频谱   f) 滤波后的图像   g) 图f)频谱

图 4.18   带阻滤波器去除周期噪声示例

带通滤波器执行与带阻滤波器相反的操作，允许某段频率分量通过。带通滤波器可由与之对应的带阻滤波器计算得到，带通滤波器表达式为 $H(u,v)=1-$带阻滤波器表达式。可利用带通滤波器提取周期噪声的图样。

4.6.2　陷波滤波器

陷波滤波器（Notch Filter）对特定小范围频谱分量进行衰减，让其余分量通过，用于消除周期噪声。当噪声频谱离散时，陷波滤波器会比带阻滤波器保留更多原图像的频谱分量，代价是陷波滤波器设计比带阻滤波器复杂。根据离散傅里叶变换对称性，陷波滤波器频谱是

对角对称的。陷波滤波器 $H_{\mathrm{NR}}(u,v)$ 可以通过对高通滤波器的中心进行平移得到，即

$$H_{\mathrm{NR}}(u,v)=\prod_{k=1}^{q}H_{k}(u,v)H_{-k}(u,v)\tag{4.37}$$

式中，$H_{k}(u,v)$ 和 $H_{-k}(u,v)$ 分别为中心在 (u_{k},v_{k})、(u_{-k},v_{-k}) 的高通滤波器，它们组成一组"对称对"；陷波中心点组成的"对称对"共有 q 组。例如，对于由巴特沃斯高通滤波平移得到的陷波滤波器，假设频谱中有 8 个需要衰减的位置，根据傅里叶变换的对称性，这 8 个位置分为 4 组"对称对"，则陷波滤波器表达式为

$$H_{\mathrm{NR}}(u,v)=\prod_{k=1}^{4}\left[\frac{1}{1+\left[D_{0k}/D_{k}(u,v)\right]^{2n}}\right]\left[\frac{1}{1+\left[D_{0k}/D_{-k}(u,v)\right]^{2n}}\right]\tag{4.38}$$

式中，D_{0k} 为控制带宽的参数，每组"对称对"D_{0k} 可不同，同一组"对称对"的两个 D_{0k} 必须相同。$D_{k}(u,v)$ 和 $D_{-k}(u,v)$ 的计算公式为

$$D_{k}(u,v)=\left[\left(u-\frac{P}{2}-u_{k}\right)^{2}+\left(v-\frac{Q}{2}-v_{k}\right)^{2}\right]^{1/2}\tag{4.39}$$

$$D_{-k}(u,v)=\left[\left(u-\frac{P}{2}+u_{k}\right)^{2}+\left(v-\frac{Q}{2}+v_{k}\right)^{2}\right]^{1/2}\tag{4.40}$$

式（4.39）、式（4.40）表明高通滤波器的中心由 $(P/2,Q/2)$ 分别移至 $(P/2+u_{k},Q/2+v_{k})$、$(P/2-u_{k},Q/2-v_{k})$。

图 4.19 分别给出了由一组"对称对"构建的理想陷波滤波器、一阶巴特沃斯陷波滤波器和高斯陷波滤波器的频谱三维透视图。

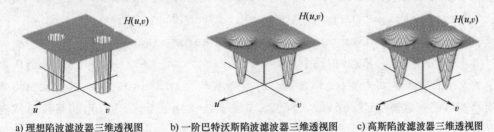

a) 理想陷波滤波器三维透视图　　b) 一阶巴特沃斯陷波滤波器三维透视图　　c) 高斯陷波滤波器三维透视图

图 4.19　含一组"对称对"的陷波滤波器三维透视图

图 4.20a 所示的图像中存在纹理噪声，图 4.20b 是它的频谱图，可以观察到纹理噪声对频谱的影响，由于空间域的周期性引发频域离散性，高频处 4 个孤立的亮斑（在图 4.20c 中用圆圈遮盖）是由纹理噪声引起的。假如用圆环型带阻滤波器去噪，由于噪声频率到频谱中心的距离不同，阻带的宽度至少是图 4.20c 中的 4 个圆到中心最远距离与最近距离之差，但阻带内有大量图像本身的信息，因此用阻带滤波器会消除这些有效信息。陷波滤波器衰减的频率分量范围比阻带滤波器小很多，可在去除噪声的同时最大限度保留有效信息。用两组"对称对"，选用理想高通滤波器，将中心分别移至图 4.20c 中 4 个圆的圆心位置，根据式（4.37）构建陷波滤波器，图 4.20a 所示图像的陷波滤波结果如图 4.20d 所示，纹理噪声被抑制。

a) 原图像　　　　 b) 图a)的频谱图　　　 c) 对称的孤立亮点　　 d) 滤波结果

图 4.20　陷波滤波器消除纹理噪声示例

生成理想陷波滤波器的程序如下：

```
void synthesizeFilterH(Mat& inputOutput_H,Point center,int radius)
{  /* 产生一组理想陷波"对称对",如果陷波滤波器有 N 组"对称对",则调用该函数
N 次,根据式(4.37)将 N 次结果相乘 */
   /* 以输入的频率坐标 center 为中心的半径 radius 范围内的频谱值为零;根据陷
波频谱对称性,找到对称中心并将其半径 radius 范围内频谱值清零;滤波器频谱放在
inputOutput_H 中,inputOutput_H 等于被滤波图像的频谱图尺寸,其高度、宽度均为
偶数,初次调用本函数前被初始化为全 1 的矩阵 */
   int c2y = inputOutput_H.rows - center.y;
   int c3x = inputOutput_H.cols - center.x;
   Point mirror_center = Point(c3x,c2y);
   // 根据图尺寸和 center 坐标,利用对称性找到"对称对"的另一个中心
   circle(inputOutput_H,center,radius,0,-1,8);
   circle(inputOutput_H,mirror_center,radius,0,-1,8);
   /* 分别以"对称对"的两个中心 center、mirror_center 为圆心,用全 0 数值
画半径为 radius 的实心圆(这样与圆心的距离不大于 radius 的像素,其像素值均变为
0;而那些与圆心距离超过 radius 的像素,其像素值保持不变,仍为 1),构建理想陷波滤
波器 */
}
```

习　题

4-1　2×2 图像的像素值分别为 $f(0,0)=3$、$f(0,1)=2$、$f(1,0)=1$、$f(1,1)=2$，计算该图像傅里叶变换后的频谱 $F(u,v)$。

4-2　2×2 图像的傅里叶变换为 $F(0,0)=2$、$F(0,1)=1$、$F(1,0)=1$、$F(1,1)=2$，计算该图像 $f(x,y)$ 的各点像素值。

4-3　图像 f 的像素值如图 4.21 所示，求图像离散傅里叶变换得到的 $F(0,0)$ 值。

4-4　为什么实际中低通滤波时常用高斯低通滤波器，而不用理想低通滤波器？

4-5 分辨率相同的两幅图像，背景均为黑色，两幅图中的目标形状、大小完全相同，区别在于一个目标在图 A 的左上角，另一个目标在图 B 的右下角，请分析这两幅图像的频域幅度谱是否不同？给出理由。

12	14	20	89	97
21	15	21	88	91
13	17	98	90	88
18	15	86	78	79
12	21	20	69	75

图 4.21　习题 4-3 图

4-6 举例说明离散傅里叶变换、离散傅里叶反变换的周期性如何对频域滤波产生影响。

4-7 理想低通滤波器、理想高通滤波器为什么会产生振铃效应？

4-8 频域低通滤波器对图像各区域的边缘有何影响？

4-9 请从以下几方面讨论频域低通滤波器截止频率对滤波结果的影响。

1）平滑噪声的能力。

2）边缘保持清晰的能力。

4-10 从频域滤波器的结果看，空间域拉普拉斯算子相当于频域低通滤波器还是高通滤波器？请给出理由。

4-11 高通滤波器滤波可以突出边缘信息，但却没有色彩、图像基调等低频信息，如果想保留图像低频信息的同时又强调边缘，那么应该如何设计滤波器的 $H(u,v)$？

4-12 一个像素值缓慢渐变的图像，被高频乘性噪声干扰，请问如何消除高频噪声？

4-13 如何用频域滤波消除不均匀光照的影响？

4-14 陷波滤波器用于消除何种噪声？利用这类噪声频谱的什么特点？

第5章 图像复原

图像复原技术是针对成像过程中的"退化"而提出来的,"退化"主要指成像系统受到各种因素的影响（如散焦、相对运动等）引发的模糊等问题,导致成像质量不理想。图像复原利用退化过程的先验知识,采用与退化过程相反的步骤进行处理,确保复原后的图像接近真实图像。图像复原和图像增强有类似之处,都是为了提高图像的整体质量。但图像增强是一个主观的处理,用于改善图像的可视性,并不关心增强后的图像是否失真,只要视觉感受好就可以。而图像复原很大程度上属于客观过程,目的是还原图像本来面目。

5.1 图像退化模型和复原模型

图像退化和复原模型如图 5.1 所示,图像 $f(x,y)$ 经过退化系统（用符号 H 表示）,加上噪声 $\eta(x,y)$ 后得到退化后的成像 $g(x,y)$。如果对退化系统和加性噪声 $\eta(x,y)$ 有一定了解,则可以对 $g(x,y)$ 进行复原滤波,得到对 $f(x,y)$ 的估计 $\hat{f}(x,y)$。显然对退化系统和噪声 $\eta(x,y)$ 了解越多,则估计值 $\hat{f}(x,y)$ 越接近 $f(x,y)$。

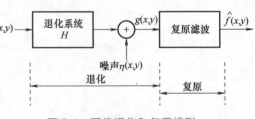

图 5.1　图像退化和复原模型

对于退化系统模型 $g(x,y)=H[f(x,y)]+\eta(x,y)$,在不考虑加性噪声 $\eta(x,y)$ 的条件下,退化系统如果同时满足下列两个条件,则退化系统是一个线性退化系统。

1）若 $g_1(x,y)=H[f_1(x,y)]$、$g_2(x,y)=H[f_2(x,y)]$,则有 $H[f_1(x,y)+f_2(x,y)]=g_1(x,y)+g_2(x,y)$,即两个图像之和进行退化,与两个图像分别退化后再求和,得到的结果相同。

2）$H[af(x,y)]=ag(x,y)$,图像乘以常数后退化,与图像退化后乘以常数的效果相同。

如果退化系统是线性的,根据退化模型有

$$g(x,y)=H[f(x,y)]+\eta(x,y)=h(x,y)*f(x,y)+\eta(x,y)$$

$$=\sum_{s=-a}^{a}\sum_{t=-b}^{b}h(s,t)f(x-s,y-t)+\eta(x,y) \tag{5.1}$$

式中,$h(x,y)$ 是退化系统冲激响应,又称退化系统的点扩散函数（Point Spread Function,PSF）、退化函数,其大小为 $(2a+1)\times(2b+1)$；$*$ 表示卷积。如果忽略噪声因素,则复原可看作卷积的逆操作，故图像复原又称"图像去卷积"，图像复原滤波器又称"去卷积滤波器"。

根据离散傅里叶变换卷积性质，空间域两个信号 A、B 卷积计算结果所对应的频谱，等于 A 的频谱与 B 的频谱之乘积，式（5.1）的对应频域表示为

$$G(u,v)=H(u,v)F(u,v)+N(u,v) \tag{5.2}$$

式中，$G(u,v)$、$H(u,v)$、$F(u,v)$、$N(u,v)$ 分别是 $g(x,y)$、$h(x,y)$、$f(x,y)$、$\eta(x,y)$ 的离散傅里叶变换。图像复原是一个求逆问题，逆问题的解常常不是唯一的，甚至无解。为了得到逆问题的有效解，还需要先验知识以及对解的附加约束条件。

5.2 噪声模型

图像的获取、传输和存储过程中无可避免地会受到噪声影响，如大气湍流效应、成像设备中光学系统的衍射、传感器特性的非线性、光学系统畸变、频域带宽受限等都会带来噪声。

5.2.1 常见的噪声概率密度函数

除周期噪声外，本章讨论的其他噪声均认为是独立于空间坐标且与图像不相关的加性白噪声。白噪声是一种功率谱密度为常数的随机过程。反之，功率谱密度函数不为常数的噪声被称为有色噪声。实际中，若一个噪声的功率谱宽度远远大于系统带宽，并且在系统带宽内该噪声功率谱密度为常数，就可以将其作为白噪声来处理。

噪声的幅度值可以认为是由概率密度函数（PDF）表征的随机变量。下面给出一些常见的噪声概率密度函数。

1. 高斯噪声

高斯噪声也称为正态噪声，是图像处理中最常见的噪声，其幅度的概率密度函数为

$$p(z)=\frac{1}{\sqrt{2\pi}\sigma}e^{-(z-\bar{z})^2/2\sigma^2} \tag{5.3}$$

式中，z 表示噪声幅度值；$\bar{z}$ 为 z 的平均值；σ^2 表示噪声的方差。噪声幅度值符合高斯分布，约 70% 的噪声幅度值落在 $[\bar{z}-\sigma,\bar{z}+\sigma]$ 范围内，约 95% 落在 $[\bar{z}-2\sigma,\bar{z}+2\sigma]$ 范围内。高斯噪声幅度值概率密度函数图 5.2a 所示。

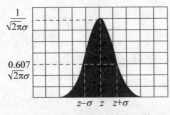
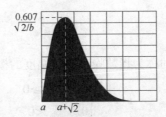
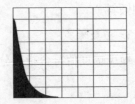

a) 高斯噪声的概率密度函数　　b) 瑞利噪声的概率密度函数　　c) 指数噪声的概率密度函数

图 5.2　常见噪声幅度的概率密度函数

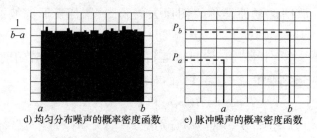

d) 均匀分布噪声的概率密度函数　　　　e) 脉冲噪声的概率密度函数

图 5.2　常见噪声幅度的概率密度函数（续）

OPENCV 函数 randn（InputOutputArray dst，inputArray mean，inputArray stddev）用于生成图像的高斯噪声并放入 dst 中，mean 设置高斯噪声的均值，stddev 设置高斯噪声的标准差。例如，imgInput 是输入图像，为 imgInput 添加均值为 0、标准差 0.1 的高斯噪声的程序如下：

```
· Mat noise=Mat(imgInput.size(),CV_32F); /*创建噪声图像,大小与输入图像相同 */
//为防止数据溢出,数据格式为浮点型,扩大数据表示的范围
randn(noise,0,0.1); //产生高斯噪声,均值为 0,标准差为 0.1
Mat dst =imgInput+noise; //为图像添加噪声
normalize(result,result,0.0,1.0,CV_MINMAX,CV_32F); /*对含噪图像归一化到 0~1 之间 */
```

2. 瑞利噪声

幅度值符合瑞利分布的噪声称为瑞利噪声，其幅度值分布的概率密度函数为

$$p(z)=\begin{cases}\dfrac{2}{b}(z-a)\mathrm{e}^{-(z-a)^2/b} & z\geqslant a\\ 0 & z<a\end{cases} \tag{5.4}$$

瑞利噪声的均值和方差分别为

$$\bar{z}=a+\sqrt{\pi b/4} \tag{5.5}$$

$$\sigma^2=\frac{b(4-\pi)}{4} \tag{5.6}$$

图 5.2b 为瑞利噪声的概率密度函数，幅度最小值与原点的距离为 a，整个曲线中心向右侧倾斜。

3. 指数噪声

噪声幅度值符合指数分布的称为指数噪声，其幅度的概率密度函数为

$$p(z)=\begin{cases}a\mathrm{e}^{-az} & z\geqslant 0\\ 0 & z<0\end{cases} \tag{5.7}$$

式中，$a>0$。图 5.2c 为指数噪声的概率密度函数，指数噪声的均值和方差分别为

$$\bar{z}=1/a \tag{5.8}$$

$$\sigma^2 = \frac{1}{a^2} \tag{5.9}$$

4. 均匀分布噪声

均匀分布噪声为幅度值在 $[a,b]$ 间均匀分布的噪声,其概率密度函数为

$$p(z) = \begin{cases} \dfrac{1}{(b-a)} & b \geqslant z \geqslant a \\ 0 & \text{其他} \end{cases} \tag{5.10}$$

均匀分布噪声的概率密度函数如图 5.2d 所示,其均值和方差分别为

$$\bar{z} = \frac{a+b}{2} \tag{5.11}$$

$$\sigma^2 = \frac{(b-a)^2}{12} \tag{5.12}$$

OPENCV 函数 randu(InputOutputArray dst, InputArray low, InputArray high) 创建均匀分布的纯噪声图像并放入 dst 中,low 用于设置均匀分布的下边界,high 指定均匀分布的上边界。例如,img 是彩色图像,为 img 添加幅度值在 10~70 之间均匀分布的噪声程序为:

```
Mat noise=Mat(img.size(),CV_64F); //创建噪声图像,大小由输入图像确定
randu(noise,Scalar(10,10,10),Scalar(70,70,70)); //每个通道均有均
匀分布噪声
Mat dst=imgInput+noise; //为图像添加噪声
normalize(result,result,0.0,1.0,CV_MINMAX,CV_64F); //加噪图像归一
化到 0~1 之间
```

5. 脉冲噪声 (椒盐噪声)

脉冲噪声又称椒盐噪声、双极脉冲噪声,其幅值分布符合概率密度函数,有

$$p(z) = \begin{cases} P_a & z=a \\ P_b & z=b \\ 0 & \text{其他} \end{cases} \tag{5.13}$$

噪声幅度只有两种取值,即 b 或 a,不妨设 $a<b$。如果 P_a、P_b 中的一个为零,则噪声被称为单极脉冲噪声。若两个均不为零,则噪声呈现出随机分布的亮点和暗点。脉冲噪声的幅度值与图像本身的像素值差异很大,通常在图像中表现为正、负饱和幅度值,例如,在 8 比特深度的图像中,$a=0$、$b=255$,此时就像黑色胡椒粉、白色盐随机撒在图像上,椒盐噪声由此得名。图 5.2e 为脉冲噪声的概率密度函数。对图像 img 添加脉冲噪声的程序如下:

```
Mat saltpepper_noise = Mat::zeros(img.rows,img.cols,CV_8UC1);
//存放噪声图像的矩阵
randu(saltpepper_noise,0,255); //生成 0~255 的均匀分布的随机数
```

```
Mat black = saltpepper_noise < 30;     //确定随机数小于 30 的位置
Mat white = saltpepper_noise > 225;   //确定随机数大于 225 的位置
Mat saltpepper_img = img.clone();     //复制 img 图像，img 图像保持不变
saltpepper_img.setTo(255,white);
//在复制的图像上将噪声随机数大于 225 的位置赋值 255（添加盐噪声）
saltpepper_img.setTo(0,black);
//在复制的图像上将噪声随机数小于 30 的位置赋值 0（添加椒噪声）
```

为图像添加不同噪声后的结果以及对应直方图比较如图 5.3 所示。图 5.3a~d 分别为无噪声图像，以及添加高斯噪声、均匀分布噪声和椒盐噪声后得到的图像，图 5.3e~h 分别为它们对应的直方图。图 5.3a 只有黑、灰、浅白 3 色，因此其直方图只有 3 条竖线。添加噪声造成直方图的变化，沿着无噪声图像直方图中的 3 条竖线扩散开的直方图形状与图 5.2 中相应噪声的概率密度函数曲线形状一致。

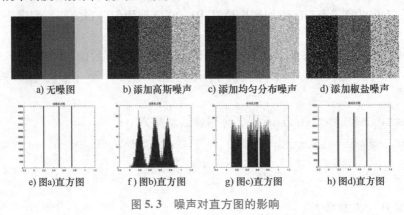

a) 无噪图	b) 添加高斯噪声	c) 添加均匀分布噪声	d) 添加椒盐噪声
e) 图a)直方图	f) 图b)直方图	g) 图c)直方图	h) 图d)直方图

图 5.3　噪声对直方图的影响

5.2.2　周期噪声

周期噪声通常来自于图像采集过程中的电气或电机干扰，是唯一的空间依赖型噪声，噪声是否出现、噪声幅度值等均与空间位置有关。周期噪声频谱表现为规律的脉冲。对图 5.4a 添加图 5.4b 所示的周期噪声，得到图 5.4c。图 5.4c 的频谱如图 5.4d 所示，在频谱垂直方向有几个对称的孤立亮点，它们来自周期噪声；过频谱图中心的竖线在高频处有明显亮度，这主要是由横条纹噪声产生的。消除周期噪声只能在频域处理，使用频率选择滤波器滤波。

a) 原图	b) 周期噪声	c) 图b)与图a)之和	d) 图c)频谱

图 5.4　周期噪声空间域、频域的影响示例

5.2.3　噪声参数估计

典型的周期噪声可通过图像频谱估计得到，如含周期噪声的图像频谱上有离散、规律的亮点，根据这些亮点估计噪声频谱，然后进行离散傅里叶反变换来获取周期噪声图样。

非空间依赖型噪声的参数可通过样本图像进行估计。如果能够接触到退化图像的成像系统，那么可以用此系统拍摄光照均匀、灰度值恒定的区域，获得样本图像。如果没有上述条件，则尽量在退化图像中选取一段平坦区域作为样本图像，首先对样本图像进行直方图统计，根据直方图形状判别噪声种类。除椒盐噪声外，对其他噪声可计算样本图像的均值和方差，确定噪声的的概率密度函数。例如，对于高斯噪声，根据均值、方差就可直接求出其概率密度函数；对于均匀分布噪声、指数噪声和瑞利噪声，根据均值、方差可求出概率密度函数中的参数 a、b；对于椒盐噪声，直接统计黑、白像素点出现的概率即可，这就要求样本图像本身不能是饱和值（黑或白），因此应选用非饱和幅度值的平坦区域作为样本图像。

5.3　复原仅由噪声造成的退化图像

当图像退化的唯一原因是噪声时，退化模型简化为加性噪声对图像的干扰，可采用空间域或频域滤波进行复原，3.3.2 节平滑滤波和 4.3 节频域低通滤波均可用于图像复原。此外还有一些统计排序算法、非线性均值滤波算法，也用于复原仅由噪声造成的退化图像。

5.3.1　非线性均值滤波

1. 几何均值滤波

令 S_{xy} 表示退化图像里中心位于坐标(x,y)、大小为 $m×n$ 的矩形区域内所有像素的坐标集合，$g(s,t)$ 表示退化图像 g 在坐标(s,t)处的像素值。几何均值滤波算法如下：

$$\hat{f}(x,y) = \left[\prod_{(s,t)\,\in\,S_{xy}} g(s,t) \right]^{\frac{1}{mn}} \tag{5.14}$$

复原图像$\hat{f}(x,y)$在坐标(x,y)处的像素值是矩形区域内所有像素值乘积的 $1/mn$ 次幂。实际中，几何均值滤波可采用先进行对数计算，然后进行反对数计算的方法加快计算速度，即

$$\lg \hat{f}(x,y) = \frac{1}{mn} \sum_{(s,t)\,\in\,S_{xy}} \lg(s,t) \tag{5.15}$$

这样便将式（5.14）中的像素值乘法计算变为加法计算，极大减少了计算量，在 OPENCV 中可调用处理速度被优化过的均值滤波函数 boxFilter( )实现。图像 img 的处理程序为：

```
img.convertTo(img,CV_64F); /* 由于后面的对数运算要求输出 Mat 与输入
Mat 的格式相同,因此必须事先将输入 Mat 转换为浮点型 */
int ksize=5; //定义矩形区域大小,必须为奇数
```

```
Mat geomean=Mat::zeros(img.rows,img.cols,CV_32F),Logimg,result;
Logimg=img+1; //对原图像求对数前,每个像素加1
log(Logimg,Logimg); //对数运算
boxFilter(Logimg,geomean,-1,ksize); //均值滤波,结果放 geomean 中
pow(geomean,10,geomean); //进行幂运算
geomean=geomean-1; //减去对数前每个像素值加的1
normalize(result,geomean,0,1,NORM_MIXMAX); //浮点数据归一化到 0~1
```

2. 谐波均值滤波

模板中心在退化图像 g 坐标 (x,y) 位置时，首先计算模板覆盖范围内各像素值的倒数之和：

$$R(x,y)=\sum_{(s,t)\in S_{xy}}\frac{1}{g(s,t)} \tag{5.16}$$

然后用模板覆盖区域内的像素总数 mn 除以 $R(x,y)$，得到谐波均值滤波结果 $\hat{f}(x,y)$。谐波均值滤波对盐噪声、高斯噪声有效，对椒噪声无效。图 5.5a、b 分别是椒噪声和盐噪声造成的退化图像，它们的谐波均值滤波结果分别如图 5.5c、d 所示。

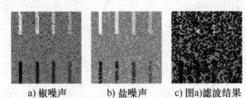

| a) 椒噪声 | b) 盐噪声 | c) 图a)滤波结果 | d) 图b)滤波结果 |

图 5.5　谐波均值滤波示例

3. 逆谐波均值滤波

模板中心在退化图像 g 坐标 (x,y) 位置时，首先分别计算退化图像被模板覆盖范围内各像素值的 Q 次幂之和、$Q+1$ 次幂之和：

$$p_j(x,y)=\sum_{(s,t)\in S_{xy}}g(s,t)^j \quad j=Q,Q+1 \tag{5.17}$$

式中，Q 为滤波器阶数。逆谐波均值滤波结果 $\hat{f}(x,y)$ 等于 $p_{Q+1}(x,y)$ 除以 $p_Q(x,y)$。当 Q 为正数时，滤波器用于消除椒噪声；当 Q 为负数时，用于消除盐噪声。逆谐波均值滤波不能同时消除椒噪声和盐噪声。当 Q 为 0 时，逆谐波均值滤波退化为线性均值滤波；当 Q 为 -1 时，逆谐波均值滤波就是谐波均值滤波。

对图 5.5a 所示的椒噪声造成的退化图像，用 3×3 的 Q 分别为 -1.5、1.5 的逆谐波均值滤波，结果如图 5.6a、b 所示。图 5.6c、d 是对盐噪声退化的图 5.5b 分别使用 Q 为 -1.5、1.5 的逆谐波均值滤波结果。

逆谐波均值滤波器 OPENCV 程序如下：

a) 椒噪声Q=-1.5　　b) 椒噪声Q=1.5　　c) 盐噪声Q=-1.5　　d) 盐噪声Q=1.5

图 5.6　逆谐波均值滤波示例

```
Mat img=imread("input.jpg",CV_64F);  //读入图像,以双精度存储
int ksize=5; //定义矩形区域大小,必须为奇数
float Q=1.5; //指定逆谐波均值滤波器阶数 Q
Mat Q1=Mat::zeros(img.rows,img.cols,CV_64F); /*图像的 Q+1 次幂存放
矩阵*/
Mat Q0=Mat::zeros(img.rows,img.cols,CV_64F); //图像的 Q 次幂存放矩阵
pow(img,Q+1,Q1); //进行 Q+1 次幂运算
pow(img,Q,Q0); //进行 Q 次幂运算
Mat Q11,Q01;
boxFilter(Q1,Q11,-1,ksize); //对 Q+1 次幂的图像进行均值滤波
boxFilter(Q0,Q01,-1,ksize); //对 Q 次幂的图像进行均值滤波
divide(Q11,Q01,Q1,1.0,-1); //逆谐波均值滤波结果放入 Q1 中
```

5.3.2　统计排序滤波

统计排序滤波的滤波结果由图像局部区域的像素值排序得到。3.3.2 节介绍的中值滤波、最大值滤波和最小值滤波均属于统计排序滤波。

1. 中点滤波

S_{xy} 表示中心在坐标 (x,y) 处、大小为 $m×n$ 的矩形区域内所有像素坐标的集合,则复原图像 $\hat{f}(x,y)$ 在坐标 (x,y) 处像素值为矩形区域内像素最大值与最小值的平均,有

$$\hat{f}(x,y)=\frac{1}{2}\left[\max_{(s,t)\in S_{xy}}\left(g(s,t)\right)+\min_{(s,t)\in S_{xy}}\left(g(s,t)\right)\right] \tag{5.18}$$

中点滤波既有统计排序又有平均,对于高斯噪声和均匀噪声造成的退化图像复原效果很好。可以用 OPENCV 函数 minMaxLoc(InputArray src,double * minVal,double * maxVal=0; Point * minLoc=0,Point * maxLoc=0,InputArray mask=noArray()) 找均值中的最大值和最小值。src 为输入图像;minVal 和 maxVal 为指针,分别指向找到的最小值和最大值数;minLoc 和 maxLoc 为指向最小值、最大值所在位置的指针;mask 为掩模图像,通过 mask 指定感兴趣区域,找最大值、最小值只在感兴趣区域内进行。对图像 img 中点滤波的 OPENCV 程序如下:

```
int ksize=5; //定义矩形区域大小,必须为奇数
int padsize=int((ksize-1)/2);  //计算滤波边界填充的大小
Mat pad_img; //用于存放填充边界后的图像
copyMakeBorder(img,pad_img,padsize,padsize,padsize,padsize,BOR-
DER_DEFAULT);
Mat result=Mat::zeros(img.rows,img.cols,CV_8U); /*定义存放复原图像
的矩阵*/
Mat part(ksize,ksize); //用于存放矩形区域内图像的矩阵
double  minVal,maxVal;
for(int i=0; i<img.rows; i++){
    for(int j=0; j<img.cols,j++){
        part=pad_img(Range(i,i+ksize),Range(j,j+ksize)); /*提取
矩形区域内图像*/
        minMaxLoc(part,&minVal,&maxVal); /*找最大值和最小值,不需要
知道它们的位置*/
        result.at<uchar>(i,j)=(minVal+maxVal)/2; /*最大值、最小值
平均*/
    } //列循环结束
} //行循环结束
imshow("中点滤波图像复原结果",result);
```

2. 修正阿尔法均值滤波

对退化图像 $g(s,t)$ 在 S_{xy} 集合内的像素进行像素值排序，分别去掉排序序列中像素值最高的 $d/2$ 个像素和像素值最低的 $d/2$ 个像素，然后将余下的 $mn-d$ 个像素值用 $g_r(s,t)$ 表示，这里的 mn 为 S_{xy} 内的像素数量。复原结果 $\hat{f}(x,y)$ 是余下 $mn-d$ 个像素的平均值，即 $g_r(s,t)$ 的均值。这样的复原滤波器称为修正阿尔法均值滤波器，有

$$\hat{f}(x,y)=\frac{1}{mn-d}\sum_{(s,t)\in S_{xy}}g_r(s,t) \tag{5.19}$$

式中，d 可取 $0\sim mn-1$ 之间的任意数。当 d 为 0 时，修正阿尔法均值滤波就是 3.3.2 节的线性均值滤波；当 d 取 $mn-1$ 时，滤波器等价为中值滤波器；当 d 取其他值时，该滤波器适用于包含多种噪声的情况，比如图像同时混有高斯噪声和椒盐噪声的情况。

图 5.7a 所示是高斯噪声叠加脉冲噪声形成的退化图像，图 5.7b~d 依次为对其进行 5×5 线性均值滤波、几何均值滤波、d 为 5 的修正阿尔法均值滤波复原结果。由于存在脉冲噪声，线性均值滤波和几何均值滤波效果不好，修正阿尔法均值滤波的复原效果明显更好。

a) 退化图像   b) 5×5线性均值滤波   c) 几何均值滤波   d) d为5的修正阿尔法均值滤波

图 5.7 修正阿尔法均值滤波结果比较

OPENCV 的 sort(InputArray src, OutpuArray dst, int flags) 对矩阵 src 的每行或每列进行排序，排序结果放在 dst 中，flags 中指定对行还是对列排序、是升序还是降序排列。对图像 img 调用 sort( ) 函数实现修正阿尔法均值滤波的程序如下：

```
int ksize=5; //定义矩形区域大小,必须为奇数
int d=4; //式(5.19)中滤波参数 d,取值为 0~(ksize*ksize-1)间的偶数
Mat pad_img; //用于存放填充边界后的图像 Mat
copyMakeBorder(img,pad_img,padsize,padsize,padsize,padsize,BOR-
DER_DEFAULT);
Mat result=Mat::zeros(img.rows,img.cols,CV_8U); //用于存放复原图像
Mat part(ksize,ksize); //用于存放提取的矩形区域内的图像
for(int i=0; i<img.rows; i++){
    for(int j=0; j<img.cols,j++){
        part=pad_img(Range(i,i+ksize),Range(j,j+ksize)); /*提取
矩形区域内的图像*/
        Mat S=part.reshape(0,ksize*ksize);
        /*将区域内的像素值排列为通道数不变,ksize×ksize 行、1 列,为后续排
序做准备*/
        sort(S,part,SORT_EVERY_CLOUMN|SORT_ASCENDING);
        //对 S 按升序进行排序,结果放在 part 中
        Mat tmp=part(Range::all(),Range(d/2,ksize*ksize-d/2));
        //提取排序后位于序列中间部分的那段数据
        uchar pixel=sum(tmp)/(ksize*ksize-d); /*求中间部分数据的
平均值*/
        result.at<uchar>(i,j)= pixel; /*平均值放入滤波后图像的对应位
置*/
    } //列循环结束
} //行循环结束
```

5.3.3　自适应滤波

自适应滤波的图像复原，根据 S_{xy} 区域内统计特征量的不同而采取不同的滤波策略。与均值滤波和统计排序滤波相比，自适应滤波以增加计算量为代价，从而获得更好的复原效果。

1. 自适应均值滤波

自适应均值滤波作用于 S_{xy} 集合所表示的局部区域，根据 4 个量计算 (x,y) 处的滤波结果。4 个量分别是：①退化图像在坐标 (x,y) 处的像素值 $g(x,y)$；②噪声方差 σ_η^2，噪声使得图像 $f(x,y)$ 降质为退化图像 $g(x,y)$；③S_{xy} 所表示的局部区域内像素点的均值 m_L，又称为局部均值，下标 L 表示局部区域；④S_{xy} 所表示的区域内像素值方差 σ_L^2，又称为局部方差。

自适应均值滤波从以下几个方面考虑：①如果噪声方差 σ_η^2 为 0，则说明没有噪声干扰，滤波器输出 $g(x,y)$，即没有噪声时 $g(x,y)$ 就是 $f(x,y)$；②如果局部方差 σ_L^2 远远大于 σ_η^2，则表明 S_{xy} 区域内的像素值剧烈变化，这种情况通常说明局部区域包含边缘，为保持边缘清晰，滤波器返回一个与 $g(x,y)$ 接近的值；③如果局部方差 σ_L^2 与噪声方差 σ_η^2 接近，则说明 S_{xy} 区域内的像素值变化平缓，区域内的像素值相似，可对该区域采用计算量较小的线性均值滤波进行复原。

自适应均值滤波计算可描述为：

$$\hat{f}(x,y)=g(x,y)-\frac{\sigma_\eta^2}{\sigma_L^2}\big[g(x,y)-m_L\big] \tag{5.20}$$

2. 自适应中值滤波

中值滤波器的窗口尺寸对滤波效果有很大影响。窗口小则滤波后图像边缘细节清晰，但去除噪声的能力较弱；反之，窗口大则去噪能力强，但会造成图像细节模糊。自适应中值滤波器动态改变窗口大小，可判断当前像素是否为噪声，根据判断结果做相应处理。

在描述中值滤波算法前先介绍自适应中值滤波需要用到的符号：①局部区域 S_{xy} 中的最小像素值 z_{min}；②局部区域 S_{xy} 中的最大像素值 z_{max}；③局部区域 S_{xy} 中像素值的中值 z_{med}；④坐标 (x,y) 处的像素值 z_{xy}；⑤局部区域 S_{xy} 允许的最大窗口尺寸 s_{max}。

算法步骤如下：①检查是否 $z_{min}<z_{med}<z_{max}$，若是则跳转至②，否则增大窗口尺寸；若增大后的窗口尺寸小于 s_{max}，则重复步骤①，否则输出 z_{med}；②检查是否 $z_{min}<z_{xy}<z_{max}$，若是则输出 z_{xy}，否则输出 z_{med}。

自适应中值滤波主要去除椒盐噪声，同时尽量保护图像细节信息。步骤①的目的是判断当前窗口内的中值 z_{med} 是否为脉冲噪声。如果 $z_{min}<z_{med}<z_{max}$，则说明中值 z_{med} 不是噪声，跳转至步骤②，继续判断当前窗口中心位置的像素值 z_{xy} 是来自噪声还是图像本身。步骤②中如果 $z_{min}<z_{xy}<z_{max}$，则说明 z_{xy} 不是一个脉冲噪声，z_{xy} 来自图像本身，因此滤波器直接输出 z_{xy}；如果在步骤②不满足 $z_{min}<z_{xy}<z_{max}$，则判定 z_{xy} 来自噪声，那么输出中值 z_{med}，因为在步骤①中已经知道 z_{med} 不是噪声。

如果在步骤①中 z_{med} 不符合条件 $z_{min}<z_{med}<z_{max}$，则可以判断中值 z_{med} 来源于噪声。在这种

情况下需要增大滤波器窗口尺寸，在更大范围内寻找一个非噪声点的值作为有效中值，找到有效中值后，跳转到步骤②。

　　图 5.8a 所示是受脉冲噪声干扰的图像，对其用窗口尺寸固定的中值滤波复原，结果如图 5.8b 所示，图 5.8c 是采用自适应中值滤波得到的图 5.8a 的复原结果。在高噪声造成图像严重退化的情况下，自适应中值滤波的复原效果更好。

a) 退化图像　　　　b) 中值滤波复原结果　　　c) 自适应中值滤波复原结果

图 5.8　自适应中值滤波示例

5.4　退化函数的估计

　　如果有与退化图像成像系统类似的装置，则可以调整该装置，直到获得与退化图像品质接近的图像，然后拍摄一个应尽可能亮的小亮点，这样噪声与之相比可以忽略不计。假设小亮点成像的频谱为 $G(u,v)$，则退化函数的离散傅里叶变换为

$$H(u,v) = \frac{G(u,v)}{A} \tag{5.21}$$

式中，常数 A 反映了小亮点的亮度。

　　对于成像设备与拍摄目标之间相对匀速运动造成的图像模糊，坐标 (x,y) 处的成像可表示为在快门开启时间段 T 内在该位置图像的积分，即

$$g(x,y) = \int_0^T f(x-x_0, y-y_0) \, \mathrm{d}t \tag{5.22}$$

式中，x_0、y_0 是 x、y 方向的运动位移，与时间变量 t 有关。x、y 方向的运动造成的位移分别为 $x_0 = at/T$、$y_0 = bt/T$，T 为总曝光时间，a、b 是与运动速度有关的参数，相应退化函数的离散傅里叶变换为

$$H(u,v) = \frac{T}{\pi(ua+vb)} \sin\left[\pi(ua+vb)\right] \mathrm{e}^{-\mathrm{j}\pi(ua+vb)} \tag{5.23}$$

　　镜头散焦造成的图像退化可使得亮点扩展为一个均匀分布的圆形光斑，对应的退化函数为

$$h(m,n) = \begin{cases} \dfrac{1}{\pi R^2} & m^2 + n^2 = R^2 \\ 0 & \text{其他} \end{cases} \tag{5.24}$$

式中，R 是散焦半径。

　　图 5.9a 所示为无退化图像，由于运动造成的退化图像如图 5.9b 所示，图 5.9a 由于散焦而退化为图 5.9c。

a) 无退化图像　　b) 运动造成的退化图像　c) 散焦造成的退化图像

图 5.9　退化图像示例

高斯退化函数是光学测量系统和成像系统中常见的退化模型，在这些系统中造成退化的因素很多，众多因素的合力使得总的退化函数趋于高斯函数。高斯退化函数表达式为

$$h(m,n) = \begin{cases} Ke^{-a(m^2+n^2)} & (m,n) \in \text{Circle} \\ 0 & \text{其他} \end{cases} \tag{5.25}$$

式中，K 为归一化常数；a 为大于 0 的常数；Circle 是 $h(m,n)$ 的圆形作用域。

如果没有任何退化函数的先验知识，则可以在退化图像中选取具有代表性的局部图像进行观察。要求局部图像幅度较强，但不能饱和，幅度强则噪声的影响相对较小，而信号强度饱和本身就会带来信息失真。从局部图像中估计初始 $H(u,v)$，然后通过某种算法迭代修正 $H(u,v)$。

5.5　逆滤波

若退化系统的 $H(u,v)$ 已知，将式（5.2）等式两边同时除以 $H(u,v)$，得到 $\hat{F}(u,v)$：

$$\hat{F}(u,v) = \frac{G(u,v)}{H(u,v)} = F(u,v) + \frac{N(u,v)}{H(u,v)} \tag{5.26}$$

对 $\hat{F}(u,v)$ 进行离散傅里叶反变换可得到 $\hat{f}(x,y)$，以 $\hat{f}(x,y)$ 作为复原图像，这种复原称为逆滤波。显然，在式（5.26）中 $N(u,v)$ 为零的情况下，逆滤波能准确复原图像。当退化图像中有噪声时，逆滤波结果是不稳定的。若 $H(u,v)$ 值接近零（这在 $H(u,v)$ 高频部分很常见），此时即使 $N(u,v)$ 很小，$N(u,v)/H(u,v)$ 的值也会非常大，远远大于 $F(u,v)$，成为构成 $\hat{F}(u,v)$ 的主要因素，导致复原图像中没多少有效信息。

图 5.10a 是只有运动模糊、没有噪声的退化图像图 5.9b 的逆滤波结果，没有噪声时，逆滤波能准确复原图像。图 5.10b 是图 5.9b 添加均值为 0、方差为 0.0001 的高斯噪声后的图像，噪声非常小，对其逆滤波的结果如图 5.10c 所示。

a) 退化无噪逆滤波　　b) 运动加噪声退化　　c) 图b)逆滤波　　d) 图b)维纳滤波

图 5.10　逆滤波与维纳滤波示例

5.6　维纳滤波

维纳滤波（Wiener Filtering）又称最小均方误差（Minimum Mean Square Error）滤波、无约束最小二乘滤波，同时考虑了退化函数和噪声。若噪声均值为零，并且与图像不相关，则维纳滤波认为对图像 $f(x,y)$ 的合理估计 $\hat{f}(x,y)$ 应使 $f(x,y)$、$\hat{f}(x,y)$ 之间均方误差达到最小：

$$Err^2 = E\{|f-\hat{f}|^2\} \tag{5.27}$$

最小均方误差滤波由此得名。式中，$E\{\}$ 表示数学期望。维纳滤波推导出 $H(u,v)$ 已知条件下最佳复原图像的频谱为

$$\hat{F}(u,v) = \left[\frac{H^*(u,v)}{|H(u,v)|^2 + \dfrac{S_\eta(u,v)}{S_f(u,v)}}\right] G(u,v) \tag{5.28}$$

式中，$G(u,v)$ 为退化图像 $g(x,y)$ 的离散傅里叶变换；$H(u,v)$ 为退化函数的离散傅里叶变换；$H^*(u,v)$ 表示 $H(u,v)$ 的共轭；$S_\eta(u,v)$ 为噪声功率谱；$S_f(u,v)$ 是未退化图像 $f(x,y)$ 的功率谱。当噪声为零时，噪声功率谱 $S_\eta(u,v)$ 等于零，此时，维纳滤波等价于逆滤波。

式（5.28）的问题在于如何得到 $S_\eta(u,v)$、$S_f(u,v)$ 两者的比值。一种解决方案是用常数 K 代替 $S_\eta(u,v)/S_f(u,v)$，这样式（5.28）就可写成

$$\hat{F}(u,v) = \left[\frac{H^*(u,v)}{|H(u,v)|^2 + K}\right] G(u,v) \tag{5.29}$$

在实际应用中通常先将 K 设为

$$K = \frac{1}{MN} \sum_{u=1}^{M} \sum_{v=1}^{N} |G(u,v)|^2 \tag{5.30}$$

式中，M、N 分别为图像行、列数，然后根据复原效果调整 K 值。对运动模糊叠加噪声的退化图如图 5.10b 所示，维纳滤波结果如图 5.10d 所示。

以退化为圆形均匀分布的散焦光斑为例，维纳滤波图像复原程序如下：

```cpp
#include <iostream>
#include <opencv2/opencv.hpp>
using namespace cv;
using namespace std;
void calcPSF(Mat& outputImg, Size filterSize, int R);  /* 生成均匀分布的圆形散焦光斑 */
    void fftshift(const Mat& inputImg, Mat& outputImg);  /* 频谱搬移,
图 4.1c 中的 1、3 象限对调,2、4 象限对调。注意,这样实现频谱搬移的前提是图像高宽均为偶数 */
```

```cpp
    void filter2DFreq(const Mat& inputImg,Mat& outputImg,const Mat&
H);
    //通过频域乘积,进行傅里叶反变换,实现空间域滤波
    void calcWnrFilter(const Mat& input_h_PSF,Mat& output_G,double
nsr); //维纳滤波器频谱
    const String keys =    //打印的帮助信息
    "{help h usage ? |                   |打印如下信息 }"
    "{image          |original.JPG |输入文件名 }"
    "{R              |53           |半径 }"
    "{SNR            |5200         |信噪比 }";
    int main(int argc,char *argv[]) {
        CommandLineParser parser(argc,argv,keys); //从命令行输入参数
        if (parser.has("help")){    //打印关于本程序的帮助信息
            parser.about("维纳滤波散焦退化程序.\n");
            parser.about("使用方法.\n");
            parser.printMessage();
            return 0;  }  //如果输入命令为帮助,则打印程序命令行输入格式
        int R = parser.get<int>("R"); /*将命令行输入的 R 参数(半径)传给变
量 R */
        int snr = parser.get<int>("SNR"); /*将命令行输入的 SNR 参数(信噪
比)传给变量 snr */
        string strInFileName = parser.get<String>("image"); /*由命令
行输入文件名 */
        if (!parser.check()){ //检查命令行输入格式是否正确
            parser.printErrors(); return 0; }
        Mat Hw,h,imgIn;   //用于存放输入图像
        imgIn =imread(strInFileName,IMREAD_GRAYSCALE); //读取灰度图像
        if (imgIn.empty()){ //检查输入图像是否被正确读取
            cout <<"无法加载图像!!" << endl; return -1; }
        Mat imgOut;   //用于存放输出图像的矩阵
        Rect roi = Rect(0,0,imgIn.cols & -2,imgIn.rows & -2); /*使图像尺
寸为偶数 */
        calcPSF(h,roi.size(),R); /*生成半径为 R、大小与图像相同的退化函数
h(x,y),放矩阵 h 中 */
        calcWnrFilter(h,Hw,1.0 /double(snr)); /*根据空间域退化函数 h(x,
y)和指定信噪比,生成对应的维纳滤波器频谱 Hw */
```

```
        filter2DFreq(imgIn(roi),imgOut,Hw); /* 对图像维纳滤波,复原结果
放在 imgOut */
        imgOut.convertTo(imgOut,CV_8U); /* 复原结果数据转换为 8 比特深度无
符号整数 */
        normalize(imgOut,imgOut,0,255,NORM_MINMAX); //并归一化为 0~255
        imwrite("维纳滤波结果",imgOut); //显示维纳滤波图像复原结果
        return 0;
    }
```

/* 生成半径为 R、大小为 filterSzie 的空间域退化函数 h(x,y),结果放 outputImg
中返回,这里的散焦退化函数为均匀分布的圆形光斑,为以中心为原点的圆,圆内各位置系
数相同 */

```
    void calcPSF(Mat& outputImg,Size filterSize,int R) {
        Mat h(filterSize,CV_32F,Scalar(0)); /* 大小为 filterSize 的矩阵
全为零 */
        Point point(filterSize.width/2,filterSize.height/2); /* 找到
矩阵中心位置 */
        circle(h,point,R,255,-1,8); /* 以矩阵中心为圆心、以半径为 R 的圆内
区域全部像素值 255 */
        Scalar summa = sum(h);
        outputImg = h/summa[0];  //对矩阵像素值归一化,使得所有像素值之和为 1
    }
```

/* 对输入 inputImage 分为图 4.1c 所示的 4 个象限,1、3 象限对调,2、4 象限对
调,将对调后结果放入 outputImg 中,用于实现频谱搬移 */

```
    void fftshift(const Mat& inputImg,Mat& outputImg) {
        outputImg = inputImg.clone();
        int cx = outputImg.rows/2;  //计算行中心位置
        int cy = outputImg.cols/2;  //求列中心位置,下面的数据分 4 个部分
        Mat q0(outputImg,Rect(0,0,cx,cy));  Mat q1(outputImg,Rect
(cx,0,cx,cy));
        Mat q2(outputImg,Rect(0,cy,cx,cy)); Mat q3(outputImg,Rect
(cx,cy,cx,cy));
        Mat tmp;
        q0.copyTo(tmp);  q3.copyTo(q0); tmp.copyTo(q3);  q1.copyTo
(tmp);
        q2.copyTo(q1);  tmp.copyTo(q2); //象限对调
    }
```

/* 对输入的空间域图像 inputImg,用频谱为 H 的滤波器进行频域滤波,滤波后经离散傅里叶反变换得到复原图像,放在 outputImg 中 */

```
void filter2DFreq(const Mat& inputImg,Mat& outputImg,const Mat
& H) {
    Mat planes[2] = { Mat_<float>(inputImg.clone()),Mat::zeros
(inputImg.size(),CV_32F) };
    //定义两个 Mat,分别用于存放复数的实部和虚部,实部为输入图像、虚部全为零
    Mat complexI;
    merge(planes,2,complexI); //构造实部为 inputImg、虚部全为零的复数
    dft(complexI,complexI,DFT_SCALE); /*进行离散傅里叶变换,结果仍放
到 complexI */
    Mat planesH[2] = { Mat_<float>(H.clone()),Mat::zeros(H.size(),
CV_32F) };
    /*定义两个 Mat,分别用于存放复数的实部和虚部,实部为滤波器频谱、虚部全
为零 */
    Mat complexH;
    merge(planesH,2,complexH);
    //滤波器频谱实部为 H、虚部全为零,共同合成复数表示的滤波器频谱
    Mat complexIH;
    mulSpectrums(complexI,complexH,complexIH,0);//两个频谱相乘
    idft(complexIH,complexIH); /*对频谱乘积的结果进行离散傅里叶反变
换 */
    split(complexIH,planes); //反变换结果为复数,分别提取实部和虚部
    outputImg = planes[0]; //其中的实部作为频域滤波后得到的空间域图像
}
```

/* 对退化函数 inpu_h_PSF,输入信噪比的倒数 nsr,计算维纳滤波器频谱,该子程序对应式(5.29)等号右侧中括号内的部分,维纳滤波器的频谱放在 output_G 中 */

```
void calcWnrFilter(const Mat& input_h_PSF,Mat& output_G,double
nsr) {
    Mat h_PSF_shifted,complexI,denom;
    fftshift(input_h_PSF,h_PSF_shifted); /*点扩散函数 h(x,y)的 4 个
象限对调 */
    Mat planes[2] = { Mat_<float>(h_PSF_shifted.clone()),Mat::ze-
ros(h_PSF_shifted.size(),CV_32F) };
    merge(planes,2,complexI); /*构建复数:实部为象限对调的退化函数,虚
部为零 */
```

```
    dft(complexI,complexI); //进行离散傅里叶变换
    split(complexI,planes); /*取频谱的实部,理论上空间域对称的函数傅里
叶变换后虚部为零,实际由于精度导致虚部非零,直接取实部就可以了,把实部当作傅里叶
变换结果*/
    pow(abs(planes[0]),2,denom); //幅度谱的平方
    denom += nsr; //构建式(5.29)维纳滤波器频谱的分母
    divide(planes[0],denom,output_G); /*对应式(5.29)等号右侧中括号
内的计算*/
    /*分子为退化函数离散傅里叶变换的共轭,由于空间域退化函数对称,因此其离
散傅里叶变换虚部为零,即共轭仍为该离散傅里叶变换*/
    }
```

5.7　有约束最小二乘滤波

维纳滤波图像复原除了要求知道退化函数外，还需要知道未退化图像功率谱 $S_f(u,v)$ 和噪声功率谱 $S_\eta(u,v)$ 的比值。尽管式（5.29）中用常数 K 代替了功率谱比值 $S_\eta(u,v)/S_f(u,v)$，但实际上该比值很少是常数。而有约束最小二乘滤波图像复原算法仅要求图像的噪声方差、均值已知即可。

f 代表大小为 $M×N$ 的未退化图像的矩阵，g 为退化图像矩阵，H 是退化函数的矩阵，η 为噪声矩阵，则退化过程的矩阵表示形式为 $g=Hf+\eta$，图像复原就是根据 g 得到的对 f 的最优估计矩阵 $\hat{f}$。要使用有约束最小二乘滤波解决退化函数对噪声敏感的问题，一个方法就是增加一个平滑项 $\|p\hat{f}\|^2$，这里的 p 为高通线性算子，表示二阶导数的拉普拉斯算子是最常用的高通线性算子，p 为拉普拉斯算子时的矩阵表示式为

$$p=\begin{bmatrix} 0 & -1 & 0 \\ -1 & 4 & -1 \\ 0 & -1 & 0 \end{bmatrix} \tag{5.31}$$

有约束最小二乘滤波的目的是在服从约束条件 $\|g-H\hat{f}\|^2=\|\eta\|^2$ 的前提下，使得 $\|p\hat{f}\|^2$ 达到最小。在约束条件下求极值可用拉格朗日求极值法，即

$$J(\hat{f},\lambda)=\|p\hat{f}\|^2+\lambda(\|g-H\hat{f}\|^2-\|\eta\|^2) \tag{5.32}$$

式中，λ 为拉格朗日系数。最佳复原图像 $\hat{f}$ 的寻找归结为找出使式（5.32）有最小值的 $\hat{f}$。式（5.32）在频域的最优解为

$$\hat{F}(u,v)=\left[\frac{H^*(u,v)}{|H(u,v)|^2+\gamma|P(u,v)|^2}\right]G(u,v) \tag{5.33}$$

式中，$P(u,v)$ 是拉普拉斯算子 p 经过零填充扩展至与退化图像同样大小（$M×N$）后，进行离

散傅里叶变换得到的频谱；γ 为调节参数，调节 γ 使得满足约束条件时，式（5.32）能达到最小。$\gamma=0$，则有约束最小二乘滤波等价于逆滤波。

有约束最小二乘滤波中的 γ 为常数。比较式（5.33）与式（5.28），维纳滤波中用的功率谱 $S_\eta(u,v)$、$S_f(u,v)$ 之比不是常数，获取各频率 (u,v) 处的准确比值难度较大。有约束最小二乘滤波只需要确定常数 γ，实现难度大幅降低。在低噪声条件下，有约束最小二乘滤波与维纳滤波效果相近；但在中、高噪声情况下，若选择的 γ 合适，则有约束最小二乘滤波效果远胜维纳滤波。

确定 γ 值的方法分两类：一类是通过交互选择合适的 γ，比较不同 γ 获得的复原图像，选择质量最好的图像对应的 γ；另一类是采用迭代求出最佳 γ，很多文献提出了自动计算的算法，如对大小为 $M\times N$ 的退化图像，首先设一个 γ 的初始值，然后迭代步骤如下：

1）根据式（5.33）计算 $\hat{F}(u,v)$，然后求 $R(u,v)=G(u,v)-H(u,v)\hat{F}(u,v)$，得到残余图像 $r(x,y)$ 的离散傅里叶变换 $R(u,v)$，求 $r(x,y)$ 总能量 $\|r\|^2$ 等于所有 $R(u,v)$ 模平方之和。

2）若 $\|r\|^2<\|\eta\|^2-a$，则增加 γ 后返回步骤1）；若 $\|r\|^2>\|\eta\|^2+a$，则减少 γ 后返回步骤1）；若 $\|\eta\|^2-a\leqslant\|r\|^2\leqslant\|\eta\|^2+a$，则停止迭代。这里的 a 是控制精确度的因子。$\|\eta\|^2$ 反映了噪声的强度，有 $\|\eta\|^2=MN\times$（噪声方差+噪声均值的平方），噪声参数估计见 5.2.3 节。

图 5.11a 中的各图为运动模糊和噪声造成的退化图像，从左至右的运动模糊度依次增加，加性噪声方差均为 0.01；图 5.11b 中的各图是退化图像对应的有约束最小二乘滤波结果。图 5.11a、b 中同一列的图像分别是退化图像和它的滤波结果。

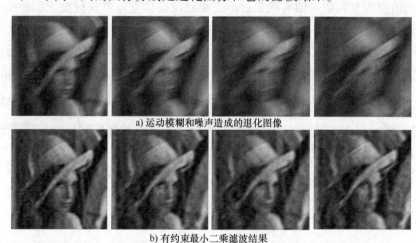

a) 运动模糊和噪声造成的退化图像

b) 有约束最小二乘滤波结果

图 5.11　有约束最小二乘滤波示例

5.8　Lucy-Richardson 复原（非盲 L-R 复原）

有约束最小二乘滤波需要提供退化函数和噪声参数，但很多时候噪声参数也无法估计。非线性复原方法 Lucy-Richardson 复原法（L-R 复原）可在退化函数已知、噪声参数未知的情况下获得较好的复原结果。由于算法使用前提是退化函数已知，因此该算法又称非盲 L-R

复原算法。非盲 L-R 复原用泊松分布对噪声建模,通过迭代求得复原图像,有

$$\hat{f}_{i+1}(x,y)=\left\{\left[\frac{g(x,y)}{\hat{f}_i(x,y)*h(x,y)}\right]*h(-x,-y)\right\}\hat{f}_i(x,y) \tag{5.34}$$

式中,$\hat{f}_i(x,y)$ 为第 i 次迭代得到的复原图像,下标表示迭代次数;$h(x,y)$ 为已知的退化函数;$g(x,y)$ 是退化图像。

对于非盲 L-R 复原迭代次数,只能具体问题具体分析,观察输出的复原图像,在获得满意结果时终止迭代。图 5.12a 为原图像,图 5.12b 是图 5.12a 以某个角度线性运动退化的结果,对图 5.12b 叠加噪声得到图 5.12c,图 5.12c 经过 10 次迭代,复原结果如图 5.12d 所示。

a) 原图像　　　b) 线性运动退化结果　　c) 对图b)加噪声的结果　d) L-R迭代10次的复原结果

图 5.12　非盲 L-R 复原示例

对以角度为 theta、位移为 len 的线性运动导致的退化图像,非盲 L-R 复原程序如下:

```cpp
#include <iostream>
#include <opencv2/opencv.hpp>
using namespace cv;
using namespace std;
void calcPSF(Mat& outputH,Mat& outputINVH,Size filterSize,int
len,double theta);
    /*根据输入参数(线性运动长度 len 和运动角度 theta)生成运动模糊退化函数
h(x,y)、对应的 h(-x,-y),分别放于 outpuH 和 outputINVH*/
    void LRFiltering(const Mat& inputImg,Mat& output_G,const Mat& in-
put_h_PSF,const Mat& input_INVh_PSF,int iterNum);/*L-R 复原算法对图像
复原*/
    void edgetaper(const Mat& inputImg,Mat& outputImg,double gamma =
5.0,double beta = 0.2);　/*用于平滑输入图像 inputImg 的边缘,弱化复原结果
的振铃现象*/
    const String keys =
        "{help h usage ? | |使用帮助}"
        "{image |input.png |输入文件名}"
        "{LEN |125 |退化函数的运动模糊度}"
        "{THETA |0 |运动的方向角度}"
```

```
        "{ITER |100 |最大迭代次数 }";
    int main(int argc,char *argv[]){
        CommandLineParser parser(argc,argv,keys); /*由命令行获取输入参
数*/
        if (parser.has("help")){
            parser.printMessage(); return 0; } /*如果命令行为 help,则打
印输入命令的帮助*/
        int LEN = parser.get<int>("LEN"); /*根据输入赋值线性运动长度参
数,越长越模糊*/
        double THETA = parser.get<double>("THETA"); /*根据输入赋值线性
运动角度参数*/
        int ITER = parser.get<int>("ITER"); //指定 L-R 算法最大迭代次数
        string strInFileName = parser.get<String>("image"); /*读取输
入文件名*/
        if (!parser.check()){   //检查输入命令格式是否正确
            parser.printErrors(); return 0;     }
        Mat imgIn,imgOut;
        imgIn =imread(strInFileName,IMREAD_GRAYSCALE); /*以灰度图形式
读入图像*/
        if (imgIn.empty()) { //检查图像文件是否正确
            cout <<"输入图像为空!!" << endl; return -1;   }
        Rect roi = Rect(0,0,imgIn.rows & -2,imgIn.cols & -2); /*使图像
行、列均为偶数*/
        Math(filterSize,CV_32F,Scalar(0)),INVh(filterSize,CV_32F,
Scalar(0));
            //分别用于存放退化函数 h(x,y)和 h(-x,-y)
        calcPSF(h,INVh,roi.size(),LEN,THETA);
        //生成线性运动模糊退化函数 h(x,y)和 h(-x,-y),分别放在 h、INVh 中
        imgIn.convertTo(imgIn,CV_32F); /*为防止数据溢出,将输入图像转换
为浮点型*/
        edgetaper(imgIn,imgIn); /*对输入图像进行边缘衰减,以减少复原结果中
的振铃现象*/
        LRFiltering(imgIn,imgOut,h,INVh,ITER); /*L-R 算法图像复原,迭代
次数为 ITER*/
        imgOut.convertTo(imgOut,CV_8U); //数据转换为 8 比特无符号整型
```

```cpp
    normalize(imgOut,imgOut,0,255,NORM_MINMAX); /*数据动态范围归一化至0~255*/
    imwrite("L-R图像复原结果",imgOut);
    return 0;
}
```

/*生成的运动轨迹为线段的退化函数 h(x,y)和对应的 h(-x,-y),输入变量 len 指定运动轨迹线段的长度,输入变量 theta 指定运动轨迹线段与水平方向的夹角,输出变量 outputH 存放生成的退化函数 h(x,y),输出变量 outputINVH 存放 h(-x,-y)*/

```cpp
void calcPSF(Mat& outputH,Mat& outputINVH,int filterSize,int len,double theta);
{
    Mat h(filterSize,CV_32F,Scalar(0)); //退化函数与图像大小相同
    Point point(filterSize.width /2,filterSize.height /2); /*找到退化函数中心位置*/
    ellipse(h,point,Size(0,cvRound(float(len) /2.0)),90.0 - theta,0,360,Scalar(255),FILLED);
    //画长度为 len、方向为 theta 的白色线段
    Scalar summa = sum(h);
    outputH = h /summa[0]; /*对退化函数归一化,使得所有像素值之和为1,得到 h(x,y)*/
    flip(outputH,outputINVH,-1); //矩阵 x 方向、y 方向均反转,得到 h(-x,-y)
}
```

/*对输入图像进行边缘衰减,这样可以减少复原后图像的振铃效应。inputImg 为输入的退化图像,outputImg 为退化图像进行边缘衰减的结果,gamma 为衰减函数中检测边缘的半径参数,beta 为衰减函数的方差*/

```cpp
void edgetaper(const Mat& inputImg,Mat& outputImg,double gamma,double beta){
    int Nx = inputImg.cols; //输入图像列数
    int Ny = inputImg.rows; //输入图像行数
    Mat w1(1,Nx,CV_32F,Scalar(0)); //定义全0的列向量 w1
    Mat w2(Ny,1,CV_32F,Scalar(0)); //定义全0的行向量 w2
    float * p1 = w1.ptr<float>(0); //p1 指向 w1 矩阵
    float * p2 = w2.ptr<float>(0); //p2 指向 w2 矩阵
    float dx = float(2.0 * CV_PI /Nx);
    float x = float(-CV_PI);
```

```
        for (int i = 0; i < Nx; i++){
            p1[i] = float(0.5  * (tanh((x + gamma /2) /beta) – tanh((x –
gamma /2) /beta)));
            x += dx;  } //定义逐渐衰减的 x 方向边缘检测核
        float dy = float(2.0 * CV_PI /Ny);
        float y = float(-CV_PI);
        for (int i = 0; i < Ny; i++){
            p2[i] = float(0.5 * (tanh((y + gamma /2) /beta) – tanh((y –
gamma /2) /beta)));
            y += dy;
    } //定义逐渐衰减的 y 方向边缘检测核
        Mat w = w2 * w1; /*x 方向边缘检测核矩阵与 y 方向边缘检测核矩阵相乘,得
到逐渐衰减的二维边缘检测核 */
        multiply(inputImg,w,outputImg);
    } //输入图像与二维边缘检测核点乘,使得输入图像边缘衰减
    /*L-R 滤波,inputImg 为退化图像,input_h_PSF 为退化函数 h(x,y),input_
INVH_PSF 是 h(-x,-y),interNum 指定迭代次数,复原结果放在 output_G 中 */
    void LRFiltering(const Mat& inputImg,Mat& output_G,const Mat& in-
put_h_PSF,const Mat& input_INVh_PSF,int iterNum){

        Mat T1 = inputImg.clone();   /*T1 为上次复原图像 f̂ᵢ(x,y),第一次初
始化为退化图像 */
        Mat Nom(inputImg.size,CV_32F);
        for(int i =0; i< iterNum; i++){  //迭代
            filter2D(T1,Nom,-1,input_h_PSF,Point(-1,-1),0,BORDER_
DEFAULT);

            //计算 f̂ᵢ(x,y) * h(x,y),即式(5.34)等号右侧中括号内的分母
            Nom.setTo(EPSILON,Nom<=0); /*Nom 中出现的负数被认为是由于计
算精度限制而导致的误差,通常直接将这些负值修改为 0 即可。但由于后续要将 Nom 作为
除式的分母,而分母不能为 0,因此这里将 Nom 中的负数和 0 均用最小精度正数代替 */
            divide(inputImg,Nom,Nom);
            //g(x,y)/[f̂ᵢ(x,y) * h(x,y)],式(5.34)等号右侧中括号内的部分
            filter2D(Nom,Nom,-1,input_INVh_PSF,Point(-1,-1),0,BORDER
_DEFAULT);
            //再与 h(-x,-y)卷积,结果对应式(5.34)等号右侧大括号内的部分
```

```
        Nom = T1.mul(Nom); /*再与 f̂ᵢ(x,y)相乘,式(5.34)执行完一次,Nom
就是 f̂ᵢ₊₁(x,y) * /
        T1 = Nom.clone(); //更新 f̂ᵢ(x,y)
    }
    output_G = T1.clone();    //迭代结束,返回最终复原结果
}
```

5.9　图像盲复原

前面介绍的复原方法都针对退化函数已知的情况。然而很多情况下既不知道退化函数,对噪声参数也一无所知,此时图像的复原称为盲复原或盲去卷积(Blind Deconvolution),盲复原中用得最多的是盲 Lucy-Richardson(盲 L-R)复原算法。盲 L-R 复原采用非线性迭代技术,根据条件概率贝叶斯公式,用最大似然估计得到退化函数和复原图像。

由于退化函数未知,相比非盲 L-R 复原,盲复原还要估计退化函数。盲 L-R 复原采用多轮迭代,开始时先假设一个初始复原图像 $\hat{f}^0(x,y)$ 和一个退化函数 $h^0(x,y)$,一般将 $h^0(x,y)$ 设为全 1 的矩阵。每轮迭代均包含以下两个步骤:

1)假设对图像 $f(x,y)$ 的估计已知,用非盲 L-R 算法对退化函数进行估计。

2)假设退化函数已知,用非盲 L-R 算法对 $f(x,y)$ 进行估计。

经过多轮迭代后,估计出的退化函数、对 $f(x,y)$ 的估计均收敛。

以第 k 轮迭代为例,两个步骤具体描述如下:

1)获得退化函数的估计 $h^k(x,y)$。认为退化图像的估计值确定,就是在第 $k-1$ 轮迭代中得到 $f(x,y)$ 的估计 $\hat{f}^{k-1}(x,y)$,这里的上标 $k-1$ 表示盲 L-R 算法的第 $k-1$ 轮迭代,本步骤用非盲 L-R 复原求出 $h^k(x,y)$。式(5.1)中的退化函数 $h(x,y)$ 与图像 $f(x,y)$ 卷积,根据卷积交换律,$h(x,y)$、$f(x,y)$ 中只要一个已知,就可用非盲 L-R 复原算法得到另一个的估计,非盲 L-R 迭代求 $h^k(x,y)$ 的计算如下:

$$h_{i+1}^k(x,y)=\left\{\left[\frac{g(x,y)}{h_i^k(x,y)*\hat{f}^{k-1}(x,y)}\right]*\hat{f}^{k-1}(-x,-y)\right\}h_i^k(x,y) \tag{5.35}$$

式中,$g(x,y)$ 为退化图像;$h_i^k(x,y)$ 的上标 k 表示盲 L-R 复原算法的第 k 轮迭代,下标 i 表示在本轮步骤 1)中非盲 L-R 复原算法中的第 i 次迭代。非盲 L-R 多次迭代后的 $h_{i+1}^k(x,y)$ 作为 $h^k(x,y)$。

2)获得对图像 $f(x,y)$ 的估计 $\hat{f}^k(x,y)$。在本轮迭代的步骤 1)中已经得到了退化函数 $h^k(x,y)$,现在采用非盲 L-R 复原方法迭代来得到 $f(x,y)$ 的估计 $\hat{f}^k(x,y)$。用非盲 L-R 迭代

求 $\hat{f}^k(x,y)$ 的计算公式为

$$\hat{f}^k_{j+1}(x,y)=\left\{\left[\frac{g(x,y)}{\hat{f}^k_j(x,y)*h^k(x,y)}\right]*h^k(-x,-y)\right\}\hat{f}^k_j(x,y) \tag{5.36}$$

式中，$\hat{f}^k_j(x,y)$ 的上标 k 表示盲 L-R 复原的第 k 轮迭代，下标 j 表示在本轮步骤 2）中非盲 L-R 算法的第 j 次迭代。非盲 L-R 多次迭代后的 $\hat{f}^k_{j+1}(x,y)$ 作为 $\hat{f}^k(x,y)$。

多轮迭代后求得图像 $f(x,y)$ 的最终估计 $\hat{f}(x,y)$、退化函数 $h(x,y)$ 的估计。黑白相间的棋盘格图经过一个退化系统，退化函数是图 5.13a 所示的大小为 7×7、方差为 10 的高斯模板。对高斯模糊后的图像添加均值为 0、方差为 0.001 的高斯噪声，得到图 5.13b 所示的退化图像。对图 5.13b 采用盲 L-R 复原算法，经过 20 轮迭代得到的退化函数估计如图 5.13c 所示，与实际退化函数接近。图 5.13d 是盲 L-R 复原算法经过 20 轮迭代得到的复原图像，恢复了棋盘格原貌，有轻微振铃现象。

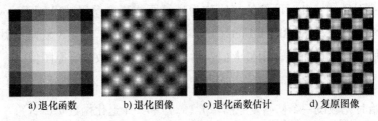

a) 退化函数　　　b) 退化图像　　　c) 退化函数估计　　　d) 复原图像

图 5.13　盲复原示例

习　题

5-1　请写出空间域图像退化模型表达式及对应的频域表达式。

5-2　什么是线性退化系统？

5-3　一个灰度恒定的区域受到噪声干扰，如何估计噪声的类型？

5-4　对纹理噪声造成的图像退化，用何种方式进行图像复原？

5-5　对于被椒盐噪声干扰的图像，讨论用谐波均值滤波进行图像复原的可行性？

5-6　椒噪声、盐噪声应如何选择逆谐波均值滤波的阶数 Q？

5-7　简述自适应均值滤波的基本思路。

5-8　依据逆滤波原理，讨论逆滤波适合用于复原何种情况的图像退化？

5-9　维纳滤波除要求退化函数已知外，还需要哪些参数？

5-10　为什么在低噪声条件下维纳滤波效果与有约束最小二乘滤波效果接近？在高噪声条件下，维纳滤波效果为何逊于有约束最小二乘滤波？

5-11　在退化函数已知、噪声参数未知的情况下，讨论用何种方法进行图像复原？

5-12　在退化函数未知、噪声参数未知的情况下，讨论用何种方法进行图像复原？

5-13　简述图像盲 L-R 复原算法的基本思路。

第6章 彩色图像处理

彩色图像含有更多信息，视觉系统只能区分出几十种灰度级，但可辨别几千种不同色彩。在图像中识别物体，色彩是一个强有力的描绘子，很多时候可通过色彩简化目标物的识别和提取。

彩色图像的处理分为两大类：全彩色处理和伪彩色处理。全彩色图像指用色彩传感器获取的图像，图像反映真实色彩，如数码相机、扫描仪等获取的图像。伪彩色指对传感器各强度信号赋予各种色彩，赋予的色彩与被拍摄物体的真实色彩没有必然关系。

6.1 彩色图像基础

人眼可感知的电磁波波长在 380~740nm 之间。当光照射在物体上时，其中一部分被物体吸收，另一部分反射进入人眼，从而产生对物体色彩的感知。例如，当绝大部分电磁波都被物体吸收时，视觉系统感知物体为黑色；当绝大部分电磁波都被物体反射时，视觉系统感知物体为白色；当某一特定波段的电磁波被反射时，则感知的物体就是彩色的。例如，500~565nm 波段的电磁波被反射，而其他波段的电磁波都被吸收时，人眼感知物体是绿色的。

辐射率（Radiance）、光强（Luminance）和亮度（Brightness）是描述光的 3 个基本量。辐射率指光源发出的总能量，是客观量，单位为瓦特（W）。光强则是主观量，指观察者从光源感知的能量，若一个光源有很大辐射率但人无法感知，则光强为零。亮度是一个主观描述量，它体现了色彩的强度，是描述色彩的一个关键因素。

由于视觉系统中的视锥细胞对红光、绿光和对蓝光敏感，因此这三色被称为三基色，又称三原色。视锥细胞的光敏曲线如图 6.1a 所示。图中没有一个色彩是由单一波长的光生成的，色彩是不同波长光的组合。国际照明委员会（CIE）约定用波长为 700nm、546.1nm、435.8nm 的单色光分别作为红（R）、绿（G）、蓝（B）三基色。三基色相互独立，任何一种基色都不能由其他基色混合得到。任何色彩都可由三基色按不同比例混合，即

$$色彩 = x\mathrm{R} + y\mathrm{G} + z\mathrm{B} \tag{6.1}$$

式中，x、y、z 为不小于 0 的加权系数，并且满足 $x+y+z=1$。

对于三基色混合得到的色彩，其光波波长与感知到的色彩没有明确的一一对应关系。仅用"颜色"一词不足以准确描述色彩，还必须加上其他属性的描述。常用的描述色彩的属性有色调（Hue）、饱和度（Saturation）、亮度。色调指呈现出的颜色，由组成色彩的三基色

中的哪种波长占优势决定。饱和度反映了纯色被白光稀释的程度，饱和度越高，色彩纯度越高，色彩看上去越饱满。亮度则是色彩的相对明暗程度，反映了可见光的能量强度。色调与饱和度两个指标共同构成色度，色度指色彩的色调和饱和度。

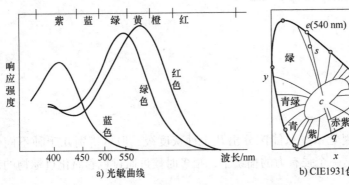

图 6.1 光敏曲线与 CIE1931 色度图   彩图 6.1

用三基色比例描述色彩的 CIE1931 色度图如图 6.1b 所示，它是第一个数学描述色彩的模型，用 R、G、B 加权系数 x、y、z 描述色彩，又称 XYZ 色彩模型。x 轴表示式（6.1）中的红基色加权系数 x；y 轴表示绿基色的加权系数 y；蓝色加权系数 z 可由 $z=1-x-y$ 计算得到。弧形曲线称为光谱轨迹曲线，其上的每个点都是单一频率电磁波呈现的色彩。弧形曲线与下方的线段围成的马蹄形内部各点表示多种频率电磁波混合得到的色彩，靠近图中心的 c 点代表白色，相当于中午阳光的光色，其色度坐标 x 为 0.3101、y 为 0.3162。色度图上有一点 s，由 c 点经过 s 画一条直线与光谱轨迹曲线交于 e 点（对应 540nm 波长），说明 s 点的多个频率中最强的主波长为 540nm，e 点光谱的颜色就是 s 的色调。s 点与 e 点的距离反映了色彩纯度，即饱和度。s 越靠近 c，则色彩饱和度越低；越靠近 e，则饱和度越高。sc 线段长度为 ce 线段长度的 77%，说明 s 的色彩纯度为 77%。通过色度图还可以得到光谱色的互补色，点 e 过 c 点的直线与对侧光谱轨迹曲线有交点 q，q 就是 e 的互补色。将色度图上的任意两点连接成线段，则线段上的各点色彩可由两端点色彩混合而成。

6.2 色彩空间

色彩空间又称色彩模型，采用坐标系统描述色彩，实现对色彩规范的简化，每种色彩都可用坐标空间中的单个点表示。不同的色彩模型面向不同的应用或软硬件处理，例如，显示设备用 RGB 模型、出版业常用 CMY 和 CMYK 模型，而 HSI 空间非常适合视觉系统对色彩的描述和解释，此外还有独立于设备的 $L^*a^*b^*$ 空间，以及用于视频的 YC_bC_r、YUV 空间等。

6.2.1 RGB 色彩空间与 CMY 色彩空间

RGB 色彩空间几乎包括了人类视觉所能感知的所有色彩，是目前运用最广的色彩模型之一。RGB 色彩空间是图 6.2a 所示的立方体，红、绿和蓝分别位于立方体的 3 个顶点，青、品红和黄位于另外 3 个顶点上。黑色在原点处，白色位于距离原点最远的顶点处，灰度等级就沿着黑白两点连线分布。色彩处于立方体表面和内部。每个色彩用三基色分量组成的三维向量来表示，例如，各分量分别归一化后红色可表示为(1,0,0)，灰色表示为向量(0.5, 0.5,0.5)，白色表示为向量(1,1,1)。

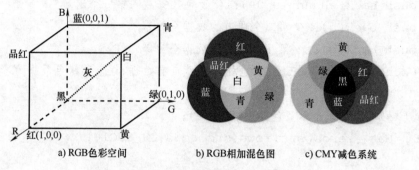

a) RGB色彩空间　　　　b) RGB相加混色图　　　c) CMY减色系统

图 6.2　RGB 色彩空间与 CMY 色彩空间

彩图 6.2

照相机、显示器等主动发光设备采用 RGB 色彩空间。RGB 色彩空间为加性色彩空间，空间中的所有色彩都由 R、G、B 加权相加得到，图 6.2b 为 RGB 相加混色图，例如，当同时发出红光、蓝光和绿光时呈现白色，同时发红光和绿光则呈现出黄色。但 RGB 模型与人们对色彩的心理感知不符，难以通过 RGB 值准确描述色彩的主观认知，例如，对 RGB 三维向量(0.34,0.32,0.34)难以直观感觉色彩是什么样子。此外，RGB 色彩空间是不均匀的，空间中两个色彩点之间的距离与感知的色彩差异不一致，视觉感受的差异无法用 RGB 空间的距离度量。例如，空间中的两点 A、B 之间的距离 L，主观感觉 A、B 两种色彩差别不大，RGB 空间中的两点 A、C 之间同样距离 L 甚至小于 L，但主观感觉 A、C 两个色彩差别很大。

OPENCV 采用函数 split(InputArray m, OutputArrayofArrays mv)或 split(const Mat &m, Mat ∗ mvbegin)将多通道的输入矩阵 m 分解为多个单通道矩阵，这些单通道矩阵放入矩阵阵列 mv 中或 mvbegin 指向的矩阵阵列中。函数 merge(inputArrayOfArrays mv, OutputArray dst)将矩阵数组 mv 中各单通道合成为一个多通道的阵列 dst。对彩色图像 src，分别显示其 R、G、B 这 3 个色彩分量或者显示任意两个色彩分量的程序如下：

```
vector<Mat> channels(3); /*定义容器 channels,同时指定该容器大小,存放
单一色彩分量*/
Mat Blue,NoBlueimg;
split(src,channels);
imshow("灰度形式蓝色分量",channels[0]); /*由于是单一通道,因此显示出来
的是灰色的图片*/
imshow("灰度形式绿色分量",channels[1]);
imshow("灰度形式红色分量",channels[2]);
/*OPENCV 中的存放顺序为 BGR,即蓝、绿、红,这样显示出的 3 个分量图都是灰度图
形式*/
```

```
Mat g(src.rows,src.cols,CV_8UC1,Scalar(0));
    vector<Mat> Mono; //以彩色形式显示单个分量的容器
    Mono.push_back(channels[0]); //蓝色数据放入第一个通道
    Mono.push_back(g); //第二个通道的数据全为零
    Mono.push_back(g); //第三个通道的数据全为零
    merge(Mono,Blue); /*三通道数据合并,蓝色有数据,红色和绿色数据为零,
显示蓝色图片 */
    imshow("彩色图形式显示蓝色分量",Blue);
channels[0]=Mat::zeros(src.rows,src.cols,CV_8UC1); /*将蓝色通道
分量清零 */
    merge(channels,NoBlueimg); /*用容器中的所有单通道分量合成三通道的彩
色图像 */
    imshow("不含蓝色分量的图片",NoBlueimg)
```

CMY 色彩空间采用青（Cyan）、品红（Magenta）、黄（Yellow）三色按一定比例混合成其他色彩，如图 6.2c 所示。CMY 色彩空间通过从白光中吸收某些色彩，减少了这些色彩的反射光，从而改变光波产生的色彩，因此 CMY 色彩空间也被称为减色空间。CMY 色彩空间与 RGB 色彩空间的转换关系为

$$[C,M,Y]^{\mathrm{T}}=[1,1,1]^{\mathrm{T}}-[R,G,B]^{\mathrm{T}} \qquad (6.2)$$

式中，上标 T 表示矩阵转置。CMY 色彩空间可用于出版印刷打印，这类应用中的色彩来自于入射光被部分吸收后反射回来的剩余光。光全部被吸收时成为黑色；全部被反射则产生白色；品红颜料吸收绿光，仅反射红光、蓝光，打印出品红色；青色颜料覆盖在纸上时，颜料吸收红色光，仅蓝光、绿光被反射，形成人们看到的青色。等量的 C、M、Y 色彩可以混合产生黑色（色彩均被吸收），然而这样得到的黑色纯度不高。为了产生高纯度黑色，可以在 CMY 色彩空间中加入黑色（K）作为第四种色彩，得到 CMYK 色彩空间。CMYK 色彩空间能表征的色彩数量远少于 RGB 色彩空间，并且其表征的色彩不如 RGB 色彩空间丰富饱满。当图像由 RGB 色彩空间转换到 CMYK 色彩空间时，部分色彩会丢失，反之则不会有任何色彩损失。

6.2.2　HSI 色彩空间与 HSV 色彩空间

HSI 色彩空间分别以色调 H（Hue）、饱和度 S（Saturation）、亮度 I（Intensity）3 个分量描述色彩，广泛用于计算机视觉、图像检索和视频检索等。与 RGB 色彩空间相比，HSI 色彩空间对色彩的描述更符合视觉系统的主观感知。亮度决定了色彩的整体亮度。在 HSI 色彩空间中，亮度分量与色彩的色调和饱和度无关，这样很多针对灰度图像的算法可直接用于彩色图像的亮度分量上，同时不改变图像的色调和饱和度信息。在分析图像时，如根据色彩提取特定目标时，可避免色彩受到光照变化的干扰，仅分析反映目标本质的色调和饱和度。

HSI 色彩空间为图 6.3a 所示的圆形双锥体，轴线代表亮度分量 I，垂直于轴线的水平横截面为图 6.3b 所示的圆，代表色调和饱和度。色调和饱和度用极坐标形式表示，夹角表示色调，圆心到某点的径向距离表示饱和度，离圆心越近，饱和度越低。圆形双锥体在轴线中部时，即 $I=0.5$ 时，横截面圆形最大，反映了亮度合适时可辨识的色彩最多，当亮度过大（轴线上端）或亮度极小（轴线下端）时，由于此时人眼能辨识的色彩很少，因此对应水平横截面圆形变小。

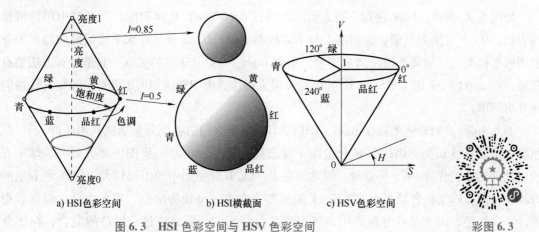

| a) HSI色彩空间 | b) HSI横截面 | c) HSV色彩空间 |

图 6.3　HSI 色彩空间与 HSV 色彩空间

彩图 6.3

RGB 色彩空间与 HSI 色彩空间可相互转换。当 R、G、B 分量已知时，可计算 H、S、I 分量：

$$H=\begin{cases}\theta & B\leqslant G\\360-\theta & B>G\end{cases} \tag{6.3}$$

$$S=1-\frac{3}{(R+G+B)}\big[\min(R,G,B)\big] \tag{6.4}$$

$$I=(R+G+B)/3 \tag{6.5}$$

式（6.3）中，$\theta=\cos^{-1}\left\{\dfrac{0.5\big[(R-G)+(R-B)\big]}{\big[(R-G)^2+(R-B)(G-B)\big]^{1/2}}\right\}$。

反之，当 H、S、I 分量已知时，首先将 H、S、I 分别归一化至 $[0,1]$，然后将 H 乘以 $360°$。对于 R、G、B 分量计算，首先需要将色调分量 H 根据分布范围分为 3 个区间，每个区间采用不同的转换公式。

当 $0°\leqslant H<120°$ 时，转换关系有

$$B=I(1-S) \tag{6.6}$$

$$R=I\left[1+\frac{S\times\cos H}{\cos(60°-H)}\right] \tag{6.7}$$

$$G=3I-(R+B) \tag{6.8}$$

当 $120°\leqslant H<240°$ 时，转换计算有

$$R=I(1-S) \tag{6.9}$$

$$G=I\left[1+\frac{S\times\cos(H-120°)}{\cos(180°-H)}\right] \tag{6.10}$$

$$B = 3I - (R + G) \tag{6.11}$$

当 $240° \leqslant H < 360°$ 时，转换计算有

$$G = I(1 - S) \tag{6.12}$$

$$B = I\left[1 + \frac{S \times \cos(H - 240°)}{\cos(300° - H)}\right] \tag{6.13}$$

$$R = 3I - (G + B) \tag{6.14}$$

如图 6.3c 所示，HSV 色彩空间为倒圆锥形，V（Value）表示明度，在模型中用圆锥轴线表示。H、S 分别为色调、饱和度。与 HSI 模型类似，H、S 分量在水平横截面的圆形中分别用极坐标夹角、到圆心的距离来表示。明度 V 分量类似 HSI 中的亮度，只是计算方法稍有差异，$V = \max(R, G, B)$。HSI 比 HSV 更符合视觉特性，但 HSV 与 RGB 色彩空间相互转换的计算更简单。

图 6.4a 所示的彩色图像在 RGB、CMY、HSI 色彩空间的各个分量如图 6.4b~j 所示。红色球 R 分量占比最高，因此在 R 分量图中球最亮。同理，在 B 分量图中蓝天最亮。球中心的白色反光点包含 R、G、B 分量，因此其在 R、G、B 分量图中的值都较大。CMY 色彩空间为减色空间，球上白色反光点 C、M、Y 的值都非常小，呈现为暗点。青色由蓝、绿混合得到，不含红色，因此在 C 分量图中，球上半部分是暗的。黄是红色、绿色的混合，在 Y 分量图中，天空为暗部。在 HSI 色彩空间中，红色的 H 分量在 360° 附近，故红球在 H 分量图中亮。白色饱和度最低，在 S 分量图中，球中心反光点较暗。在图 6.4a 中，最上部的蓝天距离镜头近，比远处较低位置的天空更蓝、饱和度更高，在 S 分量图中，近处蓝天比远处蓝天略亮。I 分量图就是图 6.4a 的灰度图。

a) 原图　　b) R 分量　　c) G 分量　　d) B 分量　　e) C 分量

f) M 分量　　g) Y 分量　　h) H 分量　　i) S 分量　　j) I 分量

图 6.4　RGB、CMY、HSI 分量示例

彩图 6.4

6.2.3　$L^*a^*b^*$ 色彩空间

CIE $L^*a^*b^*$ 色彩空间也写作 CIE LAB、Lab 色彩空间，是表示人眼可见色彩的最完备色彩空间。如图 6.5a 所示，色彩空间由一个亮度分量 L^*、两个色差分量 a^*、b^* 组成。L^* 分

量在模型中用纵轴表示，0 表示最暗，100 表示最亮。a^*、b^* 分量在水平横截面上，如图 6.5b 所示，a^*、b^* 的取值范围均为 $[-128, 127]$，a^* 表示红色与绿色的色差，其中 -128 表示纯绿色，127 表示纯红色，b^* 代表黄色与蓝色的色差，127 表示纯黄色，-128 表示纯蓝色。

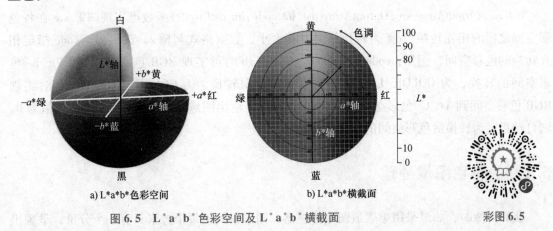

a) L*a*b*色彩空间　　　　　　　　b) L*a*b*横截面

图 6.5　$L^*a^*b^*$ 色彩空间及 $L^*a^*b^*$ 横截面　　　　彩图 6.5

$L^*a^*b^*$ 空间是感知均匀（Perceptual Uniform）的。对任一色彩，将色彩变化前后的在 $L^*a^*b^*$ 空间上的坐标用线段连接，如果从同一色彩出发的两条变化线段的长度相等，那么视觉系统会感觉两个色彩变化的幅度差不多，因此 $L^*a^*b^*$ 相比其他色彩空间更适合用于调色和颜色校正。

$L^*a^*b^*$ 空间是设备无关的。在给定了色彩空间白点后，$L^*a^*b^*$ 就能明确地确定各色彩是如何被创建和显示的，与具体设备无关，因此 $L^*a^*b^*$ 可以作为不同设备间色彩转换的中间模型。例如，RGB 等色彩空间是设备有关的，相同的 R、G、B 分量在不同设备上看上去会有一些差异，将 RGB 图像分别打印或显示在屏幕上，看上去两个图像有差异，有时甚至差异很大。为了避免这种情况，可以先将图像由 RGB 转换到 $L^*a^*b^*$ 色彩空间，再由 $L^*a^*b^*$ 转换到 CMYK 色彩空间，这样打印出来的图与显示器上看到的一致。

6.2.4　YC_bC_r 色彩空间与 YUV 色彩空间

YC_bC_r 色彩空间可应用于数字摄像机、数字电视等数字视频，又称为 YCC 空间。Y 指亮度分量，C_b、C_r 分别为蓝色、红色色差分量。标清视频 YC_bC_r 与 RGB 的转换关系为

$$Y = 0.227R + 0.504G + 0.098B + 16 \tag{6.15}$$

$$C_b = -0.148R - 0.291G + 0.439B + 128 \tag{6.16}$$

$$C_r = 0.439R - 0.368G - 0.071B + 128 \tag{6.17}$$

高清视频 YC_bC_r 与 RGB 的转换关系为

$$Y = 0.183R + 0.614G + 0.062B + 16 \tag{6.18}$$

$$C_b = -0.101R - 0.338G + 0.439B + 128 \tag{6.19}$$

$$C_r = 0.439R - 0.399G - 0.04B + 128 \tag{6.20}$$

YUV 色彩空间可用于视频图像，在电视信号中广泛适用，Y 表示明度，U、V 分别表示

色差，由 RGB 色彩空间转换为 YUV 色彩空间的计算公式为

$$Y=0.299R+0.587G+0.114B \tag{6.21}$$

$$U=-0.147R-0.289G+0.436B \tag{6.22}$$

$$V=0.615R-0.515G-0.100B \tag{6.23}$$

cvtColor(InputArray src, OutputArray dst, int code, int dstCn=0) 函数可实现图像 src 在各色彩空间之间的相互转换。dst 为转换结果，其大小、数据格式与输入 src 一致。code 指定相互转换的色彩空间，例如，code 为 COLOR_RGB2Lab 时可实现 RGB 色彩空间到 $L^*a^*b^*$ 色彩空间的转换，为 COLOR_Lab2RGB 时则执行反向转换，为 COLOR_RGB2YCrCb 时实现 RGB 色彩空间到 YC_bC_r 色彩空间的转换。dstCn 指定输出图像 dst 的通道数，如果该值为 0，则自动指定为转换后色彩空间的默认通道数。

6.3 伪彩色图像处理

获取图像时，如果采用单通道图像传感器，则采集到的每个像素只有一个分量，呈现出来的是灰度图。即使是多通道传感器采集的，也未必有色彩信息，例如，医学检测、天文望远镜等所用的电磁波频率绝大多数不在可见光频段，无法提供人眼可见的色彩信息，只能以获取信号的强度表示，将强度转换为灰度并以灰度图形式呈现。视觉系统分辨色彩的能力强于对灰度的分辨能力，如果将灰度图赋予色彩，则可以提高人眼辨识及区分目标的敏锐度。伪彩色图像处理又称假彩色图像处理，它根据一定的准则将灰度图赋予色彩，被赋的色彩与被拍摄物体的真实色彩可以没有任何关系。

6.3.1 空间域伪彩色处理

灰度分层是最简单的伪彩色图像处理技术，它将图像灰度值的动态范围分为 N 个区间，区间间隔均匀或非均匀均可。对每个区间赋予一种色彩，灰度值落在该区间的像素被赋予此色彩，从而得到 N 种色彩的伪彩色图像。灰度分层得到的色彩数量由灰度区间数决定。图 6.6a 所示为 8 比特深度灰度图，将灰度值 0~255 等分为 17 个区间，注意原图灰度的最大值远小于 255，即使对原图动态范围不做拉伸处理，原图灰度值仅落在其中 7 个区间上，每个区间随机分配 RGB 值，得到的伪彩色图像如图 6.6b 所示，伪彩色图像能比灰度图提供更多的细节。

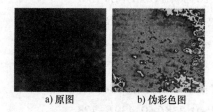

a) 原图   b) 伪彩色图

图 6.6　灰度分层示例

彩图 6.6

还有一种更通用的伪彩色处理，其色彩变换原理如图 6.7 所示，对灰度图像素值 f 进行

3 次独立变换，将 f 通过映射 T_i 变换为 g_i，其中 $i=$ r, g, b，分别代表 RGB 色彩空间的红、绿、蓝彩分量，将每种变换结果作为 RGB 色彩空间的一个色彩分量，构成伪彩色图像。

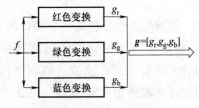

图 6.7　色彩变换原理

图 6.7 中，3 次变换相互独立，比灰度分层技术更灵活。下列程序将灰度图 src 的每个像素值分别进行不同频率、不同初始相位的正弦变换，得到伪彩色图像的 R、G、B 分量。

```
float t,r,g,b;
Mat dst(src.rows,src.cols,CV_32FC3); /* dst 大小与输入图像相同,三通道,浮点型 */
normalize(src,src,0.0,1.0,NORM_MINMAX,CV_32F); /* 像素值归一化到0~1,防止溢出 */
for(int i=0; i<src.rows; i++){
    for(int j=0; j<src.cols; j++){ /* 分别对灰度值进行不同频率和相位的正弦变换 */
        t=src.at<float>(i,j); //获取输入灰度图像的像素值
        b=abs(sin(3.14159*t)); //蓝色=|sin(像素值*π)|
        g=abs(sin(5.22*t+3.14159/6)); //绿色=|sin(5.22*像素值+π/6)|
        r=abs(sin(6.15*t+3.14159/3)); //红色=|sin(6.15*像素值+π/3)|
        dst.at<Vec3f>(i,j)=Vec3f(b,g,r); /* 以上 3 个分量构成一个三维彩色向量 */
    } //j 循环结束
} //i 循环结束
imshow("伪彩色图像",dst);
```

当用 K 个相同场景的单通道数据作为输入来构建伪彩色图时，可采用图 6.8 所示的伪彩色处理原理。首先分别对每个通道的输入 f_i ($i=1$, $2,\cdots,k$) 进行变换，变换映射关系为 T_i，变换结果用 g_i 表示。然后经过附加处理得到 3 个数据，分别将它们作为伪色彩图像的 R、G、B 值。此方法常用于多个光谱合成伪彩色图像，例如，遥

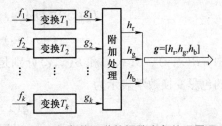

图 6.8　多个单通道数据伪彩色处理原理

感图像除红、蓝、绿传感器获取的图像外，还有近红外、远红外传感器获得的图像。附加处理根据具体应用灵活指定，如用 g_i 的 3 种线性组合方式得到 3 个色彩分量，或从 g_i 中选 3 个最大值作为色彩分量等。

6.3.2　频域滤波伪彩色处理

频域滤波伪彩色处理原理如图 6.9 所示。首先对灰度图像 f 进行离散傅里叶变换，得到 F，然后用 3 个独立的频域滤波器分别对 F 进行滤波，滤波后的频谱再分别进行离散傅里叶反变换，将 3 个反变换结果分别作为 R、G、B 分量来构成伪彩色图像。

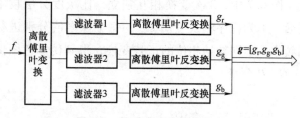

图 6.9　频域滤波伪彩色处理

频域滤波得到的伪彩色与原图像灰度值不是明确的一一对应关系，伪彩色取决于灰度图像的频率。例如，若想用红色表示灰度剧烈变化的区域，则可以设计一个滤波器为高通滤波器，滤波结果经离散傅里叶反变换后赋给红色分量。相同的灰度值如果出现在区域边缘，则呈现红色；如果出现在平坦区域内部，则为其他色彩。

6.4　色彩变换

本节的色彩变换指在单一色彩空间内对彩色图像的各分量进行处理。色彩变换主要分为两类：一类是分别处理每个色彩分量，然后合成彩色图像；另一类是将 n 个色彩分量组成一个 n 维向量，然后直接对该向量进行处理。

当对每个色彩分量分别进行变换时，色彩变换可以表示为

$$g_i(x,y) = T_i(f_1(x,y),f_2(x,y),\cdots,f_n(x,y)),i=1,2,\cdots,n \tag{6.24}$$

式中，$g_i(x,y)$ 是在坐标 (x,y) 处变换后的第 i 个色彩分量；$f_i(x,y)$ 为变换前的第 i 个色彩分量；T_i 为对 i 个彩色分量进行变换的函数；n 值由所选色彩空间决定，例如，RGB 色彩空间中 $n=3$，$i=1$，2，3 分别表示红、绿、蓝分量，CMYK 色彩空间中则 $n=4$。

彩色图像像素值 $f(x,y)$ 在 RGB 色彩空间可以写成一个三维向量：

$$f(x,y) = \begin{bmatrix} f_1(x,y) \\ f_2(x,y) \\ f_3(x,y) \end{bmatrix} = \begin{bmatrix} f_R(x,y) \\ f_G(x,y) \\ f_B(x,y) \end{bmatrix} = \begin{bmatrix} R(x,y) \\ G(x,y) \\ B(x,y) \end{bmatrix} \tag{6.25}$$

式中，$R(x,y)$、$G(x,y)$ 和 $B(x,y)$ 分别是图像坐标 (x,y) 处的红、绿和蓝色彩分量。n 维向量的色彩变换数学表示为

$$g(x,y) = T(f(x,y)) \tag{6.26}$$

式中，$f(x,y)$ 是输入图像在坐标 (x,y) 处的色彩；$g(x,y)$ 为变换后的色彩；T 为向量映射。

6.4.1　补色变换

补色变换可将彩色图像的色调修改为原色调的互补色，该变换常用于增强彩色图像暗区的细节。色调互补关系如图 6.10 所示，过圆心的直线与圆圈有两个交点，这两个交点对应

的色调互补。对于 RGB 色彩空间的图像，补色是对应的 CMY 图像，如黑色的补色是白色，红色的补色为青色，蓝色的补色为黄色，绿色的补色为品红。如果将像素值的各色彩分量归一化在 0~1 范围内，则 RGB 色彩空间的补色运算关系式为

$$g(x,y)=\begin{bmatrix}g_{\mathrm{R}}(x,y)\\g_{\mathrm{G}}(x,y)\\g_{\mathrm{B}}(x,y)\end{bmatrix}=\begin{bmatrix}1-f_{\mathrm{R}}(x,y)\\1-f_{\mathrm{G}}(x,y)\\1-f_{\mathrm{B}}(x,y)\end{bmatrix} \tag{6.27}$$

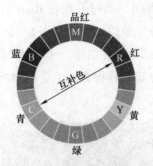

图 6.10　色调互补关系　　彩图 6.10

HSI 色彩空间的补色变换将色调分量 H 旋转 180°，饱和度分量不变，而亮度分量修改为 $I'(x,y)=1-I(x,y)$，其中，$I'(x,y)$ 表示补色变换后的亮度，$I(x,y)$ 为补色变换前的亮度。

图 6.11a 所示的图像在 RGB 色彩空间采用式（6.27）计算得到的补色图像如图 6.11b 所示，在 HSI 色彩空间的补色变换图像如图 6.11c 所示。两个补色图像略有差异，补色变换后，原图中的暗区得以突出。

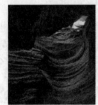

a) 原图像　　b) RGB色彩空间补色图像　　c) HSI色彩空间补色图像

图 6.11　补色变换示例　　彩图 6.11

对于 RGB 色彩空间的图像 src，若数据格式为 8 比特无符号整数，dst 为补色变换后的图像，则补色变换程序可直接用图像减实现：

```
Mat dst(src.rows,src.cols,Scalar(255,255,255)); /*相当于归一化后的
(1,1,1)色彩向量*/
    subtract(dst,src,dst,noArray(),-1); //RGB 色彩空间补色变换
```

6.4.2　色彩分割

色彩分割通常用于对图像中具有某种色彩的目标进行提取。HSI、HSV 色彩空间符合人

的视觉感受，视觉很容易辨别出色调，同时在辨别亮度和饱和度时能够忽略色调信息。HSI、HSV 色彩空间的色彩分割通常对色调分量进行，由于色调与亮度或明度无关，因此对光照不均匀的图像分割效果较好。此外，还可辅以饱和度分量来进一步限定感兴趣区域，亮度、明度分量在分割中较少用到。

图 6.12a 中的花朵是目标，选择部分花朵、背景（见图 6.12b）进行色彩分析。在 RGB 色彩空间分别作出花朵、背景各分量直方图，如图 6.12d 所示。图 6.12d 的上面一排为花朵 R、G、B 直方图，下面一排为背景各分量直方图，此时发现在 RGB 色彩空间中，目标、背景各分量分布有大量重合区间，仅依据单一分量难以区分。对图 6.12b 在 HSI 色彩空间分别制作各分量直方图，如图 6.12e 所示。在图 6.12e 中，上面一排为目标各分量直方图，下面一排为背景直方图。目标、背景的色调分量分布差异很大，于是以 $H \geqslant 240°$ 为提取标准，提取出的图像如图 6.12c 所示。

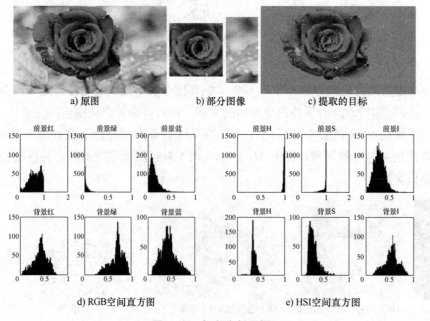

a) 原图　　　　　　b) 部分图像　　　　　　c) 提取的目标

d) RGB空间直方图　　　　　　e) HSI空间直方图

图 6.12　色彩分割示例

彩图 6.12

OPENCV 函数 inRange（InputArray src，InputArray lowerb，InputArray upperb，OutputArray dst）对输入图像 src 分别判断各个像素是否落在下界 lowerb 与上界 upperb 的范围内，如果是，则在与 src 相同大小的输出 dst 中将该位置像素值设为 255，否则设为零。在 HSV 色彩空间提取特定目标的程序如下：

```
Mat srcHSV,bodyR,maskR,flower;
cvtColor(src,srcHSV,COLOR_BGR2HSV); */RGB 色彩空间转换到 HSV 色彩
空间 */
inRange(srcHSV,Scalar(170,42,0),Scalar(255,135,183),maskR);
```

```
/*提取向量范围,由于原图是 8 比特深度的,色彩空间转换后的色调分量 360°归一化至
255,同理 240°归一化至 170 */
    bitwise_and(src,src,bodyR,maskR); //从原图中提取目标区域
    imshow("提取目标区域",bodyR);
    GaussianBlur(bodyR,flower,Size(5,5),0,0); /*平滑消除噪声并平滑提取
目标的边缘 */
    imshow("提取目标",flower);
```

尽管 HSI、HSV 色彩空间更符合视觉系统感受,但彩色图像在 RGB 色彩空间的分割效果更好。假设要提取的目标在 RGB 色彩空间具有某种色彩,构成该目标的每个像素值用 R、G、B 分量组成的一个三维向量表示,可以得到所有目标向量色彩的平均估计,这里用 RGB 三维向量 $\boldsymbol{a}$ 表示平均估计。分割就是判断图像中每个像素的三维向量是否与向量 $\boldsymbol{a}$ 相似,将所有色彩相似的像素提取出来。

最简单的相似性度量是欧氏距离,设 z 为 RGB 空间的一个向量,z 与向量 $\boldsymbol{a}$ 之间的欧氏距离为

$$D(\boldsymbol{z},\boldsymbol{a}) = \|\boldsymbol{z}-\boldsymbol{a}\| = \left[(\boldsymbol{z}-\boldsymbol{a})^{\mathrm{T}}(\boldsymbol{z}-\boldsymbol{a}) \right]^{\frac{1}{2}}$$
$$= \left[(z_{\mathrm{R}}-a_{\mathrm{R}})^2 + (z_{\mathrm{G}}-a_{\mathrm{G}})^2 + (z_{\mathrm{B}}-a_{\mathrm{B}})^2 \right]^{1/2} \tag{6.28}$$

式中,下标 R、G、B 分别表示 3 种色彩。若 $D(\boldsymbol{z},\boldsymbol{a})$ 小于阈值 D_0,则色彩向量 z 与向量 $\boldsymbol{a}$ 相似,与 $\boldsymbol{a}$ 相似的色彩在 RGB 色彩空间中以 $\boldsymbol{a}$ 为圆心、以 D_0 为半径的球形范围内。

很多分割算法用马氏（Mahalanobis）距离度量相似性,马氏距离计算公式为

$$D(\boldsymbol{z},\boldsymbol{a}) = \|\boldsymbol{z}-\boldsymbol{a}\| = \left[(\boldsymbol{z}-\boldsymbol{a})^{\mathrm{T}}\boldsymbol{C}^{-1}(\boldsymbol{z}-\boldsymbol{a}) \right]^{1/2} \tag{6.29}$$

式中,$\boldsymbol{C}$ 为分割目标的代表性色彩样本的协方差矩阵。当 $D(\boldsymbol{z},\boldsymbol{a})$ 小于阈值 D_0 时,在 RGB 色彩空间中表示一个三维椭圆形球体,椭圆长轴方向表示在该方向上色彩允许的最大扩散度。当 $\boldsymbol{C}$ 为单位矩阵时,马氏距离退化为欧氏距离。

上述两种距离度量的计算量大,一种常用的、计算量较小的距离度量为

$$D(\boldsymbol{z},\boldsymbol{a}) = \|\boldsymbol{z}-\boldsymbol{a}\| = |z_{\mathrm{R}}-a_{\mathrm{R}}| + |z_{\mathrm{G}}-a_{\mathrm{G}}| + |z_{\mathrm{B}}-a_{\mathrm{B}}| \tag{6.30}$$

$D(\boldsymbol{z},\boldsymbol{a})$ 小于阈值 D_0 时,在 RGB 色彩空间表示一个正方体,正方体各边分别与 R、G、B 轴平行。

以欧氏距离为度量,在 RGB 色彩空间图像 src 中提取类红色目标,程序如下:

```
Mat src1,mask,mask1,dst;
Scalar Center=Scalar(200.0,25.0,73.0); //指定色彩
src.convertTo(src1,CV_32F); /*将 src 变为浮点型 src1,扩大能够表示的
范围 */
Mat EuD(src.rows,src.cols,CV_32FC3,Center);
```

```
//定义一个大小与原图像相同的矩阵,每个元素都是指定色
EuD=EuD-src1; //原图中的每个色彩与指定色相减,得到差值图像
vector<Mat> channels;
split(EuD,channels);//分离差值图像的3个色彩分量
Mat Bd2=pow(channels[0],2); //计算蓝色分量差值的二次方
Mat Gd2=pow(channels[1],2); //计算绿色分量差值的二次方
Mat Rd2=pow(channels[2],2); //计算红色分量差值的二次方
Bd2=Bd2+Gd2+Rd2; //对各分量差值的二次方求和
sqrt(Bd2,Gd2); /*计算出原图各像素在 RGB 模型中与指定色的欧氏距离并放在
Gd2 中 */
threshold(Gd2,mask1, 15,255,THRESH_BINARY_INV);
//在 RGB 模型中,与指定色的欧氏距离小于 15 的被提取
mask1.converTo(mask,CV_8U); //转换为 8 比特整型数据
bitwise_and(src,src,dst,mask); /*提取与指定色的 RGB 色彩空间距离小于
15 的图像 */
```

OPENCV 对矩阵可进行优化处理，用原图与全为指定色的图像减，然后调用 OPENCV 函数 pow()进行像素色彩的距离计算，比逐点按照式（6.28）计算距离速度更快。

6.4.3 彩色图像灰度化

色彩非常容易受到光照等因素的影响，同一物体在不同光照条件下呈现不同色彩。在很多图像处理算法中，色彩难以提供关键信息，算法对色彩的依赖性不强，灰度图像里的信息就足够了。此外，彩色图像的每个像素至少有 3 个分量，而灰度图像的每个像素只有一个灰度值。彩色图像灰度化可以减少需要处理的数据量，减少处理时间并节约存储空间。下面介绍常用的 4 种灰度化方法。

1. 分量法

分量法将彩色图像的 n 个分量分别作为 n 个灰度图像的灰度值，例如，一个 RGB 彩色图像分解为 3 个灰度图像 $g_i(x,y)$，$i=1,2,3$，有

$$g_1(x,y)=R(x,y)$$
$$g_2(x,y)=G(x,y) \quad (6.31)$$
$$g_3(x,y)=B(x,y)$$

然后根据需要选取其中一个灰度图像作为灰度化结果。当目标具有特定色彩时，该方法可用于提取目标。例如，图像中目标的颜色均在紫色-红-橙这段分布，而非目标均在蓝-青-黄这段分布，则目标中的红色分量明显比非目标高，可以采用红色分量形成灰度图。在该灰度图内，亮区（红色分量值大）表示目标，暗区（红色分量值小）为非目标，后续还可以辅以图像二值化等操作来形成目标区域模板。图 6.13a 所示的彩色图像在 RGB 色彩空间的 3

个分量分别如图 6. 13b~d 所示，G 分量图包含的细节最多，视觉上也最舒服，可以选 G 分量图作为灰度图。

a) 原图　　　　b) R分量　　　　c) G分量　　　　d) B分量

图 6. 13　分量法示例

彩图 6. 13

2. 最大值法

最大值法将彩色图像(x,y)处的所有色彩分量进行比较，取最大值作为灰度化的结果，比如在 RGB 色彩空间有

$$g(x,y)= \max\{R(x,y),G(x,y),B(x,y)\} \tag{6.32}$$

由于最大值法取最大分量值，与其他灰度化方法相比，该方法得到的灰度图最亮。

3. 平均法

将彩色图像(x,y)处的 3 个色彩分量求平均，以均值作为灰度化结果，比如在 RGB 色彩空间有

$$g(x,y)= \{R(x,y)+G(x,y)+B(x,y)\}/3 \tag{6.33}$$

式（6.33）也是 RGB 色彩空间转换为 HSI 色彩空间时亮度分量 I 的转换公式。平均法由于计算量小、处理速度最快，实际中用得最多，特别是对于嵌入式系统中的图像处理应用。

4. 加权平均法

将彩色图像(x,y)处的所有色彩分量加权求和作为灰度化结果，加权系数均不小于零，并且加权系数之和为 1. 0。比如在 RGB 色彩空间表示为

$$g(x,y)= \omega_{\mathrm{R}}R(x,y)+\omega_{\mathrm{G}}G(x,y)+\omega_{\mathrm{B}}B(x,y) \tag{6.34}$$

式中，ω_{R}、ω_{G}、ω_{B} 分别是对 R、G、B 这 3 个分量的加权系数，满足关系式 $\omega_{\mathrm{R}}+\omega_{\mathrm{G}}+\omega_{\mathrm{B}}=1$。视觉系统对不同频率单色光的主观亮度感觉不同，如果把三基色亮度相同时混色得到的白光亮度定义为 1，则视觉系统对绿色的亮度最敏感，对蓝色最不敏感，感觉绿色最亮而蓝色最暗，因此加权系数关系满足 $\omega_{\mathrm{G}}>\omega_{\mathrm{R}}>\omega_{\mathrm{B}}$ 时得到的图像亮度感觉比较合理。实验发现当 $\omega_{\mathrm{R}}=0. 299$、$\omega_{\mathrm{G}}=0. 587$、$\omega_{\mathrm{B}}=0. 114$ 时得到的图像亮度与视觉系统的主观感觉一致，故对 RGB 彩色图像的加权平均法可直接写为

$$g(x,y)= 0. 299R(x,y)+0. 587G(x,y)+0. 114B(x,y) \tag{6.35}$$

对图 6. 14a 所示的彩色图像分别用最大值法、平均法和加权平均法灰度化的结果如图 6. 14b~d 所示。最大值法明显亮度高，平均法中的蓝色加权系数大于加权平均法，故图 6. 14c 中的天空比图 6. 14d 中的更亮。同理，由于加权平均法中的绿色加权系数大于平均法，因此图 6. 14d 右下角的草坪比图 6. 14c 中更亮。

a) 原图　　　　　 b) 最大值法　　　　　 c) 平均法　　　　　 d) 加权平均法

图 6.14　不同灰度法比较　　　　　　　　　彩图 6.14

6.4.4　彩色图像直方图均衡

灰度图像的直方图均衡处理可增加图像全局对比度，使得图像亮度分布更均衡。彩色图像也可以进行直方图均衡。如果在 RGB 色彩空间可以分别对 3 个分量做直方图均衡，然后将均衡后的 3 个分量重新合成为彩色图像，由于 RGB 的 3 个分量中任何一个改变都可能引发最终色调的变化，处理后的色彩与原图色彩差别很大，故直方图均衡不宜在 RGB 色彩空间进行。

彩色图像的亮度与色度是独立的，既然直方图均衡用于调节图像亮度，那么直接在彩色图像亮度分量上进行直方图均衡是合理的，比如在 HSI、HSV 色彩空间保持色调 H 不变，仅对 I、V 分量进行直方图均衡。至于饱和度分量 S，可以先保持不变（理论上也不用变），观察 I、V 分量均衡化后得到的彩色图像，一般亮度变化会影响人们对色彩的主观感觉，有时人们会感觉到均衡后图像色彩有轻微的变化，这时可以根据结果对饱和度进行微调，使得最终色彩的主观感觉与原图相同。如果在 $L^*a^*b^*$ 色彩空间进行直方图均衡，则仅在 L^* 分量上进行直方图均衡即可。

对图 6.15a 在 RGB 色彩空间的各分量上分别进行直方图均衡，得到结果如图 6.15b 所示，花朵、右下角一片枯叶的颜色发生了改变。对图 6.15a 在 HSI 色彩空间的 I 分量进行直方图均衡，色调和饱和度不变，均衡结果如图 6.15c 所示，图像右侧暗背景细节变清楚，图像色彩基本不变。

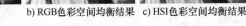

a) 原图　　　　　 b) RGB色彩空间均衡结果　 c) HSI色彩空间均衡结果

图 6.15　彩色图像直方图均衡示例　　　　　　彩图 6.15

6.4.5　色调与色彩校正

在图像形成、显示、打印输出等过程中，可能存在由于非线性处理造成色彩的不平衡，使得最终图像中的物体色彩偏离其真实色彩，例如，白色、灰色的物体在成像中被赋予了颜色，拍摄的图像偏蓝、偏红等，这时需要进行色调与色彩校正，通过调整图像 R、G、B 分量的强度得到与实际相符的成像效果。校正方法分为白平衡法和最大颜色值法两大类。

1. 白平衡法

白平衡法是将景物中的白色物体在图像中还原为白色。白平衡法又细分为灰度世界法、完美反射法、动态阈值法。

（1）灰度世界法

灰度世界法假设自然界景物反射光线的平均值在总体上近似为灰色，因此分别对 R、G、B 分量求均值，根据均值求图像整体强度，进而调整各分量值。具体步骤如下：

1）分别计算图像 R、G、B 这 3 个分量的均值，用 $\overline{R}$、$\overline{G}$、$\overline{B}$ 表示。

2）计算图像整体平均值，即"灰色"的强度：$\overline{Gray} = (\overline{R} + \overline{G} + \overline{B})/3$。

3）分别计算 3 个分量相对于"灰色"的增益：$k_{\mathrm{R}} = \dfrac{\overline{Gray}}{\overline{R}}$、$k_{\mathrm{G}} = \dfrac{\overline{Gray}}{\overline{G}}$、$k_{\mathrm{B}} = \dfrac{\overline{Gray}}{\overline{B}}$。

4）调整各像素的 R、G、B 分量：$R' = Rk_{\mathrm{R}}$、$G' = Gk_{\mathrm{G}}$、$B' = Bk_{\mathrm{B}}$，其中，R'、G'、B' 分别为像素调整后的分量值，R、G、B 分别为原分量值。如果计算结果超出动态范围，则采用截断方式即可，例如，对于 8 比特深度，若得到的调整后数值大于 255，则用 255 代替。

（2）完美反射法

完美反射法基于这样的假设：图片上的最亮点就是白色点。最亮点定义为 R、G、B 分量之和最大的点，该点可以完美反射 3 种颜色，以此白点为参考对图像进行白平衡。完美反射法的具体步骤如下：

1）对图像 R、G、B 这 3 个分量分别找出其最大值，记为 $R_{\max}$、$G_{\max}$、$B_{\max}$。

2）对图像中的每个像素点计算 $R+G+B$ 值，以该值作为"亮度"。

3）按"亮度"大小计算出其前 $x\%$ 的亮度值，x 一般选 5~10，认为这些点表示"白色"，以"白色"的最小"亮度"作为阈值 T。

4）对于所有"亮度"高于阈值 T 的点，分别对各分量求平均，各平均值记为 $\overline{R}$、$\overline{G}$、$\overline{B}$。

5）分别计算白色增益系数：$k_{\mathrm{R}} = \dfrac{R_{\max}}{\overline{R}}$、$k_{\mathrm{G}} = \dfrac{G_{\max}}{\overline{G}}$、$k_{\mathrm{B}} = \dfrac{B_{\max}}{\overline{B}}$。

6）调整每个像素的 R、G、B 分量：$R' = Rk_{\mathrm{R}}$、$G' = Gk_{\mathrm{G}}$、$B' = Bk_{\mathrm{B}}$。

完美反射法得到的图像比灰度世界法效果更好，但如果图像中的亮度最高点在真实世界中并不是白色，则校正效果不佳。

（3）动态阈值法

动态阈值法的思路与完美反射法类似：找到白色点并据此进行校正。它在 YC_bC_r 色彩空间确定参考白点，选择参考白点的阈值是动态变化的。首先找到一个接近白色的区域，该区域是包含着参考白点的，然后通过设定一个阈值来规定某些点为参考白点。其具体步骤如下：

1）将图像从 RGB 色彩空间变换到 YC_bC_r 色彩空间。

2）进行白点检测，为了增强鲁棒性，y 方向的块数与 x 方向块数之比为 4：3，比如分为 8×6＝48 个块或者 4×3＝12 块。之后进行如下操作：

① 计算每块中 C_b、C_r 的均值，分别记为 Mb、Mr；分别对每块 C_b、C_r 分量的绝对差求均值，记为 Db、Dr：

$$Db = \frac{\sum |C_b(i,j) - Mb|}{N} \tag{6.36}$$

$$Dr = \frac{\sum |C_r(i,j) - Mr|}{N} \tag{6.37}$$

式中，$C_r(i,j)$、$C_b(i,j)$ 为坐标 (i,j) 处像素的 C_r、C_b 分量；N 为每块内像素数量。若 Db、Dr 小于阈值，则说明该块内的颜色分布较平均，不适合进行白平衡，忽略该块，否则到下一步。

② 对不可忽略的块，检查块内的每个像素点，若该点同时满足下列两个条件，即 $C_b(i,j) - (Mb + Db \times \text{sign}(Mb)) < |1.5Db|$、$C_r(i,j) - (1.5Mr + Dr \times \text{sign}(Mr)) < |1.5Dr|$，则标记为候补白点。对所有候补白点的 Y 分量排序，选取 Y 值排在前 10% 的点作为参考白点，并记录亮度最大值 Y_{max}。

3）转换回 RGB 色彩空间，对所有参考白点分布分别求 R、B、G 分量的平均值，记为 $\overline{R}$、$\overline{G}$、$\overline{B}$。

4）分别计算白色增益系数：$k_R = \frac{Y_{max}}{\overline{R}}$、$k_G = \frac{Y_{max}}{\overline{G}}$、$k_B = \frac{Y_{max}}{\overline{B}}$。

5）调整每个像素的 R、G、B 分量：$R' = Rk_R$、$G' = Gk_G$、$B' = Bk_B$。

2. 最大颜色值法

白平衡法要求实际景物中有白色点，当景物中不存在白色点时用最大颜色值法进行校正更合适。最大颜色值法的基本思想是在 R、G、B 这 3 个分量中分别找到最强、最弱的分量，对最强分量进行抑制，对最弱分量进行增强，以达到色彩平衡。其步骤如下：

1）分别找出图像 R、G、B 这 3 个分量的最大值，记为 R_{max}、G_{max}、B_{max}。

2）求 R_{max}、G_{max}、B_{max} 中的最小值 $S = \min(R_{max}, G_{max}, B_{max})$。

3）分别统计 R、G、B 这 3 个分量中值大于 S 的像素点个数，记为 N_R、N_G、N_B。

4）找出 N_R、N_G、N_B 中的最大值 N，$N = \max(N_R, N_G, N_B)$，该最大值对应的色彩分量为最强分量。

5）将所有像素的 R、G、B 分量值分别按从大到小排序，直到排序至 N 为止，R、G、B 分量排序的最小值记为 T_R、T_G、T_B，这 3 个值中最小的那个所对应的分量就是最弱分量。

6）计算最大颜色值调整系数：$k_R = \frac{S}{T_R}$、$k_G = \frac{S}{T_G}$、$k_B = \frac{S}{T_B}$。

7）调整每个像素的 R、G、B 分量：$R' = Rk_R$、$G' = Gk_G$、$B' = Bk_B$。

6.5　彩色图像空间滤波

彩色图像可以根据当前像素点与其邻域像素点的特征进行图像平滑和锐化。

6.5.1　彩色图像的平滑

彩色图像的平滑有两种方法：①直接对 RGB 图像进行平滑；②将图像从 RGB 色彩空间转换至亮度、明度独立的 HSI、HSV 色彩空间，对 I、V 分量进行平滑滤波后再转换回 RGB 图像。

直接对 RGB 图像进行的平滑与灰度平滑类似，分别对 3 个色彩分量采用灰度图像的平滑方法，各分量平滑的方式、参数均要相同，然后将平滑后的 3 个分量重新组合成 RGB 彩色图。

HSI 或 HSV 色彩空间的一个重要优点是亮度或明度与色度是完全独立的，更适合采用灰度图像处理技术，在平滑时保留色调、饱和度信息不变，仅把亮度或明度分量当作一幅灰度图像进行平滑处理。

对图 6.16a 直接在 RGB 色彩空间进行 3×3 平均平滑的结果如图 6.16b 所示。在 HSI 色彩空间对 I 分量同样进行 3×3 平均平滑，结果如图 6.16c 所示，两个平滑结果略有差异。图 6.16d 给出了两个平滑结果的差异。

a) 原图　　　b) RGB色彩空间滤波结果　　c) HSI色彩空间滤波结果　　d) 图b)与图c)的差异

图 6.16　彩色图像平滑示例

彩图 6.16

彩色图像 src 在 RGB 色彩空间、HSV 色彩空间平滑的程序如下：

```
Mat dst,src,srcHSV,dstHSV;
{
    //对 RGB 色彩空间中的 3 个分量分别平滑
    vector<Mat> channels; //容器定义
    split(src,channels); //src 分解成 R、G、B 这 3 个分量
    GaussianBlur(channels[0],channels[0],Size(3,3),0,21); /*对每
个分量进行高斯平滑*/
    GaussianBlur(channels[1],channels[1],Size(3,3),0,21);
    GaussianBlur(channels[2],channels[2],Size(3,3),0,21);
    merge(channels,dst); //重新合成彩色图像
}
```

```
imshow("RGB 色彩空间平滑后图像",dst);
    //下列程序仅对亮度平滑,色度信息保持不变
    vector<Mat> channels; //容器
    Mat tmp;
    cvtColor(src,srcHSV,COLOR_BGR2HSV); //图像从 RGB 模型转换到 HSV 模型
    split(srcHSV,channels); //三通道分解
    GaussianBlur(channels[2],tmp,Size(3,3),0.21); /*提取亮度信息并
进行平滑*/
    channels[2]=tmp; //平滑后的信息重新赋给亮度
    merge(channels,dstHSV); //3 个通道合成 HSV
    cvtColor(dstHSV,dstHSV,COLOR_HSV2BGR); /*HSV 色彩空间转换到 RGB
色彩空间*/
    }
    imshow("仅对亮度进行平滑图像",dstHSV);
```

6.5.2 彩色图像的锐化

彩色图像的锐化可以在 RGB 色彩空间的 3 个分量中分别进行，然后将锐化后的 3 个分量重新组成 RGB 图像。在 HSI、HSV 等亮度、明度与色度独立的色彩空间中，锐化仅在亮度、明度分量上进行，保持色调、饱和度不变。

若采用拉普拉斯算子进行锐化，对 RGB 的 3 个分量分别进行拉普拉斯算子锐化可表示为

$$\nabla^2[c(x,y)] = \begin{bmatrix} \nabla^2 R(x,y) \\ \nabla^2 G(x,y) \\ \nabla^2 B(x,y) \end{bmatrix} \tag{6.38}$$

对图 6.17a 中 RGB 的 3 个分量分别采用 4 邻域拉普拉斯算子锐化，锐化结果与图 6.17a 相加得到的图像如图 6.17b 所示。锐化处理强调了分量突变，加重描绘图像中的物体边缘轮廓。图 6.17c 则对图 6.17a 在 HSI 色彩空间仅对亮度分量进行 4 邻域拉普拉斯锐化，然后将锐化结果与原亮度分量相加，构成新的亮度分量，色调、饱和度不变。图 6.17d 给出了图 6.17a 在上述两个色彩空间锐化结果的差异。

a) 原图　　　　b) RGB空间　　　　c) HSI空间　　　d) 图b)与图c)差异

图 6.17　彩色图像锐化示例　　　　　　　　　　　　　　　彩图 6.17

彩色图像 src 在 RGB 色彩空间、HSV 色彩空间锐化的实现程序如下：

```
Mat dstL[3],src1,dst;
GaussianBlur(src,src1,Size(3,3),0,3,BORDER_DEFAULT);
//锐化前先对图像平滑以去除噪声
{  //对 RGB 色彩空间的各分量分别锐化,并将锐化结果与原图相加
    vector<Mat> channels;
    split(src1,channels); //分解成 RGB 的 3 个分量
    Laplacian(channels[0],dstL[0],CV_16S,Size(5,5),1,0,BORDER_
DEFAULT);
    Laplacian(channels[1],dstL[1],CV_16S,Size(5,5),1,0,BORDER_
DEFAULT);
    Laplacian(channels[2],dstL[2],CV_16S,Size(5,5),1,0,BORDER_
DEFAULT);
        //对每个 R、G、B 分量分别进行拉普拉斯锐化
    add(dstL[0],channels[0],dstL[0],noArray(),CV_16S);
    add(dstL[1],channels[1],dstL[1],noArray(),CV_16S);
    add(dstL[2],channels[2],dstL[2],noArray(),CV_16S);
        //将 3 个分量锐化值分别加到原图的 3 个分量上
    convertScaleAbs(dstL[0],dstL[0]);
    convertScaleAbs(dstL[1],dstL[1]);
    convertScaleAbs(dstL[2],dstL[2]);/*求绝对值,并转换为 8 比特无
符号形式*/
    merge(dstL,3,dst); //重新合成彩色图像
    imshow("RGB 色彩空间锐化与原图相加的结果",dst);
}
{  //仅对图像亮度进行锐化
    vector<Mat> channels;
    Mat srcHSV,tmp,dstHSV;
    cvtColor(src1,srcHSV,COLOR_BGR2HSV); /*图像从 RGB 模型转换到
HSV 模型*/
    split(srcHSV,channels);
    Laplacian(channels[2],tmp,CV_16S,Size(5,5),1,0,BORDER_DE-
FAULT);
    //仅对亮度进行锐化
    add(tmp,channels[2],tmp,noArray(),CV_16S); /*锐化结果加到亮度分
```

```
量上 */
        convertScaleAbs(tmp,channels[2]); /*修改后的亮度转换回 8 比特
无符号型数据 */
        merge(channels,dstHSV); //重新合成彩色图像
        cvtColor(dstHSV,dstHSV,COLOR_HSV2BGR); //回到 RGB 色彩空间
        imshow("仅对亮度进行锐化结果加上原图",dstHSV);
    }
```

6.6 彩色图像边缘检测

彩色图像边缘检测通常在 RGB 色彩空间进行，主要有输出融合法和多维梯度法两大类。

输出融合法分别在 R、G、B 这 3 个分量图上计算梯度幅度，然后将 3 个结果加权求和，得到最终边缘检测结果。输出融合法计算量小，检测速度快，但检测效果稍逊。

多维梯度法首先分别求出 3 个分量的梯度，然后用它们合并计算出一个梯度，该梯度称为多维梯度，用多维梯度检测边缘。以 Di Zenzo 多维梯度算法为例，设 $\boldsymbol{r}$、$\boldsymbol{g}$、$\boldsymbol{b}$ 分别是 R、G、B 方向的单位向量，定义向量：

$$\boldsymbol{u} = \frac{\partial R}{\partial x}\boldsymbol{r} + \frac{\partial G}{\partial x}\boldsymbol{g} + \frac{\partial B}{\partial x}\boldsymbol{b}$$
$$\boldsymbol{v} = \frac{\partial R}{\partial y}\boldsymbol{r} + \frac{\partial G}{\partial y}\boldsymbol{g} + \frac{\partial B}{\partial y}\boldsymbol{b} \tag{6.39}$$

即分别对 R、G、B 分量图求 x、y 方向的一阶微分。然后构建反映 x 方向变化率的三维梯度向量 $\boldsymbol{u}$、反映 y 方向变化率的三维梯度向量 $\boldsymbol{v}$。对梯度向量 $\boldsymbol{u}$、$\boldsymbol{v}$ 分别计算：

$$g_{xx} = \boldsymbol{u}^{\mathrm{T}}\boldsymbol{u} = \left|\frac{\partial R}{\partial x}\right|^2 + \left|\frac{\partial G}{\partial x}\right|^2 + \left|\frac{\partial B}{\partial x}\right|^2$$

$$g_{yy} = \boldsymbol{v}^{\mathrm{T}}\boldsymbol{v} = \left|\frac{\partial R}{\partial y}\right|^2 + \left|\frac{\partial G}{\partial y}\right|^2 + \left|\frac{\partial B}{\partial y}\right|^2 \tag{6.40}$$

$$g_{xy} = \boldsymbol{u}^{\mathrm{T}}\boldsymbol{v} = \frac{\partial R}{\partial x}\frac{\partial R}{\partial y} + \frac{\partial G}{\partial x}\frac{\partial G}{\partial y} + \frac{\partial B}{\partial x}\frac{\partial B}{\partial y}$$

彩色图像坐标 (x,y) 处色彩变化最剧烈的方向为

$$\theta(x,y) = \frac{1}{2}\arctan\left[\frac{2g_{xy}}{g_{xx} - g_{yy}}\right] \tag{6.41}$$

该方向上的变化幅度为

$$F_{\theta}(x,y) = \left\{0.5\left[(g_{xx} + g_{yy}) + (g_{xx} - g_{yy})\cos 2\theta(x,y) + 2g_{xy}\sin 2\theta(x,y)\right]\right\}^{1/2} \tag{6.42}$$

不妨设式（6.41）得到的角度为 θ_0，将 θ_0、$\theta_0 + \pi$、$\theta_0 \pm \pi/2$ 分别代入式（6.42）计算得到 4 个结果，最后将 4 个结果相加得到多维梯度。例如，若 $\theta_0 = \pi/6$，将 $-\pi/3$、$\pi/6$、$2\pi/3$、$7\pi/6$ 分别代入式（6.42）计算，最后将计算结果求和。

对于图 6.18a 所示的彩色图像，使用输出融合法进行边缘检测的结果如图 6.18b 所示，各分量梯度直接相加。使用多维梯度法的检测结果如图 6.18c 所示。两种方法都能检测出边缘，图 6.18c 在鸟的头部、腹部等处提供了更丰富的边缘细节。

a) 原图　　　　　　　b) 输出融合法结果　　　　　c) 多维梯度法结果

图 6.18　彩色图像边缘检测示例　　　　　　　　　　彩图 6.18

习　题

6-1　彩色图像中有一个高亮的反光点，讨论这个反光点在 RGB 色彩空间的 3 个分量图中分别是亮点还是暗点？在 HSI 色彩空间的 3 个分量中分别是亮点还是暗点？给出分析理由。

6-2　HSI 色彩空间的双圆锥模型在亮度低或亮度高时的横截面均小于亮度为 0.5 时的横截面，请解释原因。

6-3　试举例说明加性色彩空间、减性色彩空间分别应用在哪些领域。

6-4　请分别解释什么是亮度、色调、饱和度。

6-5　一幅彩色图像由 3 种色彩组成，即亮度中等的纯蓝、亮黄绿、暗紫，请分析这 3 种色彩在 RGB 色彩空间、CMY 色彩空间、HSI 色彩空间各分量图中如何表现？

6-6　为什么要对灰度图像进行伪彩色处理？

6-7　讨论哪些方法可以利用同一场景的红外传感数据、X 射线传感数据、伽马射线数据，构建一幅该场景的伪彩色图像。

6-8　在伪彩色图像处理的频域滤波中，为什么灰度值与映射的色彩值不是一一对应的关系？映射的色彩值与什么对应？

6-9　原彩色图像中的亮区在补色变换后有何变化？

6-10　对于一幅蓝天碧树的彩色图像，分别采用平均法、加权平均法进行灰度化，两幅灰度图中哪幅的天空部分更亮？哪幅的树更亮？为什么？

6-11　彩色图像直方图均衡为什么不宜在 RGB 色彩空间进行？

6-12　如果想根据肤色自动提取图像中的人脸，分析应在哪些色彩空间进行？请说明理由。

第 7 章 小波与多分辨率处理

傅里叶变换用不同频率 ω 的复指数函数与信号做内积运算，结果越大表示参与计算的两个函数频率相似度越高。但复指数函数持续时间无限，它与信号进行内积计算无法提供信号的时间或空间信息，即傅里叶变换仅具有频域分辨能力，而无时域或空间域分辨能力。例如，图 7.1 中 4 个图的频域幅度谱相同、相位谱不同，在频域无法根据频谱直接判断某段频谱来自于图像的哪些局部区域。小波变换（Wavelet Transform）则同时具有频域分辨能力和时域或空间域分辨能力，它既能反映频域的分布，也能够指明时域或空间域哪些部分导致了某段频率的产生。小波变换主要用于图像去噪、特征提取、图像压缩、图像融合以及图像水印等。

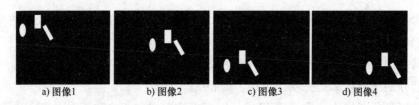

a) 图像1   b) 图像2   c) 图像3   d) 图像4

图 7.1 具有相同傅里叶变换幅度谱的图像

7.1 小波变换基础知识

傅里叶变换采用复指数基对信号 $f(t)$ 进行变换，小波变换则采用小波基对信号变换，小波基由小波母函数经尺度伸缩、平移构建得到。

7.1.1 小波函数

小波的名字来自于其特点："小区域内具有波动性的函数"。先以一维实数函数为例，设 $\varphi(t)$ 是一个二次方可积函数，即通过 $\varphi(t)$ 的二次方积分得到结果有界，若它的傅里叶变换 $\psi(\omega)$ 满足

$$0 < \int_0^\infty \frac{|\psi(\omega)|^2}{\omega} \mathrm{d}\omega < +\infty \tag{7.1}$$

则 $\varphi(t)$ 就是一个小波母函数。式（7.1）称为小波的可容许性。对 $\varphi(t)$ 进行伸缩和平移可以构成一系列小波函数，也就是小波基，它们必然也满足可容许性。根据式（7.1）可以得

出小波的两个特点：①时域持续时间有限，即"小区域"，由于时域上 $\varphi(t)$ 的二次方积分有界，因此 $\varphi(t)$ 的二次方必然不可能在整个时间轴上都非零，否则积分值为无穷大，故 $\varphi(t)$ 只在有限范围内有非零值。②$\varphi(t)$ 在时域存在波动性，并且 $\varphi(t)$ 的均值为零。当 ω 趋向于零时，若 $\psi(0)$ 不为零，则 $\lim\limits_{\omega\to 0}\dfrac{|\psi(\omega)|^2}{\omega}$ 为无穷大，式（7.1）必然趋向于 $+\infty$。因此若式（7.1）有界，则 $\psi(0)$ 必然为零，表示 $\varphi(t)$ 的直流分量为零，信号 $\varphi(t)$ 的平均值为零，同时式（7.1）不等式的下限大于零，要求 $\psi(\omega)$ 在 $\omega\neq 0$ 处不能全零，因此小波函数必然有波动。综上所述，小波函数必然是正负交替具有波动性的。图7.2为典型的小波函数波形示例。

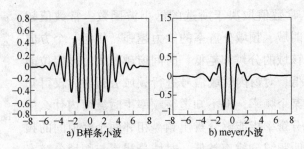

a) B样条小波　　　　b) meyer小波

图7.2　小波持续时间有限并具有波动性

对小波母函数 $\varphi(t)$ 进行伸缩和平移，得到

$$\varphi_{\alpha,\tau}(t)=\alpha^{\frac{1}{2}}\varphi\left(\frac{t-\tau}{\alpha}\right),\quad \alpha>0 \tag{7.2}$$

式中，α 为尺度因子；τ 为平移因子。当 $\alpha>1$ 时，$\varphi(t)$ 被拉伸，频率变低。反之，则对 $\varphi(t)$ 进行压缩，频率变高。同一小波母函数选取不同的 α、τ，会得到一系列伸缩、平移的小波函数 $\varphi_{\alpha,\tau}(t)$，这组小波函数又称为小波基，它们的集合构成小波集。式（7.2）中的系数 $\alpha^{\frac{1}{2}}$ 使得 α 取不同值时，$\varphi_{\alpha,\tau}(t)$ 的能量保持相等。图7.3分别为 α、τ 取不同值时得到的小波函数波形。

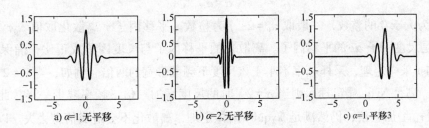

a) $\alpha=1$,无平移　　　　b) $\alpha=2$,无平移　　　　c) $\alpha=1$,平移3

图7.3　不同尺度因子、平移因子得到的小波示例

7.1.2　连续小波变换

当 α、τ 均为连续变量时，对信号 $f(t)$ 的连续小波变换定义如下：

$$W_f(\alpha,\tau)=\langle f(t),\varphi_{\alpha,\tau}(t)\rangle=\frac{1}{\sqrt{\alpha}}\int f(t)\varphi^*\left(\frac{t-\tau}{\alpha}\right)\mathrm{d}t \tag{7.3}$$

式中，< >表示函数内积。小波变换的物理意义在于定量给出了信号与小波基函数的相似程度，内积越大，相似度越高。小波变换是一种多尺度的时频联合分析方法，由于小波函数持续时间有限，它与信号 $f(t)$ 相乘相当于仅选取一段 $f(t)$。接着对该段 $f(t)$ 进行频域分析，小波变换用不同尺度因子（对应不同频率）的小波函数与 $f(t)$ 求内积，类似于傅里叶变换不同频率复指数信号与 $f(t)$ 的内积，从而分析频率成分。然后将小波函数平移 τ 后与 $f(t)$ 另一段进行上述计算，小波平移量 τ 反映出某个频率（频率由 α 决定）成分出现在时域的位置。因此，小波变换同时具有时域和频域定位能力。小波持续时间越短，对信号时间的定位能力越强，对信号突变的检测能力越强。

图 7.4 给出了小波时域-频域分辨率关系，时域分辨率与频域分辨率的乘积是常数，常数值取决于所选的母小波函数。常数值越小，表示该小波兼顾时域、频域分辨率的能力越强。任何一个方向上的窗口越长表示在该域的分辨率越低，时间窗越长则时域定位能力越差。时域分辨率低，对窗内时域信号进行频域分析时，仅可知道这段时域信号包含某个频率，但不知道该频率由时域窗内什么位置的信号产生。频域分辨率指能够分辨出频谱相邻两个峰值间的频率间隔，间隔越大说明频域分辨率越低。时域分辨率与频域分辨率

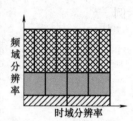

图 7.4　小波时域-频域分辨率关系示意图

成反比，时域窗越长，时域分辨率越低，对应的频域分辨率反而越高，反之亦然。

相比傅里叶变换基的唯一性，小波函数可以有多种。理论上只要满足可容许性的函数都能作为小波母函数，同一个问题用不同的小波函数进行分析，效果相差甚远。对不同的问题采用不同小波基，提高了小波变换灵活性和适用性。

7.1.3　离散小波变换

连续小波变换中，α、τ 都是连续的，不适合计算机处理。将 α、τ 进行离散化，令尺度因子 α 的取值满足

$$\alpha = \alpha_0^j \tag{7.4}$$

式中，α_0 为大于 0 的整数，一般取 $\alpha_0 = 2$；j 为整数。平移因子 τ 离散化取值 $\alpha_0^j \tau_0$，其中 τ_0 为常数，是尺度因子 α_0 的平移因子。离散化的平移因子与尺度因子成正比，确保 τ 离散化满足 Nyquist 采样定理，采样频率不小于该尺度下频率带宽的两倍。例如，当 $\alpha = 2^j$ 时，若 τ 的取值 $2^j \tau_0$ 满足 Nyquist 定理，则当 $\alpha = 2^{j+1}$ 时的尺度增加一倍，频率减少一半，此时对应 τ 的间隔 $2^{j+1}\tau_0$ 增加一倍，仍然满足 Nyquist 采样定理，离散化不会造成信息丢失。以 $\alpha_0 = 2$ 为例，对应离散小波表达式为

$$\varphi_{j,\tau_0}(t) = 2^{-j/2}\varphi(2^{-j}t - \tau_0) \tag{7.5}$$

信号 $f(t)$ 的离散小波变换为

$$W_f(j, \tau_0) = \int f(t)\varphi_{j,\tau_0}^*(t)\,\mathrm{d}t \tag{7.6}$$

小波变换是一一对应的，可通过对 $W_f(j, \tau_0)$ 进行小波反变换求出 $f(t)$。若正变换的小波集 $\{\varphi(t)\}$ 内的任一小波基与反变换小波集 $\{\tilde{\varphi}(t)\}$ 内的任一小波基正交，反之亦然，并且每

个小波集内的各小波基彼此正交，则称该小波为正交小波。双正交小波则指小波正变换和反变换的小波基正交，但相同变换方向的各小波基彼此不正交。

小波变换又称小波分解、小波分析，小波反变换又称小波重构、小波综合。

7.1.4　多尺度分析与 Mallat 算法

Stephane Mallat 在 1989 年引入小波多尺度分析的数学理论，其基本思想可以用相机焦距与景物的局部、全局之间的关系来解释。

尺度函数 $\phi(n)$ 是一个持续时间有限且均值不为 0 的平滑函数，用于对输入数据 $f(n)$ 的近似。$\phi(n)$ 也可以进行平移和伸缩，方法如式（7.2）所示，尺度因子为 α、平移因子为 τ 时得到的函数用 $\phi_{\alpha,\tau}(n)$ 表示。对 $\phi(n)$ 进行尺度因子为 α 的伸缩，得到的函数称为尺度 α 上的尺度函数。用镜头观察输入数据 $f(n)$，$\phi_{\alpha,\tau}(n)$ 代表镜头所起的作用，平移因子可使镜头相对于目标平行移动，尺度因子 α 可使镜头向目标推近或推远。当尺度因子 α 较大时，镜头远离观察目标，时域窗宽，视野宽，观测 $f(n)$ 概貌，相当于对低频进行分析。α 较小则镜头推近目标，时域窗窄，视野小，但对 $f(n)$ 细节看得清楚。

对 $f(n)$ 用尺度为 $\alpha=2^{j}$ 的尺度函数进行拟合，得到拟合结果 $\phi f_{j}(n)$，然后用尺度因子为 $\alpha=2^{j+1}$ 的尺度函数对 $f(n)$ 进行拟合，得到的结果为 $\phi f_{j+1}(n)$。由于后者的频率只有前者的一半，因此 $\phi f_{j+1}(n)$ 相当于 $\phi f_{j}(n)$ 的低频部分，即 $\phi f_{j+1}(n)$ 是 $\phi f_{j}(n)$ 的概貌。而 $\phi f_{j}(n)$、$\phi f_{j+1}(n)$ 之间的差异部分 $[\phi f_{j}(n)-\phi f_{j+1}(n)]$ 本质上是 $f(n)$ 在尺度 $\alpha=2^{j}$ 下具有的但在其低频（尺度 $\alpha=2^{j+1}$）中没有的内容，可以说 $[\phi f_{j}(n)-\phi f_{j+1}(n)]$ 是"在尺度 2^{j} 下的细节"，而细节意味着高频分量。j 依次取 $1,2,3,\cdots$，$\phi f_{j}(n)$ 是 $f(n)$ 在尺度 2^{j} 上的概貌，尺度越大，对 $f(n)$ 的近似越粗略。

由此 Mallat 发现小波变换本质上相当于将信号通过低通滤波器、高通滤波器分解成低频、高频两个子带，可以用滤波进行小波变换，极大减少了小波变换计算量，使得小波变换具有实用价值。Mallat 小波变换的过程如图 7.5a 所示，其中 $h_0(n)$ 是低通滤波器，在第 j 级该滤波器的输出 $a_j(n)$ 是前级 $(j-1)$ 输出 $a_{j-1}(n)$ 的低频部分。$h_1(n)$ 是高通滤波器，在第 j 级该滤波器的输出 $d_j(n)$ 是 $a_{j-1}(n)$ 的细节部分。$h_0(n)$、$h_1(n)$ 均为 FIR 半带滤波器，它们理想的频率转换特性 $H_0(\omega)$、$H_1(\omega)$ 如图 7.5b 所示，$h_0(n)$、$h_1(n)$ 合称为分析滤波器组。图 7.5a 中，↓2 表示 2∶1 的下采样，2∶1 下采样后，两个滤波器的输出长度之和等于输入数据长度。例如，$f(n)$ 共 N 个样点，经过低通滤波得到 N 个值，经过高通滤波得到 N 个值，分别对两个滤波结果 2∶1 下采样后，各有 $N/2$ 个数据，低通、高通序列总数据量为 $N/2+N/2=N$，与输入数据量一致。每个高频子带都不再分解，而低频子带可以继续分解为两个子带。以二级小波分解为例，从频谱角度看频率最终划分，如图 7.5c 所示。

小波反变换过程如图 7.5d 所示，$g_0(n)$、$g_1(n)$ 为重构使用的低通滤波器、高通滤波器。$g_0(n)$、$g_1(n)$ 合称综合滤波器组。↑2 表示 1∶2 上采样，在两个相邻输入数据间插一个零，使得数据长度加倍。对系数为实数的 FIR 滤波器 $h_0(n)$、$h_1(n)$，它们与 $g_0(n)$、$g_1(n)$ 的关系或为

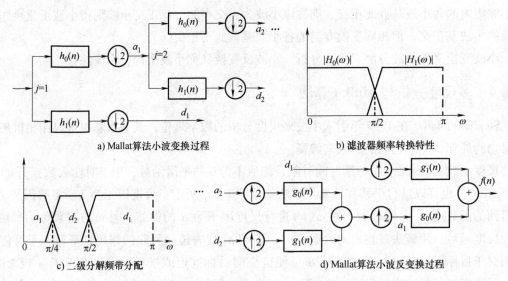

a) Mallat算法小波变换过程

b) 滤波器频率转换特性

c) 二级分解频带分配

d) Mallat算法小波反变换过程

图 7.5　Mallat 算法小波分解与重构

$$g_0(n) = (-1)^n h_1(n)$$
$$g_1(n) = (-1)^{n+1} h_0(n)$$
(7.7)

或为

$$g_0(n) = (-1)^{n+1} h_1(n)$$
$$g_1(n) = (-1)^n h_0(n)$$
(7.8)

对于数字图像处理中常用的双正交小波，有

$$<h_i(2n-k), g_j(k)> = \delta(i-j)\delta(n) \quad i,j=\{0,1\}$$
(7.9)

式中，<>表示内积。

小波变换对应的高通滤波器、低通滤波器由小波母函数计算得到，不同函数对应的滤波器不同。

7.1.5　提升小波

基于提升算法的小波变换称为第三代小波变换，相比 Mallat 算法，提升小波变换结构简单、运算量低、原位运算、节省存储空间、反变换可直接反转实现，支持整数到整数变换，在图像处理、异常检测等领域应用。所有能够用 Mallat 快速算法实现的离散小波变换都可以用提升小波变换实现。

提升小波正变换和反变换过程如图 7.6 所示。每一级正变换分解分为 3 步：分裂（Split）、预测（Predict）和更新（Update）。每一级反变换分为更新、预测、合并 3 个步骤。

以正变换为例，每级变换步骤如下：

1）分裂：将第 j 级变换得到的序列 $\{a_j\}$ 分为两个互不重叠的子序列，每个子序列的长度是 a_j 的一半，通常分为偶序列 $\{e_{j+1}\}$ 和奇序列 $\{o_{j+1}\}$，即 $\{a_j\}$ 中第 $1,3,5,\cdots$ 个数据组成奇序列 $\{o_{j+1}\}$，第 $2,4,6,\cdots$ 个数据组成偶序列 $\{e_{j+1}\}$。

2）预测：两个子序列的数据有相关性，一个子序列经过预测滤波器对另一个子序列进

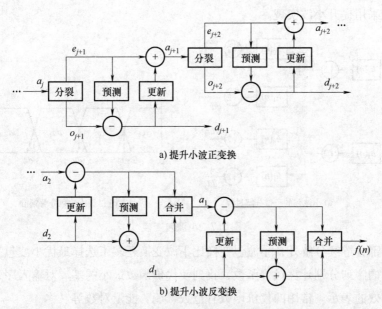

a) 提升小波正变换

b) 提升小波反变换

图 7.6　提升小波正变换与反变换

行预测，通常用偶序列 $\{e_{j+1}\}$ 预测奇序列 $\{o_{j+1}\}$，预测得到的序列用 $\{P(e_{j+1})\}$ 表示，其中，P 表示预测滤波器。实际的奇序列 $\{o_{j+1}\}$ 与预测滤波器的输出序列 $\{P(e_{j+1})\}$ 相减，可得到预测误差序列 $\{d_{j+1}\}$，$\{d_{j+1}\}$ 反映了 $\{e_{j+1}\}$ 和奇序列 $\{o_{j+1}\}$ 间的非相关信息，对应 $\{a_j\}$ 细节部分。

3）更新：在分裂步骤所产生的子序列，其整体特征与 $\{a_j\}$ 并不一致，为了维持 $\{a_j\}$ 的整体特征，让预测误差序列 $\{d_{j+1}\}$ 通过更新滤波器，更新滤波器输出序列用 $\{U(d_{j+1})\}$ 表示，其中 U 表示更新滤波器。$\{U(d_{j+1})\}$ 与 $\{e_{j+1}\}$ 求和得到 $\{a_{j+1}\}$。$\{a_{j+1}\}$ 是 $\{a_j\}$ 的近似部分。

对 $\{a_{j+1}\}$ 重复 1）～3）步骤，可得到 $j+2$ 级小波分解低频分量 $\{a_{j+2}\}$ 和高频分量 $\{d_{j+2}\}$。不同小波对应的预测滤波器、更新滤波器不同。

7.1.6　小波包变换

小波变换只对信号低频部分做进一步分解，而小波包变换则对高频部分也做进一步分解，最后通过最小化一个代价函数来计算最优的信号分解路径，并以此路径对信号进行分解。小波包变换能够对高频部分提供更精细的分析，对包含大量细节信息（如边缘或纹理）的信号，如非平稳机械振动信号、遥感图像、地震信号和生物医学信号，小波包变换能够进行更好的时频局部化分析。

图 7.7a 为小波包的子带分解过程，高频子带与低频子带都进行下一级分解。图中每个节点数据编号里，字母 a 表示分解得到的低频部分，d 表示细节部分。下标表示当前数据是第几级分解得到的。例如，ad_2 表示当前是经过二级分解得到的数据，第一级分解得到的低频部分（a）进行第二级分解，第二级分解得到的细节部分（d）就是 ad_2。da_2 表示经过二级分解，第一级分解得到的细节部分（d）继续进行第二级分解，得到的低频部分（a）就是 da_2。图 7.7b 给出了数字频率 $0\sim\pi$ 经二级小波包分解后各子带的对应频率，各子带带宽相等。小波包变换中，每个子带分解为低频、细节部分的具体方法与小波变换相同，图像的

小波包变换也采用提升小波实现。

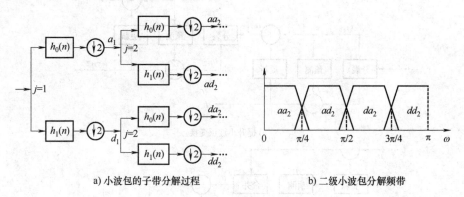

a) 小波包的子带分解过程　　　　　　　　　　　b) 二级小波包分解频带

图 7.7　小波包变换

除对高频部分继续分解外，小波包变换比小波变换还多了选择最优小波包基的步骤，对每级分解得到的序列分别计算代价函数，找到使代价函数最小的基。对输入序列而言，代价最小就是最有效的表示。常用的代价函数有范数、熵、能量对数等。

以图 7.8a 所示的三级小波包变换为例说明最优小波包基选择方法，每个黑色实心圆节点表示一个子带，代价为矩形框内数值。首先由下往上，从第三级分解开始，将两个节点（子带）代价之和与它们的父节点代价比较，若前者小，则更新它们父节点的代价为两个节点代价之和，反之删除两个子节点并标记父节点。例如，从第三级小波包分解的各子带开始检测，aaa_3、aad_3 两个节点的代价之和为 11，小于它们的父节点 aa_2 的代价，则更新 aa_2 的代价为 11。ada_3、add_3 两个节点的代价之和为 26，大于它们的父节点 ad_2 代价，则将 ada_3、add_3

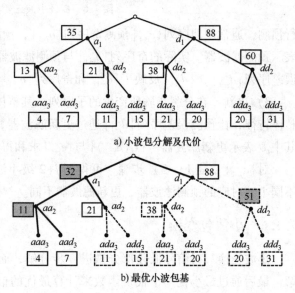

a) 小波包分解及代价

b) 最优小波包基

图 7.8　最优小波包基选择示例

删除，标记它们的父节点 ad_2。第三级的各节点检测处理完毕后，对第二级分解的各节点重复上述步骤，直到第一级检查处理完毕。各节点更新后的代价如图 7.8b 所示的阴影矩形框内数值。

最后由上往下从第一级开始来检测各节点是否有标记，若有则保留该节点，同时将该节点的所有后代节点删除。例如 d_1 节点，它的子节点 da_2 虽然在前面被标记过，但仍然被删除，这些被删除的节点在后续标记检测中不再出现。然后检测第二级各节点的标记情况，以此类推，重复上述步骤直到最底层。最终得到的最优小波分解如图 7.8b 中的实线部分，如 d_1 子带不再继续分解。

7.2　图像小波变换

　　小波变换具有良好的空间域-频域局部分析能力，非常适合用于图像处理。二维小波变换可分解为两个一维小波变换，可以先进行一个方向的一维小波变换，然后进行另一个方向的一维小波变换。如图 7.9a 所示，先对每行进行一维小波变换，再对每列进行一维小波变换。一级二维小波变换得到 4 个子带，分别是行低频、列低频的子带（记为 LL 子带），行高频、列低频的子带（记为 HL 子带），行低频、列高频的子带（记为 LH 子带），行列均为高频的子带（记为 HH 子带）。图像经过一次小波变换后的 4 个子带分布如图 7.9b 所示。

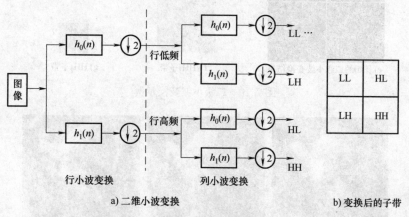

a) 二维小波变换　　　　　　　　　　　　　　　b) 变换后的子带

图 7.9　二维小波变换及变换后的子带

　　与一维小波分解类似，标准二维小波分解只在低频 LL 子带进行下一级分解，只对第 j-1 级分解出的 LL_{j-1} 子带继续分解，得到 LL_j、LH_j、HL_j、HH_j 子带，下标 j 表示分解级数。图 7.10a 为图像进行二级小波变换后的子带分布图。图 7.10b 所示的图像经过二级小波变换，其 LL_1 子带如图 7.10c 所示，LL_2 子带如图 7.10d 所示，可见低频子带就是原图像的概貌，空间域分辨率随级数增加而降低，这些不同尺度的图像共同构成了金字塔形尺度空间。图 7.10b 经二级小波变换得到的结果如图 7.10e 所示。需要强调的是，为了说明小波变换后各子带的位置，图 7.10e 中用浅色线将各子带分隔开，实际小波分解结果没有浅色线。不同方向的各级高频子带突出了对应方向的细节信息。图 7.10f、g 分别给出 HH_1、HH_2 子带。

　　对图 7.10b 进行四级小波变换，图 7.11a～d 分别为 LL_4、LL_3、LL_2、LL_1 子带重构图像，即保留该子带数据不变，其他子带数据清零后进行小波反变换的结果。可见，随着分解级数 j 的增加，LL_j 中的信息是 LL_{j-1} 的大致近似，细节比 LL_{j-1} 少。图 7.11e 仅由 HH_1 子带数据小波反变换得到，只有水平方向、垂直方向非常高频的细节才包含在内。图 7.11f 由 HH_1、HH_2 两个子带数据小波反变换得到，HH_2 引入频率略低的细节，高频子带描述图像边缘。

　　OPENCV 没有提供图像进行小波变换的函数，但可以在 Python 中引入开源的小波变换工具包 pyWavelet，通过调用 pyWavelet 中的函数实现图像的小波处理。需要安装 pyWavelet，程序用 Python 编写。

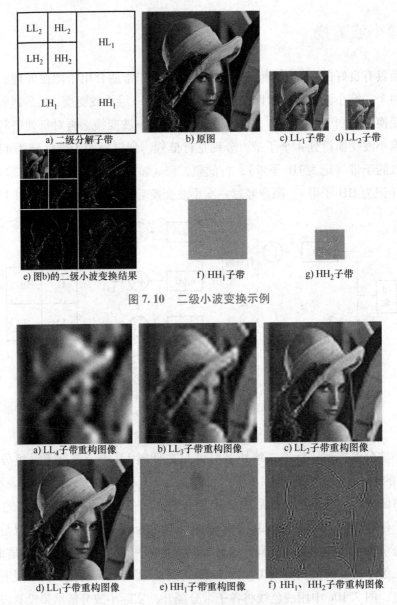

a) 二级分解子带　　　b) 原图　　　c) LL$_1$子带　　d) LL$_2$子带

e) 图b)的二级小波变换结果　　　　f) HH$_1$子带　　　　g) HH$_2$子带

图 7.10　二级小波变换示例

a) LL$_4$子带重构图像　　　b) LL$_3$子带重构图像　　　c) LL$_2$子带重构图像

d) LL$_1$子带重构图像　　　e) HH$_1$子带重构图像　　　f) HH$_1$、HH$_2$子带重构图像

图 7.11　不同子带小波反变换对比

下列程序定义函数 w2d（图像文件名，小波名称，分解级数）对图像进行分解，分解用的小波、分解级数由输入参数指定，将分解后的 LL$_1$ 子带系数清零，其他系数保持不变，再进行小波反变换重构图像，由于低频分量被清零，因此重构图像是原图的锐化。

```
import numpy as np      #引入开源的 Python 数值计算库
import pywt             #引入小波变换工具包 pyWavelet
import cv2              #引入 OPENCV 工具包
def w2d(img,mode='haar',level=1):
```

```
"'小波分解/重构函数,参数 img 指定输入图像文件名,参数 mode 指定使用的小波名
称,level 指定小波分解级数'"
    imArray = cv2.imread(img)              #读入图像
    imArray = cv2.cvtColor(imArray,cv2.COLOR_RGB2GRAY)
                                           #将图像转换为灰度图像
    imArray =  np.float32(imArray)
    #将数据格式转换为浮点型,扩大可以表示的数值范围,提高小数的精度
    imArray /= 255;                        #图像像素值归一化到 0~1
    coeffs =pywt.wavedec2(imArray,mode,level=level)
    #调用 pyWavelet 的二维小波分解函数进行图像分解,结果放在 coeffs 中
    coeffs_H=list(coeffs)                  #用所有小波系数构建一个列表
    coeffs_H[0] *= 0;                      #将低频系数清零
    #以下用修改后的小波系数进行小波反变换,重构图像
    imArray_H=pywt.waverec2(coeffs_H,mode);
    "'调用 pyWavelet 工具包中的.waverec2 函数,用 mode 指定的小波对
coeffs_H 中的数据进行小波反变换'"
    imArray_H *= 255;#将 imArray_H 动态范围扩大 255 倍
    imArray_H =  np.uint8(imArray_H)
    #数据格式转换为 8 比特深度无符号整型
    cv2.imshow('低频子带清零后重构图像',imArray_H)  #显示重构图像
    cv2.waitKey(0) #等待键盘输入
    cv2.destroyAllWindows()
```

二维小波包变换先在一个方向进行小波包分解，然后在另一个方向进行小波包分级，图 7.12a 给出了图 7.10b 经二维小波包变换的结果。与一维小波包变换一样，二维小波包变换也要求选取最优小波包基，代价函数通常选用能量或熵，如能量代价函数，能量小意味着分解系数中的小系数较多，便于压缩。图 7.12b 是图 7.12a 经过最优小波包基选择后得到的二级小波包分解结果。需要说明的是，实际小波包的分解结果里没有图 7.12 中的黑色分隔线。为了说明子带如何分布，图 7.12 特意添加了黑色分隔线以表示各子带区域。

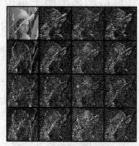 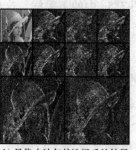

a) 小波包变换结果   b) 最优小波包基选择后的结果

图 7.12 二维小波包变换示例

7.3 小波图像去噪

噪声通常位于频谱的高频部分，而图像频谱分布在一个有限区间内，第4章介绍了用低通滤波器去除高频噪声。当图像本身也含有很多高频分量且这些高频分量与噪声频谱有部分重合时，频域低通滤波会把图像的高频信息也滤除。虽然图像去噪还可采用非线性方法（如中值滤波）保持高频细节，但这类滤波在噪声很大时无能为力。

小波去噪属于非线性去噪，小波具有很好的空间域-频域局部特性，能够在利用频率的同时以图像像素值为参考，发现并去掉由噪声控制的小波系数。对修改后的小波系数做反变换得到去噪图像，有效解决图像频率与噪声频率有部分重合的问题。

7.3.1 模极大值去噪法

图像 f 在 x、y 方向分别进行尺度 s 的小波变换，在任意点 (x_0, y_0) 得到的高频分量分别用 $W^x(s, x_0, y_0)$、$W^y(s, x_0, y_0)$ 表示。另外，图像 f 在尺度 s 上进行小波变换，低频分量在 (x_0, y_0) 处的梯度用 $\nabla(s, x_0, y_0)$ 表示，梯度的幅度值反映了局部灰度变化的剧烈程度，在噪声或边界处会出现梯度幅度的局部极大值。可以证明向量 $(W^x(s, x_0, y_0), W^y(s, x_0, y_0))$ 与 $\nabla(s, x_0, y_0)$ 成正比，因此可以根据向量 $(W^x(s, x_0, y_0), W^y(s, x_0, y_0))$ 的局部模极大值（Modulus Maxima）检测出噪声和边界。

如何区分哪些模极大值源于噪声？哪些源于边界？在小波变换中，噪声和图像信号呈现出不同的特点。对均匀分布的白噪声 n 进行尺度为 s 的小波变换，变换结果用 $W_n(s)$ 表示，$W_n(s)$ 是随机过程，$W_n(s)$ 中的模极大值出现的平均密度与尺度 s 成反比。假设在尺度 $s = 2^1$ 下，噪声经过小波变换后有 N 个模极大值，那么噪声在 $s = 2^2$ 尺度下约有 $N/2$ 个局部模极大值，在尺度 $s = 2^3$ 下，模极大值数量约为 $N/4$。非规则纹理图像除外，由于其他图像的边界不是随机均匀分布的，因此不具备上述特点。

数学证明 $E[|W_n(s)|^2]$ 与尺度 s 成反比，这里的 $E[\ ]$ 表示均值计算，$|\ |$ 表示模运算，说明随着尺度增加，源自噪声的模极大值变小。源自边界的模极大值则相反，随着尺度增加，模极大值不会减小。通过比较模极大值在尺度间的变化趋势，可判断模极大值属于噪声还是边界，消除源自噪声的模极大值，重构得到去噪图像。模极大值去噪的大致流程如下：

1）对图像分别在 x、y 方向进行尺度 $s = 2^j (j = 1, \cdots, J)$ 的小波变换，这里的 2^J 是最大尺度，小波变换不进行图 7.5a 中的下采样，这样变换后的各图像大小均与原图像相同。

2）分别求尺度 $s = 2^j (j = 1, \cdots, J)$ 上任意点 (x_0, y_0) 的模 $M(s, x_0, y_0) = \sqrt{[W^x(s, x_0, y_0)]^2 + [W^y(s, x_0, y_0)]^2}$，在尺度 s 上计算出一张模图像 $M(s, x, y)$，此外记录尺度 s 上任意点 (x_0, y_0) 的角度 $\varphi(s, x_0, y_0) = \arctan(W^y(s, x_0, y_0)/W^x(s, x_0, y_0))$。

3）令 $j = J$，在 $s = 2^J$ 尺度上的模图像 $M(2^J, x, y)$ 中找出局部模极大值点，将所有模极大值点或者模值超过某个阈值的模极大值点作为"节点"。

4）检测传播性，根据"节点"位置 (x_d, y_d)、角度 $\varphi(2^j, x_d, y_d)$、模值 $M(2^j, x_d, y_d)$，

在尺度为 2^{j-1} 的模图像 $M(2^{j-1},x,y)$ 中找对应的 "传播点"：如果该图像在 (x_d,y_d) 附近存在模值不大于 $M(2^j,x_d,y_d)$、角度接近 $\varphi(2^j,x_d,y_d)$ 的模极大值点，则该点被认为是 "传播点"。将所有 "传播点" 作为尺度 2^{j-1} 上的 "节点"，删除尺度 2^{j-1} 上的其他模极大值点。

5）更新 $j=j-1$，若 $j\neq 2$，则返回步骤 4），否则至步骤 6）。

6）将尺度 2^1 上的所有模极大值点删除（因为该尺度上的很多模极大值点源自噪声），根据尺度 2^2 上的各 "节点" 参数，在尺度 2^1 上重新设置模极大值点：模极大值所在位置与尺度 2^2 中的 "节点" 位置 (x_d,y_d) 相同、角度 $\varphi(2^1,x_d,y_d)$ 也等于 $\varphi(2^2,x_d,y_d)$，模值 $M(2^1,x_d,y_d)=M(2^2,x_d,y_d)/2^\alpha$，$\alpha$ 由不同尺度间模极大值的衰减曲线计算得到。

7）用交错投影法等算法重构图像。

模极大值去噪法主要适用于图像噪声为白噪声的情况，在降噪的同时可有效保留图像边缘信息。该方法的缺点是计算速度较慢，去噪后的图像在奇异点附近会有轻微振荡。

7.3.2　小波阈值去噪法

经小波变换后的图像能量主要集中在低频子带上，噪声能量主要分布在各高频子带上。图像进行小波变换就是求小波基与图像的相似性，有用信号的局部高频部分在一些尺度上与小波基的相似性强，因此在高频子带上，信息集中于一些模值大的小波系数上。噪声分散在各高频频段，由于它是随机的，因而与哪个小波基都不相似，因此噪声经小波变换后的系数很小，广泛分布于各高频子带上。小波阈值去噪法认为高频子带里的那些模小于阈值的小波系数属于噪声，直接将这些系数清零，将处理后的系数经小波反变换得到去噪图像。该方法中，LL 低频子带系数不变。根据对高频子带上那些模超过阈值的小波系数的处理方式不同，小波阈值去噪可分为硬阈值去噪和软阈值去噪。

硬阈值去噪对各高频子带小波系数的处理如图 7.13a 所示，α、β 分别为阈值处理前后的系数。当小波系数的模小于阈值时，硬阈值去噪法认为该系数属于噪声，直接将其清零。当小波系数的模大于阈值时，硬阈值去噪法认为此小波系数属于图像本身，保持该系数不变。

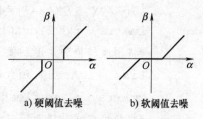

a) 硬阈值去噪　　　b) 软阈值去噪

图 7.13　阈值去噪中的系数处理

软阈值去噪对高频子带系数的处理如图 7.13b 所示。将小波系数的模与阈值比较，若前者大，则收缩系数，即修正系数使其正负号不变，绝对值为原绝对值与阈值的差值；若系数绝对值小于阈值，则软阈值去噪法认为此系数完全属于噪声，直接清零。

硬阈值去噪能够保留图像边缘、细节等局部信息，但在边缘附近会有振荡；软阈值去噪得到的图像比较光滑，但存在边缘被平滑的问题。

阈值去噪法需要设定阈值，常用的阈值计算方法有固定阈值估计（VisuShrink）、极值阈值估计、无偏似然估计以及启发式估计等。其中，固定阈值估计的计算量最小，虽然其去噪效果逊于其他阈值估计，但仍被广泛使用。固定阈值估计对每一级、各方向的高频子带使用相同阈值，首先计算噪声方差，有

$$\sigma = \{HH_1\ 子带系数绝对值的中值\}/0.6745 \qquad (7.10)$$

然后计算阈值 λ，有

$$\lambda = \sigma\sqrt{2\log(n)} \qquad (7.11)$$

式中，n 为图像像素总数量，对大小 $M \times N$ 的图像有 $n = M \times N$。

图 7.14a 为噪声图像，图 7.14b、c 分别为软阈值去噪、硬阈值去噪结果。

a) 噪声图像　　　　　　　b) 软阈值去噪结果　　　　　c) 硬阈值去噪结果

图 7.14　阈值去噪示例

使用 Python 进行 OPENCV 编程，在 Python 中引入 pyWavelet，去噪程序如下：

```python
import pywt   #引入小波变换工具包 pyWavelet
import numpy as np   #引入数值处理库
import cv2   #引入 OPENCV
from statsmodels.robust import mad #从统计库中引入计算绝对偏差的中值
def waveletDenoise(img,mode="db1",level=1):
#img 为输入图像名,mode 指定小波名称,level 指定分解级数
    imArray = cv2.imread(img) #读入图像
    imArray = cv2.cvtColor(imArray,cv2.COLOR_RGB2GRAY)
    #将图像转换为灰度图像
    Pixel=imArray.shape[0]*imArray.shape[1] #计算图像像素点数目
    imArray =  np.float32(imArray)
    #将数据格式转换为浮点型,扩大可以表示的数值范围,提高小数的精度
    imArray /= 255;   #图像像素值归一化到 0~1
    coeffs=pywt.wavedec2(imArray,mode,level=level)
    # 调用 pyWavelet 的函数进行图像分解,结果放在 coeffs 中
    coeff=list(coeffs)   #用所有小波系数构建一个列表 coeff
    sigma = mad(coeff[-1])
    '''用 HH₁ 子带系数计算绝对偏差的中值,然后将中值除以 mad()函数默认的因子
0.6745,得到 sigma 为噪声方差'''
    uthresh = sigma * np.sqrt(2 * np.log(Pixel))
    #计算各高频子带通用的阈值
```

```
        coeff[1:] = (pywt.threshold(i,value = uthresh,mode = "soft")
for i in coeff[1:])
        #对所有高频小波系数进行软阈值处理
        dst = pywt.waverec2(coeff,mode) #小波反变换
        dst *= 255; #将 dst 的动态范围扩大 255 倍
        dst = np.uint8(imArray_H)
        #将数据格式转换为 0~255 的 8 比特深度无符号整型
        cv2.imshow('去噪后图像',dst) #显示重构图像
        cv2.waitKey(0) #等待键盘输入
        cv2.destroyAllWindows()
```

7.4　小波图像融合

图像融合利用多幅相同场景、不同品质的图像，获取对同一场景的更高质量的图像。图像融合主要应用于遥感、安全监控、生物监测等领域。小波变换技术具有可变空间域-频域分辨率，其多尺度变换特性符合人眼视觉机制，非常适合于图像融合。

小波图像融合过程如图 7.15 所示。首先将各图分别进行小波变换，变换后，各图最后一级小波分解的 LL 子带分辨率要相同。对各子带分别进行融合处理，对两幅图像的 LL 子带按照某种规则进行融合，获得融合后的 LL 子带数据，这里的 LL 子带指最终分解得到的低频子带，如图像进行四级小波变换，则 LL 子带指 LL_4 子带。然后对两幅图像的所有高频子带，即非 LL 子带按照某种规则融合，获得融合后的高频子带数据，对融合后的高频子带、LL 子带进行小波反变换得到融合后的图像。LL 子带、高频子带可以采取不同的融合规则。

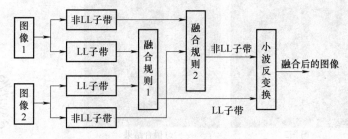

图 7.15　小波图像融合过程

常用的融合规则有最大值融合、最小值融合、加权平均融合、基于局部区域能量的自适应融合等。最大值融合比较两个系数，选取绝对值最大的，常用于高频子带融合以保留清晰的边界。最小值融合与之相反，选取绝对值最小的系数。加权平均融合则以两个系数的加权均值作为融合后的数据，低频子带融合常用加权平均融合使得两个图像更接近。基于局部区域能量的自适应融合的基本思路是计算待融合小波系数附近区域内的系数均值、方差之比，

以判断当前系数是否属于边缘。如果是，则选取绝对值最大的系数作为融合后系数以保留强边缘信息。若判断当前系数属于区域内部，则以平均值作为融合后的系数。

图 7.16a、b 是各有缺陷的图像，图像分辨率相同，一幅图像左边模糊、另一幅右边模糊，分别对它们进行三级小波变换，设 $p_s^i(x,y)$ 为第 i 个图像的 s 子带 (x,y) 处的系数，$i=1,2$。由于需要清晰的边界，而强边界在高频子带的系数较大，因此对所有高频子带采用最大值融合。高频子带指除 LL_3 以外的所有子带，本例中的低频子带可采用平均融合或者最大值融合，其分析最大值的结果更好，因此这里的 LL_3 也采用最大值融合，总的融合规则为

$$p_s(x,y)=\begin{cases} p_s^1(x,y) & |p_s^1(x,y)|>|p_s^2(x,y)| \\ p_s^2(x,y) & |p_s^1(x,y)|<|p_s^2(x,y)| \end{cases} \tag{7.12}$$

式中，$s=\mathrm{LL}_3,\mathrm{HL}_3,\mathrm{LH}_3,\mathrm{HH}_3,\mathrm{HL}_2,\mathrm{LH}_2,\mathrm{HH}_2,\mathrm{HL}_1,\mathrm{LH}_1,\mathrm{HH}_1$；$p_s(x,y)$ 为融合后的小波变换图像在 s 子带 (x,y) 处的系数；$p_s^i(x,y)$ 指第 i 幅图像小波变换后在 s 子带 (x,y) 处的系数，$i=1$，2。同分解级、同类型子带、相同位置系数比较时选绝对值大的。最后经过小波反变换得到图 7.16c 所示的融合后的图像。

a) 图1　　　　b) 图2　　　　c) 融合结果

图 7.16　相同分辨率的图像融合示例

图 7.17a 为低分辨率彩色图像；图 7.17b 是相同场景的高分辨率灰度图像，其分辨率是前者的 4 倍，但没有彩色信息。

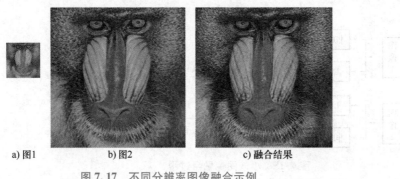

a) 图1　　　　b) 图2　　　　c) 融合结果

图 7.17　不同分辨率图像融合示例　　　　　　　彩图 7.17

图像融合处理方法如下：

1）将图 7.17a 通过内插放大到与图 7.17b 的尺寸相同，放大后彩色图像的 R、G、B 这 3 个分量图表示为 C_r、C_g、C_b。

2）分别以 C_r、C_g、C_b 的直方图为参考，对图 7.17b 所示的灰度图做 3 次直方图规定化

处理，得到 3 个灰度图，分别表示为 R_r、R_g、R_b。

3）对 C_r、C_g、C_b、R_r、R_g、R_b 这 6 幅图像分别进行小波变换。

4）C_r 与 R_r 进行图像融合，C_g 与 R_g 图像融合，C_b 与 R_b 图像融合。规则如下：

① 由于低频子带含有色彩信息，保留色彩分量图 $C_i(i=r,g,b)$ 小波变换后的低频子带，设图像进行了 j 级小波分解，则 LL_j 子带数据来自色彩分量图的对应子带。

② 由于高频子带包含细节信息，而灰度图像的分辨率高，其细节比彩色图清晰，高频子带数据取自与该色彩分量对应的灰度图 $R_i(i=r,g,b)$ 的高频子带。

5）对 3 个融合后的图像分别进行小波反变换。

6）3 个反变换结果作为最终融合图像的 R、G、B 的 3 个彩色分量。

最终融合图像如图 7.17c 所示，其分辨率远高于原彩色图像，同时具有色彩信息。

习　题

7-1　解释小波为何能进行频域分析。

7-2　与傅里叶变换相比，小波变换为什么具有时域/空间域分析能力？

7-3　小波的可容许性说明小波函数在时域有什么特点？

7-4　小波变换的时域分辨率与频域分辨率满足什么关系？

7-5　写出三级小波分解后各子带对应的频率区间。

7-6　小波包变换与小波变换的区别是什么？

7-7　写出三级小波包分解后各子带对应的频率区间。

7-8　什么是小波包变换的最优小波包基选择？

7-9　图像经二级小波变换，讨论 LL_1 子带、LL_2 子带的关系。仅用 LL_2 子带重构图像（其他子带系数为零），仅用 LL_1 子带重构图像（其他子带系数为零），分析两幅重构图像的共同点和区别。分析 HH_1 子带图像包含哪些内容？

7-10　什么是小波软阈值去噪？什么是硬阈值去噪？

7-11　画出用小波变换进行图像融合的过程。

第 8 章 图 像 压 缩

数字图像的数据量非常大，对于一幅 2048×2048 像素的彩色图像，若每个色彩分量都为 8 比特深度，则数据量为 2048×2048×3×8 = 96Mbit。视频每秒需要至少 24 帧图像，数据量更是惊人。若图像不压缩，则存储所需容量大，网络传输要求带宽高，对资源造成巨大浪费。图像压缩又称图像编码，利用图像和视觉系统特性对图像进行编码，减少表示图像所需的数据量。

8.1 图像压缩基础

8.1.1 冗余

图像压缩的目的是在满足一定图像质量的前提下，用尽可能少的比特描述图像。图像之所以能够被压缩，在于其数据存在 3 类冗余：编码冗余、像素间冗余和视觉冗余。减少冗余可以减少描述图像所需的比特数。

1. 编码冗余

不妨设大小为 $M×N$ 图像的像素值动态范围为 $0 \sim 2^d-1$，d 为图像比特深度。像素值 $k(k=0,1,\cdots,2^d-1)$ 在图像中出现的次数为 n_k，则 k 出现的概率为

$$p(k)=\frac{n_k}{MN}, \quad k=0,1,\cdots,2^d-1 \tag{8.1}$$

对像素进行二进制无失真编码，平均每个像素编码所需的最少比特为

$$H=-\sum_{k=0}^{2^d-1} p(k)\log_2[p(k)] \tag{8.2}$$

式中，H 称为图像信息熵，表示平均每个像素的信息量。

假设实际上对像素值 k 用 l_k 个比特编码，则实际平均每个像素编码所用比特数为

$$L_{\text{avg}}=\sum_{k=0}^{2^d-1} p(k)l_k \tag{8.3}$$

L_{avg} 大于 H，两者之间的差异反映了编码冗余度。L_{avg} 与熵 H 越接近，则编码冗余越小。

2. 像素间冗余

像素间冗余源自像素之间的相关性，又称图像的空间冗余，图像中同一目标的各像素值

相近。对于一系列连续的图像或视频，除了每张图像自身的空间冗余外还有时间冗余，相邻多帧图像的很多区域是相似的。像素间冗余使得某个位置的像素值可以由其位置附近的或相邻帧的相同区域内的其他像素预测得到。

3. 视觉冗余

视觉系统具有视觉冗余。视觉系统并不能对图像的任何变化都能感知，无法感知的信息就是冗余的，可以在不降低主观感受的前提下消除这些无法感知的信息，虽然这样会带来一定的信息损失，但并不影响主观感受。例如，视觉系统对灰度图像的分辨力只有几十个灰度级，对每个灰度像素用 12 比特表示或用 7 比特表示，虽然在数值精度上有差异，但人眼并不会感知到其中的差异，因此用 7 比特表示像素值可以在减少数据量的同时对观感毫无影响。

视觉冗余还表现在视觉系统对亮度变化敏感，而对色彩的变化相对不敏感，在高亮区对亮度变化的敏感度下降，对物体边缘敏感但对内部区域相对不敏感，对整体结构敏感但对内部细节相对不敏感等。

除上述 3 类冗余外，对于某些图像，还有结构冗余。例如，织物图像具有强烈的纹理结构，呈现出周期性的特点等。

8.1.2　保真度

保真度评价解压得到的重建图像相对未经压缩图像的偏离程度，用于评判压缩编码质量。保真度评判准则又分为客观保真度准则和主观保真度准则。

客观保真度准则将图像编码失真描述为原图像与经"压缩-解压"重建图像的函数。常用函数有均方根误差、均方信噪比和峰值信噪比。

设图像 f 经"压缩-解压"得到的重建图像为 $\hat{f}$，则解码误差图像 e 在 (x,y) 坐标处的值为

$$e(x,y)=\hat{f}(x,y)-f(x,y) \tag{8.4}$$

式中，$f(x,y)$、$\hat{f}(x,y)$ 分别是图像 f、$\hat{f}$ 在坐标 (x,y) 处的像素值。整个图像的总误差为

$$\sum_{x=0}^{M-1}\sum_{y=0}^{N-1}\left[\hat{f}(x,y)-f(x,y)\right] \tag{8.5}$$

均方根误差定义为

$$e_{\mathrm{rms}}=\left\{\frac{1}{MN}\sum_{x=0}^{M-1}\sum_{y=0}^{N-1}\left[\hat{f}(x,y)-f(x,y)\right]^2\right\}^{1/2} \tag{8.6}$$

式中，MN 为图像的像素总数。均方根误差是对所有误差的平方和求平均，然后求平方根。

可以将解压后的图像建模为原始图像加上编码造成的误差（相当于"噪声"），即

$$\hat{f}(x,y)=f(x,y)+e(x,y) \tag{8.7}$$

均方信噪比用如下公式评价重建图像的质量：

$$SNR_{\text{ms}} = \frac{\displaystyle\sum_{x=0}^{M-1}\sum_{y=0}^{N-1}\hat{f}(x,y)^2}{\displaystyle\sum_{x=0}^{M-1}\sum_{y=0}^{N-1}[\hat{f}(x,y)-f(x,y)]^2} \tag{8.8}$$

式中，分子是重建图像的总能量；分母为"噪声"总能量。通常，信噪比以对数形式表示为 $SNR = 10\lg(SNR_{\text{ms}})$，$SNR$ 的单位为分贝（dB）。

峰值信噪比（Peak Signal to Noise Ratio，PSNR）通常用对数表示，单位为分贝（dB）：

$$PSNR = 10\lg\left(\frac{\text{Max}^2}{\dfrac{1}{MN}\displaystyle\sum_{x=0}^{M-1}\sum_{y=0}^{N-1}[\hat{f}(x,y)-f(x,y)]^2}\right) \tag{8.9}$$

式中，Max 为常数，表示图像 f 动态范围的上限。例如，对 8 比特深度的图像，可以表示的最大像素值为 255，那么 Max 为 255。

尽管客观保真度准则提供了评估编码信息损失的简洁计算方法，但其计算值与视觉系统对图像的感受不完全一致。以观测者的主观感觉即主观保真度准则评价图像编码质量通常更合适。主观保真度准则主要包括成对比较评分法和平均评分法。成对比较评分法将原图像 f 与解压后的图像 $\hat{f}$ 进行比较评分，而平均评分法则让多个观测者对解压图像的质量直接进行打分，对各评分平均后得到对压缩质量的主观评价。

8.2 常用编码

8.2.1 霍夫曼编码

依据信源概率进行的编码统称熵编码，其基本思想是将最短的编码赋给出现频率最高的符号，对出现频率最低的符号分配最长的编码，这样可减少编码冗余。霍夫曼编码（Huffman Coding）是用得最多的一种熵编码，编码包含以下两个阶段：

1）生成路径。

① 将输入符号 a_i 按其出现的概率 $p(a_i)$ 由高到低排列。

② 对概率最小的两个 $p(a_i)$ 求和，这样可消除两个小的 $p(a_i)$，新增一个 $p(a_i)$，它为被消除的两个之和。

③ 对所有存在的 $p(a_i)$ 重复步骤①和②，直到两个概率之和等于 1.0 为止。

2）分配编码：由概率 1 处画出到每种符号的路径，对每条求和路径的两条支路分别分配比特 1、0（即分配方向与生成路径方向相反），将每种符号编码为路径分配比特流。

如图 8.1 所示，信息流共有 A、B、C、D、E 5 种符号，每种符号在信息中出现的概率分别为 $p(\text{A}) = 0.26$，$P(\text{B}) = 0.05$，$p(\text{C}) = 0.28$，$p(\text{D}) = 0.32$，$p(\text{E}) = 0.09$。在生成路径阶段，首先将各符号按照出现的概率由高到低排列，排列后的顺序见图 8.1 左侧，第一次概率合并时，对出现概率最低的 $p(\text{B})$、$p(\text{E})$ 合并，消除 $p(\text{B})$、$p(\text{E})$，得到合并后的概率 0.14；第二次对所有存在概率重新排序，当前存在的概率分别是 $p(\text{D}) = 0.32$、$p(\text{C}) = 0.28$、

$p(A)=0.26$ 以及第一次合并得到的概率 0.14，显然最小的两个概率是 $p(A)=0.26$ 以及合并概率 0.14，将这两个概率相加合并，得到第二次合并概率 0.40；接着对存在的概率排序，此时存在的概率是 $p(D)=0.32$、$p(C)=0.28$ 以及第二次合并概率 0.40，显然概率最低的两个概率是 $p(D)$ 和 $p(C)$，将这两个合并，得到第三次合并概率 0.60；当前只余下两个概率，即 0.60 和 0.40，均为合并概率，对它们进行排序并求和，得到第四次合并概率 1.0，生成路径阶段结束。每次的概率合并像两树枝合并成一个更粗的树枝，而合并概率为 1.0 则类似于树从最末端的树枝出发逐渐汇聚到树根。图 8.1 中的二叉树又称为霍夫曼树。

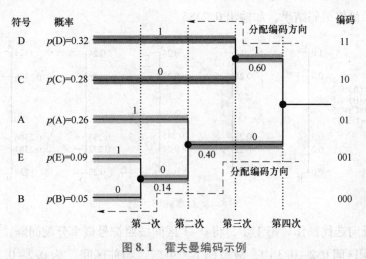

图 8.1　霍夫曼编码示例

分配编码阶段则方向相反，从树根往树枝走。从概率为 1.0 处出发分别给每个输入符号的路径分配比特。在图 8.1 中，对任意两条合并支路中概率大的分配 1，概率小的分配 0（反之亦可，只要确保所有支路分配准则一致即可），最终每个符号的霍夫曼编码是从概率 1.0 的树根处到达其出发点路径的比特流。例如，符号 D 按照图中分配编码箭头方向（其经过路径）分配，得到编码比特流 11；符号 C 的编码比特流为 10；符号 E 从概率 1.0 到达出发点的编码比特流为 001；符号 B 的编码比特流为 000。

霍夫曼编码是无失真编码中效率较高的一种。相比等长编码中 5 个符号各需要 3 比特编码，图 8.1 的霍夫曼编码的每个符号平均码长等于各符号编码码长的数学期望：$0.26\times2+0.05\times3+0.28\times2+0.32\times2+0.09\times3=2.14$ 比特/符号。

8.2.2　算术编码

算术编码也是基于概率的变长编码，属于熵编码，其基本思想是将编码的信息流表示为 0~1 的一个区间，信息流越长，则区间越小。符号出现概率决定了编码过程中各符号的对应区间位置。初始化时将 0~1 区间根据各符号概率分割，确定第一个被编码符号的所属区间，然后采用迭代方法，在"当前区间"中进一步根据各符号出现的概率分割区间，进而确定下一个被编码符号的所属区间，将"当前区间"更新为该区间，重复上述过程，直到所有输入符号都被分配区间。当编码完成时，在最后一个区间内任选一个数值作为编码。

以图 8.2 为例，信息源共有 4 种符号 A、B、C、D，出现的概率分别为 0.2、0.1、0.5、

0.2。对信息流 BCADB 编码，第①步，对 0~1 区间进行划分，各符号对应区间间隔为其出现概率，则符号 A 位于 0~0.2 区间，B 位于 0.2~0.3、C 位于 0.3~0.8、D 位于 0.8~1，输入信息流的第一个符号为 B，则其对应区间 0.2~0.3；第②步，在"当前区间"0.2~0.3 内按照各符号出现概率对区间进一步划分，划分结果如图 8.2 中的②所示，待编码符号 C 对应 0.23~0.28 区间；第③步，进一步对 0.23~0.28 区间按照概率划分，待编码符号 A 对应区间为 0.23~0.24；同理，第④步，符号 D 编码后的区间为 0.238~0.24；第⑤步，符号 B 编码的对应区间为 0.2384~0.2386。至此，迭代分配区间结束，可以用 0.2384~0.2386 区间内的任一数值表示最终编码结果，如输出 0.2385。

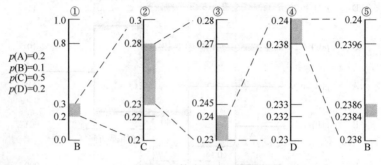

图 8.2　算术编码示例

解码采用反向迭代操作。第①步，将 0~1 区间按照符号概率分配间隔，数值 0.2385 位于符号 B 所分配区间 0.2~0.3 内，故解码 B，更新"当前区间"为 0.2~0.3；第②步，对"当前区间"0.2~0.3 按照各符号出现概率分配区间，0.2385 落在符号 C 分配的区间内，故解码 C，以此类推。这里假定编码器和译码器都知道信息流的长度，实际中编码器完成最后一个符号编码后会添加一个专用终止符，译码器看到终止符就停止译码。

8.2.3　游程编码

游程编码（Run-Length Coding，RLC）又称为"行程编码"，对于重复并且连续出现的符号或符号串，用"符号或符号串连续且重复出现的次数"描述，使编码后的长度小于原始数据长度。符号或符号串连续重复出现的次数称为游程或行程。例如，信息流为 BBBBBAAAADDDDDDDCCCBBD，序列长度为 22，其中，B 连续重复出现 5 次，接着 A 连续重复出现 4 次，D 连续重复出现 7 次，C 连续重复出现 3 次，B 连续重复出现 2 次，D 出现 1 次，则游程编码结果为 5B4A7D3C2B1D，编码后序列长度为 12。

游程编码对包含大量重复信息的内容压缩效果好，但当信息流重复性不高时压缩效率低，甚至起不到压缩作用。例如，信息流 ABDCBDAC，用游程编码得到 1A1B1D1C1B1D1A1C。因此，游程编码或用于特定场景，如对二值图像编码，图像只有 0、1 取值，存在大量重复性；或需要对原始信息经过处理后再进行游程编码，如将图像变换到频域，由于图像的大部分能量集中在低频，高频部分经量化后出现大量的连续零，对此可采用游程编码。游程编码是连续精确的编码，在传输过程中，一个比特发生错误就可影响后续整个序列的准确性。

8.2.4 LZW 编码

词典编码不需要知道各符号出现的概率，仅利用数据本身包含大量重复片段的特点进行压缩，通过建立一个词条列表（即词典），用较短的代码（词典索引号）表示实际信息流中的符号串。LZW 编码属于词典编码，所用词典无须事先创建，而是根据输入信息流动态创建的，解码时同样一边解码一边创建词典。

LZW 编码维护两个变量：前缀 P（Previous）表示手头已有的还没有被编入词典的符号串；C（Current）表示当前读入的符号。其工作步骤大致如下：

1）初始化词典，在词典中对所有的单个符号创建词条，P 和 C 均为空。

2）从信息流中读入一个符号放入 C。

3）判断 $P+C$ 组成的符号串是否在词典中存在。如果是则将 $P+C$ 组成的符号串赋给 P；反之则输出 P 在词典中的索引号，同时把 $P+C$ 组成的符号串作为新词条添加到词典，更新 $P=C$。

4）返回步骤 2），直到输入信息流中的最后一个符号完成步骤 2）~4）。

5）输出 P 中的符号串对应的词典索引号。

设共有 x、y、z 这 3 种符号，输入信息流为 xyyzyyzy，LZW 编码过程见表 8.1。

表 8.1　LZW 编码过程示例

步骤	词条	词条索引	P	输出
①	x	1		
	y	2		
	z	3		
②			x	
③	xy	4	y	1
④	yy	5	y	2
⑤	yz	6	z	2
⑥	zy	7	y	3
⑦			yy	
⑧	yyz	8	z	5
⑨			zy	
⑩				7

① 首先初始化词典，分别为 x、y、z 这 3 种符号各建一个词条。

② 从信息流读入第一个符号"x"，此时 P 为空，由于 $P+C$ 组成的符号串"x"已经在词典中有词条，因此将"x"赋给 P，此时编码器没有输出。

③ 再从信息流中读入第二个符号"y"并放入 C 中，此时 $P+C$ 组成的符号串为"xy"，检查发现词典中没有词条"xy"，则编码器输出 P 中的符号串"x"在词典中的索引号1，同

时$P+C$组成的"xy"作为新词条加入词典，将变量C的值"y"赋给变量P。

④ 从信息流读入第三个符号"y"并放入C中，则$P+C$为"yy"，"yy"不在词典中，则编码器输出变量P中的符号串"y"在字典中的索引号"2"，将"yy"加入词典，将变量C值"y"赋给P。

⑤ 从信息流中读入第四个符号"z"并放入C中，$P+C$组成的符号串"yz"不在词典中，则将词条"yz"添加到词典中，输出P中存放的"y"的词典索引2，将变量C的值"z"赋给P。

⑥ 从信息流中读入第五个符号"y"并放入C中，$P+C$组成的符号串"zy"不在词典中，则将词条"zy"添加到词典中，输出P中存放的"z"的词典索引3，将变量C的值"y"赋给P。

⑦ 从信息流中读入第六个符号"y"并放入C中，$P+C$的组成符号串"yy"已经在词典中，则将"yy"赋给P，编码器没有输出。

⑧ 从信息流中读入第七个符号"z"并放入C中，$P+C$组成的符号串"yyz"不在词典中，则将词条"yyz"添加到词典中，输出P中存放的"yy"的词典索引号5，将变量C的值"z"赋给P。

⑨ 从信息流中读入第八个符号"y"并放入C中，$P+C$组成的符号串"zy"已经在词典中，则将"zy"赋给P，此时没有输出。

⑩ 所有信息都读入并检测完毕了，编码器输出P中存放的"zy"在词典中的索引号7。

LZW解码就是在构建词典的同时输出词典索引号所对应词条的过程。解码器有两个变量，分别是已经被解码的索引号pW、当前读进来还未解码的索引号cW。这里用$Str(cW)$、$Str(pW)$分别表示索引号cW、pW对应的词条。解码过程如下：

1）初始化词典，对信源的每种符号创建词典条目，pW和cW均为空。

2）读入第一个索引号并放入cW中，输出词典中索引值cW对应的条目$Str(cW)$，更新$pW=cW$。

3）读入一个索引号并放入cW，判断词典中的条目$Str(cW)$是否存在。

① 如果否，则令$P=Str(pW)$、C为$Str(pW)$的第一个符号；在词典中添加词条$P+C$，该新增词条的索引号一定是cW；更新$pW=cW$。

② 如果是，则令$P=Str(pW)$、C为$Str(cW)$的第一个符号；在词典中添加词条$P+C$；查词典并输出$Str(cW)$；更新$pW=cW$。

4）重复步骤3），直到解码完毕。

对表8.1中的编码结果进行解码，具体执行步骤如下：

1）初始化解码词典，为符号x、y、z分别建立词条。

2）cW读入第一个编码"1"，根据初始化得到的词典输出$Str(1)$为"x"，$pW=1$。

3）cW读入第二个编码"2"，$Str(2)$在词典中存在，则令$P=Str(pW)=$"x"，$C=Str(2)$的第一个符号"y"，将$P+C=$"xy"作为新词条加入词典，输出$Str(2)$为"y"，更新$pW=2$。

4）cW读入第三个编码"2"，$Str(2)$在词典中存在，则令$P=Str(pW)=$"y"，$C=Str(2)$的第一个符号"y"，将$P+C=$"yy"作为新词条加入词典，输出$Str(cW)$为"y"，更新

$pW=2$。

5）cW 读入第四个编码 "3"，$Str(3)$ 在词典中存在，则令 $P=Str(pW)=$ "y"，$C=Str(3)$ 的第一个符号 "z"，将 $P+C=$ "yz" 作为新词条加入词典，输出 $Str(cW)$ 为 "z"，更新 $pW=3$。

6）cW 读入第五个编码 "5"，$Str(5)$ 在词典中存在，则令 $P=Str(pW)=$ "z"，$C=Str(5)$ 的第一个符号 "y"，将 $P+C=$ "zy" 作为新词条加入词典，输出 $Str(5)$ 为 "yy"，更新 $pW=5$。

7）cW 读入第六个编码 "7"，$Str(7)$ 在词典中存在，则令 $P=Str(5)=$ "yy"，$C=Str(7)$ 的第一个符号 "z"，将 $P+C=$ "yyz" 作为新词条加入词典，输出 $Str(7)$ 为 "zy"，更新 $pW=7$。

8.2.5　矢量量化编码

上面各小节介绍的编码均属于无损编码，即解码后的数据与送入编码器的数据完全一致。而矢量量化（Vector Quantization，VQ）编码则是有损编码，解码后得到的数据与送入编码器的数据相比存在失真，并且这种失真（又称信息损失）是不可逆的，无法由编码后的数据恢复原始数据。

矢量量化编码将数据分为多段，每段共 K 个数据，这 K 个数据用一个 K 维向量表示：$\boldsymbol{v}=(d_1,d_2,\cdots,d_K)$。各段的 K 维向量共同构成一个 K 维空间 $\mathbb{R}^K$。将 K 维空间 $\mathbb{R}^K$ 划分为 M 个互不相交的子空间 $\Re^1,\Re^2,\cdots,\Re^M$，并且 M 个子空间的并集构成 $\mathbb{R}^K$。每个子空间都有代表向量 $\boldsymbol{r}^m(m=1,2,\cdots,M)$，任何落在子空间 $\Re^m$ 内的 K 维向量都被量化成 $\boldsymbol{r}^m$。M 个子空间的代表向量构成的集合 $\{\boldsymbol{r}^1,\boldsymbol{r}^2,\cdots,\boldsymbol{r}^M\}$ 称为矢量量化编码的码书（又称码本），代表向量 $\boldsymbol{r}^m$ 称为码矢。矢量量化编码就是对任何输入的 K 维向量 $\boldsymbol{v}$，找出与其最接近的码矢，用该码矢的索引号作为编码器的输出。在解码端，解码器根据索引号在码书中找到对应的码矢，将该码矢作为输出来获得 K 个数据。

图像压缩中会将图像在空间域或变换域分为若干个互不重叠的子块，每个子块内的数据（不妨设共 K 个）都构成一个 K 维向量，对其进行量化编码。矢量量化编码的关键是如何设计码书，即如何划分 K 维空间 $\mathbb{R}^K$，使得量化编码在失真度与压缩效率之间取得平衡。图像压缩中，通常采用大量图像数据进行训练以获得码书，在数据向量密度高的空间，每个子空间的范围都较小，反之则子空间范围较大。相比于无损编码，矢量量化编码压缩效率更高。

8.3　位平面编码

位平面编码对图像的每个位平面单独处理以减少像素间冗余。它将图像根据比特深度分解为若干个二值图像，对每幅二值图像进行压缩。假设灰度图像比特深度为 d，将彩色图像的每个分量看作一个灰度图，则任何一个灰度图的像素值均可以表示为

$$f(x,y)=a_{d-1}2^{d-1}+a_{d-2}2^{d-2}+a_{d-3}2^{d-3}+\cdots+a_12^1+a_02^0 \tag{8.10}$$

式中，系数 $a_i(i=0,1,\cdots,d-1)$ 只能取 0 或 1；a_{d-1} 为最高有效位（Most Significant Bit，MSB），a_0 为最低有效位（Least Significant Bit，LSB）。原图像分解为 d 幅二值图像，每幅二值图像都由原图像所有像素的 $a_i(i=0,1,\cdots,d-1)$ 值构成。0 级位平面就是图像中所有像素的 a_0 位组成的二值图像，原图像所有像素的 a_1 组成 1 级位平面。图 8.3 是比特深度为 4 的

图像分解成 4 个位平面的示意图。a_0、a_1 等低级位平面图像比 a_{d-2}、a_{d-1} 等高级位平面图像包含更多的细节。高级位平面图包含视觉上的重要信息，含有大量连续的 0 或连续的 1，便于压缩。

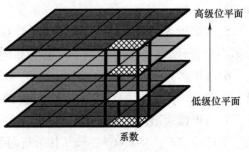

图 8.3　位平面示意图

　　直接位平面分解的缺点在于像素值微小的变化可能引发位平面像素值的剧烈变化。例如，4 比特深度图像中的灰度值 7、8 接近，但位平面分解 $7=(0111)_2$、$8=(1000)_2$，两者在每个位平面上都完全相反。可以采用灰度码编码：

$$g_i = \begin{cases} a_i \oplus a_{i+1} & 0 \leqslant i \leqslant L-2 \\ a_i & i=L-1 \end{cases} \tag{8.11}$$

　　7 的灰度码为 0100，8 的灰度码为 1100，只有一个位平面上数值不同。

8.4　变换编码

　　变换编码先将图像从空间域转换到另一个域或维度空间，然后对转换后的数据进行编码。变换编码流程如图 8.4 所示。首先将图像分割为互不重叠的子图像，分割可增加子图像内部的均匀性，使得变换后的能量更集中，还可减少计算中对存储容量的需求。对各子图像分别进行变换以消除空间上的冗余，变换后数据之间的相关性减弱，能量分布更集中，便于压缩。常用的变换有离散余弦变换、小波变换等。对变换后的数据进行量化，对图像质量影响较小的数据被降低精度，从而减少视觉冗余，提高压缩率。量化会带来数据失真，无损压缩忽略这步。对量化后数据编码以进一步减少数据量，最后对编码数据加入传输和解码时必要的其他信息。

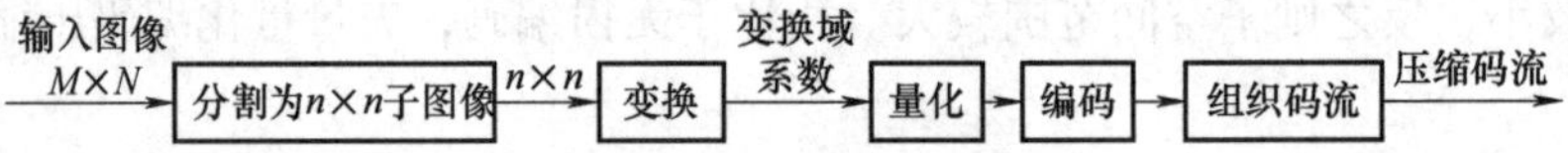

输入图像
$M \times N$ → 分割为 $n \times n$ 子图像 → $n \times n$ → 变换 → 变换域系数 → 量化 → 编码 → 组织码流 → 压缩码流

图 8.4　变换编码流程

8.4.1　离散余弦变换

　　离散余弦变换（Discrete Cosine Transform，DCT）广泛用于一维、二维信号变换编码中。

　1. 一维离散余弦变换

　　对于 N 点离散信号 $f(n)$，其一维离散余弦变换 $F(u)$ 的计算如下：

$$F(u) = \alpha(u) \sum_{n=0}^{N-1} f(n) \cos \frac{(2n+1)u\pi}{2N}, \quad u=0,1,\cdots,N-1 \tag{8.12}$$

式中，$u=0$ 时，$\alpha(u) = \sqrt{1/N}$，其他情况下，$\alpha(u) = \sqrt{2/N}$。离散余弦反变换定义为

$$f(n) = \alpha(n) \sum_{u=0}^{N-1} f(u) \cos \frac{(2u+1)n\pi}{2N}, \quad n = 0,1,\cdots,N-1 \tag{8.13}$$

DCT 是对 DFT 的改进，首先将长度为 N 的信号 $f(n)$ 进行反转延拓，使得序列长度变为 $2N$，如图 8.5a 上部所示，左侧虚线是反转延拓部分，延拓后的序列关于下标 -0.5 对称。接着将纵坐标轴向左平移 0.5，如图 8.5a 下部所示，延拓序列在新坐标轴用 $f'(n')$ 表示，$f'(n')$ 是偶对称的，因此其离散傅里叶变换结果为实数，只有余弦项。

由于 DFT 具有隐含的周期性，信号起始值、结尾值不同会造成周期边缘剧烈变化，如图 8.5b 上部所示，时域突变反映在频域为带宽变宽、高频分量增加。DCT 由于时域反转延拓，使得每个周期边缘如图 8.5b 下部所示，是平滑的，其中虚曲线为 DCT 反转延拓部分，因此其频域带宽更窄，能量更集中，更适合用于信息压缩。DCT 变换后的系数是实数，没有相位信息，因此 DCT 不适合用于对信号性能特征进行分析。

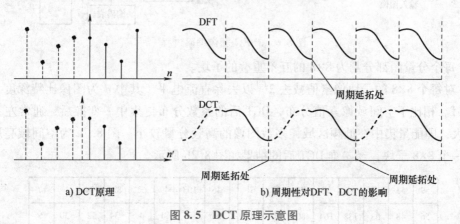

a) DCT原理　　　　　　　　b) 周期性对DFT、DCT的影响

图 8.5　DCT 原理示意图

2. 二维离散余弦变换

图像 $f(x,y)$ 的离散余弦变换表示为

$$F(u,v) = \alpha(u)\alpha(v) \sum_{x=0}^{M-1} \sum_{y=0}^{N-1} f(x,y) \cos \frac{(2y+1)v\pi}{2N} \cos \frac{(2x+1)u\pi}{2M} \tag{8.14}$$

式中，$u=0,1,\cdots,M-1;v=0,\cdots,N-1$。二维离散余弦变换具有可分离性，可以分解成两个一维变换，如先对每行进行一维 DCT，然后对结果按列进行一维 DCT。

二维 DCT 可以采用矩阵形式进行计算，即

$$F_{M\times N} = C_{M\times M} \cdot f_{M\times N} \cdot C_{N\times N}^{T} \tag{8.15}$$

式中，C 为 DCT 系数矩阵，下标表示矩阵大小；C^{T} 为 C 的转置矩阵。$N\times N$ 矩阵 C 中的第 i 行、第 j 列元素 $C(i,j)$ 为 $\alpha(j)\cos\frac{(2i+1)j\pi}{2N}$。DCT 尺寸越大，则变换后的能量集中度越高、去相关性越好，但计算复杂度会随之增大。在 JPEG 图像编码中采用 8×8 的 DCT。

OPENCV 函数 dct(InputArray src, OutputArray dst, int flag = 0) 对输入的一维或二维矩阵 src 进行 DCT，要求 src 的尺寸必须为偶数，结果放在同样大小、数据类型相同的 dst 中。flag 的默认值为 0，表示进行 DCT；若 flag 标志设置为 DCT_INVERSE，则进行 DCT 反变换；设置为 DCT_ROWS，则进行一维 DCT。可以用符号"｜"同时设置多个标志。

8.4.2　JPEG 图像压缩

JPEG（Joint Photographic Experts Group，联合图像专家组）是目前使用最广泛的静态图像压缩标准。JPEG 编码在 YC_bC_r 或 YUV 色彩空间进行，目的是将亮度信息与彩色信息分离。若输入图像在 RGB 色彩空间，则首先需要进行色彩空间转换，由 RGB 色彩空间转换到上述空间。如果输入图像是灰度图，则无须进行色彩空间转换。JPEG 图像编码过程如图 8.6 所示。

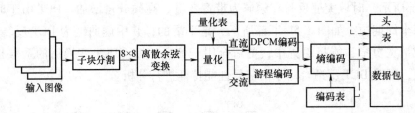

图 8.6　JPEG 图像编码过程

1）每个分量图都分割为 8×8 的互不重叠的子块。

2）对每个 8×8 的子块像素值减去 2^{d-1} 以去除直流电平，其中 d 为图像比特深度，然后进行 DCT。相比于空间域像素值分布，DCT 后的系数分布更集中。变换后，通常左上方的系数较大，即能量集中在低频区域，多数图像的高频分量较小。图 8.7a 为空间域亮度分量图中的一个 8×8 子块，经二维 DCT 后的结果如图 8.7b 所示。

59	53	67	91	68	71	97	61
56	48	63	138	164	80	80	21
59	64	72	96	131	156	95	60
59	64	40	37	121	95	24	94
68	37	21	78	98	50	44	94
68	28	36	60	89	37	70	123
62	35	25	28	83	40	67	134
58	17	29	39	98	136	78	87

a）一个8×8的子块

−461	−103	−49	62	82	−34	1	17
53	52	−91	4	−34	32	−30	−9
5	−15	−8	6	−34	46	−5	4
−45	14	57	−67	42	29	−31	13
−29	2	20	10	−11	−13	22	−18
−13	−9	62	−20	−19	−31	17	2
25	−20	8	10	−37	19	22	−14
8	−7	8	0	−11	19	−2	−14

b）DCT结果

图 8.7　DCT 示例

3）对亮度、色差信息的 DCT 结果进行量化。在 YUV 色彩空间，JPEG 亮度量化步长表、色差量化步长表分别如图 8.8a、b 所示。量化步长越大，则量化失真越大，由于视觉系统对低频敏感、对高频失真不敏感，因此每个表右侧、下方的量化步长通常较大，表示对高频可以容忍更大的失真。类似地，由于视觉系统对亮度信息更敏感，亮度量化步长表比色差量化步长表更精细。

JPEG 控制压缩率主要依靠量化步长，可根据压缩图像的质量要求自定义量化步长表。通常，自定义表中的步长与标准表中的步长成比例关系，步长越大，压缩率越高，图像质量越差。量化会造成不可逆的信息损失。

16	11	10	16	24	40	51	61
12	12	14	19	26	58	60	55
14	13	16	24	40	57	69	56
14	17	22	29	51	87	80	62
18	22	37	56	68	109	103	77
24	35	55	64	81	104	113	92
49	64	78	87	103	121	120	101
72	92	95	98	112	100	103	99

a) 亮度量化步长表

17	18	24	47	99	99	99	99
18	21	26	66	99	99	99	99
24	26	56	99	99	99	99	99
47	66	99	99	99	99	99	99
99	99	99	99	99	99	99	99
99	99	99	99	99	99	99	99
99	99	99	99	99	99	99	99
99	99	99	99	99	99	99	99

b) 色差量化步长表

图 8.8　JPEG 量化步长表

对图 8.7b 用图 8.8a 所示的量化表进行量化，量化结果如图 8.9a 所示。

4）扫描：对 8×8 量化数据用 Z 形（Zig-Zag）扫描将二维数据变成一维，Z 形扫描顺序如图 8.9b 所示，将频率相似的系数尽量排在一起，通过 Z 形扫描，大量高频系数"0"连在一起。

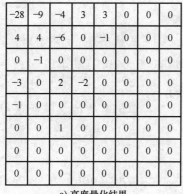

a) 亮度量化结果

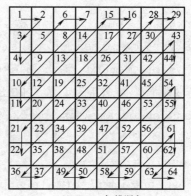

b) Zig-Zag扫描顺序

图 8.9　量化示例与扫描顺序

5）量化的直流、交流分别编码成中间格式。对于每个 8×8 子块，DCT 中位于频率 (0,0) 处的值为直流（DC）。将图像分割成多个子块，这些子块的 DCT 直流值接近，对量化后的直流进行差分脉冲编码调制（Difference Pulse Code Modulation，DPCM），DPCM 对相邻子块的直流差值进行编码。与直接对直流值进行编码相比，DPCM 编码所需的比特更少，编码得到 DC 压缩的中间格式。对于每个 8×8 子块，DCT 量化值中除直流外的其他系数均属于交流（AC），对交流采用游程编码，编码得到 AC 压缩的中间格式。

6）为进一步压缩数据，对 DC、AC 的中间格式分别进行熵编码。JPEG 标准提供两种熵编码方式：霍夫曼编码和算术编码。JPEG 基本系统中采用霍夫曼编码，对 AC、DC 采用不同的霍夫曼码表，对亮度分量和色差分量采用不同的霍夫曼码表，这样共需要 4 张霍夫曼码表。可以采用 JPEG 标准推荐的码表，也可自定义码表。

7）组织码流，压缩数据组成帧，一幅图像的压缩数据为一帧。帧数据包括帧头数据和"扫描"，每个分量单独一个扫描，灰度图像一帧有一个扫描，彩色图像一帧有 3 个扫描。每个扫描又分为若干段，每段包含多个 8×8 子块的编码数据。

帧头提供图像大小、分量数量、每个分量基本信息（ID、x 方向下采样因子、y 方向下采样因子、使用的量化表编号）、各霍夫曼码表基本信息等。扫描的头部包含本扫描长度、分量独有 ID，以及该分量 DC、AC 所用霍夫曼码表的编号等信息，扫描头部之后紧接着的就是该分量由步骤 6）得到的编码数据。

在 OPENCV 中，函数 imwrite(const string & filename,InputArray img,const std::vecor<int> & params=std::vector<int>()) 将矩阵 img 中的图像数据写入以 filename 命名的文件，文件按照 params 指定的压缩参数进行压缩。如果仅在存储区得到压缩码流，则可以调用 imencode(const string & ext,InputArray img,std::vector<uchar> & buf,const std::vector<int>& params=std::vector<int>())。其中，ext 指定压缩码流的压缩格式，如对 JPEG 指定为 ".jpg"，img 为图像矩阵，压缩后的码流放在 buf 中，压缩参数由 params 指定。与之对应的解码可以用函数 imread() 或者 imdecode()。例如，mat 是一个 480×640 的三通道矩阵，将其数据压缩保存为 JPEG 格式的文件或仅仅压缩来获取 JPEG 码流的语句如下：

```
vector<uchar> buf; //用于存放压缩数据
vector<int> compression_params;//指定压缩参数的结构体
compression_params.push_back(IMWRITE_JPEG_QUALITY);
//指定参数类型:参数用于设置 JPEG 压缩质量
compression_params.push_back(90); /* 指定参数的具体数值:压缩质量为
90,默认为 95 */
bool result = false;
try{ result = imwrite("alpha.jpg",mat,compression_params);}
//将矩阵 mat 中的数据压缩为 JPEG 格式并存放在文件中,压缩质量为 90
catch (const cv::Exception& ex){   //如果出现异常,则报出错信息
    fprintf(stderr,"转换为 JPEG 的过程中出现异常:%s\n",ex.what());}
if (result)  printf("成功压缩并保存为 JPEG 文件.\n");
else         printf("错误:不能保存为 JPEG 文件.\n");
result=imencode(".jpg",mat,buf,compression_params);
//将矩阵 mat 中的数据压缩为 JPEG 格式,压缩码流放入 buf 中
Mat dst;//用于存放码流解码后的图像
if (result) {   //若压缩成功,则解码显示
    dst=imdecode(buf,IMREAD_UNCHANGED); //解码码流,保持原格式不变
    imshow("压缩码流解码得到的图像",dst);}
```

8.4.3 基于小波的图像压缩

基于小波的图像压缩对图像进行小波变换，对小波变换系数进行编码。基于小波的图像压缩属于嵌入式编码，即从编码码流开始处到码流任一位置截取的码流都能重建图像，随着截取码流的增加，重建图像的质量逐渐提高。

1. 嵌入式零树小波编码

嵌入式零树小波（Embedded Zerotree Wavelet，EZW）中的零树表示小波系数之间的结构关系。不同尺度、相同类型子带上的小波系数具有相似性。若小波变换后的系数 x_i 满足 $|x_i| < T_j$，其中 $|x_i|$ 为系数 x_i 的幅值，T_j 是一个阈值，则称 x_i 为阈值 T_j 的无效系数。

EZW 压缩基于假设：如果某个尺度上的系数 x_i 为阈值 T_j 的无效系数，那么相同空间位置在同类型子带、更小尺度上的系数很可能是阈值 T_j 的无效系数。相同空间位置、相邻尺度、同类型子带的小波系数构成父子关系，尺度大的为"父"、尺度小的为"子"。同理，相同空间位置、不同尺度、同类型子带上的系数构成"祖先-后代"的关系。最大尺度上的低频系数为"父"，同尺度、相同空间位置的 3 个高频子带系数为"子"，即低频系数有 3 个"子"，高频子带除最小尺度外，每个"父"系数对应 2×2 个"子"，如图 8.10a 所示。

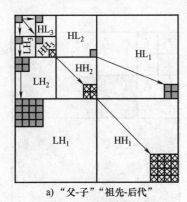 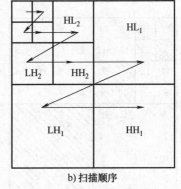

a)"父-子""祖先-后代"　　　　　　b)扫描顺序

图 8.10　EZW 的"父-子""祖先-后代"示意图及扫描顺序

如果小波系数 x_i 是阈值 T_j 的无效系数，并且它的所有后代都是阈值 T_j 的无效系数，则 x_i 及其后代构成了一个关于阈值 T_j 的零树，x_i 就是零树根。EZW 将小波系数分为 4 类：零树根 T、孤立零点 Z（指本身是阈值 T_j 的无效系数，但其后代中有阈值 T_j 的有效系数）、正有效系数 P（指 $x_i > T_j$）、负有效系数 N（指 $x_i < -T_j$）。EZW 的编码步骤如下：

1）初始化，令 $j = 1$，确定阈值 T_j，下标 j 表示第 j 次循环，初始阈值 T_1 设为小于小波系数的最大幅值，并且是 2 的整数次幂的最大值。例如，若小波系数的最大幅值为 63，小于 63 并且满足 2 的整数幂次的最大值应为 32，则初始阈值 $T_1 = 32$。

2）主扫描：按照图 8.10b 所示的扫描顺序逐个检测当前未被标记为 P 或 N 的系数。系数若大于当前阈值 T_j，则标记为 P，系数小于 $-T_j$ 标记为 N；系数幅值小于 T_j，但该系数的子孙中有幅值超过 T_j 的，则系数标记为 Z；系数及其后代幅度值均小于 T_j，则将系数标记为 T。如果系数的本次扫描被标记为 T，则它的所有后代在本次扫描中都直接跳过，不再扫描。以往循环中已经标记为 P 或 N 的系数无须再标记。例如，图 8.11a 为三级小波变换系数，$j=1$ 时阈值 T_1 为 32，按照扫描顺序依次检查各系数，有 4 个系数幅值超过阈值，即 62、-33、50、46，将它们分别标记为 P、N、P、P。对于 LL 子带系数 22，它和它的后代幅值均小于阈值，则 22 被标记为零树 T，它的后代在本次扫描中不被扫描，直接跳过。LL 子带系数-30 的幅值小于阈值，但它的后代 LH_1 子带中有一个系数 46，幅值大于阈值，因此系数-30 被标记为孤立零点 Z。第一次循环的主扫描结果如图 8.11b 所示，字母的下标表示扫描顺序，阴影部分表示零树的后代，在扫描时被跳过。扫描得到的序列为 $PNZTPTTTTZTTZZZZZPZZ$。

3）辅扫描：对本次及以往所有的主扫描中标记为 P 或 N 的系数进行 1 比特量化，量化结果为 0 或 1。将幅值范围 $T_j \sim 2T_1$ 以间隔 $\Delta = T_j$ 分为若干个区间，P 和 N 的系数幅值落在区间前半段则量化为 0，反之量化为 1。图 8.11b 中，$j=1$ 时，第一次循环时被标记为 P、N 的系数 62、-33、50、46，在 32~64 的幅值范围内以间隔 32 分隔，只有一个区间，这个区间中间值为 48，系数 62、50 的幅值落在区间后半段则量化为 1，而-33、46 的幅值落在前半段则被量化为 0。

4）更新阈值，令 $T_{j+1} = 0.5T_j$，检查 T_{j+1} 是否小于 1。如果是，则说明所有系数完全编码完毕，退出；如果否，则继续检查是否当前编码得到的比特总数达到指定值。若达到则停止编码，若还没达到，则更新 $j=j+1$，转至步骤 2）。

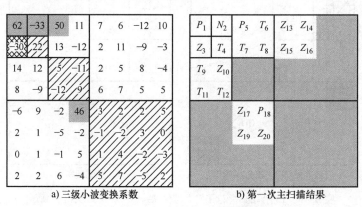

a) 三级小波变换系数　　　　　b) 第一次主扫描结果

图 8.11　EZW 编码扫描示例

在 $j=2$ 即进行第二次循环时，阈值 T_2 为 16，主扫描时，以往被标记为 P 或 N 的不再标记，则本次只有-30、22 分别被标记为 N、P。辅扫描对两次主扫描所有被标记为 P 或 N 的系数 62、-33、-30、22、50、46 进行量化，第二次辅扫描将幅值范围 16~64 用间隔 16 分为 3 个区间：16~32、32~48、48~64，系数-30、46、62 幅值分别在 3 个区间的后半部分，被量化为 1，而系数 22、-33、50 幅值分别落在 3 个区间的前半部分，因此被量化为 0。这样，系数 62 在两次循环后被标记为 P_{11}，系数 50 被标记为 P_{10}，系数-33 被标记为 N_{00}，等等。

下面从解码角度理解小波图像编码中的"嵌入式"概念。解码时最先收到第一次循环编码值，"1"被解码为区间 32~64 的后半部分即 48~64 的中间值 56，因此实际系数 62、50 解码为 56。同理，"0"被解码为区间 32~64 的前半部分 32~48 的中间值 40，因此实际值

-33、46 被解码为-40、40。随着更多比特的加入,解码第二次循环得到的码流,对于系数 62,在第一次解码时已知它落在 48~64 之间,由第二次编码值 "1" 便知道它在此区间的后半段,即 56~64 之间,故解码为 56~64 中间值 60。对于系数 50,第一次解码时知道其在 48~64 之间,第二次的量化值 0 说明它落在 48~56 之间,故解码为 52。同理,对于系数 -33,在第二次解码时知道其幅值在 32~48 的前半部分,即 32~40 之间,因此解码为-36。随着更多的比特被解码,各系数解码值与实际值越来越接近,图像质量逐渐增加。编码嵌入式同理,嵌入式也称为图像质量可分级性。

EZW 本质上属于位平面编码,第一次循环与阈值比较相当于提取所有系数的最高有效位,随着循环次数的增加,提取的位平面降低,更多低有效位平面加入编码,图像细节精度提高。

2. JPEG 2000 编码

JPEG 2000 采用小波变换,可将图像分解为不同分辨率、不同频率和方向特性的子图像,比 JPEG 压缩率更高,在高压缩率时优势明显,不会出现 JPEG 的块效应,适合高品质、大尺寸图像压缩。它同时支持有损压缩和无损压缩,在特定领域有着广泛用途。例如,数字影院采用 Motion JPEG 2000 作为标准;医学图像数据量大并且希望无损压缩,因此广泛采用 JPEG 2000;很多人体特征数据库,如 FBI 指纹数据库、虹膜数据库等也采用 JPEG 2000 编码。

JPEG 2000 编码流程如图 8.12 所示。

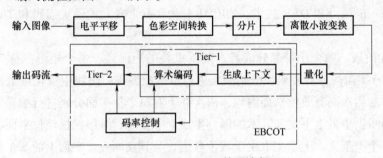

图 8.12　JPEG 2000 编码流程

JPEG 2000 编码步骤如下:

1)电平平移。将像素值减去 2^{d-1},其中 d 为图像比特深度,处理后消除图像直流电平,可以提高后续自适应编码效率。

2)色彩空间转换。由 RGB 色彩空间转换到 YC_bC_r 色彩空间,后者各分量的相关性更小,可以提高压缩效率。JPEG 2000 对各分量分别压缩,RGB 色彩空间的各分量相关性高,压缩带来的失真会造成解压图像色彩失真。如果采用失真压缩,则由 RGB 色彩空间转换到 YC_bC_r 色彩空间的计算公式为

$$\begin{bmatrix} Y \\ C_b \\ C_r \end{bmatrix} = \begin{bmatrix} 0.299 & 0.587 & 0.114 \\ -0.16875 & -0.33126 & 0.5 \\ 0.5 & -0.41869 & -0.08131 \end{bmatrix} \begin{bmatrix} R \\ G \\ B \end{bmatrix} \tag{8.16}$$

若采用 JPEG 2000 无失真压缩,则转换公式为

$$\begin{bmatrix} Y \\ C_b \\ C_r \end{bmatrix} = \begin{bmatrix} 0.25(R+2G+B) \\ R-G \\ B-G \end{bmatrix} \tag{8.17}$$

3）分片。每个分量图进行独立 JPEG 2000 编码，首先将每个分量图分为若干个互不重叠的矩形分片（Tile）。分片可减少编码过程中所需的存储容量，防止内存溢出。分片会给最终码流带来额外比特开销，降低压缩效率。在高压缩率时，分片过小会带来块效应。一般对诸如遥感图像、大型医学图像等高分辨率的图像分片。

4）离散小波变换。有损压缩采用 db9/7 提升小波变换，无损压缩则采用整数计算的 db5/3 提升小波变换。有损压缩的效率更高，但医学图像通常要求采用无损压缩。

5）量化。量化是对小波系数进行量化，无损压缩忽略此步骤。为提高压缩效率，有损压缩对各子带采用不同的量化步长。对于第 i 个子带内系数 $c_i(u,v)$，其量化结果 $q_i(u,v)$ 为

$$q_i(u,v) = \left\{ c_i(u,v) \text{的符号位} \right\} \cdot \left\{ \frac{|c_i(u,v)|}{\Delta_i} \text{的整数部分} \right\} \tag{8.18}$$

式中，子带量化步长 $\Delta_i = 2^{R_i - \varepsilon_i} \left(1 + \frac{\mu_i}{2^{11}}\right)$。$R_i$ 是第 i 个子带经过归一化的动态范围；ε_i、μ_i 是子带系数的指数和尾数，需要通过码流发送给解压方或者不发送而直接继承 LL 子带的对应部分。经量化后，大部分高频系数为零。

JPEG 2000 编码的关键技术是优化截取的嵌入式块编码（Embedded Block Coding with Optimized Truncation，EBCOT）技术。EBCOT 分为 Tier-1 嵌入式码块编码和 Tier-2 生成输出码流两个阶段。

6）Tier-1 阶段。每个子带都分成若干互不重叠的矩形区，每个矩形区称为码块（Code Block）。在 Tier-1 阶段，对各码块分别独立进行位平面编码。码块中量化系数的最高有效位平面先编码，然后次高有效位平面编码，依次往下对每个位平面分别进行编码。每个位平面编码都分为两步：生成上下文和算术编码。生成上下文时，顺序扫描该位平面各数值，并为每一位生成一个上下文。上下文取决于该位数值、与其在同一位平面上的 8 个邻域属性、该位所属数据在更高有效位平面的数值等。将生成的上下文与其对应的数据一起送至算术编码器进行自适应二进制算术编码。这样，每个码块都获得一个独立的嵌入式码流，高有效位平面编码在前，低有效位平面编码在后。对于每个码块，随着编码位平面的增加，编码失真逐步降低，并且位平面编码降低的失真与编码长度增加值之比（Rate-Distortion Slope，R-D Slope）也是降低的，即同一码块的最高位平面编码得到的 R-D Slope 最大，位平面越低，则 R-D Slope 越小。在 Tier-1 阶段，码块的每个位平面编码后，R-D Slope 值也被记录下来。

7）Tier-2 阶段。该阶段实现两个功能：①对各码块码流进行截取，使得在指定压缩率下压缩造成的失真最小，图像质量达到最优；②对各码块截取码流，按照指定格式、压缩质量、指定的质量分层、传输渐进方式等进行数据打包，形成图像压缩码流。码流最佳截取点采用后压缩率失真（Post-Compression Rate-Distortion，PCRD）最优化方法，所有码块的位平面编码的 R-D Slope 从大到小排序，从前往后依次累加 R-D Slope 对应的编码长度，直到长度之和达到指定值，此时将对应的最小 R-D Slope 作为阈值，每个码块的码流按照 R-D Slope

阈值进行截取，对应 R-D Slope 大于阈值的编码加入最终码流。JPEG 2000 码流在头部添加图像基本信息，然后是各 Tile 的编码码流。每个 Tile 的码流又分为若干数据包（Packet），每个数据包包括多个码块的编码。

EBCOT 使得图像在指定压缩率下达到失真最小。相同压缩率下，使用 JPEG 2000 编码的图像质量优于其他编码，高压缩率时优势尤为显著。JPEG 2000 编码只需对图像按照最大分辨率、最高质量压缩一次，用户根据自身需求指定分辨率、压缩率、色彩或灰度（提取分量中的亮度信息）截取码流即可。JPEG 2000 支持多种分级（Scalabe），既支持常规的质量分级，即随着码流增加，图像分辨率保持不变而质量逐步提高，也支持分辨率分级，当数据量少时图像分辨率低，随着码流增加，分辨率逐渐增加。如图 8.13 所示，从左至右展示了分辨率分级时依次得到的解码图像。

图 8.13　JPEG 2000 分辨率分级示例

JPEG 2000 支持感兴趣区域（Region of Interest，RoI）编码，在总编码长度不变的情况下对指定 RoI 赋予更多的比特，使得 RoI 图像质量增强。由于 JPEG 2000 采用位平面编码，通过提高 RoI 的位平面，使其高于其他部分，从而该区域数据被优先编码。例如，图 8.14a 为小波系数量化后 d 个位平面分布，将属于 RoI 的系数放大，如对所有 RoI 系数乘以 $2^i (i = 1, \cdots, d-1)$，提高 RoI 位平面，如图 8.14b 所示；或乘以 2^d 使所有 RoI 位平面高于其他部分，如图 8.14c 所示；后者在 RoI 编码完成前，其他区域不编码。图 8.14d 所示的脸部区域为 RoI，在编码总长度有限的情况下，该区域图像质量明显优于其他区域。

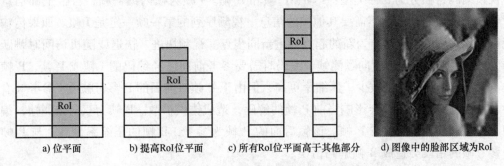

a) 位平面　　　　b) 提高RoI位平面　　　c) 所有RoI位平面高于其他部分　　　d) 图像中的脸部区域为RoI

图 8.14　JPEG 2000 感兴趣区域编码原理及示例

目前，JPEG 2000 编解码软件主要有开源的 Jasper、OpenJPEG 和付费的 Kakadu。Jasper 和 OpenJPEG 可实现 JPEG 2000 编解码功能。OPENCV 可调用 Jasper、OpenJPEG 对 JPEG 2000 图像进行编码和译码。OPENCV 4.5.0 之前的版本只支持 Jasper，使用前需在 OPENCV 环境变量设置中添加 OPENCV_IO_ENABLE_JASPER = TRUE。OPENCV 4.5.0 及之后的版本

引入了 OpenJPEG，同时保留了 Jasper，均在标准配置中，而无须手动设置。由于 OPENCV 默认优先使用 OpenJPEG，因此如果想用 Jasper，需要手动设置 OpenJPEG 为 disable。可以用 OPENCV 的 imread/imwrite/imshow 实现 JPEG 2000 格式图像的读（解码）、写（编码）和显示。

8.5 视频压缩

视频中，一系列图像按照时间顺序排列，每张图像在视频中被称为"帧"。视频不仅每帧内存在大量相似区域，各帧间也有大量相似区域，即有时间冗余。视频压缩在 YC_bC_r 或 YUV 色彩空间进行。视觉系统对亮度信息敏感，对色彩信息不敏感，以 YC_bC_r 色彩空间为例，在不显著降低图像质量的前提下，为减少数据量，通常保留所有亮度分量 Y，对色差分量 C_b、C_r 进行下采样，由此发展出 $YC_bC_r4:4:4$、$YC_bC_r4:2:2$、$YC_bC_r4:1:1$、$YC_bC_r4:2:0$ 等描述视频色彩信息的数据格式。图 8.15 所示为各数据格式的示意图，$YC_bC_r4:4:4$ 指视频中的每个像素用 Y、C_b、C_r 这 3 个分量表示。$YC_bC_r4:2:2$ 的 C_b、C_r 分别在 y 方向进行 $2:1$ 采样，视频每行的 C_b、C_r 数据量分别为亮度数据量的一半。$YC_bC_r4:1:1$ 则对 C_b、C_r 分量分别在 y 方向进行 $4:1$ 采样。$YC_bC_r4:2:0$ 则在 2×2 区域内分别对 C_b、C_r 求均值，将均值作为 2×2 区域的 C_b、C_r 值。

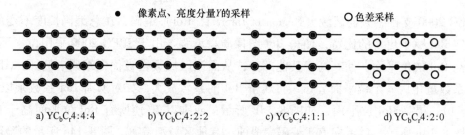

图 8.15 视频数据格式示意图

视频编码将帧分为 3 种类型：I 帧、P 帧和 B 帧。I 帧为帧内编码帧，自带全部信息的独立帧，可以独立解码而不需要其他帧的信息。视频序列的第一帧一定是 I 帧。如果传输的码流被损坏，则需将 I 帧作为新的起点或重新同步点。视频快进、快退或随机访问时跳跃的间隔为各个 I 帧。P 帧为前向预测帧，编码时需要参考前面已经编码的 I 帧或 P 帧，P 帧编码比 I 帧编码需要的比特数少，压缩率更高，但由于 P 帧对前面的 P 参考帧或 I 参考帧有依赖性，参考帧的解码错误会影响当前 P 帧的解码，造成错误扩散。B 帧为双向预测帧，编码时同时以该帧前面的 I 帧或 P 帧、该帧后面的 P 帧为参考，B 帧的压缩率最高，与 P 帧类似，参考帧的错误会造成 B 帧解码错误。

典型的视频编码流程如图 8.16 所示。对 P 帧、B 帧采用帧间编码，帧间编码可减少视频序列时间冗余。帧间编码有两个关键步骤：运动估计和运动补偿。类似 JPEG 编码，当前编码的 P 帧或 B 帧被分割成多个互不重叠的子块，通常，绝大多数子块都可以在参考帧中找到与之相似的区域。在参考帧中找到与子块误差最小的参考块（称为匹配块），此过程称为运动估计。计算子块坐标与匹配块坐标的差值，该坐标差值称为运动向量，对运动向量进行熵编码。匹配块数据与编码子块数据并不完全一样，运动补偿就是计算子块与匹配块数据的差值矩阵，在帧间编码中对该差值矩阵进行二维 DCT、量化等步骤后进行熵编码。解码时，首先根据运动向量在参考帧中找到匹配块，其数据加上运动补偿值可恢复当前子块数据。

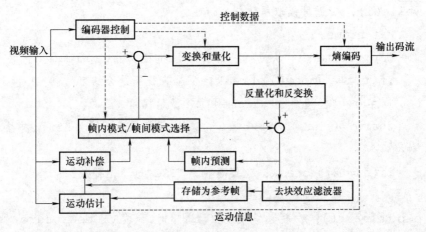

图 8.16　典型的视频编码流程

帧内预测利用同一帧已编码子块预测当前编码子块，有效去除视频空间冗余，提高编码效率。例如，当前编码子块上方及左方的区域已经被编码，则在已编码区域中找到与当前编码子块误差最小的区域，计算这两部分的差值矩阵。这个差值矩阵中的数据往往很小，对其编码比直接对子块编码的压缩率更高。对差值矩阵进行二维 DCT、量化、熵编码。当无法提供足够的帧间参考信息时，对当前编码帧只能采用帧内预测。例如，I 帧只能采用帧内预测，此外，P 帧和 B 帧的部分子块也可采用帧内预测。视频标准会提供多种模式供选择。

两个 I 帧之间的多帧组成的图像序列称为 GoP（Group of Pictures），一个 GoP 中只有第一帧为 I 帧。每隔 N 帧出现一个新的 GoP，可防止 GoP 解码错误无限扩散。图 8.17 所示为 GoP 组成与参考帧，带箭头折线中的折线箭头指向被编码帧，折线起点则表示该帧的参考帧。

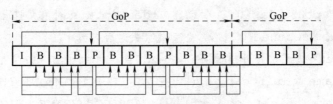

图 8.17　GoP 组成与参考帧

OPENCV 调用开源库 FFmpeg 支持视频编解码。定义一个 VideoCapture 对象，将视频压缩文件名赋给该对象可打开视频文件实现解码，用 imshow( ) 函数显示各帧。例如：

```
int main() {
    VideoCapture cap("myvideo.mp4"); /* 创建 VideoCapture 对象并打开
视频文件 */
```

```
    if(!cap.isOpened()){ //检查视频文件是否打开正确
        cout<<"无法打开视频!"<<endl;
        return -1;  }
    while(1){ //循环读取解码视频流
        Mat frame;
        cap>>frame; //从视频中抓取一帧,也可以用 cap.read()代替
        if(frame.empty()) break; //检查视频是否结束
        imshow("视频图像",frame); //显示视频
        char c=(char)waitKey(25); /*视频显示间隔为 25ms,并检测期间是
否有键盘输入*/
        if(c==27) break; //键盘输入"ESC"则退出播放
    }
    cap.release(); //视频结束或主动退出时,释放 VideoCapture 对象
    destroyAllWindows(); //关闭窗口
    return 0;
}
```

在 OPENCV 中编码视频，首先要创建 VideoWriter 对象，格式为 VideoWriter(const String filename, int fourcc, double fps, Size frameSize, bool isColor = true)。在该对象中指定输出文件名 filename，fourcc 用 4 个字母指定视频压缩编码类型，如 P、I、M、1 指定压缩格式为 MPEG1，M、J、P、G 指定压缩格式为运动的 JPEG 格式。fps 指定每秒多少帧，frameSize 为每帧的大小。视频编码程序如下：

```
int main(){
    VideoCapture cap(0); //创建 VideoCapture 对象并打开摄像头
    if(!cap.isOpened()){ //检查摄像头是否打开
        cout<<"无法打开摄像头!"<<endl;    return -1;  }
    int frame_width=cap.get(cv::CAP_PROP_FRAME_WIDTH);
    int frame_height=cap.get(cv::CAP_PROP_FRAME_HEIGHT); /*获取图
像分辨率*/
    VideoWriter video("myvideo.avi",cv::VideoWriter::fourcc('M',
'J','P','G'),25,Size(frame_width,frame_height));
    /*创建 VideoWriter 对象,指定视频编码方式,指定帧率为每秒 25 帧,指定每
帧分辨率*/
    while(1){   //循环
```

```
    Mat frame;
    if(frame.empty()) break; //监测摄像头是否关闭
    video.write(frame); //将帧写入 VideoWriter 对象
    imshow("视频图像",frame); //同时显示当前被编码帧
    char c =(char)waitKey(40); /*视频各帧的显示间隔为 40ms,并检测
期间是否有键盘输入 */
    if(c ==27) break; //键盘输入"ESC"则退出视频编码
  }
  cap.release(); //释放摄像头
  video.release(); //释放 VideoWriter 对象
  destroyAllWindows(); //关闭显示窗口
  return 0;
}
```

习　题

8-1　什么是图像的像素间冗余?

8-2　信息流共由 5 种符号 A、B、C、D、E 组成,各符号出现的概率分别为 0.16、0.34、0.22、0.19、0.09,求信息熵。

8-3　对习题 8-2 的 5 种符号进行霍夫曼编码,给出各符号编码结果。求编码后平均每个符号的编码长度。

8-4　信息共有 5 种符号 A、B、C、D、E,出现概率分别为 0.1、0.2、0.3、0.15、0.25。给出信息流 EBDEAACB 的算术编码结果。

8-5　符号及其概率同题 8-4,对序列长度为 8 的信息流算术编码结果为 0.245894235,请给出解码结果。

8-6　在数据压缩中,为什么用离散余弦变换,而不用离散傅里叶变换?

8-7　JPEG 量化步长表的构建依据了哪些视觉系统特点?

8-8　JPEG 编码中对量化后的系数为什么采用 Zig-Zag 扫描顺序?

8-9　嵌入式零树小波压缩中,什么是零树?每个系数如果有"子"的话,分别讨论 LL 子带系数有几个"子",分别是哪些,以及非 LL 子带系数有几个"子"。

8-10　JPEG 2000 如何实现对感兴趣区域优先编码?

8-11　什么是视频压缩中的运动估计?什么是视频压缩中的运动补偿?

8-12　为什么视频压缩中每隔几帧就要出现 I 帧?

8-13　什么是视频编码的 P 帧、B 帧?

8-14　视频压缩如何利用时间冗余减少数据量?

第 9 章　形态学处理

　　图像形态学处理是指用具有一定形态的结构元素对图像处理，以提取那些在描述图像区域形状中非常有用的特征，如边界、骨架和凸包等。形态学处理在图像分割、特征识别、图像描述等应用中常用，它能达到去除无关细节、简化图像、保持图像基本特征等目的。

　　形态学处理属于非线性图像处理，可用于二值图像和灰度图像。它以集合论为基础，用集合语言描述，在 n 维欧拉空间 E^n 中进行。本章重点介绍二值图像中的形态学处理，后续扩展到灰度图像的形态学处理。

9.1　预备知识

　　具有相同特征的元素构成一个集合，如常把一幅图像中感兴趣的区域、图像中具有某些相似特征的点组成的区域称为集合。本章用大写字母表示集合。集合中的元素常指单个像素，本章用小写字母表示。每个元素都有若干个分量，如二值图像中像素值为 1 的集合，每个元素都是二维向量 z，$z = (z_1, z_2)$ 表示该像素的对应坐标，$z \in Z^2$，其中 Z^2 为二维整数空间。灰度图像的每个元素是三维向量，每个元素都由两个坐标分量和一个灰度值分量组成，$z \in Z^3$。

　　若集合 A 中的每个元素都是集合 B 中的元素，则称集合 A 是集合 B 的子集，表示为

$$A \subseteq B = \{\omega \mid \forall \omega \in A, 则 \omega \in B\} \tag{9.1}$$

　　集合 A 与集合 B 中的所有元素共同组成的新集合称为 A 与 B 的并集，表示为

$$A \cup B = \{\omega \mid \omega \in A \text{ 或 } \omega \in B\} \tag{9.2}$$

　　所有既属于集合 A 又属于集合 B 的元素组成的集合，称为 A 与 B 的交集，表示为

$$A \cap B = \{\omega \mid \omega \in A \text{ 且 } \omega \in B\} \tag{9.3}$$

　　所有不属于集合 A 的元素组成的集合称为 A 的补集，用符号 A^c 表示，即

$$A^c = \{\omega \mid \omega \notin A\} \tag{9.4}$$

　　所有属于集合 A 但不属于集合 B 的元素组成的集合，称为 A 与 B 的差，即

$$A - B = \{\omega \mid \omega \in A \text{ 且 } \omega \notin B\} \tag{9.5}$$

　　除上述常规集合关系外，图像形态学处理中还有两个常用的集合操作：反射和平移。集合 B 的反射用符号 $\hat{B}$ 表示，反射 $\hat{B}$ 定义为

$$\hat{B} = \left\{\omega \,\middle|\, \omega = -b, \text{对于任何 } b \in B \right\} \tag{9.6}$$

集合 B 中的元素坐标用 $b = (x, y)$ 表示，$\hat{B}$ 就是将 B 中的元素坐标变换为 $-b = (-x, -y)$ 后构成的集合。例如，图 9.1a 所示为三角形表示的集合 B，其反射 $\hat{B}$ 如图 9.1b 所示。

a) 原集合　　　　　b) 集合反射　　　　　c) 集合平移

图 9.1　集合反射与平移示例

对集合 B 平移 $z = (z_1, z_2)$，使用符号 $(B)_z$，平移定义为

$$(B)_z = \left\{ c \,\middle|\, c = b + z, \text{对于任何 } b \in B \right\} \tag{9.7}$$

若集合 B 中的元素坐标用 $b = (x, y)$ 表示，则 $(B)_z$ 就是将坐标用 $(x + z_1, y + z_2)$ 代替后构成的元素集合。图 9.1a 的集合平移如图 9.1c 所示。

在图像形态学处理中，若 A 是图像中的目标集合，B 是对 A 进行处理、用于提取 A 中感兴趣特征的较小图像集合，则称 B 为结构元或结构元素（Structuring Elements，SE）。A 与 B 的关系类似滤波中图像与模板的关系。常见的结构元有十字形、矩形、线形、钻石形等，如图 9.2a 所示。结构元还要求指明其"原点"，在图 9.2 中用黑点表示，如无特别指明，原点一般选在结构元中心。在用结构元对图像进行处理的程序中，结构元也需要用矩阵表示。对于非矩形的结构元，需要添加最少数量的背景元素以构成矩阵，如图 9.2b 所示。

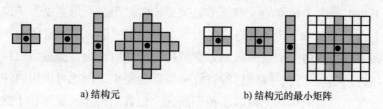

a) 结构元　　　　　　　　　b) 结构元的最小矩阵

图 9.2　结构元及其最小矩阵

9.2　腐蚀与膨胀

二值图像中，像素值 1 表示该像素属于目标（又称前景）、0 表示该像素属于非目标（又称背景）。腐蚀和膨胀都是针对目标（即像素值为 1 的所有像素构成的集合）进行的处理。

9.2.1　腐蚀

设 A 为二值图像的目标，B 为结构元，则 A 被结构元 B 腐蚀记为 $A \ominus B$，腐蚀定义为

$$A \ominus B = \left\{ z \,\middle|\, (B)_z \subseteq A \right\} \tag{9.8}$$

从式（9.8）看就是将 B 平移 z，如果平移后 $(B)_z$ 是 A 的子集，即 $(B)_z$ 完全落在目标 A 之内，则所有满足上述条件的 z 点构成的集合就是腐蚀结果。实际处理类似模板与原图像

时，把结构元 B 看作一个模板，B 的原点历遍 A 中的每个像素位置，若 B 完全落在 A 中，则在与 A 大小相同的结果图中将此时 B 原点位置的像素值设为 1，否则设为 0。腐蚀结果一定是 A 的子集。

图 9.3a 为二值图像，阴影为目标集合 A。用图 9.2a 所示的十字形结构元对图 9.3a 进行腐蚀。将结构元的原点依次覆盖到图 9.3a 中的各目标像素点上，如图 9.3b~e 所示。当原点覆盖在图 9.3b、e 所示的目标像素上时，结构元的一部分（图中斜网格部分）落在背景区，则在腐蚀结果图 9.3f 中，原点当前所在位置的像素值为 0。反之，当结构元原点在目标上的位置如图 9.3c、d 所示时，结构元的所有元素均覆盖在目标集合 A 上，因此在最终腐蚀结果图 9.3f 中，原点当前所在位置的像素值设为 1。

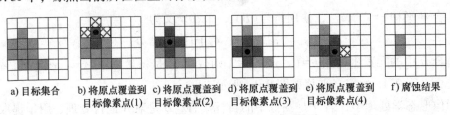

a) 目标集合   b) 将原点覆盖到目标像素点(1)   c) 将原点覆盖到目标像素点(2)   d) 将原点覆盖到目标像素点(3)   e) 将原点覆盖到目标像素点(4)   f) 腐蚀结果

图 9.3 腐蚀示例

腐蚀结果与目标和结构元形状、尺寸、结构元原点位置有关。如果目标小于结构元，则腐蚀后目标完全消失。可以用腐蚀消除不需要的部分、断开两个窄连接目标。图 9.4a 所示的二值图像中，上、下对应的圆形和正方形的最大宽度相同。图 9.4b 是宽度为 3 像素的正方形结构元腐蚀结果，原图中宽度为 1 像素的横线消失了，连接两个三角形的横线与三角形断开，原图左上角直径为 3 像素的最小圆形消失了，而原图左下角宽度为 3 像素的正方形腐蚀后还保留一个点。图 9.4c、d 分别是宽度为 6 像素的正方形、圆形直径为 6 像素的结构元腐蚀结果，原图上方左侧第二个圆形被正方形结构元腐蚀后消失，而被圆形结构元腐蚀后保留痕迹。无论结构元形状如何，腐蚀后的目标区域都会变小，因此可以用腐蚀消除细小的噪声。选择大小、形状适当的结构元可以滤掉不能完全包含结构元的噪声和干扰。

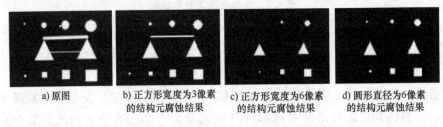

a) 原图   b) 正方形宽度为 3 像素的结构元腐蚀结果   c) 正方形宽度为 6 像素的结构元腐蚀结果   d) 圆形直径为 6 像素的结构元腐蚀结果

图 9.4 结构元形状、大小对腐蚀的影响

OPENCV 中用函数 erode(InputArray src, OutputArray dst, InputArray kernel, Point anchor = Poin(-1, -1), int iterations = 1, int borderType = BORDER_CONSTANT, const Scalar & borderValue = morphologyDefaultBorderValue( ))实现对图像 src 的腐蚀。输出图像 dst 与 src 大小相同，数据格式相同；kernel 为结构元，需要用函数 getStructuringElement( )创建；anchor 指定结构元的原点位置，默认为结构元中心；iterations 指定迭代次数，即进行几次腐蚀操作；borderType 指定边界填充方式，如果用常数填充边界，则在 borderValue 中给出指定的常数值。

函数 getStructuringElement(int shape,Size ksize,Point anchor=Poin(-1,-1))可设定结构元矩阵。shape 指定结构元形状，支持矩形（MORPH_RECT）、椭圆形（MORPH_ELLIPSE）和十字形（MORPH_CROSS）；ksize 指定矩阵大小；anchor 指定结构元原点在矩阵中的位置，默认(-1,-1)指定的矩阵中心为结构元原点。

此外，腐蚀还能通过调用一种支持多种形态学处理的函数 morphologyEX(InputArray src,OutputArray dst,int op,InputArray kernel,Point anchor=Poin(-1,-1),int iterations=1,int border-Type=BORDER_CONSTANT,const Scalar & bValue=morphologyDefaultBorderValue())实现，其中，输入参数 op 指定具体形态学处理，op 为 0 或者 MORPH_ERODE 时进行腐蚀操作，其他参数与 erode()函数中的参数含意相同。

9.2.2　膨胀

设 A 为二值图像中的目标集合，B 为结构元，则 A 被 B 膨胀用符号 $\oplus$ 表示，膨胀定义为

$$A\oplus B=\left\{z\,\middle|\,\left((\hat{B})_z\cap A\right)\neq\phi\right\} \tag{9.9}$$

首先对结构元 B 进行反射，得到反射集合 $\hat{B}$，然后 $\hat{B}$ 的原点依次历遍二值图像的每个像素，若此时 $(\hat{B})_z$ 与 A 的交集不是空集，则在与二值图像大小相同的膨胀结果图中，将 $\hat{B}$ 原点所在位置的像素值设为 1，否则设为 0。当 $\hat{B}$ 原点在目标像素上时，$\hat{B}$ 与 A 的交集一定不为空，因此 A 一定是膨胀的子集，即 $A\subseteq A\oplus B$。

图 9.5a 为二值图像，阴影部分构成目标集合 A。图 9.5b 为结构元 B 及其反射 $\hat{B}$，原点用黑点标示。将 $\hat{B}$ 的原点分别放到图 9.5a 的每个像素（注意，不仅仅是目标像素点）位置，如果 $\hat{B}$ 上至少有一个像素落在目标区域上，如图 9.5c、d 所示，则在膨胀结果图 9.5f 中将当前原点位置的像素值设为 1。反之如图 9.5e 所示，$\hat{B}$ 没有一个像素落在目标区域，则膨胀结果图中将 $\hat{B}$ 当前原点位置的像素值设为 0。最终膨胀结果如图 9.5f 所示。经过膨胀，目标区域变大。

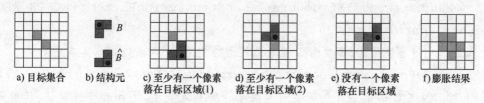

a) 目标集合　　b) 结构元　　c) 至少有一个像素　　d) 至少有一个像素　　e) 没有一个像素　　f) 膨胀结果
　　　　　　　　　　　　　落在目标区域(1)　　落在目标区域(2)　　落在目标区域

图 9.5　膨胀示例

膨胀运算填充图像中背景尺寸比结构元小的区域，可用于连接间隔很小的目标区域。与腐蚀类似，膨胀结果与结构元大小、形状及中心点位置有关。OPENCV 函数 dilate(InputArray src,OutputArray dst,InputArray kernel,Point anchor=Poin(-1,-1),int iterations=1,int borderType=BORDER_CONSTANT,const Scalar & borderValue)可实现膨胀处理，各参数含意与 erode()函数参数相同。也可以通过指定函数 morphologyEX()中的参数 op 为 1 或者 MORPH_DILATE 实现膨胀处理。下列程序用腐蚀和膨胀处理去掉图 9.6a 所示五线谱中的谱

线，仅提取音符：

```
int main(int argc,char ** argv){
    CommandLineParser parser(argc,argv,"{@ input |music.jpg| 输入
文件名}");
    Mat src = imread(samples::findFile(parser.get<String>("@ in-
put")),IMREAD_GRAYSCALE);
    /*读取根据命令行得到的图像文件名,以灰度形式读入,默认文件名为 music.
jpg */
    if (src.empty()){ //检查是否能正确读取文件数据
        cout <<"无法打开文件,请检查输入文件名!\n" << endl;
        cout <<"命令输入格式:" << argv[0] << " <输入文件名>" << endl;
        return -1;  }
    Mat gray=src; //将读入灰度图像赋值给矩阵 gray
    Mat bw;
    adaptiveThreshold( ~ gray, bw, 255, ADAPTIVE _ THRESH _MEAN _C,
THRESH_BINARY,15,-2); /*由于原图中的五线谱为黑色,背景是白色,因此先对原图
取反,再用自适应阈值二值化图像 */
    imshow("原图黑白反转二值化后",bw); /*显示二值化后的图像,如图 9.6b
所示 */
    Mat horizontal = bw.clone();
    Mat vertical = bw.clone(); /*定义两个用于分别存放提取谱线和音符的
矩阵 */
    int horizontal_size = horizontal.cols /30; /*水平线的尺寸为图像
宽度的 1/30 */
    Mat horizontalStructure = getStructuringElement(MORPH_RECT,
Size(horizontal_size,1));
        //创建宽度指定,高度为 1 像素的矩形结构元(一条横线),原点在中心
    erode(horizontal,horizontal,horizontalStructure,Point(-1,-1));
    /*对二值图像腐蚀,由于一般音符宽度小于结构元宽度,因此音符被腐蚀,只留部分
谱线 */
    dilate(horizontal, horizontal, horizontalStructure, Point
(-1,-1)); //对残留谱线膨胀
    imshow("提取的谱线",horizontal); //膨胀可恢复谱线,如图 9.6c 所示
    int vertical_size = vertical.rows /30; /*指定竖线形结构元的高度
```

为图像高度的1/30 * /

```
        Mat verticalStructure = getStructuringElement(MORPH_RECT,
Size(1,vertical_size));
        //创建宽度为1像素的竖线形结构元
        erode(vertical,vertical,verticalStructure,Point(-1,-1));
        //腐蚀可以去掉高度低的谱线
        dilate(vertical,vertical,verticalStructure,Point(-1,-1));
        //膨胀时,用残留音符恢复其全貌
        imshow("提取的白色音符",vertical); /*显示先腐蚀后膨胀结构,由于谱
线高度小于结构元,谱线被腐蚀了,仅保留音符。注意,谱线中的分节线由于纵向较长,也
被保留下来了,如图9.6d 所示 */
        bitwise_not(vertical,vertical); /*将仅保留音符的图像黑白反转,音
符用黑色表示 */
        imshow("黑色音符",vertical); //如图9.6e 所示
        waitKey(0);
        destroyAllWindows();
        return 0;
}
```

a) 二值图像　　　　　b) 图a)取反　　　　　c) 横线结构元腐蚀后膨胀

d) 竖条结构元腐蚀后膨胀　　　e) 图d)取反

图 9.6　通过腐蚀与膨胀提取特定目标

9.2.3　对偶性

将二值图像中的目标 A 进行膨胀, 使得目标区域变大, 相应地则背景区域减小, 相当于对图像背景区域进行了腐蚀操作。反之, 对目标 A 的腐蚀处理可使得目标区域变小、背景区域扩大, 相当于对背景区域进行了膨胀操作。腐蚀与膨胀的对偶性（Duality）数学描述为

$$(A \oplus B)^c = A^c \ominus \hat{B}$$
$$(A \ominus B)^c = A^c \oplus \hat{B}$$

(9.10)

式中, 上标 c 表示集合的补集。

9.3 开运算和闭运算

用腐蚀和膨胀可以组合成多种形态学处理，其中，开运算和闭运算是常用的组合形式。腐蚀和膨胀会显著改变目标集合的大小、形状，而开运算和闭运算可以在不明显改变目标大小的情况下达到去除噪声、连通区域的目的。

9.3.1 开运算

开运算使用同一结构元 B 先对二值图像的目标 A 进行腐蚀运算，再进行膨胀运算，即先腐蚀后膨胀。开运算用符号 。表示，数学描述为

$$A \circ B = (A \ominus B) \oplus B \tag{9.11}$$

开运算能够平滑目标轮廓，断开较窄的区域连接部分，消除区域细小突出物（如毛刺）等。先通过腐蚀来完全消除小于结构元的目标，再用相同的结构元通过膨胀恢复腐蚀后还存在的目标区域。而那些在腐蚀阶段被完全抹去的小区域经膨胀后仍无法恢复。

对 A 用结构元 B 进行开运算，结果就是目标 A 中能完全容纳结构元 B 的区域。例如，图 9.7a 所示的三角形为目标集合 A，图 9.7b 所示的圆形为原点在中心的结构元 B，想象将 B 放入 A 内部，让 B 在三角形内部滚动，如图 9.7c 所示，图 9.7d 中用粗线画出了 B 上各点能到达 A 的边界最远点轮廓，粗线围成的区域即图 9.7e 中的阴影部分就是开运算结果，可以看出，开运算使得 A 中窄小的、无法完全容纳 B 的部分被消掉了。开运算的结果是 A 的子集。由图 9.7 可知，对 A 采用同一结构元进行多次开运算的结果与进行一次开运算的结果相同。开运算在 OPENCV 中通过调用函数 morphologyEX( ) 并将第三个参数 op 设置为 2 或 MORPH_OPEN 来实现。

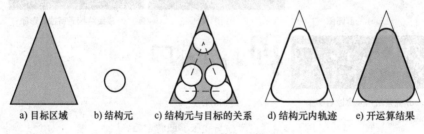

a) 目标区域   b) 结构元   c) 结构元与目标的关系   d) 结构元内轨迹   e) 开运算结果

图 9.7 开运算直观描述

9.3.2 闭运算

闭运算用结构元 B 先对目标 A 进行膨胀，再进行腐蚀。闭运算用符号 · 表示，数学描述为

$$A \cdot B = (A \oplus B) \ominus B \tag{9.12}$$

闭运算使目标轮廓变得光滑，消除狭窄的间断，填充目标内部小的空洞和细小的裂痕。这里直观地以图 9.8a 所示的目标集合 A 为例，采用图 9.7b 所示的结构元 B 进行闭运算，相当于将 B 沿着 A 的外轮廓移动，如图 9.8b 所示，B 上所有与 A 最接近的点连成的运动轨迹如图 9.8c 中的粗线所示，运动轨迹围成的区域如图 9.8d 所示，就是闭运算结果。用相同的

结构元对目标进行多次闭运算得到的结果与一次闭运算的结果相同。A 是闭运算 $A \cdot B$ 的子集。若目标 C 是 A 的子集，那么 $C \cdot B$ 也是 $A \cdot B$ 的子集。OPENCV 中调用函数 morphologyEX( ) 并将第三个参数 op 设置为 3 或 MORPH_CLOSE 来实现闭运算。

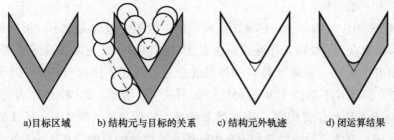

| a)目标区域 | b)结构元与目标的关系 | c)结构元外轨迹 | d)闭运算结果 |

图 9.8　闭运算直观描述

对图 9.9a 所示的二值图像，用半径为 4 像素的圆形结构元对其进行开运算，结果如图 9.9b 所示，原图中宽度为 4 像素的长条和直径为 3 像素的孤立白点经过开运算后消失，这是由开运算的第一步腐蚀造成的，通过开运算的第二步（即膨胀）不能恢复已经完全消失的目标。图 9.9a 闭运算的结果如图 9.9c 所示，原图左下角的方形目标内的孔洞被填充，独立的圆球经过闭运算后与其两侧目标连接，原图中的 3 个三角形彼此间隔 1 个像素，经过开运算后连通。图 9.9d、e 分别是图 9.9a 采用相同结构元后的腐蚀、膨胀结果。开运算、闭运算不会显著改变目标大小。

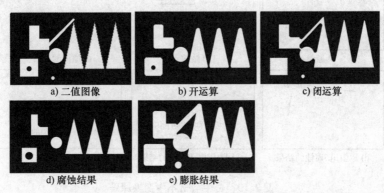

| a) 二值图像 | b) 开运算 | c) 闭运算 |

| d) 腐蚀结果 | e) 膨胀结果 |

图 9.9　开运算、闭运算与腐蚀、膨胀的比较

开运算、闭运算具有对偶性，目标 A 与结构元 B 进行闭运算，并对结果求补集，等价于目标 A 的补集以 B 的反射作为结构元进行开运算。同样，目标 A 与结构元 B 进行开运算，并对结果求补集，等价于 A 的补集以 B 的反射作为结构元进行闭运算。公式表示为

$$(A \cdot B)^c = A^c \circ \hat{B}$$
$$(A \circ B)^c = A^c \cdot \hat{B}$$

(9.13)

9.4　击中与击不中变换

击中与击不中变换（Hit-or-Miss Transformation，HMT）用于在模板匹配时寻找具有某种特定形状或边界的目标，也是很多形态学处理的基础。HMT 同时探测目标内部和外部，对

目标 A 用结构元 B 进行 HMT，表示为 $A \circledast B$。HMT 的计算公式为

$$A \circledast B = (A \ominus B) \cap [A^c \ominus (W-B)] \tag{9.14}$$

式中，W 是比结构元 B 更大的一个结构元；$W-B$ 用于描述 B 的外部轮廓形状。HMT 在 A 中找到与 B 形状相同的目标。

　　HMT 的原理如图 9.10 所示。图 9.10a 所示的二值图中包含 4 个不同形状的目标，它们共同组成了目标集合 A。检测 A 中是否包含 B 形状的目标，首先以被检测形状 B 为结构元，若要完整检测 B 的形状，还需要对 B 的外部轮廓进行描述，因此再构造一个结构元 W，W 能完全包含 B，并且 B 不能位于 W 的边缘。如图 9.10b 所示，以 $W-B$ 作为另一个结构元，$W-B$ 的原点与 B 的原点位置相同，$W-B$ 是 B 的外部轮廓描述。图 9.10c 是 A 的补集 A^c。用结构元 B 对 A 进行腐蚀，腐蚀结果如图 9.10d 所示，腐蚀的目的是在 A 中找出所有能完整包含形状 B 的区域。另一方面，对 A 的补集 A^c 用 $W-B$ 进行腐蚀，结果如图 9.10e 所示。由于 A^c 是背景，$W-B$ 描述 B 的外部轮廓，$W-B$ 对 A^c 腐蚀相当于在背景中找出能完整包含 B 外部轮廓的区域。求图 9.10d 与图 9.10e 的交集，所求交集在目标中能完整包含 B 的形状，同时在背景中还要完整包含 B 的外部轮廓，能同时满足这两个条件的只能是目标中恰好为形状 B 的区域。因此，在交集不为零的位置找到形状 B 的中心位置，交集如图 9.10f 所示。

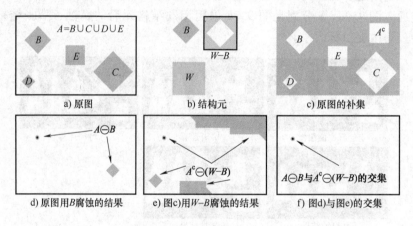

图 9.10　击中与击不中变换原理

　　实际中常将 B 的内部形状和外部轮廓信息合并在一起，用一个组合结构元提供。如图 9.11a 所示，其中"1"组成的区域反映目标内部形状，"0"组成的区域指定目标外部轮廓，没有给出数值的位置不用理会。这里不关心所有的内部形状和外部轮廓，只要求目标右上角的内、外部轮廓都是 ⌐ 形的。根据给出的组合结构元可以

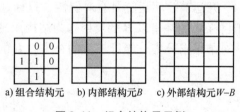

图 9.11　组合结构元示例

分解出两个结构元：图 9.11b 所示的描述目标内部轮廓的结构元 B，以及图 9.11c 所示的描述目标外部轮廓的结构元 $W-B$。

　　HMT 在 OPENCV 中通过调用函数 morphologyEX( ) 实现，需要将第三个参数 op 设置为 7

或 MORPH_HITMISS。此外，第四个参数 kernel 表示组合结构元，需要同时指明内部形状和外部轮廓信息，其中的 1 表示内部形状，-1 表示外部轮廓信息。若 src 为二值图像，要采用图 9.11a 所示的组合结构元来检测目标右上角是否为⌐形，则设置结构元：

```
Mat kernel = (Mat_<int>(3,3) <<0,-1,-1,1,1,-1,0,1,0);
/*定义组合结构元,OPENCV 中用"1"指定内部形状,"-1"指定外部轮廓,不用关心
"0"位置*/
Mat output; //定义输出图像
morphologyEx(src,output,MORPH_HITMISS,kernel); //击中与击不中变换
```

9.5　一些基本形态学算法

9.5.1　边界提取

边界轮廓可用于描述物体形状，是目标识别中一个非常有用的特征。目标 A 的边界用 $\beta(A)$ 表示。目标 A 的内边界是 A 的子集，其提取方法如下：先用适当的结构元 B 对 A 进行腐蚀，然后用 A 减去腐蚀结果。数学描述为

$$\beta(A) = A - (A \ominus B) \tag{9.15}$$

与之类似，也可以采用膨胀提取边界，或者联合腐蚀、膨胀提取边界，公式分别为

$$\beta(A) = (A \oplus B) - A \tag{9.16}$$

$$\beta(A) = (A \oplus B) - (A \ominus B) \tag{9.17}$$

式（9.16）中提取的边界为外边界，边界是 A^c 的子集。式（9.17）用膨胀结果减去腐蚀结果，同时得到内边界与外边界，这种边界又称为形态学梯度。调用 OPENCV 函数 morphologyEX()并将第三个参数 op 设置为 MORPH_GRADIENT，即可实现形态学梯度计算。对于图 9.12a 所示的二值图像，使用不同的边界提取方法得到的结果如图 9.12b~d 所示。

　　a) 二值图像　　　b) 内边界结果　　　c) 外边界结果　　　d) 形态学梯度结果

图 9.12　边界提取示例

9.5.2　种子填充

孔洞是被边界闭合的目标所包围的背景区域。可以从孔洞中的某点开始，该点被称为种子点。通过形态学处理可将孔洞的所有像素提取出来。设 A 为一个 8 连通边界闭合的目标区域，其内部有一个属于背景的孔洞，只要给出了孔洞中的一个点，用如下方法即可将孔洞填充：

1）初始化。初始化阵列 X_0，X_0 中只有孔洞中的一个点像素值设置为 1，该点就是种子点，种子填充由此得名。其他位置的像素值均为 0。

2）迭代。用具有对称结构的结构元 B 进行如下操作：

$$X_k = (X_{k-1} \oplus B) \cap A^c \quad k = 1, 2, \cdots \tag{9.18}$$

式中，A^c 为 A 的补集，X_k 的下标 k 表示第 k 次迭代。若 $X_k = X_{k-1}$，则迭代终止。

图 9.13a 中的阴影表示目标，目标的闭合边界是 8 连通的。选用 4 连通的对称结构元，如图 9.13b 所示，A 的补集 A^c 如图 9.13c 所示。选取孔洞中的一点作为种子点，X_0 如图 9.13d 所示，图 9.13e~g 分别为式（9.18）迭代 1~3 次的结果，多次迭代得到图 9.13h，此后不再变化。此时对比图 9.13a 可以看出孔洞被填充，所有属于孔洞的像素都被提取出来了。

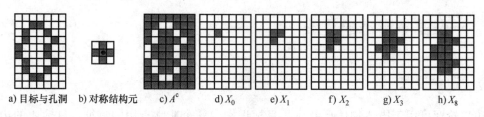

a) 目标与孔洞　b) 对称结构元　c) A^c　d) X_0　e) X_1　f) X_2　g) X_3　h) X_8

图 9.13　种子填充示例

9.5.3　提取连通分量

图像分析中常需要在二值图像中提取连通分量。A 为二值图像中的目标，从 A 中的某个点出发，将整个连通分量提取出来。X_0 是一个与原二值图像大小相同的初始化图像，在 X_0 中只有属于 A 的一个像素点值为 1，B 为结构元，进行如下迭代：

$$X_k = (X_{k-1} \oplus B) \cap A \quad k = 1, 2, \cdots \tag{9.19}$$

式中，下标 k 表示迭代次数。若 $X_k = X_{k-1}$，则迭代终止。与式（9.18）对比可发现，若把目标与背景互换，提取连通分量的方法就是孔洞的种子填充，两者从数学角度看本质一样。

图 9.14a 所示二值图像中的阴影为目标集合 A，8 连通结构元如图 9.14b 所示。首先从目标中任选一点，构成初始图像 X_0，如图 9.14c 所示，X_0 膨胀后与 A 进行逻辑与运算，结果如图 9.14d 所示，对它再次执行式（9.19）计算，得到图 9.14e，多次迭代得到图 9.14f，继续迭代后结果不再变化，提取出整个连通分量。

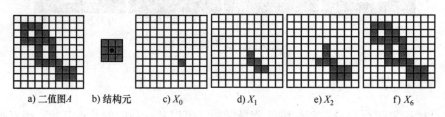

a) 二值图 A　b) 结构元　c) X_0　d) X_1　e) X_2　f) X_6

图 9.14　连通分量提取过程示例

图像中有多个目标时，提取连通分量的过程也是标注连通分量的过程，给图中的每个连通分量分配一个唯一编号，在输出的标注图像中，各连通分量的像素值为该连通分量的编号。根据标注信息可以统计出有多少个连通分量、每个连通分量的大小等信息。

OPENCV 函数 int connectedComponents(InputArray image,OutputArray labels,int connectivity, int ltype,int ccltype)可计算二值图像 image 的连通分量并对每个连通分量标注,返回值为连通分量个数 N,连通分量编号为 0~N-1,其中,0 表示背景连通分量。labels 为标注图像。connectivity 指定 4 连通还是 8 连通。ltype 定义输出标注图像的数据格式,目前支持 CV_32S 和 CV_16U 两种。ccltype 指定计算连通分量的算法,可选参数有 CCL_DEFAULT、CCL_WU、CCL_GRANA 等。设输入图像 bw 为二值图像,找出它有多少个连通区域,并用不同的色彩显示各连通区域,实现程序如下:

```
Mat labelImage(bw.size(),CV_32S); //定义标注图像,大小与原图像相同,
int nLabels = connectedComponents(bw,labelImage,8);
//以 8 连通结构元提取各连通分量,并对每个连通分量进行标注,返回连通分量数目
std::vector<Vec3b> colors(nLabels);
//定义色彩容器大小等于连通分量数目,容器内的每个向量为色彩的 RGB 值
colors[0] =Vec3b(0,0,0);
//连通分量编号为 0 表示二值图像中的背景,对背景分配 R、G、B 分量全为零的黑色
for(int label = 1; label < nLabels; ++label){
    colors[label] =Vec3b((rand()&255),(rand()&255),(rand()&255));
} //对非背景的其他各连通分量随机分配 RGB 色彩
Mat dst(img.size(),CV_8UC3); //定义大小与原图相同的三通道彩色图像
for(int r = 0; r < dst.rows; ++r){
    for(int c = 0; c < dst.cols; ++c){ /*检查标注图像中每个像素点的像素值*/
        int label = labelImage.at<int>(r,c);
        //读取标注图像中每个点的像素值,即该点所属连通分量的编号
        Vec3b &pixel = dst.at<Vec3b>(r,c);
        pixel = colors[label]; /*用分配给该点所属连通分量的色彩绘制该点*/
    }
}
imshow("连通分量标注彩色图",dst);
```

9.5.4　凸包

如果目标 A 内连接任意两点的连线恒在 A 的内部,则称 A 是凸的(Convex)。集合 A 的凸包(Convex Hull)H 是包含 A 的最小凸集。集合 H 与集合 A 的差异部分 H-A 称为集合 A

的凸缺。图 9.15a 所示为目标区域，最右侧两个点的连线不在目标区域内部，图 9.15a 经过凸包处理后的形状如图 9.15b 所示。凸包没有凹陷部分。集合 A 的凸包用 $C(A)$ 表示。

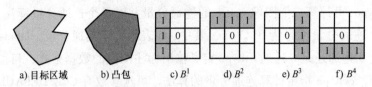

a) 目标区域　　b) 凸包　　c) B^1　　d) B^2　　e) B^3　　f) B^4

图 9.15　凸包处理以及所用结构元

令 $B^i(i=1,2,3,4)$ 表示图 9.15c～f 所示的 4 个组合结构元，B^i 可由 B^{i-1} 顺时针旋转 90° 得到，这些结构元作为凸包计算中击中与击不中变换的组合结构元。对 A 分别用结构元 B^i 进行如下操作：

$$X_k^i = (X_{k-1} \circledast B^i) \cup A \quad i=1,2,3,4; k=1,2,\cdots \tag{9.20}$$

式中，$X_0^i = A$，下标 k 表示迭代次数，上标 i 对应使用的结构元 B^i。当迭代收敛即 $X_k^i = X_{k-1}^i$ 时，将收敛结果用 D^i 表示，有 $D^i = X_k^i$，A 的凸包是所有 D^i 的并集，即

$$C(A) = \bigcup_{i=1}^{4} D^i \tag{9.21}$$

凸包处理首先反复执行如下操作：用结构元 B^1 对 A 进行击中与击不中变换，与 A 求并集，重复上述步骤，当结果不再发生变换时，将结果用 D^1 表示；然后用结构元 B^2 对 A 重复上述操作，以此类推，当 4 个结构元都进行上述操作后，求 D^1、D^2、D^3、D^4 的并集后得到 A 的凸包。

OPENCV 函数 convexHull(InputArray points, OutputArray hull, bool clockwise = false, bool returnPoints = true) 可对输入点集合 points 围成的目标求凸包，凸包点集合放在 hull 中，clockwise 指定凸包点集合 hull 中的各点是以顺时针还是逆时针顺序存放。下列程序对灰度图像 src 进行二值化，对二值化图像找出除背景外其他连通区域的轮廓，根据各轮廓点集分别求出每个目标（前景连通区域）的凸包。

```
Mat blur_image,bw;
blur(src,blur_image,Size(3,3));/*由于提取目标轮廓要计算边缘,噪声会在求边缘时加强,因此这里事先对读入的图像进行平滑以降低噪声*/
threshold(blur_image,bw,50,255,THRESH_BINARY); //对图像进行二值化
vector< vector<Point> > contours; /*定义各前景目标连通分量的轮廓点集合*/
vector<Vec4i> hierarchy;
findContours(bw, contours, hierarchy, RETR_TREE, CHAIN_APPROX_SIMPLE,Point(0,0));
//找出各前景连通区域轮廓,每个轮廓的组成点集放在 contours 中
vector< vector<Point> > hull(contours.size());
```

```
//定义凸包点集合,凸包数量由找到的前景目标轮廓数量决定
for(int i =1; i < contours.size(); i++)
    convexHull(Mat(contours[i]),hull[i],False);
//对每个轮廓找出其对应的凸包点集,放在 hull 中
Mat drawing = Mat::zeros(bw.size(),CV_8UC3); //定义一个空的彩色图像
for(int i =1; i < contours.size(); i++){   //画出轮廓和对应凸包
    Scalar color_contours = Scalar(0,255,0); //绿色
    Scalar color = Scalar(255,255,255); //白色
    drawContours(drawing,contours,i,color_contours,1,8,vector
<Vec4i>(),0,Point());
    //用绿色根据该轮廓点集依次沿各点画出轮廓
    drawContours(drawing,hull,i,color,1,8,vector <Vec4i>(),0,
Point());
    //用白色根据对应凸包的点集依次沿各点画出凸包
}
```

9.5.5　细化、骨架化和粗化

细化用于提取目标的基本形状,在形状识别等应用中使用。结构元 B 对目标 A 的细化用 $A \otimes B$ 表示。细化有多种算法,细化结果因算法不同而略有差异,一个好的细化结果应保持目标的基本形状。

一个基本的细化运算是用 B 对 A 进行击中与击不中变换,然后将 A 减去变换结果,即

$$A \otimes B = A - (A \circledast B) = A \cap (A \circledast B)^c \tag{9.22}$$

一个常用的细化算法是用一系列结构元 $\{B\} = \{B^1, B^2, \cdots, B^n\}$ 对 A 进行对称细化。$B^i (i = 1, 2, \cdots, n)$ 的选择方式有多种,例如,B^i 由 B^{i-1} 旋转一定角度得到。用系列结构元对称细化数学表述如下:

$$A \otimes \{B\} = ((\cdots((A \otimes B^1) \otimes B^2) \cdots) \otimes B^n) \tag{9.23}$$

式(9.23)的执行过程如下:先用结构元 B^1 对 A 进行一次细化,然后对结果用结构元 B^2 进行一次细化,以此类推,直到被 B^n 细化,完成一轮计算。然后重复上述步骤进行又一轮计算,直到结果不再发生变化为止。用 $B^i (i = 1, 2, \cdots, n)$ 细化一次的计算方法见式(9.22)。这种算法的细化结果可能会出现毛刺、断点等问题,通常还需要对细化结果进行修剪、断点连接等后续处理,使得细化结果能够用于基于形状的目标识别。

骨架化是一种极致的细化,将目标细化为 1 个像素的宽度,并且要求细化后连通。骨架化会保持输入对象的尺寸,骨架的端点一直延伸至目标的边界,骨架位于目标中心线位置。骨架化不改变目标基本结构,比如存在的孔洞或分支经骨架化后不会消失。

$(D)_z$ 被称为最大圆，它是包含在 A 内部以 z 为圆心、与目标 A 的边界相切、与边界至少有两个交点的圆。以图 9.16a 所示的目标 A 为例，如图 9.16b 所示，在目标内部分别用不同半径的圆与目标边界相切，每个圆与边界至少有两个交点，虚线表示的圆就是最大圆。最大圆的半

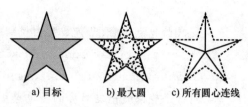

图 9.16 最大圆与骨架化

径根据圆心位置而变化，以确保目标边界上的每个点至少与一个最大圆有交点。所有最大圆的圆心构成的集合如图 9.16c 中的实线所示，就是 A 的骨架。骨架到边界的至少两个最近距离是相等的。

目标 A 的骨架用 $S(A)$ 表示，目标 A 骨架化可用形态学处理中的腐蚀和开操作实现，即

$$S(A) = \bigcup_{k=0}^{K} S_k(A) \qquad (9.24)$$

式中：

$$S_k(A) = (A \ominus kB) - (A \ominus kB) \circ B \qquad (9.25)$$

式中，$A \ominus kB$ 表示对 A 连续用结构元 B 进行 k 次腐蚀。式（9.24）中，上限 K 是指对 A 连续进行 k 次腐蚀而结果不为空集时 k 的最大值，即 $A \ominus (K+1)B$ 为空集，而 $A \ominus KB$ 不为空集。

设二值图像为 bw，对其用腐蚀和开运算实现骨架化的程序如下：

```
Mat skel(bw.size(),CV_8UC1,Scalar(0)); /*骨架化结果图初始化为全0,大小与原图相同*/
Mat tmp1(src.size(),CV_8UC1),tmp2(src.size(),CV_8UC1);
Mat element = getStrucuturingElement(MORPH_CROSS,Size(3,3)); /*3×3矩阵的十字形结构元*/
bool done=0; //判断是否结束迭代的标志
do{
    morphologyEx(bw,tmp1,MORPH_ERODE,element); //腐蚀,对应(A⊖kB)
    morphologyEx(tmp1,tmp2,MORPH_OPEN,element); //对应(A⊖kB)∘B
    bitwise_subtract(bw,tmp2,tmp2); //对应 Sk(A)=(A⊖kB)-(A⊖kB)∘B
    bitwise_or(skel,tmp2,skel); //集合并集,相当于∪(k=0..K)Sk(A)
    tmp1.copyTo(bw); //为(A⊖(k+1)B)做准备
    done=(countNonZero(bw)==0); //判断A⊖kB是否为空
} while(!done);
imshow("骨架化结果",skel);
```

图 9.17b 是图 9.17a 的骨架化结果。

a) 二值图　　　　　　　　　b) 骨架化结果

图 9.17　骨架化示例

另一种骨架化方法是通过距离变换实现的。首先对二值图像进行距离变换，距离变换的结果是一幅大小不变的灰度图像，称为距离图像。距离图像中，灰度值为二值图像中同样位置的像素到背景的最小距离，由于二值图像中像素值为零的背景像素本身在背景区，因此变换后的像素值仍为零。图 9.18a 所示为二值图像，如果采用 D_4 距离，则距离变换结果如图 9.18b 所示，目标区域内的边界

0	0	0	0	0	0	0	0
0	1	1	1	1	1	0	0
0	1	1	1	1	1	1	0
0	1	1	1	1	1	1	0
0	1	1	1	1	1	1	0
0	0	0	1	0	0	0	0
0	0	0	0	0	0	0	0

a) 二值图像

0	0	0	0	0	0	0	0
0	1	1	1	1	1	0	0
0	1	2	2	2	2	1	0
0	1	2	3	3	2	1	0
0	1	2	2	1	1	1	0
0	0	0	1	0	0	0	0
0	0	0	0	0	0	0	0

b) 距离变换结果

图 9.18　距离变换示例

距离背景只有一个像素距离，故变换后的这些位置像素值为 1，而目标中心到背景距离最少为 3 个像素，故变换后对应位置的灰度值为 3。

图 9.19a~c 所示的二值图像对应的距离变换结果分别如图 9.19d~f 所示，目标中心在距离变换后最亮，最亮处连接成的形状与人们感觉到的图像骨架相似。可以根据距离变换结果的奇异性（中心最亮处曲率变化最大）提取中心轴线，得到目标的骨架。

a) 二值图像(1)　b) 二值图像(2)　c) 二值图像(3)　d) 二值图像(1)的　e) 二值图像(2)的　f) 二值图像(3)的
　　　　　　　　　　　　　　　　　　　　　　　　距离变换结果　　距离变换结果　　距离变换结果

图 9.19　距离变换效果

OPENCV 提供了细化函数 thinning（InputArray src, OutputArray dst, int thinningType = THINNING_ZHANGSUEN）对 8 比特深度单通道图像 src 进行细化，src 中像素值为零的作为背景，非零像素值均为目标。细化结果放在与 src 大小相同的图像 dst 中，thinningType 指定细化所采用的算法。

粗化与细化在形态学上是对偶关系。用结构元 B 对目标 A 的粗化用符号 $\odot$ 表示，定义为

$$A \odot B = A \cup (A \circledast B) \tag{9.26}$$

与对称细化类似，对称粗化由一组具有不同旋转角度的结构元组成的系列结构元反复粗化得到，对称粗化数学描述为

$$A \odot \{B\} = ((\cdots((A \odot B^1) \odot B^2) \cdots) \odot B^n) \tag{9.27}$$

先用 B^1 对 A 进行一次粗化，接着对结果再用 B^2 进行一次粗化，以此类推，直到被 B^n 粗化。然后重复上述步骤，直到结果不再发生变化为止。但实际中更常用的是利用粗化与细化的对偶关系，对背景细化相当于对前景粗化。具体方法如下：①先求 A 的补集 A^c；②对

A^c 用系列结构元 $\{B\}$ 进行细化；③对步骤②的结果求补集。也就是说，对 A 粗化，本质上是对 A 的补集进行细化，这种方法与式（9.27）得到的结果有差异，还需要进一步处理来消除孤立点。

9.5.6　形态学重建

形态学重建又称形态学重构，涉及两幅图像和一个结构元。一幅图像称为标记（Marker）或标记图像，包含形态学处理的起始点；另一幅图像称为模板（Mask）或模板图像，用于对形态学处理进行约束；结构元用于定义连接性。形态学重建的基本运算是测地膨胀（Geodesic Dilation）和测地腐蚀（Geodesic Erosion）。

1. 测地膨胀和测地腐蚀

令 F 代表标记图像，G 表示模板图像，两者均为二值图像，并且 $F \subseteq G$，$D_G^{(1)}(F)$ 表示标记图像 F 关于模板图像 G 的大小为 1 的测地膨胀，计算方法为

$$D_G^{(1)}(F) = (F \oplus B) \cap G \qquad (9.28)$$

先对 F 用结构元 B 做膨胀，再将膨胀结果与模板图像 G 求交集。可见，测地膨胀结果受模板图像 G 的限制，$D_G^{(1)}(F) \subseteq G$。图 9.20a、b 分别为标记图像和结构元，阴影表示像素值为 1。用结构元对标记图像膨胀的结果如图 9.20c 所示。图 9.20d 为模板图像，它与图 9.20c 的交集如图 9.20e 所示，是 G 的子集。

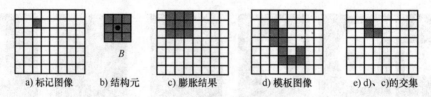

a) 标记图像　　b) 结构元　　c) 膨胀结果　　d) 模板图像　　e) d)、c)的交集

图 9.20　大小为 1 的测地膨胀示例

大小为 n 的测地膨胀定义为

$$D_G^{(n)}(F) = D_G^{(1)}\left(D_G^{(n-1)}(F)\right) \qquad (9.29)$$

式中，$D_G^{(0)}(F) = F$。大小为 n 的测地膨胀就是用大小为 1 的测地膨胀迭代 n 次得到的，显然其结果仍然受模板图像 G 的限制，$D_G^{(n)}(F) \subseteq G$，多次迭代后结果必然收敛。

与测地膨胀对应的是测地腐蚀，标记图像 F 关于模板图像 G 的大小为 1 的测地腐蚀定义为

$$E_G^{(1)}(F) = (F \ominus B) \cup G \qquad (9.30)$$

式（9.30）先对 F 用结构元腐蚀，然后将腐蚀结果与模板图像 G 求并集。测地腐蚀的结果包含或等于模板图像 G，$G \subseteq E_G^{(1)}(F)$。大小为 n 的测地腐蚀定义为

$$E_G^{(n)}(F) = E_G^{(1)}\left(E_G^{(n-1)}(F)\right) \qquad (9.31)$$

式中，$E_G^{(0)}(F) = F$。$E_G^{(n)}(F)$ 由大小为 1 的测地腐蚀迭代 n 次得到，$G \subseteq E_G^{(n)}(F)$。

2. 用测地膨胀或测地腐蚀进行形态学重建

标记图像 F 关于模板图像 G 的膨胀形态学重建用符号 $R_G^D(F)$ 表示，其实质是 F 关于 G

的测地膨胀迭代，直至达到收敛的稳定状态，即

$$R_{\mathrm{G}}^{\mathrm{D}}(F) = D_{\mathrm{G}}^{(k)}(F) \tag{9.32}$$

当 $D_{\mathrm{G}}^{(k)}(F) = D_{\mathrm{G}}^{(k+1)}(F)$ 时，结果收敛达到稳定状态，不再发生变化。

对于图 9.20a、b、d 所示的标记图像 F、结构元 B 和模板图像 G，第 2~5 次测地膨胀结果如图 9.21 所示。由于 5 次测地膨胀后的结果已经等于模板图像 G，继续进行测地膨胀结果不会再变化，因此图 9.21d 就是膨胀形态学重建的结果。

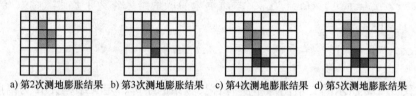

a) 第2次测地膨胀结果　b) 第3次测地膨胀结果　c) 第4次测地膨胀结果　d) 第5次测地膨胀结果

图 9.21　膨胀形态学重建示例

类似地，标记图像 F 关于模板图像 G 的腐蚀形态学重建用符号 $R_{\mathrm{G}}^{\mathrm{E}}(F)$ 表示，其实质是 F 关于 G 的测地腐蚀迭代，直至达到稳定状态，即

$$R_{\mathrm{G}}^{\mathrm{E}}(F) = E_{\mathrm{G}}^{(k)}(F) \tag{9.33}$$

当 $E_{\mathrm{G}}^{(k)}(F) = E_{\mathrm{G}}^{(k+1)}(F)$ 时，继续迭代后结果不会变化。

开运算中先用腐蚀去掉小目标，然后用膨胀恢复被腐蚀后没有完全消除的目标，但恢复后的形状与结构元形状有关，不能准确恢复原始形状。而开运算形态学重建则可以准确恢复被腐蚀后没有消除的目标原始形状。进行图像 F 大小为 n 的开运算形态学重建时，先对 F 进行 n 次腐蚀，然后以腐蚀结果作为标记图像、以 F 为模板图像进行膨胀形态学重建。数学描述为

$$O_{\mathrm{R}}^{(n)}(F) = R_F^{\mathrm{D}}((F \ominus nB)) \tag{9.34}$$

式中，$(F \ominus nB)$ 表示对 F 用结构元 B 进行 n 次腐蚀。开运算形态学重建可以准确恢复 F 中 n 次腐蚀后没有被完全消除的那些目标的形状。对二值图像 bw 的开运算形态学重建的程序如下：

```
Mat kernel = getStrucuturingElement(MORPH_RECT,Size(1,5));
//定义宽度为 1 像素、高度为 5 像素的竖线形结构元
bool done = 0;
Mat diff,tmp,Marker;
morphologyEx(bw,Marker,MORPH_ERODE,kernel,Point(-1,-1),5);
//对二值图像进行 5 次腐蚀，对应式(9.34)中的(F⊖nB)，结果放在 Marker 中
do{
    morphologyEx(Marker,tmp,MORPH_DILATE,kernel); //膨胀
    bitwise_and(tmp,bw,tmp); /*膨胀结果与模板 bw 求交集，一次测地膨胀
完成 */
```

```
    bitwise_xor(tmp,Marker,diff); /*异或,相当于找出 Marker、tmp 的不
同之处 */
    done=(countNonZero(diff)= =0); /*本次测地膨胀的结果与上次的结果
是否完全相同 */
      //若相同,则异或结果为 0、done=1
    Marker=tmp.clone(); //本次测地膨胀的结果作为下次迭代的初始值
} while(!done)
imshow("开运算形态学重建结果图",Marker);
```

要提取图 9.22a 所示的二值图像中所有含长竖条的字母，定义结构元 B 为高度 11 像素、宽度 2 像素的矩形结构元。用结构元对图 9.22a 进行一次腐蚀的结果如图 9.22b 所示，对图 9.22b 膨胀得到图 9.22c，它是图 9.22a 的开运算结果，开运算仅能恢复出字母的长竖条部分。以图 9.22a、b 分别为模板图像、标记图像进行膨胀形态学重建，结果如图 9.22d 所示。

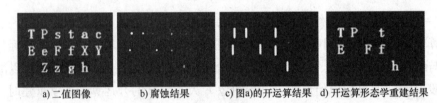

a)二值图像　　b)腐蚀结果　　c)图a)的开运算结果　d)开运算形态学重建结果

图 9.22　开运算形态学重建示例

形态学重建能够实现自动孔洞填充，而无须人工选择种子点。I 为二值图像，(x,y) 处的像素值为 $I(x,y)$。标记图像 F 在图像边缘位置的像素值为 $1-I(x,y)$，其他位置均为 0，即

$$F(x,y)=\begin{cases}1-I(x,y) & (x,y)\text{位于}I\text{的边缘位置} \\ 0 & \text{其他位置}\end{cases} \qquad (9.35)$$

则自动孔洞填充运算表示为

$$H=\left[R_{I^c}^{D}(F)\right]^c \qquad (9.36)$$

孔洞填充后的图像 H 是以 I 的补集 I^c 为模板、以 F 为标记进行膨胀形态学重建结果的补集，I^c 相当于在 I 的孔洞周围布置了全零的一道"墙"。对于图 9.23a 所示的二值图像 I，式（9.35）表示的标记图像 F 如图 9.23b 所示。图 9.23c 是按照式（9.36）计算得到的结果，孔洞被填充。

a)二值图像　　　　b)标记图像　　　　c)孔洞填充结果

图 9.23　形态学重建实现孔洞填充

9.6　灰度图像的形态学处理

灰度图像 f 的形态学处理一般用于图像分割、图像二值化之前的预处理阶段，可达到提高区域内部灰度趋同性、强调区域间灰度差异、突出某些特征等目的。设 b 为灰度图像形态学处理所用的结构元，结构元是一个小尺寸的灰度图像，分为平坦（Flat）结构元和不平坦（Nonflat）结构元。不平坦结构元的灰度值是变化的，平坦结构元的灰度值恒定，通常使用平坦结构元。灰度图像形态学处理所用的结构元也有原点，通常结构元是对称的，原点位于中心位置。

9.6.1　腐蚀和膨胀

平坦结构元 b 对灰度图像 f 进行腐蚀计算时，首先将结构元 b 的原点移到图像 f 坐标 (x,y) 处，f 中被结构元 b 所覆盖的区域中的最小像素值作为 (x,y) 处的腐蚀结果，数学表述为

$$[f\ominus b]\,|\,(x,y)=\min_{(s,t)\in b}\{f(x+s,y+t)\} \tag{9.37}$$

式中，以结构元原点为坐标 $(0,0)$ 得到的结构元中，各像素坐标用 (s,t) 表示。

对结构元 b 以原点为中心进行反转，得到 $\hat{b}$。平坦结构元 b 对图像 f 在坐标 (x,y) 处进行膨胀时，首先将 $\hat{b}$ 原点移到 f 位置 (x,y) 处，f 被 $\hat{b}$ 所覆盖区域中的最大值作为膨胀结果，数学描述为

$$[f\oplus b]\,|\,(x,y)=\max_{(s,t)\in \hat{b}}\{f(x-s,y-t)\} \tag{9.38}$$

用平坦结构元对图 9.24a 所示的灰度图像进行腐蚀的结果如图 9.24b 所示，与原图相比，亮细节减少，整体亮度相较原图变暗。图 9.24c 则是用相同的结构元对图 9.24a 膨胀的结果，暗细节比原图减少，图像整体亮度较原图提高。

a) 灰度图像　　　　b) 对图a)的腐蚀结果　　　　c) 对图a)的膨胀结果

图 9.24　灰度图像腐蚀与膨胀示例

与二值图像腐蚀、膨胀关系类似，灰度图像的腐蚀和膨胀也满足对偶性。

9.6.2　开运算和闭运算

结构元 b 对图像 f 的开运算记为 $f\circ b$，计算方法为

$$f\circ b=(f\ominus b)\oplus b \tag{9.39}$$

开运算时，先对图像 f 用结构元 b 进行腐蚀，对腐蚀结果再用相同的结构元进行膨胀。开运算可以消除图像细小的局部亮区域，降低它们的亮度。首先腐蚀运算使图像整体变暗，

尺寸小于结构元的亮细节变暗，随后的膨胀恢复整体亮度，但变暗的亮细节，其亮度无法恢复。

结构元 b 对图像 f 的闭运算记为 $f ¥ b$，数学表示为

$$f ¥ b = (f \oplus b) \ominus b \tag{9.40}$$

闭运算时，先对 f 用结构元 b 膨胀，对膨胀结果再用相同的结构元进行腐蚀。闭运算用于消除图像中尺寸小于结构元的局部暗区，提高其局部亮度。首先进行的膨胀提高此类局部暗区的亮度，随后的腐蚀操作降低整体图像亮度，但被增亮的局部暗区无法恢复原来的暗度。

灰度图像开运算、闭运算的效果可用几何方法直观描述。想象图像 f 用 $(x, y, f(x,y))$ 三维模型表示，以像素行坐标 x、列坐标 y 共同构成的 $x-y$ 平面为水平面，像素值 $f(x,y)$ 所在维度用高度表示。结构元也用相同方法构造为三维模型。开运算相当于将结构元从 f 的下方放入 f 三维模型内部，尽可能贴着 f 三维模型内表面移动结构元，(x, y) 处的开运算结果就是结构元原点在 (x, y) 处时结构元三维模型中最高点的高度值。图 9.25a 所示的曲线是 f 三维模型的剖面图，以二维形式将图像 f 一行的灰度值用高度表示，平坦结构元水平剖面如图中短虚线所示，将其放入 f 的下方，令结构元贴着曲线下表面沿曲线滑动，图 9.25b 中的粗线是结构元在滑动过程中距离曲线最近的最高点集合，也就是开运算结果，尺寸小于结构元的局部高亮区域的亮度被降低。

类似地，闭运算相当于将结构元放在 f 的三维模型上方，结构元尽量贴着模型上表面移动，结构元原点在 (x, y) 时，结构元上各点能达到的最低高度就是 (x, y) 处的闭运算结果。图 9.25c 中的曲线是 f 三维模型的剖面图，短虚线为结构元剖面图，从曲线上方放入结构元，让结构元贴着曲线上表面滑动，结构元在滑动过程中距离曲线最近的最低点集合如图 9.25d 中的粗线所示，就是闭运算结果，小于结构元的局部暗区域经过闭运算提高了亮度。

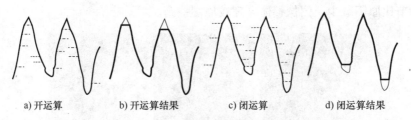

a) 开运算　　　b) 开运算结果　　　c) 闭运算　　　d) 闭运算结果

图 9.25　开运算、闭运算效果剖面图

对图 9.24a 进行开运算，结果如图 9.26a 所示，原图局部高亮区域在运算后亮度降低。与图 9.24b 所示的腐蚀结果相比，开运算图像的整体亮度与原图近似。图 9.26b 是对图 9.24a 的闭运算结果，与原图相比，暗局部的亮度提高，与图 9.24c 所示的膨胀结果相比，闭运算图像的整体亮度与原图接近。

a) 对图9.24a进行开运算的结果　　b) 对图9.24a进行闭运算的结果

图 9.26　开运算、闭运算示例

可以对图像进行多次形态学处理以消除过亮或过暗的细节,使得区域亮度趋于一致。在形态学处理中,将迭代次数称为深度(Depth)。图 9.27a 为原图,由于血管区域比周围更暗,若要消除深色血管的干扰,可以采用膨胀处理提升局部暗细节的亮度,图 9.27b~d 分别是用圆形平坦结构元进行不同深度膨胀得到的结果,多次膨胀可消除内部暗细节,区域内部灰度趋向均匀。

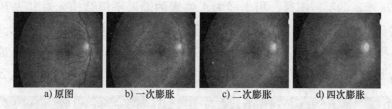

a) 原图   b) 一次膨胀   c) 二次膨胀   d) 四次膨胀

图 9.27　多次形态学处理示例

OPENCV 的形态学处理函数 morphologyEX( ) 可同时支持二值图像和灰度图像处理,因此灰度图像膨胀、腐蚀、开运算、闭运算等编程与二值图像中介绍的方法类似。

9.6.3　顶帽变换和底帽变换

灰度图像 f 的顶帽变换(Top-Hat Transform)定义为原图 f 减去 f 的开运算,即

$$T_{\text{hat}}(f) = f - (f \circ b) \tag{9.41}$$

开运算使得尺寸小于结构元的局部亮区变暗,而式(9.41)中的减运算可提取出尺寸小于结构元的局部亮区。顶帽变换用于暗背景下亮目标的提取,也称为白帽变换。

灰度图像 f 的底帽变换(Bottom-Hat Transform)定义为 f 的闭运算减去 f,即

$$B_{\text{hat}}(f) = (f \yen b) - f \tag{9.42}$$

尺寸小于结构元的局部暗区经过闭运算后变亮,式(9.42)中的减运算能够提取出尺寸小于结构元的暗局部,可用于亮背景下的暗目标提取,故该变换又称为黑帽变换。

顶帽变换和底帽变换可用于对比度增强处理。将原图与顶帽变换结果相加,可以使局部亮区更亮,而原图减去底帽变换可使得局部暗区更暗。图 9.28b、c 分别是图 9.28a 的顶帽变换结果、底帽变换结果。将图 9.28a 与其顶帽变换结果相加,然后减去底帽变换结果,得到图 9.28d,其对比度相比图 9.28a 有所增强。

a) 灰度图像   b) 顶帽变换结果   c) 底帽变换结果   d) 对比度增强结果

图 9.28　用顶帽变换、底帽变换增强图像对比度示例

在 OPENCV 中,将 morphologyEX( ) 函数中的第三个参数设置为 MORPH_TOPHAT 可实现顶帽变换,该参数设置为 MORPH_BLACKHAT 则进行底帽变换。

9.6.4　形态学滤波

开运算抑制小于结构元的亮细节，闭运算则抑制暗细节，对这两个操作联合使用，先进行开运算再进行闭运算，可以去除局部最亮和最暗的细节或噪声，实现图像平滑。这种先开运算后闭运算的处理称为形态学滤波，又称形态学平滑。相反顺序也可达到类似效果。

对图 9.29a 所示的噪声图像，用半径为 1 像素的圆形平坦结构元对其先开运算后闭运算，结果如图 9.29b 所示，对图 9.29a 先闭运算后开运算结果如图 9.29c 所示。结构元的形状、尺寸对去噪效果都有影响，用半径为 2 像素的圆形平坦结构元对图 9.29a 进行先开运算后闭运算的结果如图 9.29d 所示，对图 9.29a 先闭运算后开运算的结果如图 9.29e 所示。

a) 噪声图像　b) 用半径为1像素的圆形平坦结构元先开运算后闭运算的结果　c) 用半径为1像素的圆形平坦结构元先闭运算后开运算的结果　d) 用半径为2像素的圆形平坦结构元先开运算后闭运算的结果　e) 用半径为2像素的圆形平坦结构元先闭运算后开运算的结果

图 9.29　形态学滤波示例

由形态学滤波衍生出的类似的形态学平滑方法还有将图像腐蚀结果与膨胀结果求平均、将图像开运算结果与闭运算结果求平均等，其中，后者又称为纹理平滑，它可使纹理变弱、区域内部更均匀。

9.6.5　形态学梯度

图像中的各区域边缘灰度发生明显变化时，梯度强调了这种变化。由于噪声在梯度计算时被强化，因此通常在梯度计算前对图像进行平滑。由于结构元关于原点对称，因此形态学梯度结果不依赖边缘的方向。形态学梯度有多种形式，基本的形态学梯度是布彻梯度（Beucher Gradient），将图像的膨胀结果减去图像的腐蚀结果，反映了在结构元形状确定的区域范围内灰度的最大变化（区域内最大值与最小值之差）。OPENCV 中将函数 morphologyEX( ) 的第三个参数设置为 MORPH_GRADIENT，可计算布彻梯度。图 9.30a 的布彻梯度图如图 9.30b 所示。

若各区域内部的灰度稳定、区域边缘灰度急剧变化，比如 y 方向灰度：$\cdots,5,5,5,200,200,200,\cdots$。这样的边缘为阶跃型边缘，其布彻梯度的边缘宽度为两个像素。可以采用半梯度（Half-Gradient）计算来获得宽度为 1 像素的边缘。半梯度运算有两种：内部梯度和外部梯度。内部梯度为原图减去其腐蚀图像，当物体内部比外部亮或者物体外边缘比背景暗时，内部梯度增强。图 9.30c 是图 9.30a 的内部梯度图，颗粒中心的亮斑偏白色。外部梯度是将图像膨胀结果减去原图，当物体内部比背景暗或者物体外边缘比背景更亮时，外部梯度增强。图 9.30d 是图 9.30a 的外部梯度图，每个颗粒的中心在该图中最暗。反之，在图 9.30a 中，颗粒非中心区域比颗粒中心和外部暗，因此该区域在外部梯度图中增强，比内部梯度图中的相同位置更亮。选择内部梯度还是外部梯度，取决于物体的几何形状和相对亮度。例如，对于一个细的暗物体，如果它比背景更暗，那么用外部梯度计算可以获得细边缘，而用内部梯度计算则可得到两倍宽度的边缘。

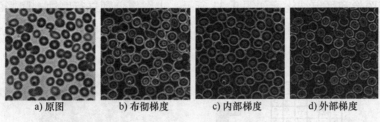

a) 原图　　　　b) 布彻梯度　　　c) 内部梯度　　　d) 外部梯度

图 9.30　梯度与半梯度示例

两个区域间真实的边缘，其灰度变化一般是阶跃形或斜坡形的。其中，斜坡形指边缘的灰度值沿一种趋势逐渐变化，比如 y 方向两个区域的灰度值：…,5,5,5,5,45,85,125,165,165,165,165,…。如果灰度变化是波浪形起伏的，则通常意味着噪声或纹理。通过形态学处理可以简单区分灰度的变化究竟是真实边缘还是纹理/噪声引发的。提取纹理或噪声的梯度计算可以用灰度图像 f 的开运算减去图像 f 的闭运算得到，不妨将两者相减的结果用 $C(f)$ 表示。而提取斜坡形/阶跃形边缘的梯度运算则是用布彻梯度减去 $C(f)$ 得到的。图 9.31a 为医学病理切片图，图 9.31b~d 分别是采用布彻梯度、提取纹理/噪声梯度算法、提取斜坡/阶跃边缘梯度算法得到的结果。

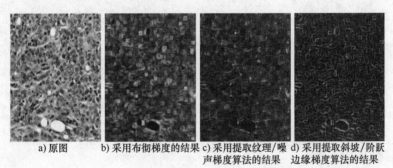

a) 原图　　b) 采用布彻梯度的结果　c) 采用提取纹理/噪　d) 采用提取斜坡/阶跃
　　　　　　　　　　　　　　　　声梯度算法的结果　　边缘梯度算法的结果

图 9.31　不同梯度算法比较

9-1　二值图像和结构元矩阵如图 9.32 所示，阴影分别表示图像目标和结构元，实心黑点表示结构元的原点，求图像被结构元腐蚀的结果及图像被结构元膨胀的结果。

9-2　二值图像被高度为 1 像素、宽度为 3 像素的白色细线干扰，讨论二值图像中的目标符合何种状态时，可以用形态学处理消除细线的干扰？给出具体实施方案。

9-3　二值图像形态学处理中的开运算和腐蚀都能消除细小的前

a) 二值图像　　b) 结构元

图 9.32　习题 9-1 图

景区域，分析并讨论两者的运算结果有何不同。

9-4 如何用形态学处理提取二值图像中目标的边界？

9-5 二值图像用开运算、形态学重建分别消除细小目标区域，效果有何不同？

9-6 灰度图像和平坦结构元如图 9.33 所示，求图像分别进行腐蚀、膨胀的结果。

9-7 图 9.34 所示的灰度图像，光照不均匀，图像右下角的光照较弱，讨论采用何种形态学处理可获得背景光照均匀的图像。

a) 灰度图像　　　b) 平坦结构元

图 9.33　习题 9-6 图　　　　　图 9.34　习题 9-7 图

9-8 使用相同的平坦结构元分别对灰度图像多次进行开运算、对灰度图像多次进行膨胀，分析两种处理得到的结果有何差异。

9-9 什么是灰度图像的顶帽变换？什么是灰度图像的底帽变换？

第 10 章 图像分割

图像分割是图像处理、分析中的重要环节，图像被分成若干具有独特性质的区域，每个区域符合某种一致性。准确分割会对后续的图像分析和目标识别起决定性作用。一幅大小为 $M \times N$ 的图像 f，分割后的各区域应满足：

1）所有区域的并集组成整幅图像。

2）任何两个区域的交集为空集，即区域互不重叠。

3）区域内部满足某种一致性，而任何两个相邻区域间一定不满足这种一致性。例如，以灰度/色彩为分割标准，则各区域内像素之间的灰度/色彩的差异较小，而相邻区域间灰度/色彩的差异很大；若以纹理为一致性，则同一区域内部的纹理类似，而相邻区域的纹理差别较大。

图像分割大致分为检测不连续性、检测相似性两种技术路线。前者以不同区域间的明显变化作为分割依据；后者根据同一区域内部具有某种相似性准则对图像进行分割。

10.1 边缘检测

10.1.1 边缘检测基础

边缘是图像分割的一个重要依据。图像中的区域边缘表现为局部特征不连续，如灰度或色彩的突变、纹理结构的突变等。若以灰度作为边缘检测的依据，沿边缘走向灰度基本稳定，与边缘垂直的方向（称为法线方向）灰度变化较大。阶跃形边缘沿法线方向在很短的间隔内灰度急剧变化，斜坡（Ramp）形边缘沿法线方向灰度按照一个趋势逐渐变化，变化的起点与终点灰度差别较大。其他类型边缘可分解为以上两种类型的组合。

边缘检测方法很多，如空间域微分算子、拟合曲面检测、小波多尺度检测、基于形态学的检测、基于形变模型等。其中，空间域微分算子是经典的边缘检测方式。斜坡形边缘各点的一阶微分值不为零，灰度恒定区域的一阶微分值为零，可以根据一阶微分的幅值检测出边缘，但这样检测出的边缘很粗。位于暗区一侧边缘的二阶微分为正，反之，位于亮区一侧边缘的二阶微分为负，可以根据二阶微分的正、负符号判断边缘位于暗区还是亮区。但是二阶微分对一个边缘同时产生正负值这种双边缘效应是人们不希望看到的，可以想象在正、负值之间有个过零点（Zero-Crossing）。为了更准确地定位边缘，可以把过零点作为边缘的中心。

微分对噪声敏感，会放大噪声的影响，图 10.1 中的第一列为斜坡形边缘图像，第二、三列分别是其 y 方向一阶、二阶微分图。图 10.1a 的第一列是没有噪声的原始图像，图 10.1b~d 的第一列分别是其添加高斯噪声的结果，噪声均值为 0、方差依次增大，噪声较大时无法通过微分计算并检测出边缘。实际中，用微分计算检测边缘前需要先对图像进行平滑以抑制噪声。

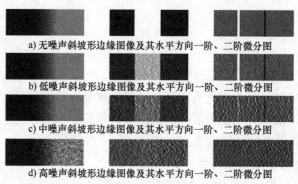

a) 无噪声斜坡形边缘图像及其水平方向一阶、二阶微分图

b) 低噪声斜坡形边缘图像及其水平方向一阶、二阶微分图

c) 中噪声斜坡形边缘图像及其水平方向一阶、二阶微分图

d) 高噪声斜坡形边缘图像及其水平方向一阶、二阶微分图

图 10.1　噪声对一阶、二阶微分的影响

10.1.2　一阶边缘检测算子

梯度是一个二维向量，它的两个分量分别是 x 方向、y 方向的一阶微分。梯度既能检测边缘的强度，也可检测出边缘的方向。在第 3 章已介绍过图像 f 在坐标 (x,y) 处的梯度定义为

$$\nabla f \equiv \mathrm{grad}(f) = \begin{bmatrix} g_x \\ g_y \end{bmatrix} = \begin{bmatrix} \dfrac{\partial f}{\partial x} \\ \dfrac{\partial f}{\partial y} \end{bmatrix} \tag{10.1}$$

梯度方向用角度定义为

$$\alpha(x,y) = \arctan(g_y/g_x) \tag{10.2}$$

梯度方向 $\alpha(x,y)$ 总是指向坐标 (x,y) 处灰度变化最大的方向，沿梯度方向的灰度值变化最快。梯度方向与边缘的关系示例如图 10.2 所示，从图中可以看出，在坐标 (x,y) 处，梯度向量与边缘是正交的，梯度又被称为边缘法线，梯度方向就是法线方向。

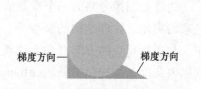

图 10.2　梯度方向与边缘的关系示例

梯度幅度定义为

$$M(x,y) = \mathrm{mag}(\nabla f) = \sqrt{g_x^2 + g_y^2} \tag{10.3}$$

梯度幅度反映了梯度方向上灰度的变化率，也就是边缘的强度。由 $M(x,y)$ 组成的图称为梯度图，其大小与原图像相同。很多时候，在不产生歧义的前提下，直接称梯度图为梯度。

梯度可使用模板计算得到，常用的梯度算子有 Roberts 算子、Prewitt 算子和 Sobel 算子。

2×2 的 Roberts 算子是交叉梯度算子，用于检测对角线方向的边缘，适用于具有陡峭边缘、噪声低的图像。由于没有进行平滑，Roberts 算子不具备抑制噪声的能力，在边缘检测中用得不多。3×3 算子的结构对称并且有中心点，在边缘检测中常用。比较 Prewitt 算子和 Sobel 算子，Sobel 算子将 Prewitt 算子里靠近中心位置的加权系数±1 改为±2，对距离中心近的赋予比其他位置更高的加权系数，能够更好地平滑图像、抑制噪声。

用于边缘检测的模板中的系数之和为零，在灰度恒定的区域根据模板计算的结果为零。式（10.3）计算梯度幅值的计算量较大，一个变通的梯度幅度值计算公式为

$$M(x,y) \approx |g_x| + |g_y| \tag{10.4}$$

式（10.4）的计算量小，缺点是这样得到的梯度不是各向同性的，图像旋转后的梯度幅度值改变。

实际中通常对图像先平滑处理，再进行边缘检测，通常后续还对检测结果进行阈值处理。

对图像用 Sobel 算子进行边缘检测的程序如下：

```
int main( int argc,char * * argv){
    cv::CommandLineParser parser(argc,argv,"{@ input |test.jpg |输入图像}"
    Mat image,src,src_gray,grad;
    const String window_name = "Sobel 边缘检测结果";
    int ddepth = CV_64F; //定义 Sobel 计算,得到有符号类型数据
    String imageName = parser.get<String>("@ input");
    //由外部命令行输入得到待处理图像的文件名,并读取文件
    image =imread(samples::findFile(imageName),IMREAD_COLOR);
    if(image.empty())  {//检测读取的文件是否正确
        printf("无法打开输入图像文件:% s \n",imageName.c_str());
        return EXIT_FAILURE;  }
    GaussianBlur(image,src,Size(3,3),0,0,BORDER_DEFAULT);
    //由于边缘算子对噪声敏感,因此先高斯平滑图像以降低噪声
    cvtColor(src,src_gray,COLOR_BGR2GRAY); //将图像转换为灰度图像
    Mat grad_x,grad_y,abs_grad_x,abs_grad_y,grad_angle;
    Sobel(src_gray,grad_x,ddepth,0,1,3);
    /* 用 Sobel 算子处理,指定 x 方向一阶导数、y 方向零阶导数,就是 x 方向的
Sobel 计算 */
    Sobel(src_gray,grad_y,ddepth,1,0,3);
    //指定 x 方向零阶导数、y 方向一阶导数,就是在 y 方向求 Sobel 边缘
    convertScaleAbs(grad_x,abs_grad_x);
    convertScaleAbs(grad_y,abs_grad_y);
```

```
    /*对有正、负符号的边缘计算结果求绝对值,再转换为 8 比特深度,相当于求
|gₓ|、|g_y|*/
    addWeighted(abs_grad_x,0.5,abs_grad_y,0.5,0,grad); /*求|gₓ|+
|g_y|*/
    imshow(window_name,grad);
    phase(grad_y,grad_x,grad_angle);//调用角度计算函数,求梯度方向
    /*以上计算梯度幅度和角度的程序可以合并调用以下 cartToPolar()函数完成:
    cartToPolar(grad_y,grad_x,grad,grad_angle);
    第三个参数根据式(10.3)计算梯度幅值,第四个参数根据式(10.2)计算梯度方向*/
    waitKey(0);
    return EXIT_SUCCESS;
}
```

10.1.3 Marr-Hildreth 边缘检测

Marr-Hildreth 边缘检测采用 Marr-Hildreth 滤波函数$\nabla^2 G$，∇^2表示拉普拉斯算子，其中符号∇表示微分，上标 2 表示二阶微分，即拉普拉斯函数，G代表高斯低通函数，有

$$G(x,y) = e^{-\frac{x^2+y^2}{2\sigma^2}} \tag{10.5}$$

滤波器$\nabla^2 G$的表达式为

$$\nabla^2 G(x,y) = \frac{x^2+y^2-2\sigma^2}{\sigma^4} e^{-\frac{x^2+y^2}{2\sigma^2}} \tag{10.6}$$

$\nabla^2 G$滤波对图像先进行高斯低通滤波，然后进行拉普拉斯滤波，因此 Marr-Hildreth 滤波器又称为 LoG（Laplacian of Gaussian）滤波器。LoG 是各向同性的，其存在过零点，在图像暗侧的边缘，LoG 滤波结果出现正值，在亮侧的边缘，LoG 滤波结果为负值，过零点在$x^2+y^2=2\sigma^2$处。LoG 滤波器也可用模板近似。$\nabla^2 G$的好处在于：①空间域的高斯函数具有平滑性，相当于对图像进行了平滑；②由于拉普拉斯算子具有各向同性，可以避免诸如 Sobel 算子等一阶微分那样用不同模板对不同方向求微分的麻烦。

对图像$f(x,y)$进行 LoG 滤波得到$g(x,y)$，$g(x,y)$的计算公式为

$$g(x,y) = \left[\nabla^2 G(x,y) \right] * f(x,y) \tag{10.7}$$

式中，$*$表示卷积。根据卷积性质，式（10.7）可以写成

$$g(x,y) = \nabla^2 (G(x,y)*f(x,y)) \tag{10.8}$$

式（10.8）表明，LoG 滤波可以先用高斯滤波器对图像平滑，然后求二阶微分。根据二阶微分的过零点能精确定位边缘，一种过零点检测方法是，对于$\nabla^2 G$滤波结果中的任一像素P，在以其为中心的 3×3 邻域内分别检查x方向、y方向、45°方向、-45°方向的一对相邻像素值符号是否相反。若至少有一个方向上是，则P为过零点，这样检测到的边界一定是闭合曲线。但零值附近的振荡会产生很多不必要的零点，检测结果中会出现很多短小的闭合曲线。

对图 10.3a 进行 σ 为 1.0 的 LoG 滤波，结果如图 10.3b 所示。对其运用上述过零点检测方法，将过零点赋值为 1、非过零点赋值为 0，得到图 10.3c，图中存在大量短小的闭合边界。为改善检测结果，可以对图 10.3a 用较大的 σ 进行 LoG 滤波，σ 越大，高斯函数的平滑效果越好，这样图中细小的灰度变化被平滑掉了。图 10.3d 是 σ 为 3.0 时的 LoG 滤波结果，用上述过零点检测方法得到图 10.3e。此外，还可以将阈值处理引入过零点检测，比如分别检测 P 点在 4 个方向的一对邻域值，若某对的绝对值均大于阈值且符号相反，则 P 是过零点，这样只保留强边缘。图 10.3f 是对图 10.3b 引入阈值处理的过零点检测结果，引入阈值处理可能使边界曲线不闭合。

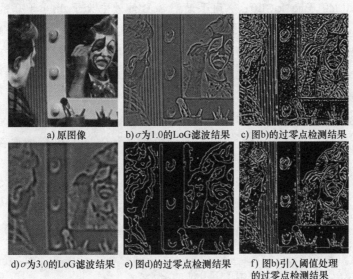

a) 原图像　　b) σ 为 1.0 的 LoG 滤波结果　　c) 图 b) 的过零点检测结果

d) σ 为 3.0 的 LoG 滤波结果　　e) 图 d) 的过零点检测结果　　f) 图 b) 引入阈值处理的过零点检测结果

图 10.3　LoG 边缘检测示例

实际中常用高斯差分（Difference of Gaussian，DoG）近似 LoG，即

$$\text{LoG}(x,y) \approx \text{DoG}(x,y) = \frac{1}{2\pi\sigma_1^2}e^{-\frac{x^2+y^2}{2\sigma_1^2}} - \frac{1}{2\pi\sigma_2^2}e^{-\frac{x^2+y^2}{2\sigma_2^2}} \tag{10.9}$$

为确保 LoG 与 DoG 的过零点位置相同，要求 LoG 中的 σ 与式（10.9）中的 σ_1、σ_2 应满足：

$$\sigma^2 = \frac{\sigma_1^2\sigma_2^2}{\sigma_1^2-\sigma_2^2}\ln\left[\frac{\sigma_1^2}{\sigma_2^2}\right] \tag{10.10}$$

对灰度图像 src，Marr-Hildreth 边缘检测的 OPENCV 程序如下：

```
Mat src_Gaussian,img_LoG,minLoG,maxLoG,zeroCross,tmp1,tmp2;
GaussianBlur(src,src_Gaussian,Size(3,3),0,0,BORDER_DEFAULT);
//先对图像进行高斯平滑
    Laplacian(src_Gaussian,img_LoG,CV_32S); /*拉普拉斯滤波。以上两步完
成 LoG 滤波 */
```

```
convertScaleAbs(img_LoG,img_LoG); //取绝对值并归一化
imshow("LoG 滤波图像",img_LoG);
//下面为快速过零点检测部分
morphologyEx(img_LoG,minLoG,MORPH_ERODE,Mat::ones((3,3)));
//对每个图像的像素值用其 3×3 邻域内的最小像素值替换
morphologyEx(img_LoG,maxLoG,MORPH_DILATE,Mat::ones((3,3)));
//对每个图像的像素值用其 3×3 邻域内的最大像素值代替
Mat imgLoGM0,imgLoGL0;//用于记录 LoG 滤波中大于 0、小于 0 的位置
thresholod(minLoG,minLoG,0,255,THRESH_BINARY_INV); /*minLoG 中小
于 0 的记录下来*/
thresholod(img_LoG,imgLoGM0,0,255,THRESH_BINARY); /*img_LoG 中大
于 0 的记录下来*/
bitwise_and(minLoG,imgLoGM0,tmp1);
/* 检查是否像素值本身大于 0,3×3 邻域内有小于 0 的点,即邻域内存在符号相反的
点*/
thresholod(maxLoG,maxLoG,0,255,THRESH_BINARY); /*maxLoG 中大于 0
的记录下来*/
thresholod(img_LoG,imgLoGL0,0,255,THRESH_BINARY_INV); /*img_LoG
中小于 0 的记录下来*/
bitwise_and(maxLoG,imgLoGL0,tmp2);
/*检查是否像素值本身小于 0,3×3 邻域内有大于 0 的点,即邻域内存在符号相反的
点*/
bitwise_or(tmp1,tmp2,zeroCross); //以上两类点均作为过零点
```

10.1.4 Canny 边缘检测

Canny 边缘检测的错误率低，可以精确定位边缘点，实现较为简单。检测步骤如下：

1）对图像进行高斯低通滤波，抑制噪声。

2）用一阶边缘检测算子求图像梯度。

3）根据式（10.2）和式（10.3）计算梯度方向和幅度。

4）对梯度幅度图采用非极大值抑制。

5）用双阈值处理和连通性分析检测并连接边缘点。

梯度计算得到的边缘很粗，通常表现为屋脊形，即中间有局部最大值、两侧逐渐降低，梯度图如图 10.4a 所示。真正的边缘点一定沿着如图 10.4b 所示的梯度方向，并且是该方向上各点中梯度幅度最大的那个。此外，这些边缘点还应该能连成线。因此，找边缘要解决两个问题：①如何找到梯度方向上梯度幅度最大的点？②与该点相连的边缘点是哪个？

 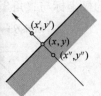 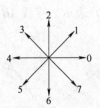

a) 梯度图　　b) 边缘的梯度方向　　c) 沿梯度方向的相邻点　　d) 梯度方向的量化

图 10.4　确定边缘点示例

第 4）步的非极大值抑制解决问题①。如图 10.4c 所示，沿着梯度方向在坐标 (x,y) 点的两个相邻点的坐标分别为 (x',y') 和 (x'',y'')。若 (x,y) 点的梯度幅度 $M(x,y)$ 大于两个相邻点的梯度幅度，则保持 (x,y) 点的梯度幅度不变，否则将其梯度幅度值清零。公式表示为

$$M(x,y)=\begin{cases}M(x,y) & M(x,y)>M(x',y')\text{且}M(x,y)>M(x'',y'')\\0 & \text{其他}\end{cases} \tag{10.11}$$

由于式（10.2）计算出的梯度方向在 0°~180°间分布，而数字图像邻域只有图 10.4d 中标记的 8 个方向，因此在非极大值抑制时，需要先将梯度方向量化到这 8 个方向。

第 5）步的双阈值处理定义两个阈值，分别用 T_H、T_L 表示，并且 $T_H>T_L$。如果某点的梯度幅度大于 T_H，则它一定是边缘，这里用 P_{se} 表示。如果梯度幅度小于 T_L，则一定不是边缘。对于梯度幅度在 $T_L\sim T_H$ 的点，则根据它与已知边缘点之间的连通性确定其是否为边缘点，具体方法如下：对所有 P_{se} 点检查其 8 邻域中是否存在梯度幅值在 $T_H\sim T_L$ 之间的点，若有则将此相邻点也标为 P_{se}。双阈值处理和连通性分析将孤立的、短的边缘连接起来，确保边界连续。

OPENCV 函数 Canny（inputArray src, OutputArray edges, double threshold1, double threshold2, bool L2gradient=false）可对 8 比特深度的输入图像 src 进行 Canny 边缘检测。edges 为输出单通道 8 比特深度边缘检测结果图。threshold1 是双阈值处理中的 T_L，threshold2 是 T_H。标志 L2gradient 为 1 则用式（10.3）计算梯度幅度，为 0 则用式（10.4）计算梯度幅度。

10.1.5　Hough 变换

实际中，由于噪声、非均匀照明等因素的干扰，检测到的边缘会出现断续，不准确的检测结果会对后续的图像分析造成严重干扰。通常，在边缘检测后还需要将边缘点连接成有意义的边缘线。Hough 变换是一个重要的检测间断点边界形状的方法，通过将图像从笛卡儿直角坐标空间变换到参数空间，实现直线或曲线的检测与拟合。

1. Hough 变换原理

Hough 变换又称霍夫变换、哈夫变换，其设计之初用于检测直线，后经过发展可用于检测椭圆等曲线。这里以直线检测为例介绍 Hough 变换原理。

图 10.5a 中，直线 AB 上的各点在直角坐标系中的坐标为 (x,y)，x、y 满足线性关系。直线 AB 在极坐标系中用 (ρ,θ) 表示，其中 ρ 为原点到直线 AB 的距离，θ 为从原点到 AB 做的垂线与 x 方向的夹角，如图 10.5a 所示，可见，直角坐标系中的一条直线在极坐标系中用

一个点(ρ,θ)表示。直线AB的极坐标与直角坐标的关系满足

$$x\cos\theta+y\sin\theta=\rho \qquad\qquad (10.12)$$

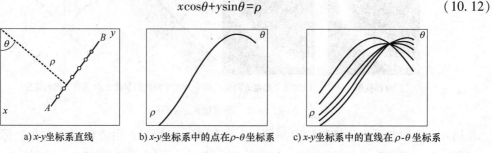

a) x-y坐标系直线　　　　b) x-y坐标系中的点在ρ-θ坐标系　　　c) x-y坐标系中的直线在ρ-θ坐标系

图 10.5　直角坐标空间与参数空间的关系示例

对直角坐标系中的任一点(x_0,y_0)，过该点的直线有无数条，每一条直线在极坐标系中的ρ、θ都满足式（10.12）的约束，即$x_0\cos\theta+y_0\sin\theta=\rho$，这里的$x_0$、$y_0$是常数。所有直角坐标系中过$(x_0,y_0)$点的直线在$\rho$-$\theta$坐标系中会构成一条图 10.5b 所示的曲线，曲线上的每个点都对应直角坐标系中过(x_0,y_0)的一条直线。

当AB上的多点从直角坐标系转换到极坐标系时，每个点都对应极坐标系中的一条曲线，这些曲线必然有共同的交点，如图 10.5c 所示。该交点在直角坐标系下对应的直线就是各点共属的直线AB。找直线的问题可以转换为在极坐标系下找曲线交点的问题，只要在极坐标中找到这个交点，反过来就可以把直角坐标系下的直线找出来。实际中，由于某些因素的影响，直线上并非所有点对应的ρ-θ曲线交汇在同一点，因此采用投票表决的方法找出最多条ρ-θ曲线交汇的点即可。投票机制使得 Hough 变换对图像中的边缘残缺、噪声等干扰不敏感。

2. 标准 Hough 变换检测直线

应用 Hough 变换检测直线的算法具体步骤如下：

1）在ρ-θ参数空间分别将ρ、θ量化为M、N个区间，ρ-θ空间用$M\times N$矩阵表示。区间越多则区间间隔越小，检测准确度越高。

2）初始化累加器矩阵$ACC(m,n)$为全零矩阵，$m=1,2,\cdots,M,n=1,2,\cdots,N$，该矩阵大小为$M\times N$，用于存放每个$\rho$-$\theta$组合获得的投票数目。

3）对输入图像用前面讲的任何方法计算出其二值化边缘图像。

4）对于边缘图像的每个边缘点，分别用代表N个不同区间的θ值$\theta_n(n=1,2,\cdots,N)$代入式（10.12），求出对应的ρ值，这里用ρ_n表示$(n=1,2,\cdots,N)$。若ρ_n落在ρ的第i个区间，则将$ACC(i,n)$的值加 1。对所有边缘点重复本步骤。

5）根据阈值、百分比等准则选出ACC矩阵中的一个或多个最大值，根据该值在ACC矩阵中的位置(m,n)得到ρ_m、θ_n值，如图 10.5a 所示，ρ、θ已知，则可确定直线。

函数 HoughLines(InputArray src,OutputArray lines,double rho,double theta,int threshold)可用标准 Hough 变换找到二值图像中的直线，src 为 8 比特单通道二值图像，lines 存放所有找到的直线，每条直线都用(ρ,θ)或（ρ，θ，得票数）表示，rho 表示ρ区间间隔，theta 指定θ区间间隔，threshold 指定得票数阈值，只有得票数超过阈值的才被认为是有效直线。

3. 渐进概率 Hough 变换检测直线

标准 Hough 变换可检测出直线，但无法确定直线线段的端点。渐进概率 Hough 变换（Progressive Probability Hough Transform，PPHT）则可以检测出端点。PPHT 方法描述如下：

1）执行标准 Hough 变换步骤 1）~3）。

2）将二值化边缘图像 E 复制到图像 H 中。

3）如果 H 为全 0，则结束。

4）在 H 中随机选择一个边缘点，按照标准 Hough 变换检测直线方法的步骤 4）更新 *ACC* 矩阵。

5）从 H 中删除该点。

6）如果更新后的 *ACC* 矩阵中的最大值小于阈值（不是有效直线），回到步骤 3），否则转至步骤 7）。

7）根据 *ACC* 矩阵中最大值确定的直线，在图像 E 中从该直线位于图像第一列的点出发，沿着直线方向位移，找到连接直线的两个端点，确定线段。如果线段有间断但间断小于允许的最大间断，则可以继续找末端端点。

8）在 H 中将所有位于步骤 7）线段上的边缘点删除。

9）*ACC* 清零；如果检测出的线段长度大于设定值，则输出线段检测结果；返回步骤 2）。

OPENCV 函数 HoughLinesP（InputArray src，OutputArray lines，double rho，double theta，int threshold，double minLineLength = 0，double maxLineGap = 0）可使用 PPHT 找到二值图像中的线段，minLineLength 指定一个线段上的最少像素数量，线段上的像素数量小于该值则忽略该线段。maxLineGap 指定最大间断，若直线中间的间断超过该值，则被认为是两个线段。由于 PPHT 检测到的是线段，因此输出 lines 中存放的是线段两个端点的坐标。函数使用程序如下：

```
int main(int argc,char ** argv){
    Mat dst,cdst,cdstP;
    const char * default_file = "sudoku.png"; //指定默认文件名
    const char * filename = argc >=2 ? argv[1] :default_file;
   //如果命令行输入指令至少有两个分量,则第二个分量为图像文件名
    Mat src = imread(samples::findFile(filename),IMREAD_GRAYSCALE);
//读入灰度图形
    if(src.empty()){ //检测图像是否正确读入
        printf("无法打开输入图像 \n"); return -1; }
    Canny(src,dst,50,200,3); /*使用 Canny 算子检测边缘,得到二值边缘图
像 dst */
    cvtColor(dst,cdst,COLOR_GRAY2BGR); /*边缘图像变为彩色,用于画检
测到的直线 */
```

```
        cdstP = cdst.clone();
        vector<Vec2f> lines;//定义容器,用于存放检测到的直线
        HoughLines(dst,lines,1,CV_PI/180,150); /* 使用标准 Hough 变换检
测直线,ρ 以一个像素为区间间隔,角度 θ 以1°为区间间隔,得票数要超过 150 */
        for(size_t i = 0; i < lines.size(); i++){    //将检测到的直线画出
            float rho = lines[i][0],theta = lines[i][1]; /* 提取每个检测
到的直线的 ρ 和 θ 值 */
            Point pt1,pt2;
            double a = cos(theta),b = sin(theta),x0 = a * rho,y0 = b * rho;
        //从原点向直线做垂线,垂线与直线交点的坐标为 x0、y0
            pt1.x = cvRound(x0 + 1000 * (-b)); pt1.y = cvRound(y0 + 1000 * (a));
            pt2.x = cvRound(x0 - 1000 * (-b)); pt2.y = cvRound(y0 - 1000 * (a));
        //找到位于直线上的远远超过图像范围的两个端点,画出直线
            line(cdst,pt1,pt2,Scalar(0,0,255),3,LINE_AA);
        }
        vector<Vec4i> linesP;//定义容器,存放 PPHT 检测结果
        HoughLinesP(dst,linesP,1,CV_PI/180,50,50,10);
        /* 进行 PPHT 检测,线段上至少要有 50 个像素,否则忽略该线段,最大断开超过
10 个像素被认为是两条线段 */
        for(size_t i = 0; i < linesP.size(); i++){ //将检测到的直线画出
            Vec4i l = linesP[i]; //取出线段两个端点的坐标
            line(cdstP,Point(l[0],l[1]),Point(l[2],l[3]),Scalar(0,0,
255),3,LINE_AA);
        }
        imshow("标准 Hough 变换直线结果",cdst);
        imshow("PPHT 线段检测结果",cdstP);
        waitKey();
        return 0;
    }
```

图 10.6a 的 Hough 变换结果如图 10.6b 所示，横坐标 θ 的范围为 $-90° \sim 89°$，亮处对应得票多的 (ρ,θ) 组合。标准 Hough 变换检测出的直线如图 10.6c 所示。PPHT 检测出的是线段，检测结果如图 10.6d 所示。

4. Hough 变换检测圆

在笛卡儿直角坐标系 x-y 空间中，圆上的所有点坐标 (x,y) 均满足

$$(x-a)^2+(y-b)^2=r^2 \tag{10.13}$$

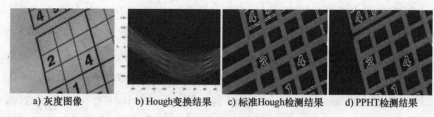

a) 灰度图像　　b) Hough变换结果　　c) 标准Hough检测结果　　d) PPHT检测结果

图 10.6　**Hough** 变换检测直线示例

需要确定参数 a、b 和 r。根据圆心坐标 (a,b) 和圆半径 r 可以推导出圆上的各点坐标 (x,y) 为

$$x = a + r\cos\theta$$
$$y = b + r\sin\theta \qquad (10.14)$$

式中，θ 为从圆心 (a,b) 到 (x,y) 的连线与 x 方向的夹角。将笛卡儿空间变换到参数 a-b 空间，有

$$a = x - r\cos\theta$$
$$b = y - r\sin\theta \qquad (10.15)$$

如果 r 已知，那么只需要确定 a、b 两个参数。比较式（10.14）和式（10.15），式（10.14）是以 (a,b) 为圆心在 x-y 空间求圆上的各点坐标 (x,y)，那么式（10.15）可看作以 (x,y) 为圆心计算圆上的点在 a-b 空间的坐标 (a,b)。对于 x-y 空间圆上的每个点 (x,y)，经过它的所有半径为 r 的圆的圆心 (a,b) 就构成了参数 a-b 空间中的一个圆。如图 10.7a 所示，x-y 空间圆上的任一点在图 10.7b 所示的 a-b 空间对应一个圆。那么，在 x-y 空间，以 (a,b) 为圆心的圆上的多个点在参数 a-b 空间对应多个圆，这些圆的交点必然就是待求的 a、b，如图 10.7b 所示。

若半径 r 是变化的，则笛卡儿 x-y 空间中圆上的每个点对应参数 a-b-r 空间中的一个圆锥，如图 10.7c 所示，每个圆锥横截面对应一个确定的 r 值。显然，多个圆锥的交点坐标就是检测到的圆心 (a,b)、半径参数为 r。

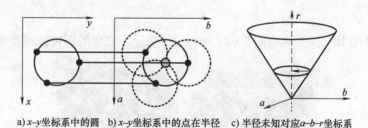

a) x-y坐标系中的圆　b) x-y坐标系中的点在半径　c) 半径未知对应a-b-r坐标系
固定的a-b坐标系中

图 10.7　圆在笛卡儿空间与参数空间的转换对应关系

上述标准 Hough 变换检测圆的算法具有精度高、抗干扰能力强等特点。但在三维空间投票来同时求 3 个参数 a、b 和 r，计算量大并且存储空间的需求也很大。实际中可分两步求参数，先找到圆心坐标 (a,b) 的两个参数，再求该圆心对应的半径 r。首先用 Canny 算法检测出边缘，对每个边缘点在原图像中用 Sobel 算子求其梯度，设边缘点梯度方向为 θ，将半径 r 设为常数，将 θ 代入式（10.15）计算对应的 a、b 值，根据计算结果将相应 $ACC(a,b)$ 中的

得票数加 1。所有边缘点投票完毕后，选择得票最多的一个或几个作为圆心坐标(a,b)。然后分别计算(a,b)到所有边缘点的距离，获得最多投票的距离就是该(a,b)对应的半径 r。

函数 HoughCircles（InputArray src，OutputArray circles，int method，double dp，double minDist，double param1 = 100，double param2 = 100，int minRadius = 0，int maxRadius = 0）可检测 8 比特深度单通道灰度图像 src 中的圆，将检测到的圆放入 circles 中，circles 中的每个圆都用（圆心坐标，半径）或者（圆心坐标，半径，得票数）表示。method 指定检测方式，目前支持在梯度图中检测圆。dp 指定比例，用于确定 **ACC** 数组大小，例如，dp = 1 则 **ACC** 大小与图像相同，dp = 2 则 **ACC** 宽高均为 src 的一半。minDist 指定检测到的两个圆的圆心之间的最小距离，param1 指定 Canny 边缘检测中的高阈值 T_H，低阈值 T_L 默认为它的一半，param2 指定得票数最低门限，只有得票数超过该门限的圆才放入检测结果 circles 中。minRadius、maxRadius 指定圆的最小、最大半径。在图像 img 中检测圆的程序如下：

```
cvtColor(img,gray,COLOR_BGR2GRAY); //转换为灰度图
GaussianBlur(gray,gray,Size(9,9),2,2);
//检测前先平滑图像,防止后续用梯度图检测时由于噪声造成伪圆
vector<Vec3f> circles; //定义装检测结果的容器
HoughCircles(gray,circles,HOUGH_GRADIENT,2,gray.rows/4,200,
100); //检测圆
for(size_t i = 0; i < circles.size(); i++){ //将检测结果画在图像上
    Point center(cvRound(circles[i][0]),cvRound(circles[i]
[1])); //提取各圆圆心坐标
    int radius = cvRound(circles[i][2]); //提取圆的半径信息
    circle(img,center,3,Scalar(0,255,0),-1,8,0); //画圆心
    circle(img,center,radius,Scalar(0,0,255),3,8,0); //画圆轮廓
}
```

图 10.8b 是用 Hough 变换对图 10.8a 检测的结果，不完整的圆也能被检测出来。

a) 原图　　　　　　　　b) 检测结果

图 10.8　Hough 变换检测圆示例

10.2　基于阈值的图像分割

基于阈值的图像分割利用同一区域内部特征的相似性，是常用的并行分割方法，具有计算量小、处理速度快等特点。

10.2.1　阈值分割基础知识

假设图像由目标和背景区域构成，通常目标与背景的灰度差异较大，但目标内部、背景内部分别具有相似性，因此可根据灰度阈值将目标和背景分割开。如果图中有多个目标，并且每个目标的灰度值不同，那么也可用多个灰度阈值对图像分割，但多阈值分割处理不灵活，人们往往采用其他分割算法。

图像中的每个像素均用相同的阈值 T 做判断，则称 T 为全局阈值。若 T 值不固定，则 T 被称为可变阈值，一般应用于图像局部分割，因此也称为局部阈值或区域阈值。

全局阈值的分割效果与直方图有关，直方图两个相邻波峰之间的波谷越宽、两个波峰的间隔越远、波峰与波谷的比值越大，则分割效果越好。还有一些因素对分割效果有重要影响，如噪声、光照和反射的均匀性、目标与背景的相对尺寸等。

光照均匀对阈值分割至关重要，通常要先获得光照均匀的图像，然后进行全局阈值分割，或者对非均匀光照图像直接用局部阈值进行分割。对图 10.9a 添加图 10.9b 所示的非均匀光照，非均匀光照条件下的成像如图 10.9c 所示，其对应的直方图如图 10.9d 所示，图中的两个波峰之间没有明显的波谷，并且波峰与波谷之比较小，无法用全局阈值得到正确的分割结果。

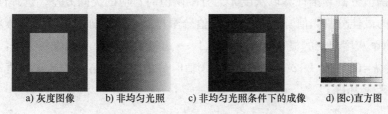

a) 灰度图像　　b) 非均匀光照　　c) 非均匀光照条件下的成像　　d) 图c)直方图

图 10.9　光照对直方图的影响

图 10.10a、d 分别是添加低方差、高方差高斯噪声的图像，噪声均值为 0。图 10.10b、e 分别是它们对应的直方图。图 10.10b 有明显波谷，将阈值设在波谷中心，图 10.10c 显示分割正确的结果。而图 10.10e 没有明显的波谷，无法根据直方图确定全局阈值。

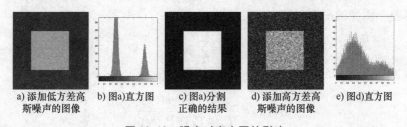

a) 添加低方差高　　b) 图a)直方图　　c) 图a)分割　　d) 添加高方差高　　e) 图d)直方图
斯噪声的图像　　　　　　　　　　　　正确的结果　　斯噪声的图像

图 10.10　噪声对直方图的影响

为减弱噪声对全局阈值分割的影响，通常在分割前要平滑图像。图 10.11b 是对图 10.11a 采用全局阈值分割的结果。对图 10.11a 进行高斯低通滤波，得到图 10.11c，其直方图如图 10.11d 所示，对图 10.11c 进行全局阈值分割的结果如图 10.11e 所示，分割结果得到极大改善。

对含噪声的图像通过平滑改善全局阈值分割效果的前提是图像中目标、背景两类的占比差别不大。如果两类在图像中的占比差别过大，则平滑并不会改善分割效果。

a) 高噪声图像　　b) 图a)分割结果　c) 对图a)高斯平滑　d) 图c)直方图　e) 图c)分割结果

图 10.11　平滑改善噪声图像的分割效果

10.2.2　全局阈值分割

全局阈值分割对图像的所有像素采用同一阈值进行处理，计算量小，处理速度快。

1. Otsu 全局阈值分割法

阈值选取可以看作一个统计决策的过程：像素被分为两类时要确保平均错误率最低。基于上述思路，Otsu 全局阈值分割算法认为在最佳阈值处两类之间的差别应该是最大的，这个差别用最大类间方差度量。当灰度被错误分类时会导致平均错误率增加，类间方差变小，因此可以由最大类间方差确定全局阈值。

Otsu 全局阈值分割算法计算以灰度 k 为分割阈值时对应的类间方差，选择使得类间方差最大的灰度作为最佳分割阈值。标准 Otsu 阈值分割算法将图像分为两类，具体步骤如下：

1）统计每个灰度出现的概率为 p_i，$i=0,1,\cdots,L-1$，其中 L 为图像灰度级数。

2）分别令 $k=0,1,\cdots,L-2$，计算以 k 为阈值时分割结果中第一类（灰度值不大于 k）的累积概率分布函数 $P_1(k)$：

$$P_1(k)=\sum_{i=0}^{k} p_i \qquad (10.16)$$

3）分别令 $k=0,1,\cdots,L-2$，计算以 k 为阈值时分割结果中第一类的平均灰度值 $m(k)$：

$$m(k)=\sum_{i=0}^{k} ip_i \qquad (10.17)$$

4）计算整个图像的平均灰度：

$$m_G=\sum_{i=0}^{L-1} ip_i \qquad (10.18)$$

5）分别令 $k=0,1,\cdots,L-2$，计算以 k 为阈值得到的类间方差：

$$\sigma_B^2(k)=\frac{[m_G P_1(k)-m(k)]^2}{P_1(k)[1-P_1(k)]} \qquad (10.19)$$

6）以类间方差 $\sigma_B^2(k)$ 最大值所对应的索引 k 作为 Otsu 阈值 k^*。如果类间方差的最大值不唯一，则记录每个最大值对应的 k 值，以这些 k 值的平均值作为 k^*。

若用全局阈值分割为 n 类，这里 $n>2$，则需要 $n-1$ 个阈值，可以采用改进的多阈值 Otsu 算法。算法尝试所有 $n-1$ 个灰度的组合方式，分别计算每种组合下的类间方差，以最大类间方差所对应组合中的 $n-1$ 个灰度作为分割阈值。多阈值 Otsu 算法的计算量大，实际中的应用远不如标准 Otsu 算法广泛。

2. 最大熵全局阈值分割法和三角阈值分割法

最大熵全局阈值分割法又称为 KSW 熵分割法，思路与 Otsu 算法类似，区别在于前者用最大熵作为度量，最佳阈值使得背景与前景两类熵之和最大。算法步骤如下：

1）同 Otsu 算法步骤 1），计算各灰度值出现的概率 p_i，$i=0,1,\cdots,L-1$。

2）同 Otsu 算法步骤 2），取 $k=0,1,\cdots,L-2$，分别计算以 k 为阈值的对应的两类各自累积概率分布函数 $P_1(k)$、$P_2(k)=1-P_1(k)$。

3）令 $k=0,1,\cdots,L-2$，计算以 k 为分类阈值时两类内部各灰度级的类内归一化概率分布：对第一类有 $\dfrac{p_0}{P_1(k)},\dfrac{p_1}{P_1(k)},\cdots,\dfrac{p_k}{P_1(k)}$。

对第二类有 $\dfrac{p_{k+1}}{P_2(k)},\dfrac{p_{k+2}}{P_2(k)},\cdots,\dfrac{p_{L-1}}{P_2(k)}$。

4）分别令 $k=0,1,\cdots,L-2$，计算以 k 为分类阈值时对应两类各自的熵：

$$H_1(k)=-\sum_{i=0}^{k}\frac{p_i}{P_1(k)}\ln\left(\frac{p_i}{P_1(k)}\right) \tag{10.20}$$

$$H_2(k)=-\sum_{i=k+1}^{L-1}\frac{p_i}{P_2(k)}\ln\left(\frac{p_i}{P_2(k)}\right) \tag{10.21}$$

5）令 $k=0,1,\cdots,L-2$，分别计算以 k 为分割阈值时的两类熵之和 $H(k)=H_1(k)+H_2(k)$，取 $H(k)$ 的最大值所对应的 k 作为最佳分割阈值 k^*。

OPENCV 二值化函数 double threshold(InputArray src,OutputArray dst,double thresh,double maxval,int type)可对输入单通道图像 src 进行全局阈值处理，结果放入 dst 中。thresh 为指定的阈值。maxval 指定 dst 中图像的最大值。type 指定阈值处理方式，其中 THRESH_BINARY 将小于阈值的清零，将大于阈值的置为 maxval，THRESH_BINARY_INV 则与其操作相反；THRESH_OTSU 指定采用 Otsu 算法确定全局最优阈值，THRESH_TRIANGLE 指定采用三角阈值法确定最优全局阈值。THRESH_OTSU、THRESH_TRIANGLE 可以与其他 type 设置配合使用，也可以单独用于确定阈值。函数返回值为阈值。函数使用程序如下：

```
Mat dst;
Mat src=imread("test.png",IMREAD_GRAYSCALE); //阈值处理的必须是单
通道图像
threshold(src,dst,127,255,THRESHOLD_BINARY_INV);
    //图像中灰度大于 127 的二值化为 0,灰度小于 127 的二值化为 255
threshold(src,dst,THRESHOLD_OTSU|THRESHOLD_BINARY);
    //用 Otsu 算法确定全局阈值,并将像素值大于阈值的设为 255、反之则设为零
double thr = threshold(src,dst,THRESHOLD_OTSU); /*仅确定最优全局阈
值*/
    cout<<"Otsu 确定的最优阈值为:"<<thr<<endl;  //输出全局阈值
```

在图 10.12 所示的直方图中，OPENCV 支持的三角阈值分割法采用如下方式确定全局阈值：从直方图峰值到直方图最远端连线，最远端根据情况选左边或者右边。显然图中阈值在直方图峰值左侧，因此选左侧最小灰度值作为最远端，直方图各顶点到该连线距离最远的那个点，其对应的横坐标就是最优全局阈值。

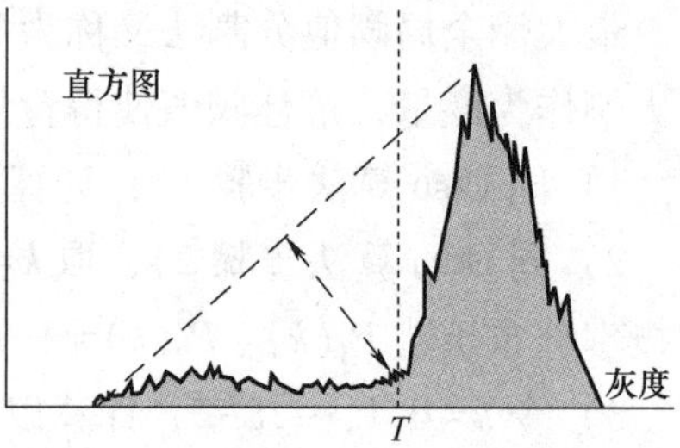

图 10.12　三角阈值分割法示例

10.2.3　局部阈值分割

全局阈值分割效果受噪声、非均匀光照/反射、区域大小等因素的影响很大，虽然可以通过预平滑图像、边缘检测等改善，但仅有这些是不够的。如果能对不同区域设置不同的阈值，则可能改善分割效果。局部阈值分割具体有很多种方法，一个简单，常用的方法步骤如下：

1）将图像分成若干个子图像（子图像可以相互重叠，也可不重叠）。

2）对每个子图像分别计算其直方图。

3）如果一个子图像的直方图有双峰，则以双峰之间的波谷作为该子图像阈值，此时转至步骤5）；如果子图像直方图没有双峰，则转至步骤4）。

4）对直方图没有双峰的当前子图像，根据与其相邻的并且有明确阈值的子图像阈值，通过内插得到当前子图像的阈值。

5）如果分割的各子图像互不重叠，则对每个子图像分别用它们在步骤3）或4）得到的阈值进行分割；若子图像有重叠部分，则在重叠部分用各重叠子图像阈值的平均作为分割阈值，无重叠部分则用所属子图像的阈值进行分割。

实际中，通常用一个滑动窗在图像上滑动。滑动窗每次移动的步长固定，可对滑动窗内的图像进行阈值分割。若一个像素被滑动窗多次覆盖，则将每次滑动窗得到的阈值（局部阈值）进行平均，作为这个像素位置的阈值。滑动窗内阈值选取的方法灵活多样，如可以用前述各全局阈值的方法。对图像 src 进行局部阈值分割的函数 void adaptiveThreshold（InputArrary src，OutputArray dst，double maxValue，int adaptiveMethod，int thresholdType，int blockSize，double C）由参数 adaptiveMethod 提供了两种局部阈值选取方法，自适应均值法 ADAPTIVE_THRESH_MEAN_C 将滑动窗内所有像素的均值减去常数 C 得到一个阈值，自适应高斯加权阈值法 ADAPTIVE_THRESH_GAUSSIAN_C 通过对滑动窗内的像素值高斯加权得到的结果减去常数 C 获得阈值。blockSize 指定正方形滑动窗的大小 blockSize×blockSize，C 指定需要减去的常数，分割结果放 dst 中。使用 adaptiveThreshold（）进行局部阈值分割的程序如下：

```
Mat src=imread("Sudoku.png",IMREAD_GRAYSCALE);
medianBlur(src,src,5);//中值滤波去噪
Mat dst_mean,dst_Gaussian; //存放分割结果
adaptiveThreshold(src,dst_mean,255,ADAPTIVE_THRESH_MEAN_C,
THRESH_BINARY,11,2);
```

> /*局部阈值分割,11×11 滑动窗,窗内像素均值减 2 作为阈值,分割结果放 dst_mean 中 */
>
> adaptiveThreshold (src, dst _ Gaussian, 255, ADAPTIVE _ THRESH _ GAUSSIAN_C,THRESH_BINARY,11,2);/*对像素值高斯加权求均值,均值减 2 作为阈值,分割结果放 dst_Gaussian 中,其余同上 */

图 10.13a 所示是光照不均匀的图像,全局阈值分割结果如图 10.13b 所示。图 10.13c、d 分别为通过局部平均值减常数、局部高斯加权平均减常数计算局部阈值得到的分割结果。

　　a) 光照不均匀的图像　b) 全局阈值分割结果　　c) 局部平均值减　　　d) 局部高斯加权平均
　　　　　　　　　　　　　　　　　　　　　　　常数的分割结果　　　减常数的分割结果

图 10.13　局部阈值分割示例

10.3　基于区域的图像分割

基于区域的分割技术大致分两类:区域生长法和区域分裂合并法。

10.3.1　区域生长法

区域生长法按照某种预定义的相似性准则,将像素合并或将子区域合并成更大区域。其基本方法是从图像中的一组"种子"出发,若种子邻域像素符合预定义的相似性准则,则将它们与种子合并形成更大的区域,这个过程称为生长。

预定义的相似性准则根据实际情况设定,比如相邻像素灰度相似性、RGB 色彩相似度、纹理特征相似性等。邻域像素取决于采用的是 8 连通还是 4 连通,连通性影响生长结果。当没有邻域像素满足相似性时生长停止。如何选取种子点和相似性准则是区域生长法的关键。

图 10.14a 所示的图像中以两个阴影点分别作为种子点。不妨设预定义的相似性准则为相邻像素值之差不大于 1,采用 4 连通。首先分别检测两个种子的各自 4 邻域中是否有像素值与种子像素值之差在-1~1 之间,若有则将它们并入区域,然后继续观察当前区域内的像素与 4 连通的区域外像素是否符合相似性准则,若符合则将该域外像素纳入区域。重复上述过程,直至没有新的域外像素纳入区域,区域生长停止。图 10.14b~d 分别为区域生长的过程。如果要求所有像素都被划分区域,则可以在图 10.14d 所示的两个区域生长停止后,从其他位置选种子,如图 10.14e 所示,最终图像被分割为 5 个区域,如图 10.14f 所示。

a) 图像与种子点 b) 区域生长过程(1) c) 区域生长过程(2) d) 区域生长过程(3) e) 选种子 f) 分割结果

图 10.14　区域生长示例

10.3.2　区域分裂合并法

区域分裂合并法包含两步：①分裂；②合并。对图像首先进行迭代分裂，初始将整幅图像分裂为 2×2 个区域，如图 10.15a 所示，然后检测各区域内部是否满足预定义的相似性准则。本例中，相似性准则为区域内的各像素值与区域均值之差在 [−0.5,0.5] 间。若满足则不分裂，否则将其继续分裂为 2×2 个子区域，如图 10.15b 所示。继续检测子区域内部的相似性，若不满足预定义相似性准则，则继续分裂为 2×2 个子区域，如图 10.15c 所示。重复上述分裂过程，直到分裂结果不再发生变化。接下来进行迭代合并，对于任意两个相邻的区域 R_i、R_j，检测它们的并集 $R_i \cup R_j$ 组成的区域是否满足预定义的准则，若是则将 R_i、R_j 合并。重复合并步骤，直到合并结果不再发生变化，最终合并结果如图 10.15d 所示。

a) 图像与分裂的2×2个区域　　b) 继续分裂区域(1)　　c) 继续分裂区域(2)　　d) 合并结果

图 10.15　区域分裂合并示例

为减少计算中需要存储的中间节点，实际中分裂、合并是交替进行的。第一轮图像分裂为 2×2 个子区域，接着检测 4 个子区域是否分别满足预定义相似性准则，如果是则检测满足预定义相似性的各相邻子区域是否可以合并，如果可以就合并，这样完成一轮"分裂-合并"操作。对余下不满足预定义相似性的区域继续分裂，然后对新分裂的区域检测是否满足预定义相似性准则，若是则继续检测满足的区域能否与相邻的、同样满足预定义相似性准则的区域合并，若能则合并。对不满足预定义相似性准则的区域，继续重复"分裂-预定义相似性准则检测-合并检测"的过程，直到结果不再发生变化。

10.4　基于聚类的图像分割

聚类（Cluster）是将相似的数据分在一组并标记为同一类的过程，可以将图像分割视为一个聚类问题，即将图像像素分配到各个聚类（又称为簇）中。同一聚类中的像素具有相同的特征，如相似的颜色或灰度等。

10.4.1 kmeans 图像分割

kmeans 分割在特征空间进行，图像的每个像素在特征空间中都用一个特征向量表示。例如，若以色彩表示特征，则彩色图像每个像素的 R、G、B 分量构成的三维向量 (r,g,b) 就是其特征向量。kmeans 分割将特征空间中具有相近特征向量的像素聚集在一类，即使这些像素在图像坐标空间中是彼此不相邻的，而不同聚类中的特征向量相似度小。

kmeans 分割要先指定参数 K，所有特征向量最终会分为 K 个聚类。在特征空间中，首先选 K 个特征向量分别作为 K 个聚类的中心，对任一特征向量 $\boldsymbol{x}$ 分别计算其与 K 个中心的距离，将 $\boldsymbol{x}$ 归类到与之距离最近的中心所属类。然后更新每个聚类的中心，重复上述过程，直到收敛。不妨设特征向量为 n 维，$\boldsymbol{x}=(x_1,x_2,\cdots,x_n)$，kmeans 的具体过程如下：

1）输入指定分类数目 K。

2）将每个像素用特征向量 $\boldsymbol{x}=(x_1,x_2,\cdots,x_n)$ 表示。

3）初始化，选择 K 个特征向量分别作为 K 个聚类的中心（可以随机选择，也可手动选中或通过算法选择）。

4）对每个像素点：

① 分别计算其特征向量 $\boldsymbol{x}$ 到 K 个聚类中心的距离：

$$d(m)=\sqrt{(x_1-\overline{c_1^m})^2+(x_2-\overline{c_2^m})^2+\cdots+(x_n-\overline{c_n^m})^2} \tag{10.22}$$

式中，$m=1,2,\cdots,K$；$\overline{c_i^m}(i=1,2,\cdots,n)$ 表示第 m 个聚类中心特征向量的第 i 个分量。

② 找出 $d(m)$ 最小值，$d(m)$ 的最小值所对应的索引 m 记为 m^*，将特征向量 $\boldsymbol{x}$ 归于第 m^* 类。

5）根据步骤 4）对每个特征向量的分类结果重新计算 K 个聚类的中心，以目前该类中所有特征向量的均值作为聚类中心。

6）重复步骤 4）、5），直到所有聚类中心在迭代中的变化小于阈值。

kmeans 的分割效果与指定的聚类数目 K 有关，图 10.16a 所示的彩色图像以 R、G、B 分量 (r,g,b) 为特征向量进行聚类，图 10.16b~d 分别是 K 为 2~4 时的分割效果。分割结果中，像素值用像素所属聚类中心对应的色彩表示。

a）RGB图像　　b）K=2时的分割结果　　c）K=3时的分割结果　　d）K=4时的分割结果

图 10.16　kmeans 分割示例

kmeans 分割属于硬聚类，即一个像素只能属于一个类，像素如果被聚类到第 i 类，其属于第 i 类的概率为 100%，属于其他类的概率为零。kmeans 分割算法的计算量较小，使用广泛。OPENCV 函数 kmeans(InputArray data, int K, InputOutputArray bestLabels, TermCriteria criteria, int attempts, int flags, OutputArray centers=nonArray()) 用于将输入数据 data 聚类为 K 类。bestLabels 是整数阵列，可存储每个输入数据所属类的索引值。criteria 指定迭代停止的条件，

如达到最大迭代次数，或者每次迭代变化小于多少则聚类停止。attempts 指定算法尝试选择不同的初始聚类中心的次数。flags 指定如何选择初始聚类中心。centers 是输出矩阵，存储最终得到的每个聚类中心。使用 kmeans() 函数进行图像分割的程序如下：

```
Mat img = imread("test.png",IMREAD_COLOR); /* 以彩色形式(三通道)读入
图像 */

unsigned int TotalPixel = img.rows * img.cols; //计算图像共有多少像素

Mat Z = img.reshape(1,TotalPixel); /* 每个像素用一个特征向量表示,特征向
量是三维向量 */

Z.convertTo(Z,CV_32F);    //数据转换为浮点型数据类型

int K = 3;   //定义聚类数量

int attempts = 3; //选各类初始中心的尝试次数的最大设定值

Mat bestLabels,centers;

kmeans(Z,K,bestLabels,TermCriteria(cv::TermCriteria::EPS+cv::
TermCriteria::COUNT,10,1.),KMEANS_PP_CENTERS,centers);    /* 调用
kmeans 聚类,用 KMEANS_PP_CENTERS 方法选择初始聚类中心。kmeans 算法停止的条
件为达到最大迭代次数或者相邻迭代变化小于指定值,最大迭代次数为 10,变化指定值为
1,最终每个聚类的中心特征放入 centers 中,图像中每个像素所属聚类的索引值放入
bestLabels 中 */

    for(int i = 0; i<TotalPixel; i++){   /* 图像每个像素所属类由 bestLabels
的对应位置值得到,该类特征中心的三维特征向量放在 centers 中,对图像的每个像素重
新赋值,将其所属聚类的中心对应的三维特征向量作为该像素的 RGB 值 */

        Z.at<float>(i,0) = centers(bestLabels[i],0);  Z.at<float>(i,1) =
centers(bestLabels[i],1);

        Z.at<float>(i,2) = centers(bestLabels[i],2);

    }

Mat dst = Z.reshape(3,img.rows); //转换为三通道,与原图大小相同

dst.convertTo(dst,CV_8U); //转换为 8 比特无符号数据格式

imshow("kmeans 聚类分割结果",dst);
```

10.4.2 基于高斯混合模型的图像分割

高斯混合模型（Gaussian Mixture Models，GMM）是多个高斯概率密度函数的线性组合。基于 GMM 的图像分割认为特征空间中同一聚类的所有特征向量符合某个高斯分布，不同聚类的高斯分布参数不同。基于 GMM 的聚类属于软聚类，它认为特征向量以某个概率分到各聚类中，例如，某特征向量以 60 % 的概率属于第一类，以 40 % 的概率属于第二类。

1. 高斯混合模型

若特征向量是一维的，同一聚类中的特征向量 x 符合高斯分布概率密度函数，有

$$\mathcal{N}(x \mid \mu, \sigma^2) = \frac{1}{\sqrt{2\pi}\sigma} e^{-\frac{(x-\mu)^2}{2\sigma^2}} \qquad (10.23)$$

式中，概率分布由均值 μ 和方差 σ^2 确定。例如，灰度图像若以灰度为特征，则可用该式确定各类中灰度出现的概率。若特征向量 x 为 n 维，$x = (x_1, x_2, \cdots, x_n)$，$n$ 维高斯分布概率密度函数为

$$\mathcal{N}(x \mid \mu, \Sigma) = \frac{1}{(2\pi)^{n/2} |\Sigma|^{1/2}} e^{-\frac{1}{2}(x-\mu)^{\mathrm{T}} \Sigma^{-1}(x-\mu)} \qquad (10.24)$$

式中，μ 是 n 维特征向量的均值；Σ 是 $n \times n$ 协方差矩阵；$(x-\mu)^{\mathrm{T}}$ 中的 T 为矩阵转置。概率分布由 μ 和 Σ 确定。彩色图像若以 R、G、B 分量构成特征向量 (r, g, b)，则 n 为 3。

图像的所有像素点在特征空间被分为 K 个类，每类对应一个高斯模型，混合高斯模型由 K 个高斯模型线性组合而成。对于任一特征向量 x，它在 GMM 中的概率密度函数为

$$p(x) = \sum_{j=1}^{K} p(j)p(x \mid j) = \sum_{j=1}^{K} \pi_j \mathcal{N}(x \mid \mu_j, \Sigma_j) \qquad (10.25)$$

式中，$j = 1, 2, \cdots, K$；$p(x \mid j) = \mathcal{N}(x \mid \mu_j, \Sigma_j)$ 表示 x 在第 j 个高斯模型（对应第 j 类）中的概率；$\mathcal{N}(x \mid \mu_j, \Sigma_j)$ 称为混合模型分量；$p(j)$ 是第 j 类出现的概率；$p(j) = \pi_j$，π_j 称为系数，表示第 j 个高斯模型在 GMM 中的权重，显然所有 π_j 之和为 1。理论上，只要高斯模型足够多，通过调整 π_j 和各高斯分布的参数，GMM 可拟合出任何概率分布函数。

2. EM 图像分割算法

如果已知 K 个高斯模型各自的参数 μ_j、Σ_j，对任一特征向量 x 可分别计算 $\mathcal{N}(x \mid \mu_j, \Sigma_j)$，$j = 1, 2, \cdots, K$，进行软聚类操作。反之，如果不知道各类的高斯模型参数，但知道每个特征向量属于哪类，则可以通过最大似然估计求出各类的高斯模型参数。假设某一类有 N 个特征向量 $x^1, x^2, \cdots, x^N$，每个特征向量统计独立，在该类中出现的概率见式（10.24），则该类中 N 个特征向量同时出现的概率（即联合概率）为各自出现概率的乘积，即

$$\mathcal{L}(\mu, \Sigma) = \prod_{i=1}^{N} \mathcal{N}(x^i \mid \mu, \Sigma) \qquad (10.26)$$

联合概率又称似然函数，用符号 $\mathcal{L}()$ 表示，联合概率的最大值（称最大似然函数）所对应的 μ、Σ 就是最佳估计参数。$\mathcal{L}(\mu, \Sigma)$ 分别对 μ、Σ 求偏微分并令结果为零，求出的 μ、Σ 就是最佳高斯分布对应的参数。实际中，通常在求偏微分前对 $\mathcal{L}(\mu, \Sigma)$ 取对数，把乘法计算转换为加法计算，然后求偏微分进行参数估计。

然而分割面对的问题是既不知道各聚类的高斯分布参数，也不知道每个特征向量属于哪类。EM 算法分为两步：E-step（Expectation step）和 M-step（Maximization step）。每步都假设上述两个问题中的一个问题已经解决，只专注解决另一个问题。E-step 假设每个聚类的高斯分布参数已知，该步实现对各特征向量的软聚类；M-step 则在已知每个特征向量属于哪类的条件下，用最大似然估计求各聚类的高斯模型参数。EM 分割采用迭代逼近的方法，每轮迭代执行一次 E-step 和一次 M-step，在逐步逼近最优高斯混合模型的同时对特征向量进行

聚类。

设图像共有 N 个像素点，对应特征空间有 N 个特征向量 $\boldsymbol{x}^1, \boldsymbol{x}^2, \cdots, \boldsymbol{x}^N$，$N$ 个特征向量被聚类到 K 个类。EM 算法的具体流程如下：

1）初始化 K 个高斯模型的参数 $\boldsymbol{\mu}_j$、$\boldsymbol{\Sigma}_j$（特征向量一维时为 σ_j^2）以及 GMM 系数 π_j，其中 $j=1,2,\cdots,K$。初始化参数的方法有很多，如可以随机赋值，只要确保所有 π_j 之和为 1.0。也可以对图像进行 kmeans 分割，将特征空间样本分为 K 个聚类，用最大似然估计得出每个聚类高斯分布参数，并将每类特征向量数与像素总数之比作为 π_j；对于一维特征向量，还可以把灰度值归一化到 0~1 之间，然后在 0~1 之间等间隔取 K 个值作为 $\boldsymbol{\mu}_j$，所有 σ_j^2 都取相同的小数值，如对 8 比特深度图像取 10/255 等。

2）E-step：对特征向量 $\boldsymbol{x}^i(i=1,2,\cdots,N)$ 进行软聚类，计算其在混合高斯模型（GMM）中属于第 $j(j=1,2,\cdots,K)$ 类的概率。

$$\gamma_{ij} = \frac{\pi_j \mathcal{N}(\boldsymbol{x}^i \mid \boldsymbol{\mu}_j, \boldsymbol{\Sigma}_j)}{\sum\limits_{j=1}^{K} \pi_j \mathcal{N}(\boldsymbol{x}^i \mid \boldsymbol{\mu}_j, \boldsymbol{\Sigma}_j)}, \quad i=1,2,\cdots,N; \ j=1,2,\cdots,K \qquad (10.27)$$

式中，分母为式（10.25），表示 $\boldsymbol{x}^i$ 在 GMM 中的概率；分子是分母 K 项求和之中的一项，表示 $\boldsymbol{x}^i$ 属于第 j 类对分母的贡献量。γ_{ij} 在 EM 算法中称为隐性变量的后验概率，显然 γ_{ij} 在 0~1 之间，γ_{ij} 值较高表示 $\boldsymbol{x}^i$ 被正确聚类到第 j 类。所有 γ_{ij} 组成 $N×K$ 的矩阵 $\boldsymbol{\Gamma}$。

3）M-step：更新第 j 类的高斯模型参数 $\boldsymbol{\mu}_j$、$\boldsymbol{\Sigma}_j$，更新 GMM 系数 $\pi_j(j=1,2,\cdots,K)$。

先求 $N_j = \sum\limits_{i=1}^{N} \gamma_{ij}$，$j=1,2,\cdots,K$，即 E-step 中矩阵 $\boldsymbol{\Gamma}$ 的各列分别求和得到 N_j，然后更新：

$$\pi_j = \frac{N_j}{N} \qquad (10.28)$$

$$\boldsymbol{\mu}_j = \frac{1}{N_j} \sum_{i=1}^{N} \gamma_{ij} \boldsymbol{x}^i \qquad (10.29)$$

$$\boldsymbol{\Sigma}_j = \frac{1}{N_j} \sum_{i=1}^{N} \gamma_{ij} (\boldsymbol{x}^i - \boldsymbol{\mu}_j)^{\mathrm{T}} (\boldsymbol{x}^i - \boldsymbol{\mu}_j) \qquad (10.30)$$

4）重复步骤 2）~3），直到满足停止条件。停止条件可以是达到指定迭代数或似然函数的对数收敛（即迭代似然函数的变化小于阈值）等。

3. kmeans 分割与基于 GMM 分割的比较

kmeans 分割在特征空间中仅以各特征向量到聚类中心的距离作为聚类依据，而聚类中心是类内各像素特征向量的均值，导致聚类结果中的同类特征向量在特征空间呈圆形分布。此外，当各类样本数量不均衡时，kmeans 分类的误差大。图 10.17a 为二维特征空间样本用 kmeans 聚类分为 3 类的结果，图中星形为各类中心，任一特征点到其所属类的类中心的距离一定小于该点到其他类中心的距离，各类样本数均衡。而基于 GMM 的聚类结果中，同类特征向量在特征空间中呈椭圆形分布，由于引入加权系数 π_j，GMM 不要求各聚类样本数量接近，图 10.17b 为 GMM 聚类结果，显然比 kmeans 聚类结果更合理。

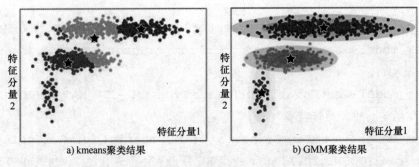

a) kmeans聚类结果　　　　　　　　b) GMM聚类结果

图 10.17　kmeans 聚类与 GMM 聚类的区别

OPENCV 的机器学习模块 ML 包含 EM 算法类，该类包括创建 EM 模块的 create( ) 函数、估计 GMM 参数的 trainEM( ) 函数、对应 M-step 的 trainM( ) 函数以及对应 E-step 的 trainE( ) 函数、预测 GMM 中具有最大似然概率的高斯模型索引值的 predict2( ) 函数等。使用 EM 算法类进行图像分割的程序如下：

```cpp
#include <opencv2/opencv.hpp>
#include <iostream>
#include <math.h>
using namespace std;
using namespace cv;
using namespace ml; //EM 算法在机器学习模块中,必须引入机器学习模块
int main(void){
    Mat src=imread("test.png",IMREAD_COLOR);//读入彩色图像
    if(src.empty())    {  //判读读入图像是否正确
        cout<<"无法读取图像文件"<<endl;           return -1;}
    int num_cluster = 4; //图像分割为 num_cluster 个类
    vector<Vec3b> color_tab; //定义色彩容器
    for(int i=0; i<num_cluster; i++){  //为每类设置一个颜色
        Vec3b  color;
        color[0]=(i*31)%128;  color[1]=(i+1)*31%128;
        color[2]=(i+2)*31%128;   color_tab.push_back(color);
    }
    int width = src.cols,height = src.rows;
    int nsamples = width*height;//计算图像中的像素总数
    Mat points=src.reshape(1,nsamples);
    //每个像素都用一个三维特征向量表示,所有特征向量放入 points 矩阵中
    points.convertTo(points,CV_64F); //points 转换为 64 位浮点数
    Mat labels; //存放每个像素所属类别的矩阵
```

```
        Ptr<EM> em_model = EM::create();//首先创建 EM 模块,指向 EM 的指针
        em_model->setClustersNumber(num_cluster);/* 为 EM 模块设置聚类
数目 */
        em_model->setCovarianceMatrixType(EM::COV_MAT_SPHERICAL);
        //指定协方差矩阵类型
        em_model->setTermCriteria(TermCriteria(TermCriteria::EPS +
TermCriteria::COUNT,20,1));/*指定 EM 停止条件为迭代达 20 次或相邻迭代差异
小于 1 */
        em_model->trainEM(points,noArray(),labels,noArray());
        //进行 EM 分割,像素具有最大概率时所对应的类索引值放在矩阵 labels 中
        Mat result_tmp = Mat::zeros(points.size(),CV_8UC3);
        //创建与原图像大小相同的矩阵,根据聚类结果对 result_tmp 赋值
        for(int i = 0; i< nsamples; i++)
            result_tmp.at<Vec3b>(i) = color_tab.at<Vec3b>(labels[i]);
        //图像的每个像素用其所属聚类分配到的颜色填充
        Mat result = result_tmp.reshape(3,src.rows); /*转换为三通道,与原
图大小相同 */
        imshow("EM 分割结果",result);
        waitKey(0);
        return 0;
    }
```

10.5 基于图论的图像分割

基于图论的图像分割技术将图像看作由众多顶点和边组成的图（Graph），可以利用图论成熟的数学研究对图像进行分割。顶点和边在不同的图像分割算法中有不同的定义，进而衍生出多种基于图论的图像分割算法。

10.5.1 图论的基本概念

图由顶点（Vertex）和边（Edge）组成，图论中的图用 G 表示，$G=<V,E>$，其中 V 是顶点构成的集合，E 是边构成的集合，顶点的集合 V 和边的集合 E 构成图 G。图 10.18a 中，圆圈和矩形框表示顶点，连接两个顶点的实线表示边。如果边是有方向的，则图为有向图，反之图为无向图。如果两个顶点通过一条边相连，则称这两个顶点是相邻的。边旁边的数字表示边的权重（Weight），用 w 表示。如果把整个图看成一个网络，则边代表一条通路，边的权重可以看作该通路允许通过的流量（Flow），因此边的权重又称为容量。从一个顶点出

发，到达目的顶点，出发点在图论中称为源点（Source），用符号 s 表示，目的点称为汇点（Sink），用符号 t 表示。

源点与汇点分属两个区域，将所有顶点分别划分到源点或汇点所在区域，如图 10.18b、c 中阴影围成的两个区域所示。图论中的割（Cut）如图 b、c 中的虚线所示，将两个区域断开，被割断的边所连接的两个顶点分属不同区域。源点所在区域用 S 表示，汇点所在区域用 T 表示。对各顶点所属区域不同的划分结果所付出的分割成本不同，若以被割断的从 S 到 T 的各边（图中粗线）权重之和为分割成本，则图 10.18b 中的分割成本为 $9+2+5=16$，图 10.18c 中的分割成本为 $2+1+4=7$。最小分割成本所对应的割称为最小割（Min Cut）。

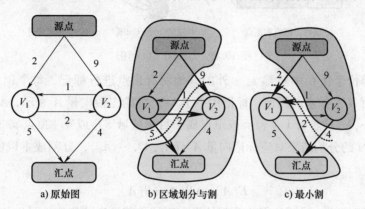

a) 原始图　　　　b) 区域划分与割　　　　c) 最小割

图 10.18　图论中部分基本概念的示例

如何以最小成本（对应最小割）将所有顶点分到 S 或 T 区域？图论中找最小割的算法统称为最大流最小割（Max Flow Min Cut）算法。图像分割中把目标和背景分为两个区域，在图论中转换为在由图像构建的图中找最小割的问题，即以最小成本将目标区域和背景区域分开。

10.5.2 Graph Cut 图像分割

Graph Cut 算法用图像构成无向图 G，每个像素都是一个顶点，像素与邻域各点通过边连接。所有像素（顶点）中属于前景目标的构成 S，属于背景的构成 T，"将 G 以最小成本分割成 S 和 T"对应"将图像以合理方式分割为目标和背景"，图像分割问题转换为找 G 的最小割。

Graph Cut 首先手动在图像中分别选择部分目标、背景区域作为图的源点 s 和汇点 t。以图 10.19a 所示的 3×3 图像为例，从目标、背景区域各选一像素作为源点和汇点，构建的图 G 如图 10.19b 所示。9 个像素点在 G 中为 9 个顶点，用椭圆表示。此外，G 中还单独画出源点 s 和汇点 t。

图 G 有两种边：一种边连接图像中相邻像素对应的顶点，称为 n-link 边；另一种边将未确定所属区域的顶点分别与 s、t 连接，将明确属于 S 区的顶点与 s 连接，将属于 T 区的顶点与 t 连接，这种边称为 t-link 边。例如，图像左上角的像素已被选为背景点，因此图 10.19b 中的该像素在图 G 中的对应顶点与 s 点之间无 t-link 边连接，只与 t 点有 t-link 边连接。同理，图像右下角的像素是目标点，在图 10.19b 中，其对应顶点与 t 没有 t-link 边连接，该顶

点只与 s 连接。其余 7 个像素由于不确定所属区域，因此它们对应的顶点与 s、t 均用 t-link 边连接。

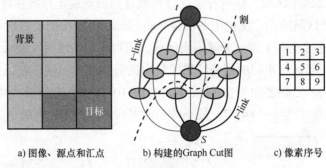

a) 图像、源点和汇点　　　b) 构建的 Graph Cut 图　　　c) 像素序号

图 10.19　Graph Cut 示例

图像分割等价于在 G 中将除 s、t 外的其他所有顶点进行标记，每个顶点或属于目标，或属于背景。对 N 个像素的图像，标记用一个 $1 \times N$ 维的二值向量 A 表示，A 中的每个元素值 $A_p(p=1,2,\cdots,N)$ 只能为 1（表示该顶点属于目标区域 S）或 0（顶点属于背景区域 T）。例如，图 10.19a 的分割结果对应标记向量 $A=(A_1,A_2,\cdots,A_9)$，分割成本以能量函数 $E(A)$ 度量为

$$E(A)=\lambda R(A)+B(A) \tag{10.31}$$

式中，$R(A)$ 是区域项，可评估当前分割结果中区域内部像素的相似性；$B(A)$ 为边界项，可评估当前分割结果中的相邻像素分属不同区域的合理性；λ 为调整因子，如果为零，则只考虑边界对分割的影响。图像分割就是找到使得 $E(A)$ 最小的 A，例如，对图 10.19a 如果采用图 10.19c 的像素序号，则使分割成本最小的 A 应为 $(0,0,1,0,0,1,0,1,1)$。

t-link 边权重根据先验概率计算，反映了顶点与目标、背景区域的相似度。顶点 p 与 s 连接的 t-link 边的权重为

$$R_p(1)=-\ln P_r(I_p \mid \text{“属于目标”}) \tag{10.32}$$

式中，I_p 表示顶点 p 对应像素的灰度值；$P_r(I_p \mid \text{“属于目标”})$ 表示顶点 p 属于目标时，它的灰度值 I_p 在目标区域出现的概率。类似地，p 与 t 连接的 t-link 边的权重为

$$R_p(0)=-\ln P_r(I_p \mid \text{“属于背景”}) \tag{10.33}$$

目标、背景各自的灰度分布概率可根据手动选择的两个区域各自的灰度直方图粗略估计。

各顶点根据其在标记向量 A 中所对应的标记，选择与 s 连接的 t-link 边（若标记为 1）或与 t 连接的 t-link 边（若标记为 0），将所有选中的 t-link 边权重求和，得到能量函数 $E(A)$ 中的区域项 $R(A)$，即 $R(A)$ 是所有 $R_p(A_p)$ 之和。例如，9 个像素标记向量 $A=(1,1,0,0,1,0,0,0,0)$，则选择 t-link 边时，选中顶点 1 与 s 连接的 t-link 边、顶点 2 与 s 连接的边、顶点 3 与 t 连接的边、顶点 4 与 t 连接的边等，将 9 条边的权重求和得到 $R(A)$。假设顶点 p 对应的灰度与目标区域的灰度接近，与背景区域的灰度差别大，则 $P_r(I_p \mid \text{“属于目标”})$ 接近 1，根据式（10.32）可知 $R_p(1)$ 接近 0，类似可推知 $R_p(0)$ 很大。若将标记向量 A 中的顶点 p 标记为 1（即 $A_p=1$），则 $R_p(1)$ 参与 $R(A)$ 计算可使得能量函数小；反之，若将 p 标

记为背景($A_p=0$)，则 $R_p(0)$ 参与 $R(A)$ 计算可使得 $R(A)$ 增大。全部顶点都被正确划分时，$R(A)$ 值最小。

各顶点间连接的 n-link 边反映了边界的平滑度，连接顶点 $<p,q>$ 的 n-link 边权重为

$$B(p,q)=\begin{cases} Ke^{-\frac{(I_p-I_q)^2}{2\sigma^2}} & A_p \neq A_q \\ 0 & A_p = A_q \end{cases} \tag{10.34}$$

式中，K、σ 为常数。$B(p,q)$ 可以看作对相邻像素值不连续的惩罚。能量函数中的边界项 $B(A)$ 值为当前标记向量 A 的所有 n-link 边的权重之和。若相邻域像素（对应 n-link 边的两个端点）的灰度值差别很小，I_p-I_q 接近零，则它们很可能属于同一区域，把它们标记为不同区域($A_p \neq A_q$)显然不合理，$B(p,q)$ 接近 K，不合理的分割使得分割消耗能量大。反之，若灰度值差别大，两个像素极可能分属不同区域，此时标记为不同区域，对应的 $B(p,q)$ 值远小于 K，灰度值差别越大则 $B(p,q)$ 越小，分割消耗的能量越少。

根据图像构建 G 后，可利用图论中的众多最大流最小割算法找出使能量函数 $E(A)$ 最小的标记向量 A，将图像分为目标和背景两个区域。

10.5.3 Grab Cut 图像分割

Grab Cut 是对 Graph Cut 的改进。Graph Cut 对灰度图像进行分割，而 Grab Cut 则在 RGB 空间同时考虑 3 个色彩分量，并且在分割前只要求手动在图像中选择一个完整包含目标的矩形即可，矩形之外的区域就当作背景。Grab Cut 可对目标、背景分别进行 GMM 建模。

与 Graph Cut 类似，Grab Cut 建立图 G，对分割结果用标记向量 A 表示，找到使能量函数 $E(A)$ 最小的 A，能量函数 $E(A)$ 为区域项 $R(A)$ 和边界项 $B(A)$ 之和。Grab Cut 的主要改进之处有：

1）图像 RGB 的 3 个色彩分量都参与分割，而不是仅用灰度值，每个顶点都用像素的色彩特征向量(r,g,b)表示。

2）Grab Cut 分别对目标、背景各建立一个高斯混合模型（GMM），每个 GMM 都包含 K 个高斯分量。对 N 个像素的图像，分割除了得到标记每个像素属于目标或背景的二值标记向量 A 外，还有一个额外的向量 $k=(k_1,k_2,\cdots,k_N)$，其中的分量 k_p 表示第 p 个像素点对应 GMM 的哪个高斯分量，k_p 取值为 $1\sim K$ 的整数，$p=1,2,\cdots,N$。例如，第 p 个像素标记 $A_p=1$、$k_p=3$，表示其对应目标 GMM 的第三个高斯分量。

3）区域项 $R(A)$ 计算。通过迭代学习 Grab Cut 得到目标、背景 GMM 的参数（各高斯分量权重、各高斯分量参数），根据第 p 个像素点的 A_p 值，首先选择目标或背景 GMM，再根据 k_p 值由式（10.25）计算出概率，对概率的倒数进行对数计算得到 $R(A_p)$。与 Graph Cut 类似，所有 $R(A_p)$ 之和为 $R(A)$，其中 $p=1,2,\cdots,N$。

4）边界项 $B(A)$ 计算。n-link 边两端点 $<p,q>$ 的标记 $A_p \neq A_q$ 时，由于顶点用向量(r,g,b)表示，用 p、q 特征向量的欧氏距离计算 n-link 边权重。$B(A)$ 为所有 n-link 边权重之和。

Grab Cut 迭代执行如下操作：①用 GMM 估计目标和背景各自的色彩分布；②根据像素分割标记构建马尔可夫随机场；③应用与 Graph Cut 类似的图论方法进行分割。

OPENCV 函数 grabCut(inputArray src,InputOutputArray mask,Rect rect,InputOutArray bgd-Model,InputOutputArray fgdModel,int iterCount,int mode=GC_EVAL)可对图像 src 用 Grab Cut 算法进行分割。mask 为 8 比特深度的单通道标记图像，大小与原图像相同，指定每个像素所属区域标记：是否一定是背景？一定是目标？可能是背景？可能是目标？分别用 0~3 表示。如果参数 mode 为 GC_INIT_WITH_MASK，则 mask 在算法开始时作为输入矩阵，用 0~3 标记各像素所属区域；无论 mode 设置为何值，分割结束时，mask 均作为输出矩阵，保存分割结果。只有当参数 mode 为 GC_INIT_WITH_RECT 时，参数 rect 才起作用，rect 格式为（矩形左上角 y 坐标，x 坐标，矩形宽度，矩形高度），用于指定完整包含目标的矩形区域。bgdModel、fgdModel 分别是背景和目标模型用的临时矩阵，供函数内部使用，一般设置为 1×65 的浮点型矩阵。iterCount 指定算法迭代次数，mode 指明 Grab Cut 算法开始运行时包含目标的区域是通过矩形（此时 mode 设置为 GC_INIT_WITH_RECT）指定，还是由标记图像 mask 指定（此时 mode 设置为 GC_INIT_WITH_MASK）。用 Grab Cut 进行图像分割的程序如下：

```
image=imread("image.jpg",IMREAD_COLOR); //读入待分割的彩色图像
mask=imread("mask.jpg",IMREAD_GRAYSCALE);/*读入标记图像,该图像与
待分割彩色图像的大小相等,实际中对待分割图像进行某些预处理,得到标记图像*/
for(int i=0; i<image.rows; i++){
    for(int j=0; j<image.cols; j++){
        if (mask.at<uchar>(i,j)==0) mask.at<uchar>(i,j)=GC_BGD;
        //标记图像中灰度值为 0 的像素表示一定是背景
        else mask.at<uchar>(i,j)=GC_PR_FGD; /*标记中灰度值不为 0 的
设置为 3,可能是目标*/
    }
} //经处理后,标记图像中的所有像素值只有 0~3(本例子只有 0 和 3)
Mat fgModel=Mat::zeros(1,65,CV_32F); /*创建 Grab Cut 函数需要的临时
目标矩阵*/
Mat bgModel=Mat::zeros(1,65,CV_32F);/*创建 Grab Cut 函数需要的临时
背景矩阵*/
grabCut(image,mask,None,bgModel,fgModel,7,GC_INIT_WITH_MASK);
//对图像进行 Grab Cut 分割,迭代 7 次,初始时由标记图像指定目标背景
/* 如果用指定的矩形区域而非标记图像设置目标所在区域,则可用下列内容代替
该句
Rect rect(50,100,450,300); /*指定矩形左上角坐标和宽高,目标完全在
此区域*/
grabCut(image,mask,rect,bgModel,fgModel,7,GC_INIT_WITH_RECT);
```

```
            //这里的mask只用于存放分割后各像素的所属区域标记,初始可为全0
    Mat resultMask=Mat::zeros(mask.Size(),CV_8UC3); /*根据分割结果重
新定义一个新模板*/
    for(int i=0; i< image.rows; i++){
        for(int j=0; j< image.cols; j++){
            unsigned char data= mask.at<uchar>(i,j);
            if ((data== GC_BGD) || (data==GC_PR_GBD))
            //若 Grab Cut 的分割结果认为该位置像素一定或可能属于背景
                resultMask.at<uchar>(i,j)=Scalar(0,0,0); /*新模板中对
应位置的值为0*/
            else resultMask.at<uchar>(i,j)=Scalar(255,255,255); /*否
则新模板中设置值为255*/
        }
    } //新模板是二值化模板,把分割结果中的背景、前景分别用0、255表示
    bitwise_and(image,resultMask,image); /*原始图像与新模板进行与操作,
提取分割结果中的目标*/
    imshow("Grab Cut 分割提取的目标",image);
```

10.6　形态学分水岭分割

10.6.1　分水岭分割

分水岭（Watershed）分割是基于拓扑的形态学分割方法。将图像表示为三维地貌拓扑图，像素灰度值用海拔高度表示，图 10.20a 所示灰度图的三维拓扑图如图 10.20b 所示。拓扑图中有 3 类点集：①盆地：拓扑图中各区域的海拔最低点，对应图像的各局部最小值集合；②集水盆：如果一滴水落在这类点上，则水一定会滑向一个确定的盆地，在图像中对应那些明确属于一个区域、像素值高于区域内最小值的点集，盆地和集水盆共同构成区域；③分水岭：又称分水岭脊线、脊线，如果一滴水落在这类点上，则水以相同的概率滑向多个盆地，显然分水岭将各区域分隔，在图像中对应各区域的分割线、边缘。

想象在拓扑图中的每个盆地底部刺个洞，水从下方经洞灌入盆地，海拔最低的盆地最先被淹没。当上升的水面即将把两个区域合并时，一个大坝建起来，将两个区域分开，这个大坝就是分水岭，即区域分割线。例如，图 10.20a 中的背景区域像素值最小，是海拔最低的盆地，水首先灌入背景区，被水淹没的区域用较亮色表示，如图 10.20c 所示；水位继续上升，闭合区域内的左侧盆地由于像素值低被灌入水，如图 10.20d 所示；水位继续上升，闭合区域内右侧盆地也被淹没，如图 10.20e 所示；随着水位上升，两个区域在某些位置只有

一个像素宽度的分隔，如图 10.20f 所示，在只有一个像素宽度分隔的地方建立高坝，阻挡两个区域合并；水位继续上升，有更多地方将要合并，在所有只有一个像素间隔的地方建立高坝来阻挡区域合并，如图 10.20g 中的黑色细线所示。最终水位上升到拓扑图的最高海拔停止。所有建立高坝的位置就是分水岭，最终区域分割结果如图 10.20h 所示，图中的细黑线就是分水岭。

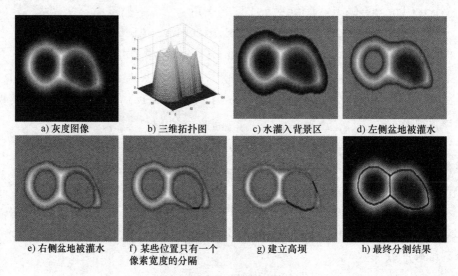

a) 灰度图像　　　　b) 三维拓扑图　　　　c) 水灌入背景区　　　　d) 左侧盆地被灌水

e) 右侧盆地被灌水　　f) 某些位置只有一个　　g) 建立高坝　　　　h) 最终分割结果
　　　　　　　　　　　像素宽度的分隔

图 10.20　分水岭原理图解

图 10.21a 所示灰度图的目标中心处最亮，目标亮度逐渐变暗，直到与背景融为一体。若想令目标形成盆地，可以对图像取反，使得目标中心变为最暗，如图 10.21b 所示。对图 10.21b 进行分水岭分割的结果如图 10.21c 所示，上方的两个目标提取出来，左下方的目标被过度分割成 3 个区域。由于图像区域的边缘梯度大，而区域内部梯度小（对应盆地），实际分割中，通常先求图像的梯度图，然后对梯度图进行分水岭分割。

a) 原图　　　　　　b) 反转形成盆地　　　　c) 分水岭分割结果

图 10.21　分水岭分割示例

10.6.2　基于标记的分水岭分割

直接分水岭分割往往会出现过度分割（Over Segmented）的现象。可以采用基于标记的分水岭解决过度分割的问题，分水岭分割前需要额外提供一个标记（Marker）图像作为参考，只有标记图像中指定的区域才能作为盆地，其他位置只能是集水盆或分水岭。假设标记图像中有 K 个连通区域，则图像最终分割出 K 个区域，从而避免过度分割。基于标记的分水岭分割有很多算法，以 Vincent-soille 算法为例，这里的图像 A 可以是原始图像或者其梯度图等，应根据实际情况决定。基于标记的分水岭分割的大致步骤如下：

1）获得前景目标的标记图像，标记图像是二值图像。根据图像特点找出确定属于前景目标的某些区域。例如，图 10.21a 所示的目标中心最亮，可以用最大值的 60% 作为阈值，灰度值高于阈值的一定属于目标，对图 10.21a 进行二值化处理，得到前景目标的标记图像。

2）获得背景标记图像：对步骤 1）得到的图像进行距离变换，对距离变换结果进行分水岭分割，得到分水岭，背景标记图像在分水岭位置的像素为 1，在其他位置的像素为 0。分水岭在进行后续图像分割时阻止一个前景目标区域扩散到其他前景目标区域。

3）构建标记图像：将前景目标的标记图像与背景标记图像进行逻辑或运算，得到标记图像。

4）对图像 A 进行修改：若步骤 3）中标记图像中的像素值不为零，则在图像 A 中将对应位置的像素值修改为零，即明确属于前景目标或背景的区域作为盆地。图像 A 中的其他位置像素值加上一个大于零的常数。

5）只允许图像 A 中像素值为零的作为盆地，标记图像中的连通区域数量决定了盆地数量，对图像 A 进行分水岭分割。

各种基于标记的分水岭算法的差别主要在于如何标记前景目标和背景。无论采用何种方法进行背景标记，背景标记图像中最终只能有一个连通区域，这个连通区域一定属于背景。

OPENCV 提供函数 watershed（InputArray src，InputOutputArray markers）进行分水岭分割，src 为 8 比特深度的三通道输入图像，输入 markers 是 32 比特深度、大小与 src 相同的标记图像。markers 中确定的背景区域像素值为 1，$K-1$ 个确定的前景像素值分别为 $2\sim K$，像素值为 0 表示不确定属于哪个区域。函数以标记图像中像素值不为零的区域作为盆地，对标记图像中像素值为零的区域进行分割。最终分割结果放回 markers 中，像素值表示其所属区域的序号，数值为 $1\sim K$ 之间的整数，分水岭位置的像素值为 -1。

对图 10.22a 中粘连的硬币进行分割，首先将图像二值化，得到图 10.22b，用闭运算消除小的黑色区域，结果如图 10.22c 所示，接着膨胀得到图 10.22d，黑色部分对应原图中的背景。另一方面，对图 10.22c 做距离变换，结果如图 10.22e 所示，图中最亮的部分一定属于前景目标，因此对图 10.22e 进行二值化，以二值化结果（图 10.22f）作为前景标记图像。图 10.22d 与图 10.22f 中像素值不同的区域如图 10.22g 白色部分所示，这部分属于背景还是前景未知，分水岭分割就是确定这部分所属区域。在标记图像中，非零值表示该像素所属区

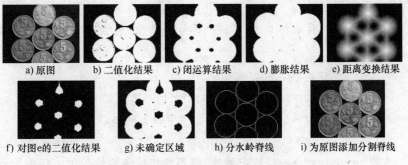

a）原图　　b）二值化结果　　c）闭运算结果　　d）膨胀结果　　e）距离变换结果

f）对图e的二值化结果　　g）未确定区域　　h）分水岭脊线　　i）为原图添加分割脊线

图 10.22　基于标记的分水岭分割示例

域是确定的，它们是后续分水岭中的盆地，显然图 10.22g 取反就是标记图像。对图 10.22a 用标记图像标记后进行分水岭分割，得到的分水岭如图 10.22h 中的白线所示，图 10.22i 将分水岭画在原图上，连在一起的硬币被准确分割。分割程序如下：

```
Mat img = imread("coins.png"); //读入图像
Mat gray,thresh,opening,sure_bg,dist_transform,sure_fg,unknown,
markers;
cvtColor(img,gray,COLOR_BGR2GRAY); //变为灰度图像
threshold(gray,thresh,0,255,THRESH_BINARY+THRESH_OTSU);
//对图像用 Otsu 方法选取阈值并进行二值化,灰度小于阈值的二值化后为 255
Mat kernel = getStructuringElement(MORPH_ELLIPSE,Size(3,3));
//定义结构元
morphologyEx(thresh,opening,MORPH_CLOSE,kernel,Point(-1,-1),1);
//对二值图像进行一次闭操作,去除小噪声
morphologyEx(opening,sure_bg,MORPH_DILATE,kernel,Point(-1,-1),2);
//进行二次膨胀,得到图像的背景部分在原图像中确定是背景
distanceTransform(opening,dist_transform,noArray(),DIST_L2,5);
//进行距离变换,变换后,距离背景最远的位置像素值最大,对应硬币中心
double maxVal;
minMaxLoc(dist_transform,NULL,&maxVal); //找到距离变换图像最大值
threshold(dist_transform,sure_fg,0.7*maxVal,255,THRESH_BINARY);
//对距离变换图像二值化,距离背景最远的部分二值化为 255,确定是前景
sure_fg.convertTo(sure_fg,CV_8U); //将数据转换为 8 比特深度无符号型
bitwise_xor(sure_bg,sure_fg,unknown); //找出所属不确定的区域
connectedComponents(sure_fg,markers,8,CV_32S);
//对确定前景图进行连通区域标记,标记图中的背景标号为 0,前景标号从 1 开始
markers = markers+1;
/* 由于连通区域的标号与分水岭标号的不同,将连通区域标号转换为分水岭标号,分
水岭标记图像中的背景标号为 1,前景从 2 开始,因此对连通区域标号加 1,这样前景标号
从 2 开始,sure_bg 中的背景标号为 1(这个标号不准确,包含不确定区域,还需要进一步
处理)*/
for(int i=0; i<markers.rows,i++){
    for(int j=0; j<markers.cols,j++){
        if(unknown.at<uchar>(i,j)==255) markers.at<int>(i,j)=0;
    }
} //修改 markers 分水岭标记图像,将不确定区域的标号由 1 修改为 0
```

```
watershed(img,markers);  //分水岭分割,最终分割结果放入 markers 中
for(int i = 0; i<img.rows,i++){
    for(int j = 0; j<img.cols,j++){
        if(markers.at<int>(i,j) = =-1) /*分水岭输出中,分水岭脊线位置
的像素值为-1 * /
            img.at<Vec3b>(i,j) = Vec3b(0,255,0);
    }
} //将分水岭脊线用绿色画在原图上
```

10.7　运动目标分割

运动目标分割是指从图像序列（通常指视频）中将运动目标从背景中分离出来。很多应用中，人们对图像序列关心的仅仅是其中的运动目标，因此运动目标的有效分割对于目标分类、特征提取、特征表达与识别等后期处理非常重要。

10.7.1　帧间差法

图像序列中，各帧图像具有较强的相关性，帧间差法将两帧图像进行减法计算，对差值取绝对值，若绝对值超过阈值，则判断该位置在其中一帧中存在运动目标。若背景在帧间变化不大，两帧中均无运动目标，则帧间差值很小，帧间差值大说明有运动目标。该方法实现简单、计算量小，不能提取出运动目标的完整区域，仅能提取部分轮廓。算法效果严重依赖所选取的帧间隔时间和分割阈值：如果运动目标灰度均匀且运动非常缓慢，两帧间的运动目标重叠区域大，则重叠区域帧间差值小，差值图像中存在孔洞，造成分割出的运动目标不连通，从而检测不到目标。运动太快，则帧间差法会出现重影，图 10.23a、b 为前后两帧图像，两者相减的绝对值结果如图 10.23c 所示，对其二值化处理得到图 10.23d，图中突出显示两个"运动"区域：一个是运动目标移出的区域，另一个是运动目标移入的区域。

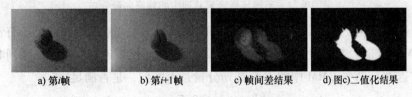

a) 第*i*帧　　　b) 第*i*+1帧　　　c) 帧间差结果　　　d) 图c)二值化结果

图 10.23　帧间差法示例

10.7.2　背景差法与背景估计

背景差法将当前帧与背景图像进行减法计算得到运动目标。背景差法得到的运动目标准确度高，对复杂背景情况效果较好，能提供较完整的运动目标信息。

背景差法要求得到不含任何运动目标的背景图像，实际中，这样的背景图像可能无法直

接获取，因此需要对已有图像序列进行背景估计以构建背景图像。常用的背景估计有多帧平均法背景估计、基于高斯混合的背景估计等。

1. 多帧平均法背景估计

多帧平均法适合运动目标不多、运动目标大小在图像中占比不大的情况。该方法计算简单，处理速度快，对环境光照变化和动态背景变化比较敏感。在一段时间内将连续 N 帧图像相加，求其平均值作为背景图像 B_n，有

$$B_n = \frac{1}{N}(f_n + f_{n-1} + \cdots + f_{n-N+1}) \tag{10.35}$$

式中，f_n 表示第 n 帧图像；B_n 为第 n 帧背景图像。两者相减可提取 f_n 中的运动目标。N 通常比较大（$N>20$），这样，运动目标造成的干扰可被衰减至原来的 $1/N$。

2. 基于高斯混合的背景估计

基于高斯混合（Mixture of Gaussian）的背景估计将视频各帧同一位置的像素值组成一个序列，例如，将连续 t 帧图像在坐标 (x_0, y_0) 处的像素值组成序列 $\{X_1, X_2, \cdots, X_t\}$，该序列称为"像素队列"，其中，$X_t$ 是该点在时刻 t 的像素值。对于灰度图像，$X_i(i=1,2,\cdots,t)$ 是灰度值；对于彩色图像，X_i 是三维向量 (r,g,b)。如果这个位置的像素值属于背景，则理想情况下序列中的各值相等，实际中由于噪声、光线变化等因素影响，这些值会变化。

如果将 t 个像素值用特征空间的 t 个特征向量表示，则这些特征向量会呈现出明显聚类。图 10.24b、d 分别是图 10.24a、c 静止场景视频中一个像素队列红、绿两个分量在特征空间的分布。图 10.24a 中，水波造成图 10.24b 呈现两个长尾状聚类。图 10.24d 中的两个聚类则来自图 10.24c 中的屏幕闪烁，每个聚类的内部变化不大。当运动目标对背景造成遮挡时，在特征空间表现为像素队列中的特征向量扩散范围变大。

a) 场景1　　　b) 场景1的色彩分量分布　　　c) 场景2　　　d) 场景2的色彩分量分布

图 10.24　不同场景像素队列中的特征向量分布

基于以上分析不难想到，视频帧同一位置的像素若属于背景，则该位置所有背景像素的分布可用 GMM 拟合。考虑到计算量，通常选 3~5 个高斯模型进行混合。分别判断当前时刻的像素值 X_t 与当前背景 GMM 中的 K 个高斯分量是否匹配，是否满足

$$|X_t - \mu_{j,t-1}| < 2.5\sigma_{j,t-1} \tag{10.36}$$

式中，下标 $j=1,2,\cdots,K$ 表示组成 GMM 的 K 个高斯模型分量中的第 j 个分量；$\mu_{j,t-1}$ 为第 j 个高斯模型分量在 $t-1$ 时刻的均值；$\sigma_{j,t-1}$ 为第 j 个分量在 $t-1$ 时刻的标准差。若存在满足式（10.36）的高斯模型分量，不妨设为第 i 个分量，则表示 X_t 与第 i 个高斯分量匹配，说明当前像素属于背景，反之属于前景。然后依据匹配结果更新 GMM 参数：

1）如果 X_t 与 K 个高斯模型分量都不匹配，则选择式（10.25）中 GMM 的系数 $\pi_{j,t-1}(j=1,$

$2,\cdots,K)$ 最小的那个分量，修改其均值为 X_t，将其方差设为很大的值（表示数据分布很散），修改系数 $\pi_{j,t-1}$ 为一个很小的值。因为该点很可能不属于背景，因此要降低其影响。

2）更新式（10.25）中 GMM 的各高斯分量系数 $\pi_{j,t}$，更新规则为

$$\pi_{j,t}=(1-a)\pi_{j,t-1}+aM_{j,t} \tag{10.37}$$

式中，a 是系数学习率；$\pi_{j,t}$ 为 t 时刻第 j 个高斯分量的系数；当 X_t 与第 j 个高斯分量匹配时 $M_{j,t}$ 为 1，否则为 0。

3）更新各高斯模型分量参数。若 X_t 与第 $j(j=1,2,\cdots,K)$ 个高斯分量不匹配，则不更新模型参数。若匹配，则更新 t 时刻高斯模型的均值和方差为

$$\mu_{j,t}=(1-\rho)\mu_{j,t-1}+\rho X_t \tag{10.38}$$

$$\sigma_{j,t}^2=(1-\rho)\sigma_{j,t-1}^2+\rho(X_t-\mu_{j,t})^{\mathrm{T}}(X_t-\mu_{j,t}) \tag{10.39}$$

式中，ρ 是均值和方差的学习率。

每个像素队列的 GMM 参数都会随着时间推移变化，需要找出 GMM 中的哪个高斯模型分量最有可能产生背景。在前面的分析中可以看到，特征空间中的背景像素值呈现一个或多个聚类，即一个或多个高斯模型的方差很小，而运动目标在特征空间的发散范围广，对应方差大。因此以 $\pi_{j,t}/\sigma_{j,t}$ 作为度量，这个比值大一方面说明由于多次匹配使得分子即 GMM 中第 j 个高斯模型的系数 $\pi_{j,t}$ 变大，另一方面说明分母 $\sigma_{j,t}$ 小，表示与该模型匹配的像素点在特征空间高度聚集，符合背景像素特点。对所有 K 个模型的 $\pi_{j,t}/\sigma_{j,t}(j=1,2,\cdots,K)$ 进行降序排列，选择排在最前面的 B 个所对应的高斯模型作为背景估计模型，限定条件要求排在最前面的 b 个模型在 GMM 中系数 $\pi_{j,t}$ 之和超过阈值 T，满足此条件 b 的最小值即为 B。阈值 T 反映了数据中最低多少比例的数据被算作背景，T 值越小则 B 值越小，可能只选一个高斯模型进行背景估计。

OPENCV 提供背景差类 BackgroundSubtractorMOG，采用上述高斯混合的背景估计，通过背景差提取当前运动目标。该对象的类函数 apply（InputArray src，OutputArray fgmask）根据当前及以前的各帧进行背景估计，将当前帧 src 与估计出的背景相减，提取出当前帧 src 中的运动目标并放入 fgmask 中。OPENCV 还提供了一个改进的背景差类 BackgroundSubtractorMOG2。与 BackgroundSubtractorMOG 相比，后者的所有像素队列指定相同的高斯模型数量，而前者为每个像素队列自适应选择 GMM 中高斯模型的数量，对亮度、阴影等发生变化的场景具有更好的适应性。BackgroundSubtractorMOG2 用法与 BackgroundSubtractorMOG 类似，算法上主要有以下几个改进：

1）为使 GMM 更好地适应当前情况，每个像素的像素队列只选用一段时间间隔内的像素值，即像素队列为 $\{X_{t-M},\cdots,X_t\}$，只有 $M+1$ 个像素值。

2）对 X_t 与 $t-1$ 时刻 GMM 中的所有高斯模型进行匹配判断，判断准则为 X_t 到各高斯模型分量的马氏距离（Mahalanobis Distance）是否小于 3。若是，则 X_t 与该模型匹配。

3）当 X_t 没有找到任何匹配模型时，若 $t-1$ 时刻 GMM 中的高斯模型的数量 K_{t-1} 没有达到预先设定的最大数量 K，则增加一个高斯分量，使得 t 时刻 $K_t=K_{t-1}+1$，新增加的模型（第 K_t 个模型）均值为 X_t、方差为常数 σ_0^2，在 GMM 中的系数为 $1/T$；若 K_{t-1} 已等于 K，则将 $t-1$ 时刻 GMM 中系数最小的模型用均值为 X_t、方差为 σ_0^2 的模型代替。

对视频中从未被运动目标遮挡、没有光照等变化的位置，步骤 3）用一个高斯模型就能拟合，极大减少了计算量。对视频中从未被运动目标遮挡、仅光照变化的位置，通常两个高斯模型就能准确进行背景重建，加快了处理速度。运动目标分割程序如下：

```cpp
#include <opencv2/opencv.hpp>
#include <iostream>
#include <math.h>
using namespace cv;
using namespace std;
const char * params = "{ help h | |打印使用帮助 }"
"{ input |myvideo.avi |输入视频文件名和路径 }";
int main(int argc,char * argv[]){
    CommandLineParser parser(argc,argv,params);
    parser.about("程序用于演示基于高斯模型的背景重建,并提取运动目标 \n");
    if (parser.has("help")){  //打印帮助信息
        parser.printMessage();  }
    Ptr<BackgroundSubtractor> pBackSub; //定义一个背景差对象
    pBackSub =createBackgroundSubtractorMOG2();
    //采用改进的基于高斯混合的背景估计 MOG2 创建背景差对象
    /* 可用 pBackSub = createBackgroundSubtractorMOG()创建标准 MOG
背景差对象 */
    VideoCapture capture (samples::findFile(parser.get<String>
("input"))); //取视频流
    if (!capture.isOpened()){ //检查是否成功读取视频
        cerr <<"无法打开:" << parser.get<String>("input") << endl;
        return 0;     }
    Mat frame,fgMask;
    while (true) {
        capture >> frame; //从视频流读入一帧
        if (frame.empty()) break;/*如果没有帧读入,则说明视频文件结束,
退出循环 */
        pBackSub->apply(frame,fgMask);
    /* 调用背景差对象的 apply()函数进行背景估计,当前帧提取的运动目标放入
fgMask */
        rectangle(frame,cv::Point(10,2),cv::Point(100,20),cv::
Scalar(255,255,255),-1);
```

```
        //在当前帧左上角用白色画一小片矩形区域
        stringstream ss;
        ss << capture.get(CAP_PROP_POS_FRAMES); //获取当前帧号
        string frameNumberString = ss.str();
    putText(frame,frameNumberString.c_str(),cv::Point(15,15),
FONT_HERSHEY_SIMPLEX,0.5,cv::Scalar(0,0,0));    /*用黑色字将帧号写在当
前帧左上角*/
        imshow("当前帧",frame); //显示当前帧
        imshow("当前帧运动目标",fgMask); //显示从当前帧提取的运动目标
        int keyboard = waitKey(30);
        if (keyboard == 'q' || keyboard == 27)    break;
    }    //while 结束
    return 0;
}
```

图 10.25a 为当前视频帧，对该帧用 BackgroundSubtractorMOG2( )检测到的运动目标如图 10.25b 所示，白色区域是运动目标，灰色区域为检测到的阴影。

a) 当前视频帧　　　　　　　　　　　　　　　b) 运动目标检测结果

图 10. 25　基于高斯混合的背景估计检测运动目标示例

10-1　梯度方向如何计算？

10-2　图像分割有哪些技术线路？

10-3　什么是梯度的各向同性？

10-4　边缘检测前为什么要对图像进行平滑？

10-5　Marr-Hildreth 边缘检测与高斯低通滤波的关系是什么？

10-6　什么是 Canny 边缘检测中的非极大值抑制?

10-7　Hough 变换检测直线的原理是什么?

10-8　基于阈值的图像分割的基本原理是什么?

10-9　基于区域的图像分割的基本原理是什么?

10-10　基于标记的分水岭分割如何避免分水岭算法的过度分割问题?

10-11　根据算法原理，讨论多帧平均法背景估计适用于何种情况。

10-12　采用帧间差法分割出运动目标，讨论算法可能产生哪些问题。

第 11 章 目标的表示与描述

图像中检测到的特定内容要用适当方式表示，并且这种表示适合用某种数学形式进行描述，能够在计算机中处理。表示方式大致分为两类：外部表示（如边界）、内部表示（如区域）。当关注重点是形状时，可以选择用外部表示；反之，当关注内部属性（如颜色或纹理）时，可选择用内部表示。两种表示可以同时使用。选择表示方式后还需要进一步描述特征，如边界的长度和方向、纹理的频率等，这些特征描述称为描述子（Descriptor）。描述子应尽可能对大小、平移、旋转不敏感。

11.1　表示

11.1.1　边界追踪

边界追踪又称轮廓提取，用于提取二值图像中目标的边界闭合曲线（即轮廓），像素值为 1 表示目标/前景，为 0 表示背景。边界追踪前，首先对二值图像用零进行边界填充，以确保没有目标位于图像边缘处。一个区域边界上的点以顺时针或逆时针方向排序。其操作步骤如下：

1）初始化：找到图像最上面一行的最左边像素值为 1 的点，用 b_0 表示。b_0 左边的点用 c_0 表示，显然 c_0 点的值为 0，属于背景。从 c_0 开始以顺时针方向检查 b_0 的 8 邻域，找到第一个像素值为 1 的点，记为 b_1，b_1 之前被检查的点（显然其像素值为 0）记为 c_1。

2）设置起点：令 $b=b_1$、$c=c_1$。

3）从 c 开始顺时针扫描 b 的 8 邻域，设从 c 开始的 b 的 8 个邻点顺序标记为 $n_1, n_2, \cdots, n_8$。找到第一个像素值为 1 的邻点 n_k，则其前一个点标记应为 n_{k-1}。

4）更新起点：令 $b=n_k$、$c=n_{k-1}$。

5）重复步骤 3）和 4），直到 $b=b_0$ 且下一个边界点是 b_1（说明顺时针方向 b_0 的下一个边界点是唯一的），边界提取完成。

OPENCV 函数 findContours（InputArray src，OutputArrayofArrays contours，OutputArray hierarchy，int mode，int method，Point offset=Poin（））可从图像 src 中提取前景边界轮廓，所有检测到的目标边界轮廓都存放在向量 contours 中，向量内的每个元素都保存了一组构成一个轮廓的点坐标集合，元素数目等于检测到的轮廓数。hierarchy 是可选输出项，表示图像各边界拓扑关系。对于 contours 中的第 i 个边界轮廓 contours$[i]$，hierarchy 用包含 4 个变量的 hierarchy $[i][0]$~hierarchy$[i][3]$指出：与其同层级的下一个边界轮廓在 contours 中的索引号、与其同层级的前一个轮廓索引号、其第一个子轮廓索引号、其父轮廓索引号。mode 指定查找轮廓的方式，其中，RETR_LIST 可将所有轮廓看作是同层级无从属关系的，即实际中轮廓 A 内包含轮廓 B，RETR_LIST 将 A、B 看作两个独立同层级轮廓，彼此没有包含关系；PETR_TREE 保留轮廓间的包含关系，即轮廓 B 是轮廓 A 的子轮廓；TETR_EXTERNAL 只检测出最外层轮廓；TRER_CCOMP 将所有轮廓看作同层级的，但对每个目标都用两层轮廓的方式表示：顶层是目标外轮廓，如果该目标内部有孔洞，则第二层轮廓是孔洞的外轮廓（即目标的内轮廓）。method 指定如何在 contours 中保存轮廓点，CHAIN_APPROX_NONE 可精确存储轮廓上的各点，CHAIN_APPROX_SIMPLE 可简单地将轮廓用几个边角的顶点坐标表示，如用包含轮廓的最小矩形的 4 个点坐标表示。offset 为可选输入项，被检测出的轮廓上的各点坐标均平移 offset 后放入 contours 中。

11.1.2 链码

链码将轮廓用一系列具有特定长度和方向的相连的直线段表示，每个线段的长度固定，方向数目有限，每个线段的方向使用一个数字编号，常用的 4 方向编号、8 方向编号分别如图 11.1a、b 所示。链码就是用线段的起点加上各线段方向编号所构成的数列，又称为 Freeman 链码。例如，图 11.1c 中，边界以黑点为起点、逆时针 4 方向链码为 300301121232。

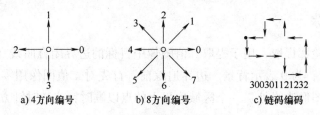

a) 4方向编号　　　　b) 8方向编号　　　　c) 链码编码

图 11.1　链码编号与编码示例

上述链码并不直接使用。首先这样的链码太长，更重要的是轻微干扰就会对链码结果造成很大影响。两个一样的边界，其中一个在某点处受到轻微干扰，得到的两个链码大相径庭，无法用于后续形状匹配等处理。常用的解决方案是用更大的网格间距对边界进行下采样，当边界线穿越大网格时，找出距离每个穿越点最近的大网格节点，对这些节点进行链码编码来提取边界主要特征，提高链码抗干扰能力。

链码编码与起点的选择有关，如果同一边界线的编码起点不同，得到的链码也不同。可以对链码进行归一化处理：将边界分别以不同起点、相同顺/逆时针进行链码编码，将具有最小起点序号的那个数列作为链码编码，确保起点相同。

链码不具有旋转不变性，边界旋转后，链码发生变化。对链码采用差分编码的方式进行旋转处理：差分编码为相邻两个链码编码数之差，如果两者之差为负数，则对该值取模（模为 4 或 8，取决于连通性）。例如，图 11.1c 的链码编码为 300301121232，第一个差分 $0-3=-3$，由于采用 4 方向编码，故对-3 进行模 4 运算，得到 1，以此类推，最终差分得到 10311013113。把链码编码看成一个循环数列，最后一个编码与第一个编码首尾相接，最终得到的循环差分码为 110311013113。差分链码具有旋转不变性，边界旋转后，编码仍保持不变。

归一化的差分码既具有唯一性，也具有平移和旋转不变性，因此可用来表示边界，称为边界的形状数。形状数序列的长度又称为形状数的阶。

11.1.3　多边形近似

边界曲线可以用任意精度的多边形来近似。多边形近似的目的是用尽量少的线段拟合边界的基本形状，在基于形状的目标识别时抓住形状主要特点，忽略细微的差异。

多边形近似算法有很多种。聚合近似从边界中任选一点作为出发点，将该点按顺时针或逆时针方向依次与曲线上的点连接成线段，并计算每条线段与线段两端点间实际曲线的误差，如果误差恰好大于阈值（出发点与该点前方邻点的连线与曲线误差小于阈值），则用这条线段代替该段实际边界曲线。然后以线段末端点为起点，重复上述过程，直到环绕一周为止。

拆分近似选择边界上距离最远的两个点作为顶点连接成线段，分别在线段两侧的边界上各找到一个距离该线段最远的点。如果找到的点到线段的距离大于阈值，则将该点作为新顶点，将所有当前顶点顺序连接，重复上述过程，直到找不出新顶点为止。

OPENCV 函数 approxPolyDP(InputArray curve, OutputArray approxCurve, double epsilon, bool closed)用指定精度得到近似多边形。curve 表示一系列输入边界点。approxCurve 为输出的近似多边形。epsilon 指定精度，指近似多边形与实际曲线之间的最大距离。标志 closed 为 1，则近似多边形必须是闭合的。设 src 为输入二值图像，函数使用程序如下：

```
vector<vector<Point> > contours; //存放目标的所有边界
vector<Vec4i> hierarchy;
vector<vector<Point> >PolyDP_contours; //存放目标边界的多边形近似
//找目标边界,每个目标的外边界(轮廓)同层级,每个边界用少量点描述
findContours(src, contours, hierarchy, RETR_CCOMP, CHAIN_APPROX_
SIMPLE);
Mat dst = Mat::zeros(src.size(),CV_8UC3);
if(contours.size() = = 0){　//没有找到目标
    cout<<"没有前景目标 \n"; return 0; }
size_t idx = 0,largestComp = 0;
double maxArea = 0;
/*遍历所有目标的外边界,hierarchy[idx][0]指向当前边界的下一个边界索引
号*/
for(idx = 0; idx<contours.size(); idx++) { //对每个边界提取其各点坐标
    const vector<Point>& c = contours[idx];
```

```
        double area = fabs(contourArea(Mat(c))); /*计算该边界顶点围成的
面积 */
        if(area > maxArea){ /*如果面积大于当前最大值,则将最大值更新,并记录
对应索引号 */
            maxArea = area; /*将当前面积设为最大面积,用于找出所有轮廓中最大
的一个 */
            largestComp = idx;  }   /*if 语句结束,记录面积最大的那个边界对
应的索引号 */
    }//for 循环结束
    drawContours(dst,contours,largestComp,Scalar(0,255,0),FILLED,
LINE_8,hierarchy);
    //将面积最大的那个边界及其内部孔洞的边界(如果有的话)用绿色画出
    PolyDP_contours.resize(contours.size());/* 为每个边界找到闭合的近似
多边形 */
    /* 调整多边形容器大小,使其与找到的边界数量相同(每个边界轮廓都有一个近似
多边形) */
    for(size_t k = 0; k < contours.size(); k++) //找出所有轮廓的近似多边形
        approxPolyDP(Mat(contours[k]),PolyDP_contours[k],3,true);
    drawContours(dst,PolyDP_contours,-1,Scalar(255,0,255),3,LINE_
AA,hierarchy);
    //用粉色画出所有轮廓的近似多边形
```

11.2 边界描述子

11.2.1 一些基本描述子

边界（轮廓）长度是最简单的一种描述。沿边界一圈的像素个数可以近似描述长度。对于以单位间隔编码得到的链码，如果方向编号表示的是对角线，则每个编号的对应长度为单位间隔的 $\sqrt{2}$ 倍。边界 B 的直径定义为

$$\text{diam}(B) = \max_{i,j}(\text{D}(p_i, p_j)) \tag{11.1}$$

式中，D( )表示距离，p_i、p_j 是边界上的任意两点。

函数 double arcLength(InputArray curve,bool closed)可用于计算边界周长。curve 用于输入轮廓各点。closed 指明计算的边界是否闭合。函数返回值为边界长度。

直径、直径的方向均可作为边界的描述。直径可作为边界的主轴，与主轴垂直、连接边

界两个端点的最长线段为副轴，以主轴、副轴为骨架的矩形是包围闭合边界的面积最小的外接矩形，称为基本矩形。例如，图 11.2a 所示的边界曲线，其主轴、副轴及基本矩形如图 11.2b 所示。主轴与副轴之比称为边界的偏心率，也是一个常用的边界描述。

a) 边界曲线　　b) 主轴、副轴及基本矩形

图 11.2　边界曲线、主轴、副轴及基本矩形

基本矩形可用函数 RotatedRect minAreaRect(InputArray points) 得到，输入 points 中存放边界各点，函数返回值为得到的基本矩形。与基本矩形类似的一些描述子还有面积最小外接圆（函数 minEnclosingCircle( )）、根据所有边界点拟合的椭圆形（函数 fitEllipse( )）等。

此外还可用边界关键点（函数 FindDominatPoints( )）、边界周长（函数 ContourPerimeter( )）、边界凸包（函数 ConvexHull2( )）和凸缺（函数 ConvexityDefects( )）、边界轮廓是否是凸的（函数 CheckContourConvexity( )）等描述边界。

11.2.2　傅里叶描述子

对于边界上的第 k 个像素点，将其坐标 (x_k, y_k) 用复数 $s(k) = x(k) + \mathrm{j}y(k)$ 表示，实部为行坐标，有 $x(k) = x_k$，虚部为列坐标，有 $y(k) = y_k$，$k = 0, 1, \cdots, K-1$，K 为边界曲线上的像素总数。对序列 $s(k)$ 做离散傅里叶变换，有

$$a(u) = \sum_{k=0}^{K-1} s(k) \mathrm{e}^{-\mathrm{j}2\pi uk/K} \tag{11.2}$$

式中，$u = 0, 1, \cdots, K-1$。$a(u)$ 称为傅里叶描述子。

对傅里叶描述子进行离散傅里叶反变换，可以恢复出空间域坐标 (x_k, y_k)，即

$$x_k + \mathrm{j}y_k = x(k) + \mathrm{j}y(k) = s(k) = \frac{1}{K} \sum_{u=0}^{K-1} a(u) \mathrm{e}^{\mathrm{j}2\pi uk/K} \tag{11.3}$$

式中，$k = 0, 1, \cdots, K-1$。通常，进行反变换时只用傅里叶描述子的前 P 个系数进行重构，其余系数当作零，这样得到 $s(k)$ 的近似为

$$\hat{s}(k) = \frac{1}{P} \sum_{u=0}^{P-1} a(u) \mathrm{e}^{\mathrm{j}2\pi uk/K} \tag{11.4}$$

由于反变换时高频信息清零，导致恢复的边界形状与实际形状有差异，P 越小，则反映边界变化的高频细节损失越多。图 11.3 给出了 P 取不同值时重构时得到的边界形状。

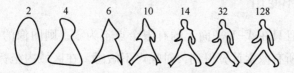

图 11.3　用傅里叶描述子重构图像

OPENCV 函数 fourierDescriptor(InputArray src, OutputArray dst) 对存放在 vector<Point> 中的所有边界点组成的闭合曲线 src 计算傅里叶描述子，结果放在 dst 中。

11.3 区域描述子

区域描述关注图像目标内部特征。边界描述和区域描述通常结合使用。

11.3.1 一些基本描述子

周长指边界轮廓的长度。区域面积定义为属于该区域的像素总数，在 OPENCV 中可用函数 ContourArea( ) 计算得到。一个常用的描述子是由这两个概念延伸出的致密度，定义为周长的平方除以面积。另一个类似的描述子是圆形度，定义为 $4\pi\times$面积/（周长的平方），当区域是标准圆时该值为 1，当区域是正方形时该值为 $\pi/4$。

设区域最小外接矩形即基本矩形的面积为 A，区域矩形度定义为区域面积除以 A，该值反映了区域对基本矩形的充满程度，当区域为矩形时，该值达到最大值 1。

区域质心（Centre of Mass）又称为重心，其坐标 $(\bar{x}, \bar{y})$ 由区域内的像素坐标根据像素值加权平均得到。若坐标 (x, y) 处的像素值为 $f(x, y)$，则

$$\begin{cases} \bar{x} = \sum_{(x,y)\in\text{区域}} xf(x,y) \Big/ \sum_{(x,y)\in\text{区域}} f(x,y) \\ \bar{y} = \sum_{(x,y)\in\text{区域}} yf(x,y) \Big/ \sum_{(x,y)\in\text{区域}} f(x,y) \end{cases} \tag{11.5}$$

形心（Centroid）又称几何中心，其不考虑各像素值的差异，仅求区域内像素坐标的平均，有

$$\begin{cases} \bar{x'} = \sum_{(x,y)\in\text{区域}} x \big/ \text{区域面积} \\ \bar{y'} = \sum_{(x,y)\in\text{区域}} y \big/ \text{区域面积} \end{cases} \tag{11.6}$$

质心远比形心用得多。二值图像目标区域内的像素值 $f(x,y)$ 恒为 1，质心与形心重合。

对于灰度图像的目标区域，其他描述还有区域灰度均值、中值、最大灰度值、最小灰度值，以及灰度值高于或低于均值的像素数目等。

拓扑描述子是关于区域的全局描述，不受图像畸变变形（不包括撕裂或粘贴）的影响，与距离或基于距离度量概念的任何特性无关。常用的拓扑描述子有孔洞数 H、连通成分 C 以及欧拉数 E。连通成分即连通区域的个数，欧拉数为连通成分与孔洞数之差 $E=C-H$。

11.3.2 区域矩与不变矩

图像若分段连续且只在 $X-Y$ 平面上的有限个点不为零，则图像的各阶矩存在。区域各阶统计矩由区域内的所有像素计算得到，对噪声不敏感。在区域内坐标 (x,y) 处的像素值为 $f(x,y)$，区域的 $p+q$ 阶矩定义为

$$m_{pq} = \sum_x \sum_y x^p y^q f(x,y) \quad (x,y)\in\text{区域} \tag{11.7}$$

区域 $p+q$ 阶中心矩定义为

$$\mu_{pq} = \sum_x \sum_y (x-\bar{x})^p (y-\bar{y})^q f(x,y) \quad (x,y) \in 区域 \qquad (11.8)$$

式中，$\bar{x}=m_{10}/m_{00}$、$\bar{y}=m_{01}/m_{00}$ 为区域质心坐标。中心矩反映了区域的某些形状特征，是灰度相对于质心如何分布的一种度量，例如，m_{20}、m_{02} 分别表示围绕质心的 x、y 轴线的惯性矩，若 $m_{20}>m_{02}$ 则区域可能在 x 方向延伸；若 $m_{30}=0$ 则表明区域关于 x 轴对称；若 $m_{03}=0$ 则区域关于 y 轴对称。

μ_{pq} 具有平移不变性，仅随旋转、尺度伸缩而变化。对中心矩进行归一化，若 $p+q$ 为大于 1 的整数，则归一化中心矩为

$$\eta_{pq} = \frac{\mu_{pq}}{(\mu_{00})^r} \qquad (11.9)$$

式中，$r=1+(p+q)/2$。归一化中心矩具有尺度不变性。

函数 Moments moments(InputArray src, bool binaryImage=false) 可计算 8 比特单通道矩阵 src 的 0~3 阶矩、中心距、归一化中心距，结果放在函数返回的区域矩对象 Moments 中。

Hu 矩又称 Hu 不变矩，是以上述矩为基础的 7 个矩，具有平移、旋转和尺度不变性，即

$$\phi_1 = \eta_{20}+\eta_{02} \qquad (11.10)$$

$$\phi_2 = (\eta_{20}-\eta_{02})^2+4\eta_{11}^2 \qquad (11.11)$$

$$\phi_3 = (\eta_{30}-3\eta_{12})^2+(3\eta_{21}-\eta_{03})^2 \qquad (11.12)$$

$$\phi_4 = (\eta_{30}+\eta_{12})^2+(\eta_{21}+\eta_{03})^2 \qquad (11.13)$$

$$\phi_5 = (\eta_{30}-3\eta_{12})(\eta_{30}+\eta_{12})[(\eta_{30}+\eta_{12})^2-3(\eta_{21}+\eta_{03})^2]+ \\ (3\eta_{21}-\eta_{03})(\eta_{21}+\eta_{03})[3(\eta_{30}+\eta_{12})^2-(\eta_{21}+\eta_{03})^2] \qquad (11.14)$$

$$\phi_6 = (\eta_{20}-\eta_{02})[(\eta_{30}+\eta_{12})^2-(\eta_{21}+\eta_{03})^2]+4\eta_{11}(\eta_{30}+\eta_{12})(\eta_{21}+\eta_{03}) \qquad (11.15)$$

$$\phi_7 = (3\eta_{21}-\eta_{03})(\eta_{30}+\eta_{12})[(\eta_{30}+\eta_{12})^2-3(\eta_{21}+\eta_{03})^2]- \\ (\eta_{30}-3\eta_{12})(\eta_{21}+\eta_{03})[3(\eta_{30}+\eta_{12})^2-(\eta_{21}+\eta_{03})^2] \qquad (11.16)$$

Hu 矩在图像描述中广泛应用，用于对形状不太复杂的区域描述，如对每个区域，用它的 Hu 矩构成一个七维特征向量，通过计算两个七维特征向量之间的相似度或距离，判断两个区域是否形状相似，用这种方法识别目标的计算量小、识别速度快。Hu 矩的低阶矩与图像整体特征有关，高阶矩易受噪声影响，已经证明 Hu 矩在识别中发挥作用的主要是二阶矩。

函数 HuMoments(const Moments & moments, double hu[7] 或 Mat hu) 可根据输入的区域矩 Moments 计算出 Hu 矩放在 hu[7] 数组或 Mat 阵列 hu 中。设 src 为灰度图，对其各前景区域分别计算 Hu 矩，找出 Hu 矩距离最近的即区域形状最相似的两个目标，程序如下：

```
Mat binary,RGB;
threshold(gray,binary,128,255,THRESH_BINARY); //图像二值化
Mat k = getStructuringElement(MORPH_RECT,Size(3,3),Point(-1,-1));
```

```
//定义结构元
    morphologyEx(binary,binary,MORPH_OPEN,3); /*通过开运算消除细小的前
景噪声*/
    cvtColor(binary,RGB,GRAY2RGB); /*二值图转换为彩色图,彩色图上可画出
区域质心等*/
    vector<vector<Point>> contours;
    vector<Vec4i> hierarchy;
    findContours(binary,contours,hierarchy,RETR_LIST,CHAIN_APPROX_
NONE);
    //在二值图像中找出所有的前景轮廓,对每个轮廓准确记录边界的各点坐标
    vector<Moments> M; //定义区域矩的容器
    vector<Mat> hu; //定义 Hu 矩的容器
    for (int n = 0; n < contours.size(); n++){ /*对每个轮廓求区域矩和 Hu
矩、计算区域面积*/
        Moments tmpM;
        tmpM = moments(contours[n],false);//求区域0~3阶矩
        Mat tmpHu;
        HuMoments(tmpM,tmpHu); //求 Hu 矩
        M.push_back(tmpM); //将区域矩放入容器
        hu.push_back(tmpHu); //将 Hu 矩放入容器
        double area=contourArea(contours[n]); //计算区域面积
        cout<<"第"<<n<<"个区域面积:"<<area<<endl;
        if(tmpM.m00 != 0)
            circle(RGB, Point ((int)(tmpM.m10/tmpM.m00),(int)(tmpM.
m01/tmpM.m00)),4,Scalar(255,0,0),-1,8,0);  /*根据区域矩计算质心坐标,
并画出质心*/
        else circle(RGB,Point(0,0),4,Scalar(255,0,0),-1,8,0);
    } //for 循环结束
    for(int m=0; m<contours.size(); m++){ /*两两比较,根据 Hu 矩距离找相似
区域*/
        Mat tmpHu1,tmpHu2;
        tmpHu1=hu[m];
        for(int n=0; n<contours.size();n++){
            if(m!=n){ //所有 Hu 矩比较相似度
                tmpHu2=hu[n];
```

```
        if(sum(abs(tmpHu1-tmpHu2))<1.0){ /*比较两个区域 Hu 矩的
距离是否小于阈值*/
        /* Hu 矩距离计算,这里用 7 个矩两两相减结果的绝对值再求和来实现
快速计算*/
            cout<<"第"<<n<<"个区域与第"<<m<<"个区域形状相似"<<endl;
        Scalar color(rand()&255,rand()&255,rand()&255);/*随
机分配颜色*/
            drawContours(RGB,contours,m,color,FILLED,8); /*画出两
个相似区域轮廓*/
            drawContours(RGB,contours,n,color,FILLED,8);
            //对 Hu 矩距离相近的两个区域处理结束
        }
    } //内部 for 循环结束
} //外部 for 循环结束
```

Zernike 多项式位于单位圆上，彼此正交。Zernike 矩通过在一组 Zernike 多项式 $V_{nm}(\rho,\theta)$ 上投影得到一组复数矩。Zernike 矩可以构造图像的任意高阶矩，并可用矩重建图像，用低阶矩重建的图像反映图像整体特征，高阶矩重建图像则提供更多细节。Zernike 矩具有旋转不变性，对噪声不敏感，各阶矩之间的冗余小，特征识别性能比 Hu 矩好，但计算量更大。Zernike 多项式 $V_{nm}(\rho,\theta)$ 为

$$V_{nm}(\rho,\theta)=R_{nm}(\rho)\mathrm{e}^{jm\theta} \tag{11.17}$$

式中，$n=0,1,\cdots$，$m=0,\pm1,\pm2,\cdots$，并且 $|m|\leq n$，$n-|m|$ 为偶数；ρ 为极坐标原点到 (x,y) 的距离；θ 为原点到 (x,y) 的连线与 x 轴的夹角；半径多项式 $R_{nm}(\rho)$ 为实数，即

$$R_{nm}(\rho)=\sum_{s=0}^{(n-|m|)/2}(-1)^s\frac{(n-s)!\ \rho^{(n-2s)}}{s!\left(\frac{n-2s+|m|}{2}\right)!\left(\frac{n-2s-|m|}{2}\right)!} \tag{11.18}$$

重复率 m 的 n 阶 Zernike 矩定义为

$$A_{nm}=\frac{n+1}{\pi}\sum_x\sum_y f(x,y)V_{nm}^*(\rho,\theta)\quad x^2+y^2\leq1 \tag{11.19}$$

一般以 A_{nm} 的模作为矩，被描述区域的旋转仅改变 A_{nm} 相位，并不改变模，因此 Zernike 矩具有旋转不变性。通常，求矩之前先将被描述区域进行平移和尺度归一化：首先计算出区域质心坐标 $(\bar{x},\bar{y})$；然后将区域质心设为极坐标原点，则原区域像素坐标 (x,y) 变为 $(x',y')=(x-\bar{x},y-\bar{y})$；接着对坐标进行尺度归一化，坐标 (x',y') 归一化至 $(x'',y'')=(x'/m_{00},y'/m_{00})$，$m_{00}$ 的计算见式（11.7），坐标 (x'',y'') 满足 $x''^2+y''^2\leq1$；最后令 $g(x'',y'')=f(x,y)$，对 $g(x'',y'')$ 求 Zernike 矩。这样得到的 Zernike 矩具有平移不变、尺度不变以及旋转不变的性质。$m_{\max}$ 阶 Zernike 矩重构图像的计算公式为

$$\hat{f}(\rho,\theta)=\sum_{n=0}^{m_{max}}\sum_{m} A_{nm}V_{nm}(\rho,\theta) \tag{11.20}$$

图 11.4a 为原图，图 11.4b~f 分别是阶数为 5、15、25、35、45 的 Zernike 矩重构图像。阶数越大，呈现的细节越多，与原图越相似。

a) 原图	b) 5阶的Zernike 矩重构图像	c) 15阶的Zernike 矩重构图像	d) 25阶的Zernike 矩重构图像	e) 35阶的Zernike 矩重构图像	f) 45阶的Zernike 矩重构图像

图 11.4　用 Zernike 矩重构图像

11.4　纹理描述

纹理描述是针对灰度图像的特征描述。

11.4.1　灰度直方图统计矩

设灰度图像的比特深度为 d，则灰度值的动态范围为 $0 \sim L-1(L=2^{d})$，对图像或特定目标区域统计其直方图，灰度值 z_i 出现的概率为 $p(z_i)$，$i=0,1,\cdots,L-1$。灰度直方图的 n 阶矩定义为

$$\mu_n(z)=\sum_{i=0}^{L-1}(z_i-m)^n p(z_i) \tag{11.21}$$

式中，m 是灰度均值，可通过计算 $z_i p(z_i)$ 并求和得到。根据定义可得 $\mu_0(z)=1$、$\mu_1(z)=0$。二阶矩 $\mu_2(z)$ 是直方图的方差 $\sigma^2(z)$，纹理描述中作为灰度对比度的度量，用于计算纹理相对平滑度，即

$$R(z)=1-\frac{1}{1+\sigma^2(z)} \tag{11.22}$$

当区域灰度完全相同时，方差 $\sigma^2(z)$ 为零，相对平滑度 $R(z)$ 为零；当方差很大时，$R(z)$ 接近 1。灰度级数 L 不同的相似纹理，方差 $\sigma^2(z)$ 的差异较大，通常需要将方差进行归一化，$\sigma^2(z)/(L-1)^2$ 称为标准方差，取值范围为 $0\sim1$，用该值作为纹理的描述。

直方图的三阶矩可以度量直方图的偏斜度，当直方图向左倾斜时三阶矩为负值，向右倾斜则三阶矩为正。四阶矩用于表示直方图的相对平坦度。五阶及更高阶矩与直方图的形状没有明显关联，但可为纹理提供更多的定量描述。

此外还有其他源于直方图的纹理度量，如用于度量图像或区域一致性的函数，有

$$U(z)=\sum_{i=0}^{L-1}p(z_i)^2 \tag{11.23}$$

直方图的熵定义为

$$e(z)=-\sum_{i=0}^{L-1}p(z_i)\log_2 p(z_i) \tag{11.24}$$

熵和一致性函数用于度量直方图的分布，熵与一致性函数变化趋势相反。当所有像素值相等时熵为零，此时 $U(z)$ 有最大值。所有的像素值等概率分布时熵最大。

11.4.2　LBP 特征

LBP（Local Binary Patterns）即局部二值模式，可用于描述局部纹理特征，它对亮度变化不敏感。如图 11.5a 所示，首先比较图像 (x,y) 处的像素与其 8 邻域的像素值大小，若邻域值大则邻域记为 1，反之记为 0，这样得到 8 个二进制数。以左上角邻点为起点，按顺时针方向将 8 个比特组成一个二进制序列，序列能表示的十进制数最小为零，最大为 255，共 256 种取值，每种取值都称为一个 LBP。以二进制序列对应的十进制数值作为 LBP 图在 (x,y) 处的像素值。图 11.5b 给出了原图像及其对应的 LBP 图。

a) LBP计算示例　　b) 原图与对应的LBP图　　c) 圆形邻域示例

图 11.5　LBP 特征

如果邻域范围恒为 3×3，则在高分辨率图像中会导致 LBP 过分关注小细节。改进的圆形 LBP 算子用圆形邻域代替了 3×3 固定邻域，邻域范围由半径为 R 的圆形中的 P 个像素点指定，一般用 (P,R) 表示，在圆形中对称选取 P 点，半径 R 的引入使得 LBP 能适应不同分辨率的图像。典型的圆形邻域如图 11.5c 所示，分别为 R 取 1 或 2 时选 8 或 16 个邻域点的方式，半径越小得到的 LBP 图的纹理越细腻，P 越大则 LBP 图越亮。

灰度图像旋转，则对应的 LBP 值随之变化。为使 LBP 具有旋转不变性，对每个像素的 LBP 二进制序列进行循环移位，比较每次移位后对应的十进制数值，选择最小的一个数值作为该像素的 LBP 模式。

LBP 图与原灰度图像大小相同，并没有减少数据量，实际中一般不直接用 LBP 图，而是对 LBP 图进行直方图统计，以 LBP 图中各 LBP 模式出现的概率或频次构建特征向量。例如，对 P 个邻域点的 LBP 计算会产生 2^P 种取值，对 LBP 图进行直方图统计，得到 1×2^P 的 LBP 特征向量。LBP 特征向量又称为 LBP 直方图。

当 P 值较大时，LBP 直方图稀疏，通常需要对 LBP 直方图进行降维处理。LBP 模式可分为两类：等价模式和混合模式。若某个 LBP 模式对应的二进制序列从 0 到 1 或从 1 到 0 最多有两次跳变，则该模式属于等价模式，例如，00000000（无跳变）、00000111（只有一次从 0 到 1 的跳变）、10001111（先由 1 跳到 0，再由 0 跳到 1，共两次跳变）都属于等价模式。对于 P 个邻域点的 LBP，等价模式共有 $P(P-1)+2$ 种。LBP 模式不属于等价模式的都归为混合模式，如 10010111（共 4 次跳变）。频繁地 0、1 跳变被认为主要是由噪声引起的，无须关心，因此所有混合模式都当作同一个 LBP 模式。经过分类处理，LBP 直方图降维成 $1 \times [P(P-1)+3]$ 的向量。LBP 直方图降维既解决了直方图稀疏性问题，又较大程度地保留了纹理的整体信息，减少噪声影响。统计直方图时将混合模式标号为 0，对于等价模式，按照数值从小到大的顺序分别赋予编号 $1 \sim P(P-1)+2$。LBP 直方图一般与支持向量机（SVM）联合使用。

11.4.3　共生矩阵

直方图描述纹理时并不考虑像素间的相对位置，但这些位置信息对描述纹理非常有帮助。共生矩阵（Grey Level Co-occurrence Matrix，GLCM）统计图像中指定方向、像素间距离固定的各 "像素对" 构成的像素值组合出现的次数，可以用共生矩阵的统计特征描述纹理。

在图像中，坐标 (x,y) 的像素与坐标 $(x+a,y+b)$ 的像素构成一个像素对，其中 a、b 的值由指定方向 θ、像素间 D_8 棋盘距离 d 确定。方向指两个像素的连线与 y 轴正方向的夹角。图 11.6a 给出了指定距离为 2、指定方向分别为 $0°$、$45°$、$90°$、$135°$ 时，与中心点构成像素对的点的所在位置，设位于图中网格中心的空心圆坐标 (x,y)，当指定方向为 $45°$ 时，(x,y) 点与 $(x+2,y-2)$ 点是像素对、(x,y) 与 $(x-2,y+2)$ 也是像素对。

设 $f1=f(x,y)$、$f2=f(x+a,y+b)$ 分别为像素对的两个像素值，像素值组合记为 $(f1,f2)$。若图像灰度级为 L，则 $(f1,f2)$ 共有 L^2 种组合，统计图像在指定方向为 θ、指定距离为 d 的条件下所有像素对中各像素值组合出现的次数。构建这样一个矩阵：矩阵行、列坐标分别为 $f1$、$f2$，矩阵中坐标 $(f1,f2)$ 处的值是像素值组合 $(f1,f2)$ 出现的次数。该矩阵即是方向为 θ、距离为 d 条件下的灰度共生矩阵。例如，图 11.6b 所示图像的灰度级数为 3，因此每个共生矩阵的大小为 $3×3$，若指定距离为 1、方向为 $90°$，则在此条件下，像素值组合 $(0,0)$ 出现的次数为零，在图 11.6c 的 $90°$ 共生矩阵坐标 $(0,0)$ 处填入 0；像素值组合 $(0,1)$ 共出现 5 次，在图 11.6b 中用椭圆圈出，则在 $90°$ 共生矩阵坐标 $(0,1)$ 处填入 5；像素值组合 $(0,2)$ 出现 4 次，在 $90°$ 共生矩阵坐标 $(0,2)$ 处填入 4，以此类推，最终得到指定距离为 1、指定方向为 $90°$ 的共生矩阵，如图 11.6c 左侧所示。图 11.6c 右侧给出了图 11.6b 中指定距离为 1、指定方向为 $135°$ 的共生矩阵。

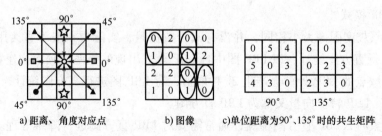

a) 距离、角度对应点　　　b) 图像　　c) 单位距离为 $90°$、$135°$ 时的共生矩阵

图 11.6　共生矩阵示例

共生矩阵中的元素关于对角线对称，坐标 $(f1,f2)$ 处的值与坐标 $(f2,f1)$ 处的值相等。共生矩阵在本质上相当于像素对的联合直方图。对于细纹理图像，共生矩阵中的数值较为分散，而在规则粗纹理图像的共生矩阵中，数值集中于主对角线附近。

根据指定方向、指定距离的不同可以得到多个共生矩阵。实际中，一般不直接用共生矩阵进行纹理描述，而是用其计算出 14 个统计量，称为 Haralick 特征量，用这组统计量构成的特征向量描述纹理。

11.4.4　方向梯度直方图

方向梯度直方图（Histogram of Oriented Gradient，HOG）又称梯度直方图，或 HOG 描述子。在目标识别中，边缘和转角包含的信息比平坦区域多，而边缘和转角处梯度的幅度远大于其他区域，因此可利用梯度描述目标。HOG 将图像分割为多个矩形区域，每个区域的梯度统计特征拼接起来构成 HOG 特征向量。HOG 特征向量的提取步骤如下：

1）滑动矩形窗将图像分成若干个块（Block），如图 11.7a 所示的粗虚线所围矩形，块与块之间有重叠。块内又分为若干个互不重叠的单元格（Cell），如图 11.7a 中的深色块所示。矩形窗每次滑动的间隔为一个单元格。

2）计算每个像素点的梯度幅度和方向。x 方向的一阶微分为 $g_x(x,y)=f(x+1,y)-f(x-1,y)$，$y$ 方向的一阶微分为 $g_y(x,y)=f(x,y+1)-f(x,y-1)$，梯度幅度 $M(x,y)$ 和方向 θ 分别为

$$M(x,y)=\sqrt{\|g_x(x,y)^2+g_y(x,y)^2}\qquad(11.25)$$

$$\theta=\begin{cases}\arctan\left[g_y(x,y)/g_x(x,y)\right]+\pi & \text{若 } g_y(x,y)/g_x(x,y)<0\\ \arctan\left[g_y(x,y)/g_x(x,y)\right] & \text{其他}\end{cases}\qquad(11.26)$$

式中，θ 在 $0\sim180°$ 之间。

3）对每个单元格进行基于方向加权的直方图统计。单元格中各点的梯度方向、幅度分别如图 11.7b、c 所示。直方图以梯度方向为横轴，该方向梯度幅度的加权累加值为纵轴。实际中，梯度方向分为 9 个区间（Bin），区间起点分别为 $0°$、$20°$、$40°$、$60°$、$80°$、$100°$、$120°$、$140°$ 和 $160°$，如图 11.7d 所示。根据梯度方向到其左、右两个区间起点的距离分配幅度值，例如，在图 11.7b、c 中，梯度方向为 $40°$、对应幅度为 2 时，由于 $40°$ 对应第三个区间起点，因此将第三个区间的统计值加 2；当梯度方向为 $110°$、幅度为 108 时，$110°$ 两侧区间起点分别为 $100°$、$120°$，并且 $110°$ 到它们的距离相等，则将幅度 108 平分到这两个区间，两个区间的统计值分别增加 54；当梯度方向为 $165°$、幅度为 85 时，根据 $165°$ 到 $160°$ 和 $0°$ 的距离，分别给两个区间增加 63.75、21.25。最终每个单元格都得到一个 1×9 的特征向量。

4）将同一块的所有单元格梯度直方图特征联合并进行归一化处理。一个单元格形成 1×9 特征向量，每个块有 M 个单元格，则每个块形成 $1\times9M$ 特征向量 v。将 v 归一化为 $v'=v/\sqrt{\|v\|_2^2+\varepsilon^2}$，其中，$\varepsilon$ 是个很小的值，用于防止 $\|v\|_2=0$ 时分母为 0。归一化使得 HOG 对光照、阴影和边缘变化不敏感。

5）将所有块的 v' 级联，得到图像的 HOG，设每块的 v' 为 $1\times9M$ 维，图像被分割成 N 个块，则最终得到 $1\times9MN$ 的 HOG 特征向量。

HOG 对局部变形、光照变化具有鲁棒性，常与支持向量机（SVM）联合使用，主要用于目标检测识别。OPENCV 类 HOGDescriptor 提供了关于 HOG 的各种计算，首先通过该类的构造函数 HOGDescriptor(Size _winSize,Size _blockSize,Size _blockStride,Size _cellSize,int _nbins) 创建对象，然后调用类函数 computer(InputArray src,std::vector<float>& descriptors) 对输入的灰度图像 src 求 HOG，得到的 HOG 放在 descriptors 中。在构造函数中，参数 _winSize 指定求 HOG 的图像区域大小，_blockSize 指定块的大小；_blockStride 设定块滑动步长；_cellSize 设

定单元格大小，_nbins 设定每个单元格直方图有几个量化区间。设彩色图像为 src，其灰度化图像为 gray，计算 HOG 描述子并通过支持向量机检测行人的程序如下：

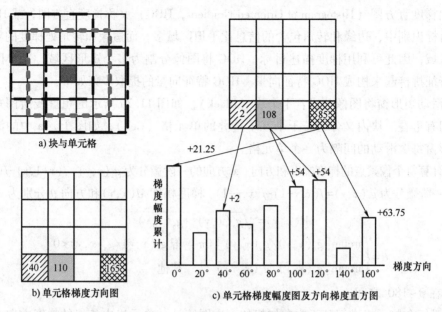

a) 块与单元格

b) 单元格梯度方向图

c) 单元格梯度幅度图及方向梯度直方图

图 11.7　基于方向加权统计直方图

```
int wszie=Size(40,40);
Rect r(0,0,wsize.width,wsize.height);
If(gray.cols>=wsize.width && gray.rows>=wsize.height){
    r=Rect((gray.cols-wsize.width)/2,(gray.rows-wsize.height)/2,
wsize.width,wsize.height);
}   /*如果图像尺寸大于 40×40,只取图像中间的 40×40 区域,对该区域计算 HOG
描述子*/
HOGDescriptor hog(wsize,Size(20,20),Size(10,10),Size(10,10),9);
    /*定义并构造一个 HOG 描述子对象,图像大小为 40×40,块大小为 20×20,块滑动
步长、单元格大小均为 10×10,梯度方向被分为 9 个区间*/
vector<float> descriptors //存放 HOG 描述子
hog.compute(gray(r),descriptors,Size(8,8),Size(0,0)); /*计算 HOG
描述子*/
HOGDescriptor *phog=new HOGDescriptor(); //定义指向 HOG 类的指针
phog->setSVMDetector(phog->getDefaultPeopleDetector());
    /*获得 OPENCV 已训练好的根据 HOG 识别行人的支持向量机,检测在 64×28 窗口进
行*/
vector<Rect> objects;
```

```
phog->detectMultiScale(src,objects,0.0,Size(4,4),Size(8,8),
1.25);
    /*检测行人,检测结果放在 objects 矩形容器中,窗口移动步长为 4×4,窗口可放大
1.25 倍 */
    for(int i=0; i<objects.size(); i++){
        rectangle(src,objects[i],Scalar(255,255,255),2,8,0); /*检测
到的行人用白色矩形框出来 */
    }
    imshow("行人检测结果",src);
```

11.5　主成分分析用于特征降维

与原始图像相比,特征描述的显著优势是能用较少的数据描述图像,这些描述数据应该具有很好的可区分度。主成分分析(Principal Component Analysis,PCA)法是广泛使用的降低数据维度的方法,它将 n 维特征向量映射到 k 维($n\gg k$),用 k 维特征向量描述目标以降低数据量,同时确保降低数据维度造成的误差尽量小。

图 11.8 中,每个圆点都代表一个二维特征向量(u,v)。现在要降低数据维度,将特征用一维表示,如果简单地取每个特征的 u 分量或 v 分量,显然保留 u 分量更合适,因为各特征向量在 u 轴上投影的间距大,区分度更高,但只保留 u 分量会带来较大的误差。如果把坐标轴旋转到图中虚线所示的 PC_1、PC_2 两个正交轴上,将各特征向量在 PC_1 上的投影作为降维后

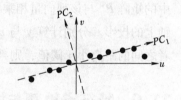

图 11.8　PCA 降低维度示例

的特征值,各特征值之间的区分度高。同时由于各特征向量在 PC_2 上的投影值较小,丢弃这个维度上的信息造成的损失会很小。特征向量在 PC_1 上的投影就是特征向量的第一主成分,在 PC_2 轴上的投影是其第二主成分,如果要进一步减少误差,则可以添加第二主成分对特征进行更细节的描述。将特征向量降维,实质上就是找出 PC_1、PC_2 轴,并保留特征向量在 PC_1 上的投影。

将图 11.8 所示例中的二维特征向量扩展到 n 维,PCA 算法根据给定的若干 n 维特征向量在特征空间中找到 k 个彼此正交的向量 $PC_1,\cdots,PC_k$,每个 n 维特征向量分别在 $PC_1\sim PC_k$ 上投影,投影组成一个 k 维特征量($n\gg k$)。找到的 $PC_1,\cdots,PC_k$ 要使得所有 n 维特征向量降维到 k 维时产生的总误差最小。设有 m 个特征向量构成集合 $X=(x^{(1)},x^{(2)},\cdots,x^{(m)})$,每个特征向量 $x^{(j)}(j=1,2,\cdots,m)$ 都为 $n\times1$ 维,则 X 为 $n\times m$ 维矩阵。PCA 的具体步骤如下:

1)对 m 个特征向量求均值 $\bar{x}$,$\bar{x}$ 也是一个 $n\times1$ 维向量。

2)对 X 去中心化,$X'=(x^{(1)}-\bar{x},x^{(2)}-\bar{x},\cdots,x^{(m)}-\bar{x})$。

3）求 X' 的自相关矩阵，即 X 的协方差矩阵：

$$C_X = \mathrm{E}\{X'(X')^{\mathrm{T}}\} \tag{11.27}$$

式中，C_X 是 $n \times n$ 的实数矩阵，其元素关于对角线对称，上标 T 表示矩阵的转置。

4）对 C_X 进行矩阵对角化分解，将分解得到的特征值由高到低排列 $\lambda_1 > \lambda_2 > \cdots > \lambda_n$，有

$$C_y = \begin{bmatrix} \lambda_1 & & 0 \\ & \ddots & \\ 0 & & \lambda_n \end{bmatrix} = AC_XA^{\mathrm{T}} \tag{11.28}$$

式中，矩阵 C_y 只在对角线上有非零值；A 为 $n \times n$ 矩阵，它的每一列都是单位向量，各列彼此正交，第 i 列 $A_i(i=1,2,\cdots,n)$ 就是 C_X 的特征值 λ_i 对应的特征量。A_1 就是要找的第一主成分轴 PC_1，A_2 就是要找的第二主成分轴 PC_2，以此类推。

5）取矩阵 A 的前 k 列，得到 $n \times k$ 的矩阵 P，"在 k 个主成分轴上投影"在矩阵空间中对应运算 $Y = P^{\mathrm{T}}X$，Y 是 $k \times m$ 的矩阵，Y 的第 $j(j=1,2,\cdots,m)$ 列就是 n 维特征向量 $x^{(j)}$ 的 k 维表示。

以人脸识别为例，将每张 64×64 人脸图像以 4096×1（$n=4096$）的列向量表示，对数据库中的 m 张人脸图像进行 PCA 降维处理，分别在 15 个主成分轴上投影，对每张人脸图像投影都得到一个 15×1 维的向量 $v_j(j=1,2,\cdots,m)$，4096 个特征被压缩至 15 个特征，极大减少了数据量。当未知人脸图像输入时，首先将该图像用 4096×1 的列向量表示，然后将步骤 5）中的矩阵 P^{T} 与该列向量相乘，结果为一个 15×1 的列向量 y，y 就是未知人脸在 15 个主成分轴上的投影。分别计算 y 与 $v_j(j=1,2,\cdots,m)$ 之间的距离，不妨设 v_q 与 y 的距离最近，若两者之间的距离小于阈值，则判断未知人脸与数据库中的第 q 张脸属于同一人。

11.6　特征点检测与描述

特征点（Feature Point）指那些在含有相同目标场景的不同图像中以相似形式表示的点，可以凭借这些点在不同图像中找出相同的目标场景。特征点描述广泛用于目标识别、检测、跟踪等应用中。

11.6.1　Harris 角点、Shi-Tomasi 角点和 FAST 角点检测

角点（Corner Point）是特征点中非常典型的一类，一般指图像中各方向像素值均剧烈变化的点或者边缘线上曲率极大值点。如图 11.9 所示，用一个矩形滑动窗在图像上滑动，当图 11.9a 所示的窗口位于平坦区域时，沿 x 方向、y 方向移动窗口，窗口内的灰度均无显著变化，此时窗口内无角点；当窗口包含区域边界时，窗口沿一个方向移动时灰度有较大变化，而沿另一个方向移动则变化不大，例如，图 11.9b 所示的窗口沿 y 方向移动时窗口内的灰度出现剧烈变化，而沿 x 方向移动时窗口内的灰度变化不大；若窗口沿 x 方向、y 方向移动时窗口内的灰度均发生较大变化，如图 11.9c 所示，则窗口内有角点。

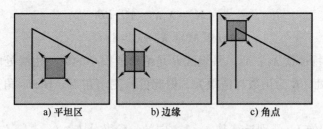

a) 平坦区　　　　　　b) 边缘　　　　　　c) 角点

图 11.9　平坦区、边缘与角点的比较

1. Harris 角点

基于上述思路，计算滑动窗平移 (u,v) 时窗口内图像的灰度变化量 $E(u,v)$，找出变化量很大的区域，有

$$E(u,v) = \sum_{x,y} w(x,y) \left[I(x+u,y+v) - I(x,y) \right]^2 \tag{11.29}$$

式中，$w(x,y)$ 为窗口加权函数，一般选高斯函数或理想窗（窗内加权系数均为 1，窗外为 0）；$I(x,y)$、$I(x+u,y+v)$ 分别为图像 (x,y)、$(x+u,y+v)$ 处的灰度值。当 u、v 很小时，$I(x+u,y+v)$ 可一阶近似为 $I(x,y)+uI_x(x,y)+vI_y(x,y)$，其中 I_x、I_y 分别表示 x、y 方向的一阶微分。则 $E(u,v)$ 可以写成

$$E(u,v) \cong \sum_{x,y} w(x,y) \left[u^2 I_x^2(x,y) + 2uv I_x(x,y) I_y(x,y) + v^2 I_y^2(x,y) \right] \tag{11.30}$$

式（11.30）可以写成矩阵形式为

$$E(u,v) \cong \begin{bmatrix} u & v \end{bmatrix} M \begin{bmatrix} u \\ v \end{bmatrix} \tag{11.31}$$

式中，M 为偏微分矩阵，又称梯度协方差矩阵，是一个实对称矩阵，可进行矩阵对角化处理。矩阵 M 定义为

$$M = \sum_{x,y} w(x,y) \begin{bmatrix} I_x^2 & I_{xy} \\ I_{xy} & I_y^2 \end{bmatrix} \tag{11.32}$$

式中，I_x^2 表示两个 I_x 的点乘；I_{xy} 表示 I_x、I_y 的点乘；I_y^2 表示两个 I_y 的点乘。对图 11.9a~c 所示的 3 种情况分别计算 x 方向、y 方向的一阶微分 I_x、I_y。在平坦区域，I_x、I_y 值都很小。对图 11.9b 中含有 y 方向边缘的区域，I_y 较大，而 I_x 小。类似地，对于包含 x 方向边缘的区域，则 I_x 大，而 I_y 小。图 11.9c 中，I_x、I_y 的值均较大。上述特点在数学上表现为矩阵 M 进行对角化处理时，M 的两个特征值 λ_1、λ_2 在平坦区的数值接近且都很小；在边缘区，λ_1、λ_2 相差很大，一个很大，另一个很小；在含有角点的区域，λ_1、λ_2 接近且都很大。因此，可以通过求 M 的特征值找出角点。为减少计算量，并不直接求 M 的特征值，而是用角点响应值 R 判断角点，即

$$R = det(M) - k \times \left[trace(M) \right]^2 \tag{11.33}$$

式中，$det(M)$ 为矩阵 M 的行列式；$trace(M)$ 是 M 的迹；k 为经验常数，通常取 $0.04 \sim 0.06$。

若将 M 用 $M = \begin{bmatrix} A & B \\ B & C \end{bmatrix}$ 表示，根据式（11.32）可知 A、B、C 分别是 I_x^2、I_{xy}、I_y^2 的加权，有

$$det(\boldsymbol{M}) = \lambda_1 \lambda_2 = AC - BB \qquad (11.34)$$

$$trace(\boldsymbol{M}) = \lambda_1 + \lambda_2 = A + C \qquad (11.35)$$

R 取决于 $\boldsymbol{M}$ 的特征值 λ_1、λ_2。平坦区 R 是绝对值很小的数；边缘处的 R 为负数，但绝对值很大；在角点处，R 为正数且值很大，据此可检测出角点。Harris 角点检测的具体步骤如下：

1）对于灰度图像 I，分别计算其 x、y 方向的一阶微分 I_x、I_y：

$$I_x = \frac{\partial I}{\partial x} = I \otimes [-1 \quad 0 \quad 1]^T$$

$$I_y = \frac{\partial I}{\partial y} = I \otimes [-1 \quad 0 \quad 1]$$

这里的 $\otimes$ 表示用模板进行相关计算。

2）计算 I_x、I_y 图的点乘，得到 3 个图（下式中的 · 表示点乘）：

$$I_x^2 = I_x \cdot I_x$$

$$I_y^2 = I_y \cdot I_y$$

$$I_{xy} = I_x \cdot I_y$$

3）根据式（11.32），用高斯函数 w 分别对步骤 2）的 3 个图进行加权：

$$A = I_x^2 \otimes w$$

$$B = I_{xy} \otimes w$$

$$C = I_y^2 \otimes w$$

这里的 A、B、C 是 3 个大小与图像 I 相同的二维矩阵。

4）根据式（11.33）~式（11.35）计算每个像素的 Harris 响应值 R，并将小于阈值的 R 清 0。

$$R = det(\boldsymbol{M}) - k [trace(\boldsymbol{M})]^2$$

$$= \lambda_1 \lambda_2 - k(\lambda_1 + \lambda_2)^2 = (AC - BB) - k(A + C)^2 \qquad (11.36)$$

增加经验常数 k 的值将减少响应值 R，降低检测灵敏度，导致检测到的角点数量减少。反之，减少 k 值可提高灵敏度，增加检测到的角点数量。提高阈值也可使检测到的角点数量减少。

5）局部非极大值抑制。对于每个非零的 R，若在以其为中心的 3×3 邻域内该 R 值不是最大值，则将该 R 值清零。最终保留下来的非零 R 对应处即为角点位置。

Harris 角点检测具有旋转不变性，同时对亮度、对比度的变化不敏感，这些变化不会改变 R 极值出现的位置。但 Harris 角点不是尺度不变的，检测窗口大小相同时，检测结果随图像尺度而异，如图 11.10a 所示，图像的窗口内只能检测出边缘，而在图 11.10b 中可检测出角点。

a) 只能检测出边缘　　b) 可检测出角点

图 11.10　不同尺度图像、检测窗口对结果的影响

OPENCV 函数 cornerHarris（InputArray src, OutputArray dst, int blockSize, int ksize, double k, int borderType = BORDER_

DEFAULT)可对输入的 8 比特单通道图像 src 进行 Harris 角点检测，检测窗口大小为 blockSize×blockSize，每个像素点的角点响应值 R 都放在与 src 大小相同的 dst 中，ksize 指定求 src 一阶差分所用的 Sobel 算子大小，参数 k 为式（11.33）中的经验常数 k。对图像 src 求 Harris 角点的程序如下：

```
Mat src_gray;
cvtColor(src,src_gray,COLOR_BGR2GRAY); //彩色图像转换为灰度图像
int blockSize = 2; //角点检测窗口大小为2×2
int apertureSize = 3; //定义求一阶微分的 Sobel 算子模板大小
double k = 0.04; //Harris 角点计算中的经验常数 k
Mat dst = Mat::zeros(src.size(),CV_32FC1); //存放计算出的 R 值
cornerHarris(src_gray,dst,blockSize,apertureSize,k);
//对灰度图计算角点响应值,结果放 dst 中
Mat dst_norm,dst_norm_scaled;
normalize(dst,dst_norm,0,255,NORM_MINMAX,CV_32FC1,Mat());
//对 dst 进行归一化,使其最小值归一化为 0,最大值归一化为 255
convertScaleAbs(dst_norm,dst_norm_scaled);
//归一化后仍然是浮点型,转换为 8 比特无符号整型 UINT8
int thresh = 200; //定义阈值,角点响应值大于阈值的被作为角点
for(int i = 0; i < dst_norm.rows ; i++){ /*对所有 R 值超过阈值的点,在图
中用圆圈标出 */
    for(int j = 0; j < dst_norm.cols; j++){
        if((int) dst_norm.at<float>(i,j) > thresh){
          circle(dst_norm_scaled,Point(j,i),5,Scalar(0),2,8,0);
//角点用黑色圆标出
        }
    }
}
imshow("角点检测结果",dst_norm_scaled);
```

2. Shi-Tomasi 角点

Harris 角点检测的稳定性与计算响应值 R 时所用的经验常数 k 有关，k 是经验值，难以调整到最佳。Shi-Tomasi 角点是对 Harris 角点的改进，它认为若矩阵 M 的两个特征值 λ_1、λ_2 中较小的那个大于阈值，则会得到强角点，这样就不需要根据图像调整经验常数 k，从而得到更稳定的角点。因此 Shi-Tomasi 修改角点响应值 R 计算公式为

$$R = \min(\lambda_1,\lambda_2) \tag{11.37}$$

函数 cornerMinEigenVal（InputArray src，OutputArray dst，int blockSize，int ksize，int borderType = BORDER_DEFAULT）可提供 Shi-Tomasi 角点检测，角点响应值 R 放在输出矩阵 dst 中，其他参数意义以及函数用法与函数 cornerHarris（）相同。

此外函数 goodFeaturesToTrack（InputArray src，OutputArray corners，int maxCorners，double qualityLevel，double minDistance，InputArray mask = noArray（），int blockSize = 3，bool useHarris-Detector = false，double k = 0.04）可对输入单通道图像 src 进行 Harris 角点或 Shi-Tomasi 角点检测，角点响应值最大的 maxCorners 个角点放入 corners 中。qualityLevel 用 0~1 之间的值指定角点质量，如检测到的最强角点响应值为 1500，qulityLevel 设为 0.1 表示角点响应值小于 150 的都舍弃。minDistance 指定允许的两个角点之间的最小距离。掩模图像 mask 指定图像感兴趣区域，只在该区域内检查角点。blockSize 指定检测窗大小。useHarrisDetector 为 true 时进行 Harris 角点检测，反之检测 Shi-Tomasi 角点。k 设置 Harris 角点响应值计算中的经验常数。函数使用程序如下：

```
Mat src = imread("Corner.bmp");  //读入彩色图像
Mat gray;
cvtColor(src,gray,COLOR_BGR2GRAY);  //彩色图像转换为灰度图像
int maxCorners = 20;  //设定保留角点响应值最强的 20 个角点
vector<Point2f> corners;  //容器用于存放检测到的角点
double qualityLevel = 0.01,minDistance = 10;  /*设置质量参数、最小距离
等*/
int blockSize = 3;
goodFeaturesToTrack(gray, corners, maxCorners, qualityLevel, min-
Distance,Mat(); blockSize,false);  /*最多检测 20 个 Shi-Tomasi 角点,结果
放入 corners*/
cout<<"\n 检测到的符合条件的角点数量为:"<<conrners.size()<<endl;
/*由于角点质量、最小距离等指定条件的限制,实际检测到的角点不一定达到 20 个,打印
实际数量 */
int radius = 4;
for(size_t i = 0; i < corners.size(); i++)
    circle(src,corners[i],radius,Scalar(rng.uniform(0,255),rng.
uniform(0,256),rng.uniform(0,256)),FILLED);
    //按实际检测到的角点数量对每个角点随机分配一种颜色,在原图上画出角点
imshow("原图及检测到的角点",src);
```

3. FAST 角点

图像中，若某个像素的值比邻域内多个像素的值都大或者都小，则该点可能是角点。图像中，像素点 P 的像素值用 I_P 表示，选择合适的阈值 T，检查以 P 为中心、半径为 3 的离

散化 Bresenham 圆边界上的 16 个邻域点，如图 11.11 所示，若所有邻域点中连续 n 个的值均大于 I_P+T 或者均小于 I_P-T，则 P 是一个 FAST 角点，n 一般为 9 或 12。

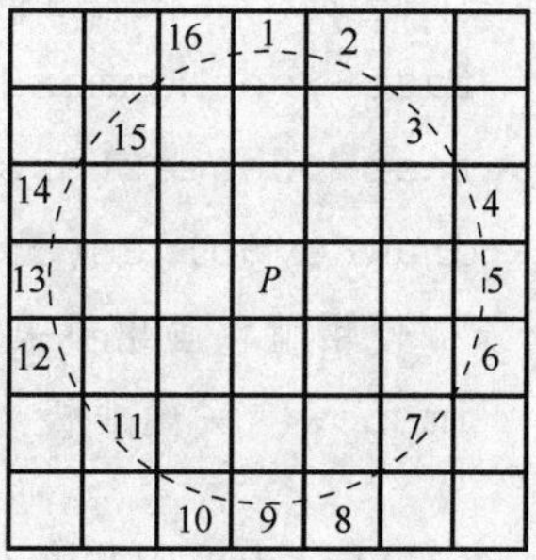

　　遍历像素点的 16 个邻域点效率太低，FAST 角点可以采用快速检测或用机器学习进行检测。快速检测以牺牲准确度来达到提高检测速度的效果。首先检查第 1、9 邻域点，如果均大于 I_P+T 或均小于 I_P-T，则继续检查第 5、13 邻域点，若至少 3 个邻域点满足均大于 I_P+T 或均小于 I_P-T，则判断 P 点是角点。

图 11.11　邻域点及邻域点编号

　　为了解决在邻近位置检测出多个角点的问题，可以采取局部非极大值抑制对每个检测到的 FAST 角点计算其响应函数 V，V 是 I_P 分别与 16 个邻域像素值之差的绝对值的和。对一定距离范围内的多个角点比较它们的 V 值，仅保留 V 值最大的那个。

　　FAST 角点的检测速度比其他角点快，对噪声敏感，检测前最好先中值滤波平滑图像。由于没有方向信息，FAST 角点不具有旋转不变性。由于 16 个邻域位置固定，因此 FAST 角点也不具有尺度不变性。

　　OPENCV 定义 FastFeatureDetector 类，通过类函数 create(int threshold = 10, bool nonmaxSuppression = true, int type_n_N = FastFeaureDetector::TYPE_9_16) 可创建一个指向 FAST 角点检测器的指针。threshold 指定邻域与当前像素值之差的绝对值阈值。nonmaxSuppression 指明是否需要非极大值抑制。type_n_N 指定检测邻域 N 个点，并且 n 个点以上的像素值之差超过 threshold 时才被认为是 FAST 角点。然后通过调用类函数 detect(InputArray src, std::vector<KeyPoint> & keypoints, InputArray mask = noArray()) 对图像 src 检测角点，角点坐标放 keypoints 中。FAST 角点检测程序如下：

```
Mat nonMaxSCorner,MaxSCorner;
Mat src1=imread("test.jpg"); //读入图像
Mat src,src2;
cvtColor(src1,src,CV_BGR2GRAY); //将输入转换为灰度图
src2=src1.clone(); //复制原彩色图像
Ptr<FastFeatureDetector> fast = FastFeatureDetector::create();
/*用默认参数创建FAST角点检测器,进行非极大值抑制,16个邻域点至少有9个满足条件,fast为指向检测器的指针*/
vector<KeyPoint>  kp; //定义存放特征点的容器
fast->detect(src,kp); /*调用类函数进行FAST角点检测,检测出的FAST角点放kp中*/
drawKeypoints(src1,kp,nonMaxSCorner,Scalar(255,0,0));
//使用蓝色画出非极大值抑制检测到的FAST角点
```

```
imshow("非极大值抑制检测出的 FAST 角点",nonMaxSCorner);
fast->setNonmaxSuppression(0);   //设置检测器不采用非极大值抑制
fast->detect(src,kp);   //检测 FAST 角点
drawKeypoints(src2,kp,MaxSCorner,Scalar(255,0,0));
//使用蓝色画出不采用"非极大值抑制"检测到的 FAST 角点
imshow("关闭非极大值抑制检测出的 FAST 角点",MaxSCorner);
```

图 11.12a 为采用非极大值抑制检测出的 FAST 角点，图 11.12b 为没有采用非极大值抑制检测出的 FAST 角点。

a) 采用非极大值抑制　　　　b) 没有采用非极大值
检测出的FAST角点　　　　抑制检测出的FAST角点

图 11.12　非极大值抑制与否的检测结果对比

11.6.2　SIFT 特征点检测与描述

尺度不变特征变换（Scale Invariant Feature Transform，SIFT）提供两个功能：①检测 SIFT 特征点；②提供对特征点的描述，即 SIFT 描述子。功能②中的特征点不限于 SIFT 特征点，其他类型的特征点也可用 SIFT 描述子描述。

SIFT 特征（SIFT 特征点的 SIFT 描述子）具有尺度不变性和旋转不变性，光线变化时保持不变，对视角变化、仿射、噪声和模糊具有鲁棒性，广泛应用于目标匹配。SIFT 大致步骤如下：对图像建立尺度空间高斯金字塔及对应的高斯差分金字塔、在尺度空间的高斯差分金字塔中进行极值点检测、对关键点精确定位、确定关键点方向、SIFT 描述子计算。

1. 尺度空间

对图像建立高斯尺度空间时，首先用一系列不同方差 σ^2 的高斯函数与图像卷积，其中，高斯函数的标准差 σ 又被称为尺度因子，σ 越大，图像尺度越大，卷积结果越模糊。设图像为 $I(x,y)$，高斯模糊后的图像 $L(x,y,\sigma)$ 为

$$L(x,y,\sigma)=G(x,y,\sigma)*I(x,y) \tag{11.38}$$

式中，高斯函数 $G(x,y,\sigma)=\dfrac{1}{2\pi\sigma^2}\mathrm{e}^{\frac{x^2+y^2}{2\sigma^2}}$，$*$ 表示卷积。小尺度反映图像细节，大尺度反映图像概貌。如图 11.13a 所示，从左至右是对图像用尺度因子依次增大的高斯函数卷积得到结果。

这样得到的一系列图像大小相同、尺度不同，在 SIFT 中组成一组（Octave），用符号 o 表示组序号。同一组内的图像按照尺度从小到大的顺序排列，每个图像为一层，如图 11.14

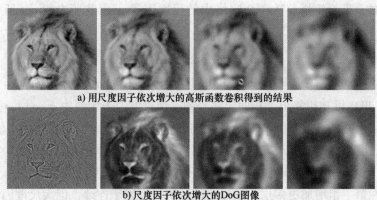

a) 用尺度因子依次增大的高斯函数卷积得到的结果

b) 尺度因子依次增大的DoG图像

图 11.13　不同尺度空间图像对比

所示，层序号用 s 表示。同组相邻两层的尺度因子 σ_{s+1}、σ_s 之比为常数，记作 $\sigma_{s+1}/\sigma_s=k$。

对第 o 组中的第 i 层（SIFT 中为倒数第三层）图像 I_{old} 进行 x、y 方向的 2：1 下采样，得到图像 I_{new} 的行、列数均为 I_{old} 的一半。以 I_{new} 为第 $o+1$ 组的第一层图像，该组中的其他图由 I_{new} 用不同尺度因子的高斯函数模糊得到，同组相邻两层的尺度因子之比仍为常数 k。重复上述步骤可得到多组图像，构建的尺度空间高斯金字塔如图 11.14 左侧所示，每组的层数相同。

构建尺度空间的目的是检测出在各种尺度下存在的特征点，而检测特征点效果好的 LoG 算子的计算量大，SIFT 用高斯差分算子（Difference of Gaussian，DoG）近似 LoG。对高斯金字塔同组的相邻两层图像相减得到对应的 DoG 图像，即

$$D(x,y,\sigma)=\left[\,\left|\,G(x,y,k\sigma)-G(x,y,\sigma)\,\right|\,\right]*I(x,y)=L(x,y,k\sigma)-L(x,y,\sigma) \tag{11.39}$$

式中，k 为同组的相邻两层尺度因子比值。如图 11.13b 所示，从左至右为尺度因子依次增大的 DoG 图像。SIFT 对高斯金字塔每组内的相邻层两两相减，构建的尺度空间 DoG 金字塔如图 11.14 右侧所示。SIFT 在每组 DoG 的中间各层找特征点，若每组内找特征点需要的层数用 S 表示，显然 DoG 金字塔每组需要 $S+2$ 层，而相应的高斯金字塔每组需要 $S+3$ 层。在 SIFT 算法中 $S=3$，故 SIFT 的高斯金字塔每组有 6 层。

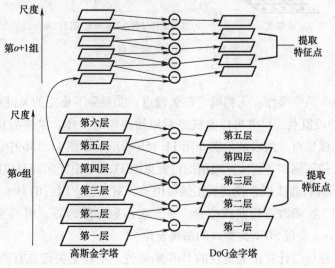

图 11.14　SIFT 尺度空间

SIFT 构建的高斯金字塔、DoG 金字塔中的尺度因子 σ 由其所在组 o、所在层 s 共同确定，即

$$\sigma(o,s) = \sigma_0 \times 2^{o+\frac{s}{S}} = \sigma_0 \times 2^o \times k^s \qquad (11.40)$$

式中，σ_0 为初始尺度因子；$k = 2^{1/S}$，同组相邻层尺度因子 $\sigma(o,s+1)/\sigma(o,s) = k$。

由式（11.40）可知相邻组、相同层序号的图像尺度因子比值为 $\sigma(o+1,s)/\sigma(o,s) = 2$，这样可以确保用于特征点检测的 DoG 金字塔各中间层的尺度因子是连续的。假设 DoG 金字塔的第 o 组在尺度 $2^{1/3}\sigma$、$2^{2/3}\sigma$、$2^{3/3}\sigma$ 上检测特征点，则第 $o+1$ 组在尺度 $2 \times 2^{1/3}\sigma = 2^{4/3}\sigma$、$2 \times 2^{2/3}\sigma = 2^{5/3}\sigma$、$2 \times 2^{3/3}\sigma = 2^{6/3}\sigma$ 上检测，这样不会漏掉任何尺度上的特征点。如果不采用金字塔形，而是在第一组增加更多层，虽然也能做到尺度因子连续，但大尺度因子用于提取图像轮廓概貌，在大尺寸图上进行大尺度计算浪费算力，故 SIFT 采用金字塔构建尺度空间。同样，为了减少计算量和存储量，SIFT 建立高斯金字塔时同组各高斯卷积用的是相对高斯核，即同组第二层图像是由第一层图像与相对高斯核函数卷积得到，第三层图像由第二层图像与相对高斯核函数卷积得到，以此类推，因此各组第一层图像很重要，是该组的基础。

2. DoG 空间极值点检测

在尺度空间 DoG 金字塔中，将每组各中间层的每个像素点 P 与其 26 个邻点比较，SIFT 中的邻点指：①当前层该像素的 8 个邻点；②与当前层相邻的上、下两层各 9 个邻点。图 11.15a 中，黑点表示 P 的邻点。若 P 的像素值最大或最小，则 P 为极值点。极值点在金字塔中的位置由所在图像坐标 (x,y) 及其所在 DoG 图像对应的尺度因子 σ 确定，找到的极值点是粗略定位的 SIFT 关键点。

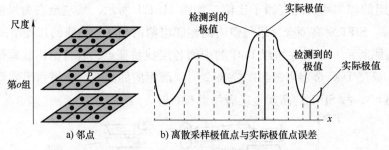

图 11.15　邻点与极值点定位

3. 关键点定位

关键点定位包含两个操作：①精确定位关键点；②删除不稳定的关键点。前述检测到的某个尺度 DoG 上的极值点，尺度可以看成是对原始图像的采样，采样后检测到的极值点并不是真正意义上的极值点，两者的差别如图 11.15b 所示。在图 11.15b 中，虚线对应的横坐标为采样位置，采样间隔相等，实际极值的位置见图 11.15b 中竖实线对应的横坐标。可以通过对 DoG 尺度空间进行曲线拟合找到真正的极值点，对极值点附近的 DoG 函数 $D(x,y,\sigma)$ 进行 Taylor 展开，用二次函数进行曲线拟合，令二次函数导数为零，可得实际极值点的坐标 (x,y) 和尺度因子 σ，实现 SIFT 关键点的精确定位。

根据拟合曲线还可以计算出关键点的 DoG 响应值。不稳定关键点有两类：低对比度点、

边缘点。若关键点 DoG 的响应值低于 0.03，则被判为低对比度点。若关键点是边缘点，则其 DoG 响应很高，无法直接根据 DoG 响应值删除。边缘点的特点是边缘梯度方向上的主曲率值 α 比较大，而沿着边缘方向的主曲率值 β 较小，在关键点所在尺度上对关键点计算 2×2 的 Hessian 矩阵 $\boldsymbol{H}$ 为

$$\boldsymbol{H}=\begin{bmatrix}D_{xx} & D_{xy}\\ D_{xy} & D_{yy}\end{bmatrix}\tag{11.41}$$

式中，D_{xx} 表示 x 方向的二阶微分；D_{xy} 是在 x、y 方向各进行一阶微分；D_{yy} 是 y 方向的二阶微分。$\boldsymbol{H}$ 的迹 $trace(\boldsymbol{H})=D_{xx}+D_{yy}=\alpha+\beta$，$\boldsymbol{H}$ 的行列式 $det(\boldsymbol{H})=D_{xx}D_{yy}-D_{xy}^2=\alpha\beta$，令

$$M=trace(\boldsymbol{H})^2/det(\boldsymbol{H})=(\alpha+\beta)^2/\alpha\beta\tag{11.42}$$

$\alpha=\beta$ 时 M 有最小值，α 与 β 的比值越大则 M 越大，因此，M 大于阈值的关键点被判为边缘点而被剔除，M 小于阈值的关键点被保留下来。

4. 分配关键点方向

为了使 SIFT 特征具有旋转不变性，需要根据图像局部特征为每个关键点分配一个方向。精准定位关键点时得到其坐标 (x,y) 和对应的尺度因子 σ，回到该尺度因子对应的高斯金字塔中的图像 $L(x,y,\sigma)$，在 $L(x,y,\sigma)$ 中计算图 11.16a 所示的以关键点为中心、以 4.5σ 为半径的区域内各像素的梯度幅度和方向。

对梯度方向进行直方图统计，直方图横轴是梯度的方向，梯度方向范围为 0°~360°，一般量化为 36 个区间，以各像素与关键点之间距离的高斯函数为加权系数，其中，高斯函数的标准差为 1.5σ，对梯度幅度进行加权，统计区间内的加权梯度幅度之和。为精准确定关键点的方向，进一步对直方图最大值的周围进行内插，找出直方图峰值及其对应方向，此方向作为关键点的方向，如图 11.16b 所示。如果在直方图中存在大于峰值 80% 的次峰值，则将次峰值对应的方向也看作关键点方向，一个关键点可以有多个方向。

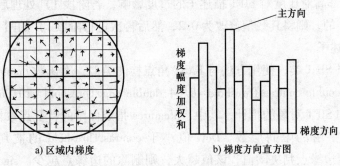

图 11.16　分配关键点方向示例

至此，得到的关键点有坐标 (x,y)、尺度因子 σ 和方向 θ 信息，带有这些信息的关键点就是 SIFT 特征点，用 (x,y,σ,θ) 表示。如果一个关键点有多个方向，则可将其看作多个特征点，每个特征点的参数 x、y、σ 相同，方向 θ 不同。

5. SIFT 描述子

为每个特征点建立一个描述子。在特征点对应的高斯金字塔的图像 $L(x,y,\sigma)$ 中，以特征点为中心，将 x、y 轴旋转角度 θ 后构建 u-v 坐标系，如图 11.17a 所示。

以特征点为中心，在 $u\text{-}v$ 坐标系下选择一个矩形区域，区域内有 16×16 个像素点，将区域分成互不重叠的 4×4 个网格，每个网格内有 4×4 个像素，图 11.17a 为 2×2 个网格的示例。对每个网格内的 4×4 共 16 个像素，分别计算其在 $u\text{-}v$ 坐标系下的梯度幅度值和方向。

对每个网格分别进行方向梯度直方图统计，梯度方向的 0°～360°之间被划分为 8 个区间。以像素点与特征点距离的高斯函数为加权系数，高斯函数标准差为 0.5σ，对像素梯度幅度值进行加权。统计落在各梯度方向区间内的加权梯度幅度之和。每个网格的直方图都构成一个八维向量，图 11.17b 是图 11.17a 中的 2×2 个网格得到的特征向量示例。各网格的八维向量级联，得到 128 维特征向量。

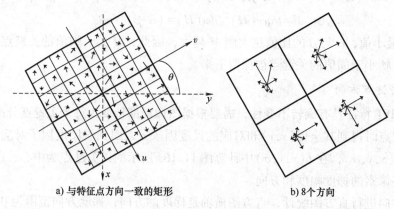

a) 与特征点方向一致的矩形　　　　　b) 8个方向

图 11.17　SIFT 描述子

最后对 128 维向量进行归一化处理。归一化分两个阶段：

1）为了消除光照变化对描述子的影响，对 128 维向量的每个分量均除以相同的系数，该系数为 128 个分量之和，处理后的所有分量之和为 1，这样，特征点周围的局部光照变化不改变 SIFT 描述子。

2）为防止局部高对比度对 SIFT 描述子的过度影响，若阶段 1）处理后的 128 个分量中存在数值超过 0.2 的，则将其数值修改为 0.2，然后再次进行阶段 1）的归一化。最终的 128 维向量为 SIFT 描述子。

OPENCV 提供 SIFT 类，使用方法与 FAST 角点检测类似，类函数 create(int nfeatures, int nOctaveLayers = 3, double contrastThreshold = 0.04, double edgeThreshold = 10, double sigma = 1.6) 可以用于创建指向 SIFT 对象的指针，其中，nfeatures 指定保留的特征点数目，nOctaveLayers 指定每组 DoG 金字塔的中间层数。DoG 值小于 contrastThreshold 的被判为低对比度点。edgeThreshold 指定边缘点判决阈值，该值越大，则删除的边缘点越少。sigma 为初始尺度因子 σ_0。通过调用类函数 detect() 检测出 SIFT 特征点。如果已知特征点位置，并仅仅想获得其 SIFT 描述子，则可调用类函数 compute()。如果想在检测 SIFT 特征点的同时得到其 SIFT 描述子，则可调用类函数 detectAndCompute()，例如：

```
Mat input =imread("input.jpg",0); //以灰度图形式读入图像
SIFT detector(20); //定义 SIFT 对象,保留最好的 20 个特征点
```

```
    /*也可用 Ptr<SIFT> Pdetector = SIFT::create(20)创建SIFT指针,后续用
"->"调用函数 * /
    vector<KeyPoint> keypoints; //存放检测到的特征点
    detector.detect(input,keypoints); /*只检测出 SIFT 特征点,画出来就可
以 * /
    Mat show;
    drawKeypoints(input,keypoints,show,Scalar(255)); /*用白色画出特
征点 * /
    Mat descriptors,Newdescriptors;    //用于存放 SIFT 描述子
    detector.compute(input,keypoints,descriptors;)
    //对已知特征点 keypoints,计算其 SIFT 描述子并放在 descriptors 中
    vector<KeyPoint> SIFTpoints; //用于存放检测到的 SIFT 特征点,当前为空
    detector.detectAndCompute ( input, noArray ( ), SIFTpoints, Newde-
scriptors);
    /*检测 SIFT 特征点并放在 SIFTpoints 中,同时计算各点 SIFT 描述子并放在
Newdescriptors 中 * /
```

11.6.3　SURF 特征点检测与描述

加速稳健特征（Speeded-Up Robust Features，SURF）是对 SIFT 的改进。与 SIFT 相比，前者计算复杂度低，检测速度快。其基本过程与 SIFT 类似，分为建立尺度空间、关键点定位、为关键点分配方向得到 SURF 特征点、计算特征点的 SURF 描述子。

1. 积分图

首先介绍 SURF 用到的积分图。积分图与原图像 I 大小相同，在坐标(x,y)处的像素值为

$$I_{\Sigma}(x,y)=\sum_{i=0}^{i\leqslant x}\sum_{j=0}^{j\leqslant y}I(i,j) \tag{11.43}$$

式中，$I(i,j)$是原图像 I 坐标(i,j)处的像素值。积分图(x,y)处的像素值是以原图$(0,0)$为矩形左上角、以(x,y)为矩形右下角的矩形区域内的所有像素值之和。用积分图只需 3 次加减法就可计算原图中任何矩形区域内的像素值之和。例如，在图 11.18 中，求图像中的 4 个顶点 A、B、C、D 围成的阴影区域内的像素值之和，用积分图可由 $\Sigma = I_{\Sigma}(A)-I_{\Sigma}(B)-I_{\Sigma}(C)+I_{\Sigma}(D)$得到。

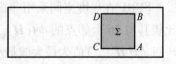

图 11.18　积分图快速计算
区域像素值之和

2. SURF 特征点检测

SURF 构建尺度空间的方法与 SIFT 主要有以下几点不同：

1）使用盒滤波器（Box Filter）而非高斯滤波器。

2）每组（Octave）有4层，第一组的4层盒滤波器尺寸 $s×s$ 分别为 9×9、15×15、21×21、27×27，用集合 $\{9,15,21,27\}$ 表示。s 与高斯尺度因子成正比，其中，$s=9$ 的盒滤波器是尺度因子 $\sigma=1.2$ 高斯函数的近似，$s=27$ 则是对尺度因子 $\sigma=3×1.2=3.6$ 高斯函数的近似，因此 s 在 SURF 中被称为尺度。第二组的4层盒滤波器尺寸集合为 $\{15,27,39,51\}$，第三组为 $\{27,51,75,99\}$，以此类推。

3）与 SIFT 中的各组图像大小呈金字塔形不同，由于盒滤波器与图像卷积结果可由积分图计算得到，图像大小对计算量没有影响，SURF 尺度空间中的所有图像大小均与原图像相同。与 SIFT 中用 DoG 检测并定位极值点不同，SURF 中用计算量小很多的 Hessian 矩阵达到同样的目的。Hessian 矩阵为

$$H(x,y,\sigma)=\begin{bmatrix} L_{xx}(x,y,\sigma) & L_{xy}(x,y,\sigma) \\ L_{xy}(x,y,\sigma) & L_{yy}(x,y,\sigma) \end{bmatrix} \tag{11.44}$$

式中，$L_{xx}(x,y,\sigma)$ 表示尺度因子 σ 的高斯函数 $G(x,y,\sigma)$ 在 x 方向的二阶微分 $\frac{\partial^2}{\partial x^2}G(x,y,\sigma)$ 与图像 $I(x,y)$ 的卷积，其他符号同理。为减少计算量，SURF 用盒滤波器近似高斯二阶微分，图 11.19a、b 分别是尺度因子 $\sigma=1.2$ 的高斯函数在 x 方向、对角方向的二阶微分，图 11.19c、d 是与之对应的 9×9 盒滤波器。由于所有系数为整数，可通过积分图快速求出滤波结果。

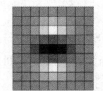

a) x 方向高斯二阶微分　b) 对角方向高斯二阶微分　c) x 方向盒滤波器　d) 对角方向盒滤波器

图 11.19　盒滤波器近似高斯函数

符号 D_{xx}、D_{yy}、D_{xy} 表示 L_{xx}、L_{yy}、L_{xy} 的盒滤波近似。Hessian 矩阵的行列式近似值为

$$det(H_{\text{approx}})=D_{xx}D_{yy}-(0.9D_{xy})^2 \tag{11.45}$$

式中，系数 0.9 用于校正盒滤波器近似引发的误差。

SURF 在尺度空间采用非极大值抑制找出极值点。对每组中间两层图像的每个像素点 P，比较其与 26 个邻点的 $det(H_{\text{approx}})$ 值，SURF 邻点定义与 SIFT 相同，如图 11.15a 所示。如果 P 的 $det(H_{\text{approx}})$ 值为最大或最小，则 P 就是极值点，它是粗略定位的关键点。然后通过内插精准定位关键点的坐标 (x,y) 和对应的盒滤波器参数 s。

分配关键点方向在 SURF 中是可选步骤，若不需要旋转不变性则可忽略该步骤。设检测到的关键点对应盒滤波器参数 s，首先以关键点为中心，对半径为 $6s$ 的圆形区域内的各像素分别计算 x、y 方向的 Haar 小波响应值，Haar 小波边长为 $4s$，x、y 方向的小波如图 11.20 所示，黑色部

a) x 方向的Haar小波　b) y 方向的Haar小波

图 11.20　Haar 小波系数

分的系数为-1、白色部分的系数为 1。Haar 小波响应值由小波覆盖区域内的各像素加减得到，用积分图可快速计算得到。

以关键点为中心，用标准差为 2.5s 的高斯函数分别对 x、y 方向的 Haar 响应值进行加权，加权后的响应值分别用 HR_x、HR_y 表示。用坐标(HR_x,HR_y)表示二维空间中的一个点，在图 11.21 中用黑圆点表示。在 HR_x-HR_y 空间中以原点为固定点，用覆盖范围为 60°的扇形滑动窗（如图 11.21 所示的阴影区域）360°扫过空间，如图 11.21a~c 所示。分别计算滑动窗内所有点的 HR_x 之和 $SR_x = \sum HR_x$、HR_y 之和 $SR_y = \sum HR_y$，构建向量(SR_x,SR_y)，如图 11.21 中的星形所示。使向量(SR_x,SR_y)模最大的扇形方向 θ 就是特征点方向。例如，图 11.21a 中，滑动窗得到的(SR_x,SR_y)模最长，此扇形窗的旋转角度就是关键点方向 θ。实验表明，当旋转不超过 15°时，可以跳过此步骤以加快处理速度而不影响目标匹配效果。这样得到的具有坐标(x,y)、尺度 s、方向 θ 信息的关键点，就是 SURF 特征点。

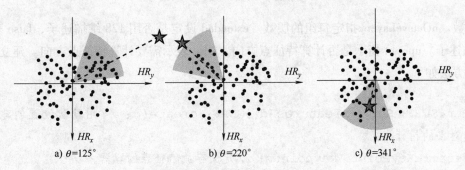

a) θ=125°　　　　　　b) θ=220°　　　　　　c) θ=341°

图 11.21　SURF 关键点方向计算示例

3. SURF 描述子

首先以特征点为中心建立一个 20s×20s 的正方形窗口，正方形方向与特征点方向 θ 一致，如图 11.22a 中的正方形所示，坐标系由 x-y 轴转换到 u-v 轴，y 轴与 v 轴的夹角为 θ。将该窗口分割为 4×4 个子窗口，每个子窗口为 5s×5s 大小。在每个子窗口内等间隔取 5×5 个样点，图 11.22b 为一个子窗口的 5×5 个采样点。

分别计算每个子窗口在 u、v 方向的 Haar 小波的响应值 du、dv，Haar 小波边长为 2s，u、v 方向的 Haar 小波是将图 11.20 旋转角度 θ 得到的，如图 11.22c 所示。为增强对几何形变和定位误差的鲁棒性，用以特征点为中心、以标准差为 3.3s 的高斯函数分别对 du、dv 加权。根据加权后的 du、dv 值计算出子窗口的一个四维向量($\sum dv, \sum du, \sum |dv|, \sum |du|$)。将 4×4 个子窗口的四维向量级联，得到一个 64 维向量。最后对 64 维向量进行归一化处理，使描述子不会因图像对比度变化而改变，归一化后的 64 维向量就是 SURF 描述子。

OPENCV 的 xfeatures2d::SURF 类可提供函数来进行 SURF 特征点的检测和描述，其用法与 SUFT 类相同。可通过类函数创建对象，通过调用 detect()函数检测出 SURF 特征点，用 computer()函数对已知特征点求 SURF 描述子，使用 detectAndCompute()函数检测特征点并求出对应描述子。函数 Create(double hessianThreshold = 100, int nOctaves = 4, int nOctaveLayers = 3, bool extended = false, bool upright = false)可创建 SURF 对象。参数 hessian-Threshold 指定 Hessian 矩阵行列式的阈值。低于阈值的一定不是极值点。nOctaves 指定尺度

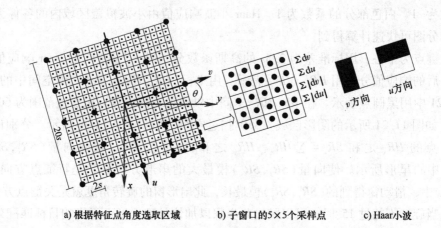

a) 根据特征点角度选取区域   b) 子窗口的5×5个采样点   c) Haar小波

图 11.22　SURF 描述子计算

空间组数。nOctaveLayers 指定每组的层数。extended 设定是否用 128 维描述子，false 表示用 64 维描述子。upright 指示是否计算特征点方向，false 表示需要计算特征点方向。建立 SURF 对象的方法如下：

```
Ptr<SURF> Surf =xfeatures2d::SURF::create(); /*用默认设置创建指向
SURF 对象的指针*/
vector<KeyPoint> keypoints; //定义存放特征点的容器
Mat descriptor; //定义存放描述子的矩阵
Surf->detectAndCompute(input,keypoints,descriptor); /*对特征点
求其 SURF 描述子*/
```

11.6.4　BRIEF 描述子

BRIEF（Binary Robust Independent Elementary Features）描述子对已检测到的特征点用二进制序列进行描述。BRIRF 描述子仅提供对特征点的描述，不包含特征点的检测，可以用 FAST 角点、Harris 角点、SIFT、SURF 等方法检测出特征点。BRIEF 描述子不具备尺度不变性和旋转不变性。

BRIEF 描述子的具体计算步骤如下：

1）为减少噪声，先对图像进行平滑，用高斯低通滤波器对图像平滑。

2）以特征点为中心，在 $S×S$ 邻域窗口内随机选择一对像素 x_i 和 y_i，比较两者的像素值 $I(x_i)$、$I(y_i)$，若 $I(x_i)<I(y_i)$，则这对像素用比特 1 表示，反之用比特 0 表示。

3）重复步骤 2），共执行 n_d 次步骤 2）后转至步骤 4）。

4）将 n_d 个比特级联，得到 BRIEF 描述子。

BRIEF 描述子选择 n_d 对像素进行比较，得到 n_d 个比特，通常 n_d 取 128、256 或 512。对比 SIFT 描述子 128 维向量需要 512 个字节，SIFT 描述子 64 维向量需要 256 字节，n_d 为

512 时，也只需 512 比特的 BRIEF 描述子，占用的存储空间少。

由于采用二进制编码，因此可以用汉明距离度量两个 BRIEF 描述子的相似度。大量实验表明，n_d 为 256 时，若两个特征点 BRIEF 描述子之间的汉明距离远小于 128，则特征点匹配；若汉明距离在 128 左右或者更大，则特征点不匹配。计算 BRIEF 描述子的耗时远小于 SURF 和 SIFT 描述子。

对于每对像素如何选择影响 BRIEF 描述子的有效性，要求选择的各对像素的相关度越小越好，BRIEF 提供了 5 种随机选择每对像素的方法。

OPENCV 的 BriefDescriptorExtractor 类提供了进行 BRIEF 描述子计算的所有函数，用 create(int bytes = 32, bool use_orientation = false) 创建指向 BRIEF 描述子的对象。bytes 指定 BRIEF 描述子共多少个字节，例如，32 个字节意味着 BRIEF 描述子有 32×8 = 256 个比特，即选取 256 对像素进行比较。通过调用 comput() 函数计算已知特征点的 BRIEF 描述子。例如：

```
Mat img = imread("lena.jpg",IMREAD_GRAYSCALE); /* 以灰度图形式读入图
像 */
Ptr<SURF> Surf = xfeatures2d::SURF::create(); /* 用默认设置创建指向
SURF 对象的指针 */
vector<KeyPoint> keypoints; // 定义存放特征点的容器
Surf->detect(img,keypoints); /* 检测 SURF 特征点,特征点存放在 key-
points 中 */
Ptr < BriefDescriptorExtractor > pBRIEF = xfeatures2d:: BriefDe-
scriptorExtractor::create();
    // 创建指向 BRIEF 描述的指针
Mat descriptors; // 用于存放描述子
pBRIEF->compute(img,keypoints,descriptors); /* 对 SURF 特征点计算
其 BRIEF 描述子 */
```

11.6.5　ORB 特征点检测与描述

ORB（Oriented FAST and Rotated BRIEF）是一种快速特征点检测和描述的算法，特征点检测由 FAST 算法改进得到，特征点描述是对 BRIEF 描述子的改进，ORB 具有尺度不变性和旋转不变性，处理速度远比 SIFT 和 SURF 快。

1. ORB 特征点检测

ORB 首先建立图像金字塔以实现图像的多尺度表示，每组只有一层，即每组只有一幅图像，金字塔的第一组图像是原始图像，第 $i+1$ 组图像是对第 i 组图像的 2∶1 下采样。例如，原始图像分辨率为 $M×N$，则第二组图像分辨率为 $M/2×N/2$，第三组图像分辨率为 $M/4×N/4$，…。

每组图像分别用 FAST 角点检测方法找到关键点，然后为关键点分配方向。在图像 f 中划定以关键点为中心、以半径为 R 的圆形区域（称为 Patch），每组图像圆形区域的半径相同。令

$$m_{pq} = \sum_{(x,y) \in Patch} x^p y^q f(x,y) \tag{11.46}$$

式中，$f(x,y)$ 是以关键点为坐标原点时坐标 (x,y) 处的像素值，圆形区域的质心坐标为 $(m_{10}/m_{00}, m_{01}/m_{00})$。圆形区域形心 O 到质心 C 的矢量 $\overline{OC}$ 的方向就是关键点方向。关键点方向计算公式为

$$\theta = \arctan2(m_{01}, m_{10}) \tag{11.47}$$

式中，$\arctan2(m_{01}, m_{10})$ 计算 m_{01}/m_{10} 的反正切函数，根据 m_{01}、m_{10} 正负号和比值计算出 $-180° \sim 180°$ 范围内的角度。有方向信息的 FAST 角点就是 ORB 特征点。

2. ORB 描述子

ORB 用修改的 BRIEF 描述方法 rBRIEF（rotation-aware BRIEF）进行特征描述。rBRIEF 与 BRIEF 的不同之处在于每对像素的选择方法。对每个 ORB 特征点，在以其为中心的 $S×S$ 区域内选取 n 对像素，一般 $S=31$、$n=256$。如何选取每对像素对描述子的性能至关重要，如果对 $S×S$ 区域旋转角度 θ，θ 为特征点方向，然后从旋转后的区域中按照 BRIEF 方法选出每对像素，此时计算量太大从而失去了 BRIEF 计算速度快的优点。一个计算量小的方法是先从区域中按照 BRIEF 方法选出每对像素，不妨设第 i 对像素坐标分别为 (x_{2i-1}, y_{2i-1})、(x_{2i}, y_{2i}) $(i=1,2,\cdots,n)$，注意这里的坐标是相对坐标，以特征点为坐标原点，如与特征点同列、位于特征点正上方的像素坐标为 $(-1,0)$。所有像素点的坐标构成 $2×2n$ 的矩阵 $\boldsymbol{F}$，即

$$\boldsymbol{F} = \begin{bmatrix} x_1 & x_2 & \cdots & x_{2i-1} & x_{2i} & \cdots & x_{2n-1} & x_{2n} \\ y_1 & y_2 & \cdots & y_{2i-1} & y_{2i} & \cdots & y_{2n-1} & y_{2n} \end{bmatrix} \tag{11.48}$$

若考虑特征点方向 θ，以特征点为中心将上述像素旋转 θ，则旋转后的这些像素坐标矩阵更新为 $\boldsymbol{F}_\theta = \boldsymbol{R}_\theta \boldsymbol{F}$，其中，$\boldsymbol{R}_\theta$ 为 θ 对应的旋转矩阵，有

$$\boldsymbol{R}_\theta = \begin{bmatrix} \cos\theta & -\sin\theta \\ \sin\theta & \cos\theta \end{bmatrix} \tag{11.49}$$

$\boldsymbol{F}_\theta$ 中，坐标 $(x_{2i-1}^\theta, y_{2i-1}^\theta)$、$(x_{2i}^\theta, y_{2i}^\theta)$ 是 $\boldsymbol{F}$ 中的 (x_{2i-1}, y_{2i-1})、(x_{2i}, y_{2i}) 旋转后的坐标，表示后者旋转角度 θ 后的所在位置。从 $S×S$ 区域中根据 $\boldsymbol{F}_\theta$ 找到 n 对像素计算 BRIEF 描述子。这种引入特征点方向的描述子计算方法称为 steered BRIEF。

但实验发现，找到的各对像素之间的相关度增强，描述子的方差变小。描述子的方差大意味着不同特征点的描述子可区分度高，各对像素相关度小意味着每对像素能为描述子贡献更多独特信息，增加描述子携带的总信息，进而增加各描述子之间的可区分度。steered BRIEF 引入旋转不变性，但牺牲了描述子的可区分度。为减弱各对像素之间的相关度，ORB 放弃了 BRIEF 中选择每对像素的方法，采用一种称为 rBRIEF 的方法来选出 n 对像素。首先每个特征点的 $S×S$ 区域用 $5×5$ 均值滤波器滤波以降低噪声干扰，从图像数据库找出 300K 个特征点建立训练集，用基于统计训练的贪婪搜索法找出 256 对像素的取法。

　　OPENCV 提供 ORB 类用于 ORB 特征点检测和描述子计算，类函数 create（int nfeatures =
500,float scaleFactor = 1. 2f,int nlevels = 8,int edgeThreshold = 31,int firstLevel = 0,int WTA_K = 2,
int scoreType = ORB∷HARRIS_SCORE,int patchSize = 31,int fastThreshold = 20）用于创建一个指
向 ORB 对象的指针。nfeatures 指定最多检测出多少个特征点。scaleFactor 设置金字塔相邻级
下采样率。nlevels 指定金字塔级数。edgeThreshold 与 patchSize 的值要一致，patchSize 指
rBRIEF 中选像素对的 $S \times S$ 区域的边长 S，默认值为 31。fistLevel 指出金字塔的第几组是原始
图像，该组之下的组里存放的是原始图像的上采样。其他用法与 SIFT 类、SURF 类相同。用
如下语句创建指向 ORB 对象的指针：

```
Ptr<ORB> pORB=ORB::create(200,2,4,31,0);
/*检测最多200个ORB特征点,金字塔第i+1组图像是第i组图像分辨率的一半,构建
的金字塔有4组,金字塔最底层(OPENCV函数中,金字塔最底层用序号0表示)为原始图
像。*/
```

习 题

　　11-1　目标如图 11. 23 所示，写出边界经过归一化处理的 8 方向链码编码，并进一步给
出链码的归一化差分码。

　　11-2　什么是傅里叶描述子？

　　11-3　灰度图像如图 11. 24 所示，左上角坐标为(0,0)，计算图像的质心。

　　11-4　以左上角为起点，顺时针排列，求图 11. 25 中心点的半径为 1、8 邻点的 LBP
特征。

　　11-5　图 11. 26 是灰度级数 3 的图像，分别求距离为 1、角度为 45°、90°时的灰度共生
矩阵。

图 11. 23　习题 11-1 图　　　图 11. 24　习题 11-3 图　　图 11. 25　习题 11-4 图　图 11. 26　习题 11-5 图

　　11-6　角点与边界点有哪些不同？

　　11-7　SIFT 特征点检测如何构建尺度空间？

　　11-8　SURF 特征点检测如何构建尺度空间？

　　11-9　为什么 SURF 可以做到不同尺度的图像大小相同？尺度变化对计算量有无影响？
请解释原因。

　　11-10　ORB 描述子如何实现旋转不变性？

第 12 章 目 标 识 别

目标识别是指通过某种方式将目标与其他部分区分开。目标可以用模式来表示，模式是指对事物特征或属性的定量或定性描述。模式类是指具有某些共性的一组模式。常用的模式表示方法有用于定量描述的向量、用于定性描述的串和树等。

模式 x 以 n 维特征向量形式表示为 $x=(x_1,x_2,\cdots,x_n)^\mathrm{T}$，其中，T 表示转置。例如，以色彩 R、G、B 分量为特征，则 $n=3$；而以 SIFT 描述子作为特征向量，则 $n=128$。

串描述用于生成结构比较简单的连接，通常串描述用于与边界形状有关的目标，如链码就是用串描述闭合曲线的。树用于层次排序，树根表示整幅图像或整体目标，不断细分可获得不同细节。

12.1 基于决策理论的模式识别

识别基于决策函数（又称判别函数）。模式 $x=(x_1,\cdots,x_n)^\mathrm{T}$ 是一个 n 维特征向量，ω_1，$\omega_2,\cdots,\omega_W$ 是 W 个模式类。基于决策理论的模式识别就是找出 W 个决策函数 $d_1(x)$，$d_2(x),\cdots,d_W(x)$，如果 $d_i(x)$ 大于 $d_j(x)(j=1,2,\cdots,W;j\neq i)$，则判决 x 属于 ω_i。ω_i、ω_j 两类的决策边界是 $d_i(x)=d_j(x)$，即 $d_i(x)-d_j(x)=0$，此时不确定 x 属于哪类。

12.1.1 基于匹配的决策

基于匹配的识别用目标原型表示每个模式类。将未知模式 x 按照某种预定义的度量方式判决给与其最接近的模式类。最常用的决策方式有最小距离分类器和模板匹配。

1. 最小距离分类器

最小距离分类器中的每个模式类都用已知属于该类的所有模式的均值 m_j 作为代表，即

$$m_j=\frac{1}{N_j}\sum_{x'\in\omega_j}x' \quad j=1,2,\cdots,W \tag{12.1}$$

式中，x' 是已知属于模式类 ω_j 的模式；N_j 是已知属于模式类 ω_j 的模式数量；W 是模式类的数量。对未知其所属类的模式 x，根据其与 m_j 的距离判别接近程度，有

$$D_j(x)=\|x-m_j\|,j=1,2,\cdots,W \tag{12.2}$$

如果 $D_i(x)$ 是 x 到所有模式类的最小距离，则判决 x 属于 ω_i。

最小距离判别等价于决策函数，即

$$d_j(\boldsymbol{x}) = \boldsymbol{x}^{\mathrm{T}}\boldsymbol{m}_j - \frac{1}{2}\boldsymbol{m}_j^{\mathrm{T}}\boldsymbol{m}_j \quad j = 1, 2, \cdots, W \tag{12.3}$$

若 $d_i(\boldsymbol{x})$ 最大，则判决 $\boldsymbol{x}$ 属于 ω_i。对于最小距离分类器，模式 ω_i 类、模式 ω_j 类的决策边界为

$$d_{ij}(\boldsymbol{x}) = d_i(\boldsymbol{x}) - d_j(\boldsymbol{x}) = \boldsymbol{x}^{\mathrm{T}}(\boldsymbol{m}_i - \boldsymbol{m}_j) - \frac{1}{2}(\boldsymbol{m}_i - \boldsymbol{m}_j)^{\mathrm{T}}(\boldsymbol{m}_i - \boldsymbol{m}_j) = 0 \tag{12.4}$$

2. 模板匹配

模板匹配用于在图像中发现与指定模板相似的区域，确定图像中的目标位置以及与模板的相似度等。模板匹配是最传统的目标识别方式，计算量小、处理速度快，适合对大小和方向均固定的目标进行识别。模板匹配将模板 T 作为滑动窗，模板中心依次遍历图像所有位置，计算模板与图像中当前被覆盖区域的相关度。若相关度超过阈值，则认为图像中当前被覆盖的区域与模板匹配。

评价匹配程度通常用归一化相关系数作为决策函数，最常用的归一化相关系数表达式为

$$\gamma(x, y) = \frac{\sum_s \sum_t [T(s,t) - \overline{T}][I(x+s, y+t) - \overline{I_{xy}}]}{\{\sum_s \sum_t [T(s,t) - \overline{T}]^2 \sum_s \sum_t [I(x+s, y+t) - \overline{I_{xy}}]^2\}^{1/2}} \tag{12.5}$$

式中，(s,t) 是模板上各点以模板中心为原点时的坐标；$T(s,t)$ 是模板坐标 (s,t) 处的像素值；$\overline{T}$ 为模板所有像素值的平均；$I(x+s, y+t)$ 表示当模板中心移动到图像 I 坐标 (x,y) 处时模板上的坐标 (s,t) 处所覆盖图像 I 的像素值；$\overline{I_{xy}}$ 是图像 I 被模板覆盖区域内所有像素的平均值。式（12.5）将模板和图像各自减去均值以剔除直流分量，使得光照不影响匹配结果，$\gamma(x,y)$ 的范围为 $-1 \sim 1$，0 表示完全不匹配，1 意味着完全匹配，-1 表示模板与图像亮度关系恰好相反。

OPENCV 函数 matchTemplate（InputArray src, inputArray templ, OutputArray result, int method, inputArray mask = noArray()）用模板 templ 作为滑动窗，在图像 src 中逐点移动并计算匹配，计算值 $\gamma(x,y)$ 放在 result 中，这里的 (x,y) 是模板左上角滑动到的位置。若 src 大小为 $W \times H$，templ 尺寸为 $w \times h$，则 result 大小为 $(W-w+1) \times (H-h+1)$，计算匹配时模板不会超过原图像 src 的边界。method 指定计算匹配度量的方法，OPENCV 提供 6 种度量方法。下面的程序将模板放在变量 template 中，在输入图像 src 中找出最佳匹配：

```
Mat find1; //存放模板匹配计算结果图
Mat result1; //在原图上画出最匹配的区域
double MinV,MaxV;
Point p_min,p_max;
result1=src.clone(); /*复制输入图像 src,后续将在复制图上画出找到的
目标 */
```

```
matchTemplate(src,template,find1,TM_CCOEFF_NORMED); /*用归一化相
关系数度量相似度 */
minMaxLoc(abs(find1),&minV,&MaxV,&p_min,&p_max);
    //在匹配度量矩阵中找出绝对值最大的,记录其位置
Point p_maxR =(p_max.x+template.cols,p_max.y+template.rows);
    //由于记录的匹配位置对应模板左上角,直接加上模板大小得到右下角坐标
rectangle(result1,p_max,p_maxR,Scalar(0),5);
    //在输入图像的复制图上用矩形标出最佳匹配区域
```

以图 12.1a 为模板对图 12.1b 进行匹配，结果如图 12.1c 所示。图中坐标 (x,y) 处的像素值为模板左上角平移到图 12.1b 坐标 (x,y) 处时的模板与图像相关系数，越亮则相关系数越大，模板与其在图像中的覆盖区域相似度越高，由图 12.1c 可找出与模板最相似的区域。

a) 模板 b) 待检测图像 c) 相关计算结果

图 12.1 模板匹配示例

模板匹配不能检测到目标的大小变化和角度旋转。实际工程中，若采用模板匹配，则应首先对模板构建金字塔，底层模板最大，假设建立了 k_1 层金字塔。然后在每一层分别对模板进行不同角度的旋转，这样每层得到 k_2 个模板，它们大小相同，角度不同。整个金字塔共 $k_1 \times k_2$ 个模板，将这些模板逐个与图像进行模板匹配。显然对于大小和方向存在变化的目标，模板匹配不是一个高效的识别方法。

12.1.2 统计分类器

1. KNN 分类器

KNN（K-Nearest Neighbor，K-最近邻）分类器是基于统计的分类器，将未知模式 x 与每个模式类中的所有已知模式进行比较，从比较结果中选出 K 个最邻近（最相似）的模式，统计这 K 个已知模式所属模式类，判决 x 属于出现次数最多的模式类。如图 12.2 中的"?"是一个用二维向量表示的未知模式 x，明确属于模式类 A、B 的已知模式分别用 ☆ 和 △ 表示，用欧氏距离度

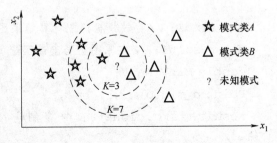

图 12.2 KNN 分类示例

量相似度。若 K 取值为 3（3-近邻），距离 x 最近的 3 个已知模式中属于模式类 B 的△比属于模式类 A 的☆多，则判决 x 属于模式 B 类。若 K 取值为 7（7-近邻），7 个最近邻中属于模式类 A 的☆最多，则判决 x 属于模式类 A。$K=1$ 时，判决容易受到偶然因素的干扰，抗干扰能力弱。为了增加分类的可靠性，可以增加 K 取值。

在已知模式数量有限的情况下，KNN 分类器的正确性与度量最近邻的方法有关。对 n 维向量表示的未知模式 $x=(x_1,\cdots,x_n)$ 和已知模式 $y=(y_1,\cdots,y_n)$，常用的度量方式有

（1）欧氏距离

$$d(\boldsymbol{x},\boldsymbol{y}) = \sqrt{\sum_{i=1}^{n}(x_i - y_i)^2} \tag{12.6}$$

（2）Manhattan 距离

$$d(\boldsymbol{x},\boldsymbol{y}) = \sum_{i=1}^{n}|x_i - y_i| \tag{12.7}$$

KNN 分类器要计算 x 与所有已知模式的距离并排序，计算量较大。此外，当各模式类中已知模式的数量相差较大时易造成分类错误，为克服样本数量不均衡带来的影响，可以根据各模式类中的模式数量对近邻中统计的样本数进行加权。

2. 最优统计分类器

模式 x 来自于模式类 ω_k 的概率用 $p(\omega_k|x)$ 表示，如果实际属于 ω_j 的模式 x 被判决属于 ω_k，那么分类错误导致的损失用 L_{kj} 表示。模式 x 可能被判为 W 个模式类中的任何一类，则条件平均损失（又称为条件平均风险）为

$$r_j(\boldsymbol{x}) = \sum_{k=1}^{W} L_{kj}p(\omega_k|\boldsymbol{x}) \tag{12.8}$$

使条件平均损失达到最小的分类器称为贝叶斯分类器。若 $r_i(\boldsymbol{x})<r_j(\boldsymbol{x})$，$(j=1,2,\cdots,W; j\neq i)$，则贝叶斯分类器判决 x 属于 ω_i 类。根据贝叶斯条件概率公式，式（12.8）也可写为

$$r_j(\boldsymbol{x}) = \frac{1}{p(\boldsymbol{x})}\sum_{k=1}^{W} L_{kj}p(\boldsymbol{x}|\omega_k)P(\omega_k) \tag{12.9}$$

式中，$p(\boldsymbol{x}|\omega_k)$ 是 ω_k 模式类的概率密度函数；$P(\omega_k)$ 是 ω_k 类出现的概率，称为先验概率。由于式（12.9）中的系数 $1/p(\boldsymbol{x})$ 对任何 $r_j(\boldsymbol{x})(j=1,2,\cdots,W)$ 都相同，因此条件平均损失可以简化为

$$r_j(\boldsymbol{x}) = \sum_{k=1}^{W} L_{kj}p(\boldsymbol{x}|\omega_k)P(\omega_k) \tag{12.10}$$

如果 L_{kj} 在 $j=k$ 时为 0，在 $j\neq k$ 时为 1，将 x 判决属于 ω_i，则对任何 $j\neq i$，贝叶斯分类器判决准则等价于

$$p(\boldsymbol{x}|\omega_i)P(\omega_i)>p(\boldsymbol{x}|\omega_j)P(\omega_j), \quad j=1,2,\cdots,W; j\neq i \tag{12.11}$$

贝叶斯分类器将 x 判给使决策函数 $d_j(\boldsymbol{x})=p(\boldsymbol{x}|\omega_j)P(\omega_j)(j=1,2,\cdots,W)$ 最大的那个模式类。通常设 $p(\boldsymbol{x}|\omega_j)$ 为高斯函数，这个假设与实际情况接近，也符合大数定律。高斯条件下的贝叶斯分类器称为高斯模式的贝叶斯分类器，决策函数 $d_j(\boldsymbol{x})$ 由每个模式类的均值向量和协方差矩阵决定。当模式 x 是 n 维向量时有

$$p(\boldsymbol{x} \mid \omega_j) = \frac{1}{(2\pi)^{n/2} |\boldsymbol{C}_j|^{1/2}} e^{-0.5(\boldsymbol{x}-\boldsymbol{m}_j)^{\mathrm{T}}\boldsymbol{C}_j^{-1}(\boldsymbol{x}-\boldsymbol{m}_j)} \qquad (12.12)$$

式中，n 维向量 $\boldsymbol{m}_j$ 是模式类 ω_j 的均值；$\boldsymbol{C}_j$ 为模式类 ω_j 的协方差矩阵。

为计算方便，通常采用对数形式的决策函数，有

$$d_j(\boldsymbol{x}) = \ln(p(\boldsymbol{x}\mid\omega_j)P(\omega_j)) = \ln p(\boldsymbol{x}\mid\omega_j) + \ln P(\omega_j) \qquad (12.13)$$

将式（12.12）的高斯函数代入式（12.13），得

$$d_j(\boldsymbol{x}) = \ln P(\omega_j) - 0.5\ln|\boldsymbol{C}_j| - 0.5\{(\boldsymbol{x}-\boldsymbol{m}_j)^{\mathrm{T}}\boldsymbol{C}_j^{-1}(\boldsymbol{x}-\boldsymbol{m}_j)\} \qquad (12.14)$$

当所有协方差矩阵均相等 $\boldsymbol{C}_j = \boldsymbol{C}(j=1,2,\cdots,W)$ 时，式（12.14）所示的决策函数可简化为

$$d_j(\boldsymbol{x}) = \ln P(\omega_j) + \boldsymbol{x}^{\mathrm{T}}\boldsymbol{C}^{-1}\boldsymbol{m}_j - 0.5\boldsymbol{m}_j^{\mathrm{T}}\boldsymbol{C}^{-1}\boldsymbol{m}_j \qquad (12.15)$$

3. 支持向量机分类器

支持向量机（Support Vector Machine，SVM）分类器是二元分类器，可判决模式 $\boldsymbol{x}$ 是否属于 ω_1，判决结果分"是""不是"两类。支持向量机分类器是可以扩展到更高维的最大边界分类器。图 12.3a 中，各模式（方形和圆形）分属两个模式类，根据这些模式找出一个超平面（Hyperplane）空间将两类分开，n 维向量模式的超平面是自由度为 $n-1$ 维的平面。例如，图 12.3 中，每个模式 $\boldsymbol{x}$ 都有两个自由度 x_1 和 x_2，$\boldsymbol{x}=(x_1,x_2)^{\mathrm{T}}$，则超平面是一条直线，直线只有一维自由度，由 x_1 可确定 x_2。图 12.3a 中的各虚线和图 12.3b 中的实线都是能将两类准确分开的超平面，这样的超平面有无数个。两个模式类各自到超平面的最小距离之和称为边界，边界大表示这样分类可使得两个模式类区别最大、区分度最好。显然图 12.3b 中的超平面比图 12.3a 中的更好，图 12.3b 中的实线以及位于两类之间且与该实线平行的直线都能取得最大边界。在这些相互平行、均具有最大边界的超平面中，图 12.3b 中的实线到两类的最小距离相等，被称为最优超平面。最优超平面就是支持向量机分类器。每类中距离分类器最近的模式称为支持向量，图 12.3b 中分别用实心圆和实心方形进行了标出。

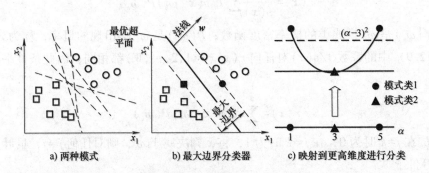

a) 两种模式   b) 最大边界分类器   c) 映射到更高维度进行分类

图 12.3 支持向量机分类器

对 n 维向量表示的模式 $\boldsymbol{x}=(x_1,x_2,\cdots,x_n)^{\mathrm{T}}$ 依据超平面分类后，其或者在超平面之上属于模式类 ω_1（分类标签 $g=1$），或者在超平面之下不属于 ω_1（分类标签 $g=-1$），并且位于超平面一侧的支持向量满足 $\boldsymbol{w}^{\mathrm{T}}\boldsymbol{x}+b=1$，位于另一侧的支持向量满足 $\boldsymbol{w}^{\mathrm{T}}\boldsymbol{x}+b=-1$。这里的 n 维向量 $\boldsymbol{w}=(w_0,w_1,\cdots,w_n)^{\mathrm{T}}$ 是超平面的法线，与超平面正交，如图 12.3b 所示。上述分类的

数学表示为

$$w^{\mathrm{T}}x+b \geqslant 1 \qquad g=1$$
$$w^{\mathrm{T}}x+b \leqslant -1 \qquad g=-1$$

（12.16）

可以证明两个模式类的最大边界为 $2/\|w\|$。SVM 分类器就是对所有已知分类标签的模式，找出在满足式（12.16）的条件下使 $2/\|w\|$ 达到最大的 w，或者在满足 $g(w^{\mathrm{T}}x+b) \geqslant 1$ 的前提下使 $\|w\|^2$ 达到最小的 w。位于最优超平面上的向量 x' 满足 $w^{\mathrm{T}}x'+b=0$。

很多情况下，以 n 维向量表示的各模式难以被一个超平面分开，SVM 选择一个核函数，通过核函数用非线性映射把所有模式由 n 维映射到大于 n 的维度 n'，然后在 n' 维度上找出一个超平面进行分类。以图 12.3c 为例，下方是 3 个用一维向量 α 表示的模式，α 从左至右分别为 1、3、5，3 个模式分属两个模式类。在一维空间无法用线性分类器将各模式准确分类（如果想比较 $|\alpha-3|$，请注意是求绝对值，不是线性计算）。若将模式映射到二维空间 $(\alpha,(\alpha-3)^2)$，如图 12.3c 上方所示，则通过比较 $(\alpha-3)^2$ 是否大于阈值（图中虚线）可准确判决其所属模式类。

12.1.3　神经网络

神经网络采用线性或非线性计算，对训练集中已知所属模式类的模式进行学习，得到误差较小的输入与输出之间的复杂决策关系，并根据训练得到的决策对未知模式判决其所属模式类。神经网络基本结构如图 12.4a 所示，分为输入层、隐藏层和输出层。通过输入层激活信号，在处理图像的神经网络中，输入层一般是输入图像矩阵，通常用"高度×宽度×通道数"表示，神经网络中的通道数又称为深度。隐藏层是神经网络的关键部分，用于提取特征，内部含有多个层。最后输出层根据隐藏层提取的特征进行判决，得到输出结果。图 12.4a 中各层中的圆圈表示神经元。

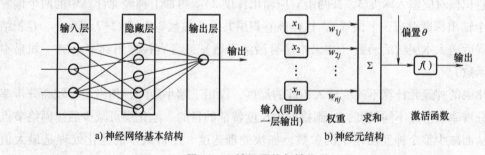

a) 神经网络基本结构　　　　　　　　b) 神经元结构

图 12.4　神经网络与神经元

神经元是神经网络的基本单元。神经元接收来自外部的不同刺激，在神经元细胞内对不同刺激产生不同强度的反应，转换综合反应并形成一个输出。神经元结构如图 12.4b 所示，第 i 层神经元接收从第 $i-1$ 层神经元传来的数据，分别用不同的权重进行加权，权重影响神经元对输入信息的敏感程度，通过控制权重形成识别偏好；加权后，对所有数据进行求和并加上偏置（又称为阈值），偏置反映了神经元对信息的敏感度。如果没有设置合适的偏置，则一些对判决没影响的无关因素没有被挡在外面，从而干扰识别结果，或者一些对判决有参考意义的因素被丢失。最后经过激活函数 $f()$，激活函数可以是线性的，也可以是非线性的，一般采用非线性函数。激活函数的主要目的是在决策中加入非线性因素以应对线性计算无法解决的问题。激活函数的输出作为第 $i+1$ 层神经元的输入。神经网络通过训练调整各神经元权重和偏置，实际中，不同层的神经元或包含上述结构中的所有部分，或只包含其中一部分。

隐藏层用于提取特征，将输入信息映射到特征空间。不同神经网络的隐藏层结构不同。如图 12.5 所示，以卷积神经网络结构为例，其隐藏层又细分为卷积层 1、池化层 1，卷积层 2、池化层 2，…，卷积层 n、池化层 n。隐藏层的基本组成包含卷积层和池化层。

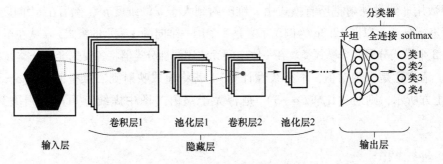

图 12.5　卷积神经网络结构

卷积层可以增加输入节点的深度，卷积层神经元用卷积核对输入矩阵进行卷积。一组卷积核的深度等于该层输入数据的深度，如图 12.6a 所示，若输入数据的深度为 n，则一组应有 n 个卷积核，一组卷积结果为同一位置不同深度的卷积结果之和，这样得到深度为 1 的卷积结果。如果要求本层神经元输出数据的深度为 N，则需要 N 组卷积核，即共需要 $n \times N$ 个卷积核。例如，信息维度以"高×宽×深度"格式表示，卷积层输入为 4×4×3，每个卷积核的大小为 3×3，若该卷积层要求输出深度为 2，则卷积层需要 3×3 的卷积核 3×2＝6 个（每组 3 个卷积核对应输入深度 3，共两组对应输出深度 2）。再加上神经元计算中的两个偏置参数（每个输出深度对应一个偏置），这样该卷积层共需要参数 3×3×3×2+2＝56 个。卷积结果加上偏置后送入本层激活函数（如果本层有激活函数）或者直接输出到下一层（如果本层无激活函数）。

池化层的神经元计算不改变输入矩阵的深度，仅用于缩小矩阵，相当于对较高分辨率图像降低分辨率以形成不同尺度，达到提取大尺度特征的目的。池化层可减少后续网络节点的数量，从而减少整个神经网络中的参数，加快处理速度。用得最多的池化处理是最大值池化，此外还有平均池化。最大值池化用滑动窗在输入矩阵上移动，滑动窗移动步长大于 1，以输入矩阵中当前被窗覆盖区域的最大值作为池化层输出值。最大值池化可以实现非线性处理，更多地保留纹理信息。平均池化则以窗覆盖区域的平均值作为输出，线性处理能更多地保留背景信息。由于滑动窗每次移动的坐标变化大于 1，因此最终的输出矩阵小于输入矩阵。图 12.6b 中，2×2 滑动窗以步长 2 分别沿水平、垂直方向移动。左侧输入矩阵经最大池化得到的结果如图 12.6b 所示。

输出层将提取的各种特征映射到样本标记空间，输出分类信息。输出层中的第一个卷积层首先把隐藏层输出的多维信息通过卷积一维化，即把数据"压平"。例如，隐藏层最终输

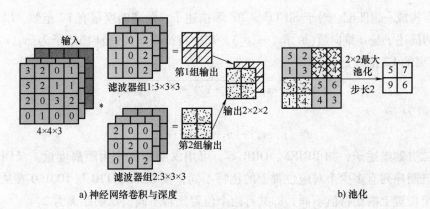

a) 神经网络卷积与深度　　　　　　　　　　　　　　b) 池化

图 12.6　卷积与池化

出的维度是 5×6×8，若输出层中的一组卷积核为 5×6×8，则卷积可得到一个数值，输出层如果想得到 4096 个数值，就用 4096 组 5×6×8 的卷积核得到 4096 个一维数据，把多维数据变成一维。因此输出层中的第一个卷积层也称为平坦（Flatten）层。数据一维化后，各层神经元全连接（Fully Connected），即当前层的每个神经元输入都与前一层的所有神经元输出相连接，每个神经元的输出都与下一层的所有神经元输入连接，神经元全连接的层称为全连接层。全连接层通常放在输出层，主要对特征进行重新拟合，减少特征信息的丢失。不同神经网络的输出层结构不同，如有些只有一个全连接层，有些有多个全连接层，有些全连接层直接输出分类结果，有些后面接 softmax 层。softmax 层将上层的输出数据经过 softmax( ) 函数转换为概率表达式形式，将模式分类到对应概率最大的模式类。例如，有 3 个模式类，模式 x 经神经网络 softmax 层输出后分别为 0.56、0.23、0.21，即 x 属于第一个模式类的概率为 0.56，属于第二个类的概率为 0.23，属于第三类的概率为 0.21，则判决 x 属于第一个模式类。

神经网络用大量已知其所属类的模式作为训练集，训练调整所有神经元参数，对未知模式用训练得到的参数判决其所属类。

12.2　特征点匹配

对检测出的特征点计算描述子，后续往往需要根据特征点的描述子在其他图像或区域中找到相似的特征点，以实现目标识别、图像拼接等任务。特征点匹配的前提是所有特征点具有相同类型的描述子，匹配包括两个方面：①找到匹配的特征点；②匹配一致性，从找到的匹配中选出真实匹配，剔除虚假匹配。

12.2.1　特征点匹配基础

1. 暴力匹配（Brute Force Match）

对图像或区域 A 中的每个特征点 p，暴力匹配分别计算其描述子与图像或区域 B 中每个特征点描述子之间的距离，B 中与 p 距离最近且距离小于阈值的特征点就是 p 的匹配点，这两个特征点构成一组匹配。对于 SIFT、SURF 等描述子，距离的度量有 L2 范数、L1 范数。设特征点 p 的描述子是 d 维向量$(p_1,p_2,\cdots,p_d)$，B 中特征点 x 的特征描述子为$(x_1,x_2,\cdots,x_d)$，则 p、x 距离的 L2 范数定义为

$$d=\sqrt{(p_1-x_1)^2+(p_2-x_2)^2+\cdots+(p_d-x_d)^2} \qquad (12.17)$$

L1 范数为

$$d=|p_1-x_1|+|p_2-x_2|+\cdots+|p_d-x_d| \qquad (12.18)$$

对于二进制描述子，如 BRIEF、ORB 等，可用汉明距离作为距离度量。汉明距离指两个等长二进制序列有多少个对应位置上的比特不同，例如，101110 与 100100 在从左向右的第三、五个位置上的比特值不同，即共有两个位置比特不同，汉明距离为 2。

如果图像或区域 A 中的特征点 p 与 B 上所有特征点中的 x 距离最近，反过来，x 与 A 上所有特征点中的 q 描述子距离最近，那么这种情况下，p、q 对 x 都不是好的匹配。可以在暴力匹配中增加限制条件，只有 p 在 B 中的特征描述子距离最近的是 x、x 在 A 中距离最近的是 p 点，即两者双向互匹配，才认为 p 与 x 是匹配的。

此外，还可以用暴力匹配找出 p 点在 B 中与其距离最近的 K 个特征点。例如，SIFT 特征匹配建议找出与 p 最接近的两个特征点 x、y，比较 p 与 x、y 特征描述子的距离 Px、Py。如果 Px、Py 值接近，则很难说距离更小的那个是好匹配，好的匹配应该距离明显比其他距离小。假设 Px 远小于 Py，则认为 x 与 p 匹配，否则 x、y 都作为 p 的匹配点而保留下来。

OPENCV 的描述子匹配类 DescriptorMatcher 提供了匹配计算函数 void match（InputArray queryDescriptors，InputArray trainDescriptors，vector < DMatch > & matches，InputArray mask = noArray（））来实现描述子 queryDescriptors 与描述子 trainDescriptors 的匹配，匹配结果放在 matches 中，只有掩模图像 mask 不为零的区域才进行特征点匹配。该类还定义了找出最匹配的 K 个匹配点的函数 knnMatch（InputArray queryDescriptors，InputArray trainDescriptors，vector <DMatch> & matches，int k，InputArray mask = noArray（）），其中参数 k 用于设置 K 值。在调用匹配函数之前，需要创建描述子的暴力匹配器对象。特征点匹配程序如下：

```cpp
#include <opencv2/opencv.hpp>
#include <math.h>
using namespace cv;
using namespace std;
bool compareDistance(DMatch& i1,DMatch& i2){  /* 对 Dmatch 结构按照
distance 进行排序 */
    return(i1.distance < i2.distance); /*比较两组距离中哪个大,返回 1
或 0 */
}
int main(){
    Mat img1=imread("box.jpg",IMREAD_GRAYSCALE); /*以灰度图形式读
```

入两幅图像 * /
```
        Mat img2 = imread("box_in_scene.jpg",IMREAD_GRAYSCALE);
        Ptr<ORB> detector = ORB::create(300); //创建 ORB 特征检测器对象
        vector<KeyPoint> keypoints1;
        vector<KeyPoint> keypoints2; /* 创建用于存放两张图各自 ORB 特征点
的容器 */
        Mat descriptor1,descriptor2; //存放 ORB 描述子
        detector->detectAndCompute(img1,Mat(),keypoints1,descriptor1);
        detector->detectAndCompute(img2,Mat(),keypoints2,descriptor2);
        //对两幅图像分别检测 ORB 特征点并提取描述子
        BFMatcher bfMatcher(NORM_HAMMING,true); /* 定义暴力匹配对象,双
向互匹配,由于 ORB 是二进制序列描述子,因此这里指定用汉明距离作为匹配度量 */
        vector<DMatch> matches; //定义存放匹配结果的容器
        bfMatcher.match(descriptor1,descriptor2,matches); /* 进行特征
点匹配 */
        sort(matches.begin(),matches.end(),compareDistance);
        //对各匹配结果根据距离进行排序,距离小的排前面
        vector<DMatch>::const_iterator First = matches.begin();
        vector<DMatch>::const_iterator Second = matches.begin()+9;
        vector<DMatch> goodmatches; //定义存放最优匹配的容器
        goodmatches.assign(First,Second); /* 从排序的匹配距离中选 10 个距
离较小的 */
        Mat OrbPairImg;
        drawMatches ( img1, keypoints1, img2, keypoints2, goodmatches,
OrbPairImg,Scalar(0,255,0),Scalar(0,255,0),vector<char>(),DrawMat-
chesFlags::NOT_DRAW_SINGLE_POINTS);
    //用绿色画出两张图的匹配结果,没找到匹配的特征点不画
    /* 下面的程序根据各匹配特征点的坐标计算出射影变换的 3×3 单应性矩阵,然后根
据一个图像的 4 个顶点坐标,由单应性矩阵计算出它们在另一幅图像中的坐标 */
        vector<Point2f> obj1; //存放匹配点在 img1 中的坐标
        vector<Point2f> obj2; //存放匹配点在 img2 中的坐标
        for(size_t i = 0; i<goodmatches.size(); i++) {
            obj1.push_back(keypoints1[goodmatches[i].queryIdx].pt);
            //提取最匹配的 10 组特征点在 img1 中的坐标
            obj2.push_back(keypoints2[goodmatches[i].trainIdx].pt);
```

```
      //提取最匹配的 10 组特征点在 img2 中的坐标
   }
   vector<Point2f> corner(4);//存放 img1 的 4 个顶点坐标
   vector<Point2f> dest_corner(4); /*存放 4 个顶点射影变换后在 img2
中的坐标*/
   Mat H=findHomography(obj1,obj2,0);
   //根据最小二乘法,由 10 组匹配特征点坐标计算出射影变换的单应性矩阵
   corner[0]=Point(0,0);  corner[1]=Point(img1.cols,0);
   corner[2]=Point(img1.cols,img1.rows);
   corner[3]=Point(0,img1.rows); //img1 的 4 个顶点坐标
   perspectiveTransform(corner,dest_corner,H); /* 4 个顶点射影变
换后在 img2 中的坐标*/
   for(int i=0; i<4; i++)
      line(OrbPairImg, dest_corner[i]+Point2f(img1.cols,0),
dest_corner[(i+1)%4] + Point2f(img1.cols,0),Scalar(255,255,255),2,
8,0); //在 img2 中画出 4 个顶点连成的矩形
   imshow("匹配特征点和找出的目标",OrbPairImg);
   waitKey(0); //等待键盘输入
   return(0);
}
```

对于图 12.7 左侧图像的特征点，在右侧图中找到最匹配的 10 个特征点，各组匹配连线如图 12.7 所示。根据 10 组匹配点坐标计算出射影变换的单应性矩阵，由左侧图像的 4 个顶点坐标和单应性矩阵求出在右侧图中对应的坐标，在右侧图中画出目标。

图 12.7　特征点暴力匹配示例

2. 近似最近邻（Approximate Nearest Neighbor，ANN）法

当特征点数量多、特征维数高时，对图 A 中的每个特征点 p，在图 B 中找与其距离最近

的 K 个特征点的计算量巨大，实际中可以采用 ANN 法减少计算量。ANN 法找到的匹配特征点不一定是准确的最近邻，只要求找到的特征点与实际匹配特征点的距离很近就可以。ANN 可采用基于树、基于哈希算法等方法实现。

基于 Annoy 树的 ANN 使用二叉树对图 B 中的所有特征点进行分配。首先随机选取两个点，分别以它们为中心进行 $k=2$ 的 Kmeans 聚类，并计算两个聚类的中心，向量 C 将两个聚类中心连接，在 C 的中点建立一个与 C 正交的分割向量 S，分割向量 S 将特征点空间分为两个子空间，对两个子空间分别重复上述过程，直到每个子空间里最多只剩下 K 个特征点。迭代最终形成二叉树结构。每个叶子都是图 B 的一个特征点，中间节点记录的是分割向量信息。Annoy 二叉树基于如下假设：相似的特征点在二叉树上的位置应该接近，分割向量不应该把相似的特征点分配到不同的二叉树分支上。查找 ANN 的过程就是不断查询特征点 p 在分割向量的哪一边，即从根节点往叶子节点遍历，将图 A 中特征点 p 的描述子与图 B 的二叉树中间节点进行相关计算，以决定二叉树遍历是从中间节点往左侧分支走还是往右侧分支走。

基于哈希的 ANN 通过哈希函数把特征向量分别编码为等长的二值序列，相似的向量经编码后距离近，不相似的编码距离远，这样向量间的距离可以用汉明距离度量。工程中一般用局部敏感哈希（Locality-Sensitive Hashing，LSH）算法，首先通过哈希函数将所有的样本点映射到不同的桶中，在查询 p 的最近邻时对 p 做相同的变换，则 p 的最近邻很大概率上会与 p 落入相同的桶中，这样只在桶中搜索即可，加快了查找速度。

OPENCV 提供了 FlannBasedMatcher 类来进行特征点 ANN 匹配。假设两幅图像分别为 img1、img2，近似最近邻匹配的程序如下：

```cpp
vector<KeyPoint> kpt1,kpt2;//存放检测到的特征点
FAST(img1,kpt1,30,true);//在第一个图像中最多检测30个FAST角点
FAST(img2,kpt2,30,true);//在第二个图像中最多检测30个FAST角点
Mat desc1,desc2;//用于存放描述子
SurfDescriptorExtractor sfdesc1,sfdesc2;//定义SURF描述子对象
sfdesc1.compute(img1,kpt1,desc1);/*对img1中的FAST角点计算SURF
描述子*/
sfdesc2.compute(img2,kpt2,desc2);/*对img2中的FAST角点计算SURF
描述子*/
FlannBasedMatcher matcher;//定义近似最近邻匹配器
vector< vector<DMatch> > matches1;
//注意,后面要选K个最近邻,这里要用vector<vector<DMatch>>
matcher.knnMatch(desc1,desc2,matches1,2);//每个特征点找两个最近邻
vector<DMatch> goodMatches;
if(kpt1.size()>=2 && kpt2.size()>=2){
```

```
/*检测每个特征点与它的两个近似最近邻之间的匹配度,如果其中一组的匹配距离
明显比另一组小,则说明前者是好的匹配,应予以保留。如果两组匹配距离接近,则忽
略 */
    for(int i=0; i<matches1.size(); i++){
            if(matches1[i][0].distance<0.6*matches1[i][1].distance)
            goodMatches.push_back(matches1[i][0]);
        }
    }
    Mat result;//画匹配图
    drawMathes(img1,kpt1,img2,kpt2,goodMatches,result,Scalar:all
(-1),Scalar::all(-1),vector<char>(),DrawMatchesFlags::NOT_DRAW_
SINGLE_POINTS);
    //用随机分配的颜色画出匹配特征点连线
    imshow("近似最近邻匹配结果",result);
```

12.2.2 匹配一致性

1. RANSAC 算法

找到匹配特征点后，可以根据特征点在两幅图像中的坐标用最小二乘法计算出图像单应性矩阵参数。但最小二乘法容易受到错误匹配的干扰，例如，图 12.7 中有个错误匹配，使得右侧图中画出的轮廓与实际略有差异。可以用随机抽样一致性（Random Sample Consensus，RANSAC）算法对匹配进行筛选，剔除不符合最优模型的匹配（称为外点，Outliers），保留符合最优模型的匹配（称为内点，inliers），然后根据内点的坐标求射影变换参数。

如图 12.8 所示，9 个特征向量用圆表示，假设理论上特征向量的 u、v 分量符合线性关系，用向量拟合出直线 $au+b=v$，求出参数 a、b。如果用最小二乘法使每个点到直线 $au+b=v$ 的距离平方之和为最小，则得到的拟合直线如图 12.8 中的虚线所示。这条虚线与人们的直观感觉不符，感觉 8 个实心圆符合相同的线性关系 $au+b=v$，而空心圆是

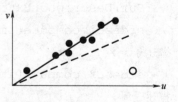

图 12.8　样本一致性示例

干扰，不应参与直线拟合。剔除空心点，用余下 8 个向量拟合的直线如图中实线所示，显然实线拟合的结果更合理。

剔除错误匹配的 RANSAC 算法通过迭代寻找最佳单应性矩阵。每组匹配特征点的齐次坐标关系可以用射影变换表示，设图 A 中的特征点坐标为 (x,y)，图 B 中与其匹配的特征点坐标为 (x',y')，则有

$$\begin{bmatrix} x' \\ y' \\ 1 \end{bmatrix} = \begin{bmatrix} h_{11} & h_{12} & h_{13} \\ h_{21} & h_{22} & h_{23} \\ h_{31} & h_{32} & 1 \end{bmatrix} \begin{bmatrix} x \\ y \\ 1 \end{bmatrix} = \boldsymbol{H} \begin{bmatrix} x \\ y \\ 1 \end{bmatrix}, \text{其中} \boldsymbol{H} = \begin{bmatrix} h_{11} & h_{12} & h_{13} \\ h_{21} & h_{22} & h_{23} \\ h_{31} & h_{32} & 1 \end{bmatrix} \text{为单应性矩阵}$$

RANSAC 算法的目的是找到 $\boldsymbol{H}$ 最优矩阵参数，使得满足该矩阵的匹配组数量最多。由于 $\boldsymbol{H}$ 有 8 个参数待确定，每组匹配 $x \to x'$、$y \to y'$ 可以列两个方程，因此求 $\boldsymbol{H}$ 参数至少需要 4 组匹配。RANSAC 算法从所有匹配组中随机选 4 组，计算对应的 $\boldsymbol{H}$，然后检测所有组匹配与 $\boldsymbol{H}$ 的误差。若误差小于阈值，则该组匹配为内点，反之若大于阈值，则为外点，统计内点数量。重复上述过程，找出内点数量最多的 $\boldsymbol{H}$。设图 A、图 B 总共有 M 组匹配特征点，RANSAC 算法的具体步骤如下：

1）初始化最大迭代次数 K 为一个大于零的整数，单应性矩阵 $\boldsymbol{H}$ 对应的最大内点数目记录在 $N_{\max}$ 中，初始化 $N_{\max} = 0$；截至当前的迭代次数用 i 表示，初始化 $i = 0$。

2）符合某个单应性矩阵 $\boldsymbol{H}$ 的匹配组（即内点）数量用 n 表示，初始化 $n = 0$。

3）随机从所有组的匹配中选取 4 组，要求 4 组在任一图像内的 4 个点不能有 3 点共线或 4 点共线，求出对应的单应性矩阵 $\boldsymbol{H}$。

4）分别计算该 $\boldsymbol{H}$ 与每组匹配 (x_j, y_j)、(x_j', y_j') 的误差 d_j，这里 $j = 1, 2, \cdots, M$。

$$d_j = \left(x_j' - \frac{h_{11}x_j + h_{12}y_j + h_{13}}{h_{31}x_j + h_{32}y_j + h_{33}} \right)^2 + \left(y_j' - \frac{h_{21}x_j + h_{22}y_j + h_{23}}{h_{31}x_j + h_{32}y_j + h_{33}} \right)^2 \tag{12.19}$$

若 d_j 小于阈值，则该组匹配为内点，更新 $n = n + 1$。

5）若 $N_{\max} < n$，则更新 $N_{\max} = n$，并记录所有内点。

6）更新最大迭代次数 $K = ceil(\lg(1-P)/\lg(1-w^s))$，$P$ 称为置信度，表示最终能够通过 RANSAC 算法找到的真正 $\boldsymbol{H}$ 的概率，一般设为 0.99。s 表示计算 $\boldsymbol{H}$ 最少需要的匹配组数量，这里 $s = 4$。w 表示内点所占比例，$w = N_{\max}/M$。$ceil(\beta)$ 表示不小于 β 的最小整数。

7）更新 $i = i + 1$；若 $i < K$ 则返回步骤 2），否则转至步骤 8）。

8）对 $N_{\max}$ 对应的所有内点，用最小二乘法重新求 $\boldsymbol{H}$。

RANSAC 算法能否找到真正 $\boldsymbol{H}$ 的关键在于最初选择的 s 组匹配是否都属于该 $\boldsymbol{H}$ 的内点，如果是，则通过 s 组匹配一定能找出 $\boldsymbol{H}$。w 意味着内点属于真正 $\boldsymbol{H}$ 的概率，初选 s 组匹配都属于 $\boldsymbol{H}$ 的概率为 w^s，反之至少一组匹配不属于内点（意味着本次 RANSAC 失败）的概率为 $1-w^s$，RANSAC 迭代 K 次都没找出真正 $\boldsymbol{H}$ 的概率为 $(1-w^s)^K$。另一方面，设 RANSAC 迭代 K 次，至少一次能够找出真正 $\boldsymbol{H}$ 的概率为 P（置信度），那么迭代 K 次均失败的概率为 $1-P$，显然 $1-P = (1-w^s)^K$，因此可以根据设定的 P 值求出迭代次数 K。这是步骤 6）的由来。

RANSAC 方法简单，对噪声干扰的鲁棒性好，广泛应用于多种模型。相比同样采用投票机制的 Hough 变换，RANSAC 能够同时求解更多参数。当外点占比较小时，只需几次迭代就可以找出真正的模型参数，当外点占比较高时需要的迭代次数急剧增加。

OPENCV 求单应性矩阵的函数 Mat findHomography(InputArray srcPoints, InputArray dst-Points, int method = 0, double ransacReprojThreshold = 3, OutputArray mask = noArray(), const in maxIters = 2000, const double confidence = 0.995) 支持 RANSAC 算法。srcPoints 和 dstPoints 中分

别存放两幅图像匹配的特征点坐标。method 为零表示用最小二乘法求单应性矩阵，method =
RANSAC 表示用 RANSAC 算法求单应性矩阵。ransacReprojThreshold 指定判断内点及外点的
阈值。输出矩阵 mask 在采用 RANSAC 算法时才有效，其大小由输入匹配组数量决定，矩阵
内的数据是无符号 8 比特整数，0 表示该组匹配是外点，1 表示该组匹配是内点。mask 可以
在后续调用 drawMatches( )并画匹配组时作为掩模矩阵，只有 mask 中的元素值为 1 的匹配组
才画出来。设两幅图像分别在 img1、img2 中，在其中找到一致匹配组的程序如下：

```
Ptr<SIFT> pSift =SIFT::create();//创建指向 SIFT 对象的指针
vector<KeyPoint> kpt1,kpt2;
Mat descript1,descript2;
pSift->detectAndCompute(img1,noArray(),kpt1,descript1);
pSift->detectAndCompute(img2,noArray(),kpt2,descript2);
//分别对两幅图像检测 SIFT 特征点并计算 SIFT 描述子
BFMatcher matcher; //定义暴力匹配器对象
vector<DMatch>  matches;
matcher.match(descript1,descript2,matches);
    int MIN_MATCH_COUNT =10; //后续计算单应性矩阵的匹配组不少于指定数量
    Mat MatchImg,matchesMask;/* matchesMask RANSAC 算法输出矩阵 */
    if (matches.size()>MIN_MATCH_COUNT){
        vector<int>queryIdx(matches.size());
        vector<int>trainIdx(matches.size());/* 存放匹配组在各自特征
点容器中的索引号 */
            for( size_t i =0; i<matches.size(); i++){
            queryIdx[i]=matches[i].queryIdx;
            trainIdx[i]=matches[i].trainIdx;
        } //索引号用于结构体 KeyPoint 向结构体 Point2f 转换时作为掩模
        vector<Point2f> queryPt,trainPt;
        KeyPoint::convert(kpt1,queryPt,queryIdx);
        KeyPoint::convert(kpt2,trainPt,trainIdx);
    //将 KeyPoint 结构体转换为 Point2f 型,只保留 KeyPoint 中的坐标信息
        Mat H =findHomography(queryPt,trainPt,RANSAC,3,matchesMask);
        //用 RANSAC 选取匹配组并计算单应性矩阵 H
        drawMatches(img1,kpt1,img2,kpt2,matches,MatchImg,Scalar
(0,255,0),Scalar::all(-1),matchesMask,DrawMatchesFlags::DRAW_RICH_
KEYPOINTS);
        //用绿色画出 RANSAC 算法选择的匹配组,匹配组由 matchesMask 中的值"1"指示
```

```
      }  //if 结束
else { cout<<"无法找到足够多的匹配对进行 RANSAC"<<endl;
      drawMatches ( img1, kpt1, img2, kpt2, matches, MatchImg,
Scalar::all(-1),Scalar::all(-1),vector<char>(),DrawMatchesFlags::
DRAW_RICH_KEYPOINTS);
      // 匹配组数量无法支持 RANSAC 算法时,使用随机色画出所有匹配对
      }  //else 结束
```

图 12.9a 所示为暴力匹配的结果,图 12.9b 所示为 RANSAC 算法剔除外点后的各组匹配,后者各组匹配的一致性更好。

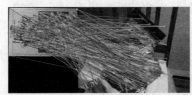

a) 无RANSAC筛选的匹配对   b) RANSAC筛选的匹配对

图 12.9 RANSAC 匹配效果比较

2. GMS 算法

基于网格的运动统计(Grid-based Motion Statistics,GMS)算法认为如果运动是平稳的,则一个特征点与其附近特征点的运动规律一致。若图 A 与图 B 的一组特征点匹配是真实正确的,那么在这两个特征点的各自邻域内必然有其他特征点也彼此匹配,即一组正确匹配在邻域内有多组支撑(Support)它的匹配;而错误匹配在邻域内拥有的支撑匹配组数量很少。可以根据邻域内支撑匹配组的数量判断一组匹配是否真实正确。

若对每组匹配逐个统计其支撑匹配组数量,则计算量过大。为减少计算量,GMS 将两幅图像分别划分为多个互不重叠的网格,如图 12.10a 所示。C_a 表示网格 a 中的匹配特征点(特征点在另一幅图像中找到了匹配),C_{ab} 表示网格 a、b 中的匹配组,$\|$表示数量,例如,图 12.10a 中,$|C_a|=5$、$|C_{ab}|=3$。邻域指以该网格为中心的 8 个网格,图 12.10b 中,网格 a 的邻域为网格 $a^1,\cdots,a^9$,网格 b 的邻域为网格 $b^1,\cdots,b^9$。若网格 a、b 中的匹配是真实正确的,则在不考虑旋转和尺度缩放的条件下,$C_{a^1b^1},C_{a^2b^2},\cdots,C_{a^9b^9}$ 是 C_{ab} 在邻域内的支撑匹配组。图 12.10b 中,两个 3×3 的带编号的网格称为 GMS 运动核。

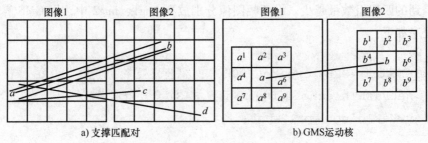

a) 支撑匹配对   b) GMS运动核

图 12.10 GMS 算法示意图

GMS 算法的基本步骤如下：

1）将两幅图像分别分为互不重叠的网格。

2）对于第一幅图像中的每个网格 a，在第二幅图像中找到其匹配网格，也就是与 a 有最多组匹配的网格。例如，图 12.10a 中，a 与 b 有 3 组匹配，a 与 c 有一组匹配，a 与 d 有一组匹配，则 b 就是与 a 匹配的网格。

3）检测匹配网格邻域内支撑匹配组的数量，不妨设网格 a 的匹配网格为 b：

① 统计网格 a 的邻域内匹配特征点总数 $|C_A| = |C_{a1} \cup C_{a2} \cup \cdots \cup C_{a9}|$。

② 统计网格 a、b 邻域内的支撑匹配组数量 $|C_{AB}|$，C_{AB} 是两幅图中分别与网格 a、b 的相对位置相同的 8 个邻域网格中的匹配组总数量，如对于图 12.10b 中的运动核，有 $|C_{AB}| = |C_{a1b1} \cup C_{a2b2} \cup \cdots \cup C_{a9b9}|$。

③ 若 $(|C_{AB}|-1) > \beta\sqrt{|C_A|-1}$，则说明网格 a、b 中的匹配组 C_{ab} 是正确的，应予以保留。通常，β 取 4~6。

4）重新对第一幅图像进行网格划分，在水平方向平移半个网格，在垂直方向平移半个网格，在水平和垂直方向均平移半个网格，重复 2）~4）3 次。

如果需要支持旋转，则可保持第一幅图的网格不变，第二幅图中的 8 个邻域网格分别顺时针旋转 1~8 个位置，得到 8 种运动核，在 GMS 算法的第 3）步中对第一幅图中的网格 a 邻域与第二幅图的 8 种运动核分别计算 $|C_{AB}|$。例如，对邻域编号顺时针旋转一个位置的运动核有 $|C_{AB}| = |C_{a1b4} \cup C_{a2b1} \cup \cdots \cup C_{a9b6}|$，选 $|C_{AB}|$ 最大值对应的运动核。

如果需要支持尺度变化，则可以将第一幅图像分为 $n{\times}n$ 个网格，将第二个图像分成 $an{\times}an$ 个网格，其中 a 的取值有 0.5、$\sqrt{2}/2$、1、$\sqrt{2}$、2，或根据情况自行设置其他数值。分别在不同尺度上运行 GMS，选择支撑匹配数量最多的尺度。

GMS 算法的鲁棒性强，处理速度快，算法要求的特征点多，如 $640{\times}180$ 像素图像的特征点要达到 10000 左右，推荐用 ORB 特征点进行 GMS 处理。

两幅图像尺寸分别为 size1、size2，特征点集合分别为 keypoints1、keypoints2，这些特征点采用一个最近邻匹配得到的匹配结果放在 matches1N 中。OPENCV 函数 matchGMS（Size size1,Size size2,vector<keyPoint> keypoints1,vector<keyPoint> keypoints2,vector<DMatch> matches1N, vector < DMatch > matchesGMS, bool withRotation = false, bool withScale = false, double thresholdFactor = 6.0）可用 GMS 算法筛选出真实匹配，筛选结果放在 matchesGMS 中。withRotation、withScale 设置是否支持旋转、尺度缩放。thresholdFactor 对应步骤 3）中 β，该值越大，筛选得到的匹配组数量越少。设两幅图像分别放在 img1、img2 中，用 GMS 算法找出真实匹配的程序如下：

```
Ptr<ORB> orb=ORB::create(10000); //找出最多10000个ORB特征点
orb->setFastThreshold(0); //设置FAST角点检测阈值
vector<KeyPoint> kpt1,kpt2;
```

```
Mat desp1,desp2;
orb->detectAndCompute(img1,noArray(),kpt1,desp1);
orb->detectAndCompute(img2,noArray(),kpt2,desp2);
//分别求两幅图像的 ORB 特征点和对应描述子
vector<DMatch> matches1Nearest,matchesGMS;
BFMatcher matcher(NORM_HAMMING);
//定义匹配器,由于 ORB 描述子是二进制序列,因此用汉明距离度量
matcher.match(desp1,desp2,matches1Nearest);
//描述子匹配,必须采用一个最近邻匹配
matchGMS(img1.size(),img2.size(),kpt1,kpt2,matches1Nearest,
matchesGMS);
//GMS 算法对各组匹配进行筛选,结果放在 matchesGMS 中
Mat MatchImg;
drawMatches(img1,kpt1,img2,kpt2,matchesGMS,MatchImg,Scalar::all
(-1),Scalar::all(-1),vector<char>(),DrawMatchesFlags::NOT_DRAW_
SINGLE_POINTS);
//画出图像和 GMS 算法筛选后的各组匹配
```

12.3 运动目标跟踪

在视频序列中,运动目标通常比静态物体更具有意义,本节介绍在各帧之间跟踪运动目标的技术。

12.3.1 光流法

光流是目标在相邻帧间的显著运动模式,是关于像素瞬时运动速度的二维向量,每一维都表示相邻帧间的图像亮度在一个方向上的变化,可以看成具有某亮度值的像素由于运动而产生的瞬时速度场。光流包含着运动信息,光流法可通过光流估计检测和跟踪运动目标。很多光流组成了光流场。

光流估计利用时间上相邻的两帧图像得到点的运动,估计可基于梯度、基于匹配、基于能量、基于相位等进行。依据估计中所用点的疏密程度,光流估计又分为稀疏估计和稠密估计。稀疏估计需要指定一组点进行跟踪,这组点应该具有某种明显的特性,这样跟踪就会相对稳定可靠;稠密估计是对整幅图像或图像的某一区域进行逐点匹配的图像配准方法,计算所有点的偏移量,从而形成一个稠密的光流场。稀疏估计的计算量比稠密估计小很多。

光流估计有两个基本前提假设:①相邻帧的亮度恒定:运动目标在相邻帧间的亮度不会发生变化;②时间持续性:运动目标的各像素在相邻帧间的位置坐标变化很小。设帧中某像

素的值为 $I(x,y,t)$，其中 (x,y) 是像素在该帧的坐标，t 表示时间参数。在下一帧中，该点发生位移 $(\mathrm{d}x,\mathrm{d}y)$，与前帧时间差为 $\mathrm{d}t$，根据前提假设①有

$$I(x,y,t)=I(x+\mathrm{d}x,y+\mathrm{d}y,t+\mathrm{d}t) \tag{12.20}$$

对式（12.20）的右侧进行泰勒展开，得

$$I(x+\mathrm{d}x,y+\mathrm{d}y,t+\mathrm{d}t)=I(x,y,t)+\frac{\partial I}{\partial x}\mathrm{d}x+\frac{\partial I}{\partial y}\mathrm{d}y+\frac{\partial I}{\partial t}\mathrm{d}t+\varepsilon(x,y,t) \tag{12.21}$$

式中，ε 为泰勒展开的高阶余项，其值很小，可以忽略。联立式（12.20）、式（12.21）可得

$$\frac{\partial I}{\partial x}\frac{\mathrm{d}x}{\mathrm{d}t}+\frac{\partial I}{\partial y}\frac{\mathrm{d}y}{\mathrm{d}t}+\frac{\partial I}{\partial t}=0 \tag{12.22}$$

式中，$\dfrac{\mathrm{d}x}{\mathrm{d}t}$、$\dfrac{\mathrm{d}y}{\mathrm{d}t}$ 分别是像素沿着 x、y 方向的微分，根据"位移关于时间的微分是速度"，$\dfrac{\mathrm{d}x}{\mathrm{d}t}$、$\dfrac{\mathrm{d}y}{\mathrm{d}t}$ 分别是沿 x、y 方向的瞬时速度，分别记为 u 和 v；$\dfrac{\partial I}{\partial x}$、$\dfrac{\partial I}{\partial y}$ 分别是像素值在 x、y 方向的梯度，记为 I_x、I_y；$\dfrac{\partial I}{\partial t}$ 称为时间方向的梯度，记为 I_t。式（12.22）简写为

$$I_x u+I_y v+I_t=0 \tag{12.23}$$

式（12.23）称为光流方程，式中，I_t 可以通过 $I(x,y,t)-I(x,y,t-1)$ 计算得到；I_x、I_y 通过图像沿 x、y 方向的微分计算得到；只有 u、v 是未知的，向量 (u,v) 就是光流。一个像素对应一个式（12.23）所示的方程，但却有两个未知数 u 和 v，因此式（12.23）是一个不定方程，还需要找出其他的约束才能求解方程。

1. 稀疏估计之 Lucas-Kanade（L-K）法

Lucas-Kanade（L-K）法在光流的两个基本前提假设之上增加了第三个假设：空间一致性，同一目标的各像素具有相同的帧间运动。L-K 法假设以该像素点为中心的 $s\times s$（s 通常选 3 或 5）区域内，所有像素的帧间位移相同。这样对 s^2 个像素中的每个都列出一个光流方程，将 s^2 个方程组成的方程组写成矩阵形式为

$$\begin{bmatrix} I_x(p_1) & I_y(p_1) \\ \vdots & \vdots \\ I_x(p_{s^2}) & I_y(p_{s^2}) \end{bmatrix}\begin{bmatrix} u \\ v \end{bmatrix}=-\begin{bmatrix} I_t(p_1) \\ \vdots \\ I_t(p_{s^2}) \end{bmatrix} \tag{12.24}$$

根据方程组求解 u、v，方程组中的方程数量 s^2 大于未知数个数，方程组是超定的，用最小二乘法求解，可得光流估计值 (u,v) 为

$$\begin{bmatrix} u \\ v \end{bmatrix}=\begin{bmatrix} \sum\limits_{p_i} I_x(p_i)I_x(p_i) & \sum\limits_{p_i} I_x(p_i)I_y(p_i) \\ \sum\limits_{p_i} I_x(p_i)I_y(p_i) & \sum\limits_{p_i} I_y(p_i)I_y(p_i) \end{bmatrix}^{-1}\begin{bmatrix} -\sum\limits_{p_i} I_x(p_i)I_t(p_i) \\ -\sum\limits_{p_i} I_y(p_i)I_t(p_i) \end{bmatrix} \tag{12.25}$$

注意，式（12.25）等号右侧第一项的逆矩阵与角点检测矩阵相似，可以选角点作为光流跟踪的稳定点。光流法的一个前提假设是像素在帧间的位移较小，因此可用一阶泰勒展开

近似。但当目标运动速度快、帧间位移较大时，这种一阶近似偏差较大，得到的光流值有较大误差，针对这种情况，可采用金字塔 Lucas-Kanade（L-K）法估计光流。

2. 稀疏估计之金字塔 Lucas-Kanade（L-K）法

金字塔 L-K 法首先建立图像金字塔，对视频序列的每一帧分别建立一个金字塔。金字塔的每层都是一幅图像，其中，金字塔底层（第一层）为原图像，分辨率最高，越往上，图像分辨率越低。若第 i 层的图像分辨率为 $M \times N$，则第 $i+1$ 层的图像分辨率为 $(M/2) \times (N/2)$。第 $i+1$ 层的图像在 (x, y) 处的像素值由第 i 层图像以坐标 $(2x, 2y)$ 为中心的 3×3 区域内的 9 个点像素值加权得到。

金字塔 L-K 法认为如果目标像素最底层的视频相邻帧间的位移很大，则金字塔第二层序列中的位移大致减半，第三层相邻帧间的位移约为底层的 1/4，以此类推，这样在金字塔顶层光流法中的那个像素帧间位移小的前提假设成立。反过来，如果知道了像素在金字塔第 $i+1$ 层的帧间位移，那么在第 i 层的帧间位移大约为该值的两倍，虽然构建金字塔时的离散采样导致这个估计值并不准确，但估计值与实际值差别不大，两者之间的差别也符合"运动位移小"这个光流算法假设条件，因此由本层帧间位移估计值求出帧间位移的准确值也可以用 L-K 法。

建立金字塔后，首先在相邻两帧的金字塔顶层（不妨设为第 L_m 层）进行 L-K 光流估计，将第 L_m 层光流 (u_m, v_m) 乘以 2 后送入第 L_m-1 层，作为第 L_m-1 层的光流估计值，这个估计值与实际第 L_m-1 层的光流差距小，可在估计值基础上运用 L-K 法计算得到第 L_m-1 层的准确光流 (u_{m-1}, v_{m-1})。将 (u_{m-1}, v_{m-1}) 乘以 2 后作为第 L_m-2 层的光流估计值，并在此基础上对第 L_m-2 层运用 L-K 法得到准确光流，以此类推，直到获得第一层的光流准确值。

OPENCV 函数 calcOpticalFlowPyrLK（InputArray prevImg, InputArray nextImg, InputArray prevPts, InputOutputArray nextPts, OutputArray status, OutputArray err, Size winSize = Size（21, 21），int maxLevel = 3, TermCriteria criteria, int flags = 0, double minEigThreshold = 1e-4）可实现金字塔 L-K 光流估计，在相邻帧 prevImg 和 nextImg 间进行光流估计。prevPts 是前一帧中的特征点坐标。特征点在后一帧中的坐标放在 nextPts 中。maxLevel 指定每个金字塔有几层，0 表示不建立金字塔，1 表示每个金字塔有两层。在调用该函数前，首先通过 goodFeatures-ToTrack（）函数找到稳定特征点。使用金字塔 L-K 法跟踪目标的程序如下：

```cpp
#include <iostream>
#include <opencv2/opencv.hpp>
using namespace cv;
using namespace std;
int main(int argc, char **argv){
    const string keys = "{ @ image |vtest.avi |输入文件 }";
    CommandLineParser parser(argc, argv, keys);
```

```
        string filename = samples::findFile(parser.get<string>("@ im-
age"));
        VideoCapture capture(filename); //打开视频文件
        if (!capture.isOpened()){//检测视频文件是否正确打开
            cerr <<"无法打开视频!" << endl; return 0;  }
        vector<Scalar> colors;
        RNG rng;
        for(int i = 0; i < 100; i++){//随机分配100种颜色存储
            int r = rng.uniform(0,256); int g = rng.uniform(0,256);
            int b = rng.uniform(0,256); colors.push_back(Scalar(r,g,b));
        }
        Mat old_frame,old_gray;
        vector<Point2f> p0,p1;
        capture >> old_frame; //读取视频第一帧
        cvtColor(old_frame,old_gray,COLOR_BGR2GRAY); //转换为灰度图
        goodFeaturesToTrack(old_gray,p0,100,0.3,7,Mat(),7,false,
0.04);/* L-K 光流法用角点作为光流跟踪稳定点,在帧中找出 100 个最强的 Shi-
Tomasi 角点,放在 p0 中 */
        Mat mask = Mat::zeros(old_frame.size(),old_frame.type());
        while(true){
            Mat frame,frame_gray;
            capture >> frame; //读取当前帧
            if (frame.empty()) break;/*若当前帧为空,则说明视频读取完了,跳
出循环 */
            cvtColor(frame,frame_gray,COLOR_BGR2GRAY); //转换为灰度图
            vector<uchar> status;
            vector<float> err;
            TermCriteria criteria = TermCriteria((TermCriteria::
COUNT) + (TermCriteria::EPS),10,0.03); //定义光流估计循环结束的条件
            calcOpticalFlowPyrLK(old_gray,frame_gray,p0,p1,status,
err,Size(15,15),2,criteria); /*金字塔 L-K 光流估计,根据前一帧 old_gray 中
的角点(放在 p0 中),在当前帧 frame_gray 中找出对应跟踪点并放入 p1 中,搜索区域为
15×15,用三层金字塔 */
            vector<Point2f> good_new;
            for(uint i = 0; i < p0.size(); i++){
```

```
        if(status[i] == 1) { //前帧特征点 p0 在当前帧找到了对应点
            good_new.push_back(p1[i]); //保存当前帧中的对应特征点
            line(mask,p1[i],p0[i],colors[i],2); //画出位移线
            circle(frame,p1[i],5,colors[i],-1);
        }
    }
    Mat img;
    add(frame,mask,img);/* 当前帧与画出的位移线图像相加,相当于在当
前帧上画出位移线 */
    imshow("运动位移轨迹图",img);
    int keyboard = waitKey(30); //等待按 Esc 键或按 q 键,或等待 30ms
    if (keyboard == 'q' || keyboard == 27) break;
    old_gray = frame_gray.clone(); //更新,将当前帧作为前一帧
    p0 = good_new; //更新,当前帧上找到的特征点作为前一帧特征点
} //while 循环结束
}
```

3. 稠密估计之 Farneback 算法

Farneback 算法是基于梯度的光流估计,算法假设像素梯度在帧间保持不变,灰度图像的像素值 $f(x,y)$ 由二维坐标参数 (x,y) 确定。以感兴趣的像素 p 为中心建立一个局部坐标系,则感兴趣点附近的像素值可近似为

$$f(x,y) \approx r_1+r_2x+r_3y+r_4x^2+r_5y^2+r_6xy$$

$$= (x,y)\begin{pmatrix} r_4 & r_6/2 \\ r_6/2 & r_5 \end{pmatrix}\begin{pmatrix} x \\ y \end{pmatrix}+\begin{pmatrix} r_2 \\ r_3 \end{pmatrix}^{\mathrm{T}}\begin{pmatrix} x \\ y \end{pmatrix}+r_1 = X^{\mathrm{T}}AX+b^{\mathrm{T}}X+c \tag{12.26}$$

式中, X 为表示坐标的二维列向量 $(x,y)^{\mathrm{T}}$, A 为 2×2 对称矩阵, b 为 2×1 矩阵。

Farneback 算法以 p 点为中心,对 $(2n+1)\times(2n+1)$ 区域内的每个像素点分别用式(12.26)近似,这样得到 $(2n+1)^2$ 个方程。由于每个像素的坐标和像素值已知,因此可用加权最小二乘法求出 $r_1\sim r_6$ 共 6 个系数。加权最小二乘法对距离像素 p 近的像素加权系数大,距离 p 远则加权系数小。对第 i 帧运动目标上的像素点 p,根据式(12.26)有

$$f_i(X) = X^{\mathrm{T}}A_iX+b_i^{\mathrm{T}}X+c_i \tag{12.27}$$

式中,下标 i 表示第 i 帧。假设第 $i+1$ 帧位置 X 处的像素由第 i 帧位置 $X-d$ 处的像素位移得到, d 是表示位移的二维列向量,则有

$$f_{i+1}(X) = f_i(X-d) = (X-d)^{\mathrm{T}}A_i(X-d)+b_i^{\mathrm{T}}(X-d)+c_i$$

$$= X^{\mathrm{T}}A_{i+1}X+b_{i+1}^{\mathrm{T}}X+c_{i+1} \tag{12.28}$$

式中, $A_i=A_{i+1}$; $b_{i+1}=b_i-2A_id$; $c_{i+1}=d^{\mathrm{T}}A_id-b_i^{\mathrm{T}}d+c_i$。对比 $f_{i+1}(X)$、$f_i(X-d)$ 可知,目标中的

同一像素若在帧间发生了位移，式（12.26）中的系数矩阵 b、c 也发生变化。

光流估计就是估计二维列向量 d。如果 A_i 不是奇异矩阵，则根据 b_{i+1}、b_i 关系理论上可推导出 $d = -0.5A_i^{-1}(b_{i+1}-b_i)$，此时有 $A_i d - [-0.5(b_{i+1}-b_i)] = 0$。但理论推导中的 $A_i = A_{i+1}$ 在实际中并不一定成立，因此理论可推导出的 d 在实际中无法计算。

Farneback 算法依据光流理论推导结果，设计出加权目标函数，当以下加权目标函数最小时，对应的 d 就是光流估计。

$$e(X) = \sum_{\Delta X \in I} w(\Delta X) \cdot \|A(X+\Delta X)d - \Delta b(X+\Delta X)\|^2 \qquad (12.29)$$

式中，$A = (A_i + A_{i+1})/2$，用 A_i、A_{i+1} 均值近似真实值；$\Delta b = -0.5(b_{i+1}-b_i)$；$X+\Delta X$ 指以 X 为中心的子窗口内的像素坐标；加权函数 $w(\Delta X)$ 根据子窗口内各点到当前点的远近 ΔX 分配加权系数。式（12.29）用以 X 为中心的子窗口内的像素进行加权计算 $e(X)$，而不是仅考虑当前像素用 $e(X) = \|Ad - \Delta b\|^2$ 作为目标函数，目的是减少噪声的干扰。

函数 calcOpticalFlowFarneback（）采用 Farneback 算法进行光流估计，其使用程序示例如下：

```
int main(){
    VideoCapture capture(0);//视频来自摄像头
    if (!capture.isOpened()){ //检查是否开启摄像头
        cerr <<"检查摄像头是否正确开启!" << endl; return 0; }
    Mat frame1,prvs;
    capture >> frame1; //读取前一帧图像
    cvtColor(frame1,prvs,COLOR_BGR2GRAY); //转换为灰度图像
    while(true){
        Mat frame2,next;
        capture >> frame2; //读取当前帧
        cvtColor(frame2,next,COLOR_BGR2GRAY); //转换为灰度图像
        Mat flow(prvs.size(),CV_32FC2);
        calcOpticalFlowFarneback(prvs, next, flow, 0.5, 3, 15, 3, 5,
1.2,0); /*Farneback 光流估计,flow 为光流估计结果图,估计时建立 2:1 下采样共
3 层金字塔,区域大小为 15×15,每层金字塔迭代 3 次。flow 为二通道图,每个通道分别
存放 x、y 方向的光流估计 */
        Mat flow_parts[2];
        split(flow,flow_parts); //x、y 方向的光流分开
        Mat magnitude,angle,magn_norm;
        cartToPolar(flow_parts[0],flow_parts[1],magnitude,angle,true);
        //根据 x、y 方向光流计算极坐标下的光流幅度和角度
        normalize(magnitude,magn_norm,0.0f,1.0f,NORM_MINMAX);
```

```
        angle *= ((1.f /360.f) * (180.f /255.f)); /*将光流可视化
处理,用 HSV 的 H 分量表示光流角度,V 分量表示光流幅度,饱和度 S 分量为常数 */
        Mat _hsv[3],hsv,hsv8,bgr;
        _hsv[0] = angle; //色调 H 分量表示光流角度
        _hsv[1] =Mat::ones(angle.size(),CV_32F); //饱和度 S 为常数
        _hsv[2] = magn_norm; //亮度分量 V 表示归一化的光流幅度
        merge(_hsv,3,hsv); //3 个通道合成彩色图像
        hsv.convertTo(hsv8,CV_8U,255.0); //归一化到 0~255 的整数
        cvtColor(hsv8,bgr,COLOR_HSV2BGR); //由 HSV 空间转换到 RGB 空间
        imshow("光流可视化图像",bgr);
        int keyboard = waitKey(1000/capture.get(CAP_PROP_FPS));
        //等待时间由 1000ms 除以帧率决定,若按 Esc 键或按 q 键则退出
        if (keyboard == 'q' || keyboard == 27) break; /*按 q 键或按
Esc 键退出光流跟踪 */
        prvs = next; //更新,将当前帧作为前一帧
    } //while 循环结束
}
```

对于图 12.11a 所示的监控视频帧,图 12.11b 给出了采用 L-K 光流估计得到的运动目标行动轨迹,可以看到运动目标轨迹由关键点确定,图 12.11c 为采用 Farneback 算法得到的光流估计,运动目标上的各点都进行了光流估计。

a) 视频帧 　　b) 采用 L-K 光流估计得到 　　c) 采用 Farneback 算法得
　　　　　　的运动目标运动轨迹 　　　到的光流估计

图 12.11　光流估计示例

12.3.2　meanshift 跟踪

1. meanshift 基础知识

设 d 维样本空间 R^d 内有若干样本,每个样本都是一个 d 维向量,图 12.12 中用实心黑圆点表示样本。在 R^d 空间,以 x 为中心、指定范围内样本的密度用 $p(x)$ 表示,要求找到样本密度 $p(x)$ 最大时对应的 x,即找到 $x = \max_{x \in R^d} p(x)$。meanshift 算法首先在样本空间任选一个位置(图中星形位置),以该位置为搜索窗口(图中虚线大圆)中心,这里的搜索窗口就是

指定范围，求搜索窗口内所有样本的均值。该均值是一个 d 维向量，对应 R^d 空间的一个位置。由搜索窗口中心指向均值的向量（图中带方向的线段），即搜索窗口中心向量与均值向量之差，称为 meanshift 量。可以看到，与搜索窗口中心相比，均值向样本密度高的地方偏移。然后将搜索窗口中心移到均值处，在新的搜索窗口内重新计算样本均值，再将搜索窗口中心移到均值处。重复上述过程，最终搜索窗口中心与均值重合或者距离很近，即 meanshift 量很小。此时的搜索窗口就是样本密度 $p(x)$ 最高的区域，其均值表示

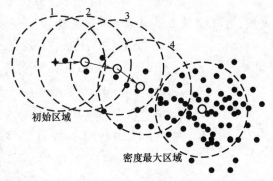

图 12.12　meanshift 示例

的向量就是与密度 $p(x)$ 最大值对应的 x。由于该方法通过"求均值（mean）—移动区域中心（shift）"的反复迭代找 $p(x)$ 最大值对应的 x，故得名 meanshift 算法。关于 meanshift 的一个重要结论是：meanshift 量总是指向密度增加最大的方向，即指向密度 $p(x)$ 的梯度方向。

2. 引入核函数的 meanshift 算法

在基础的 meanshift 算法之上引入核函数。核函数 $K(\ )$ 定义为

$$K(z) = k(\ \|z\|^2) \tag{12.30}$$

式中，$k(\ )$ 称为核函数的剖面函数。核函数是非负、分段连续的，并且是非递增的，若 $z_1 < z_2$，则有 $k(z_1) \geqslant k(z_2)$。核函数 $K(\ )$ 关于 d 维零向量对称，高斯核是常用的一种核。

在 d 维空间 R^d 中，假设在以 x 为中心的搜索窗口内由 N 个样本构成集合 $\{x_n\}$，$n = 1$，$2, \cdots, N$，则搜索窗口引入核函数后的加权均值为

$$m(x) = \frac{\sum_{n=1}^{N} K(x - x_n) x_n}{\sum_{n=1}^{N} K(x - x_n)} \tag{12.31}$$

式中，$K(x-x_n)$ 是求均值时对 x_n 的加权，样本 x_n 与搜索窗口中心 x 的距离越远，其被赋予的加权值越小，反之亦然。$m(x) - x$ 就是搜索窗口中心 x 向均值的移动量，相当于 meanshift 量。

"找出样本密度最大区域的中心"问题可以转换为"根据样本集合估计 R^d 空间概率密度函数的问题"。核密度估计（Kernel Density Estimation，KDE）是最常用的概率密度估计，在 d 维空间 R^d 中根据样本集合 $\{x_n\}$ 可以估计 R^d 中任意 x 出现的概率，其 KDE 为

$$p(x) = \frac{1}{Nh^d} \sum_n k(\ \|(x - x_n)/h\|^2) \tag{12.32}$$

式中，h 是每个样本产生影响的半径，称为平滑系数，h 越大则每个样本的影响范围越广，得到的 KDE 越平滑，h 相当于高斯函数的标准差 σ。x 出现的概率由各样本的影响叠加得到，每个样本根据其与 x 的距离对 x 的出现概率产生影响，距离远则影响小，反之亦然。图 12.13 中，每个样本的影响 $k(\ )$ 为高斯函数，当 x 位于样本高密度区时，有很多样本对

KDE 产生影响, 并且这些样本距离 x 近, 因而影响大, 样本影响叠加得到的 KDE 高, 即样本密度高低与 KDE 高低等价。这样, 在 R^d 中找出 "最大密度区域的中心" 转换为 "找出 KDE 最大值所对应的 x", 即

$$x = \max_x p(x) = \max_x \frac{1}{Nh^d} \sum_n k\left(\|(x-x_n)/h\|^2\right) \tag{12.33}$$

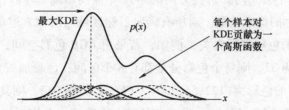

图 12.13 样本密度估计问题等价于概率密度估计问题

可以证明式 (12.32) 中 $p(x)$ 的梯度为

$$\nabla p(x) = \left[\frac{1}{Nh^{2+d}} \sum_{n=1}^{N} g\left(\left\|\frac{x-x_n}{h}\right\|^2\right)\right] M_G(x) \tag{12.34}$$

式中:

$$M_G(x) = \frac{\sum_{n=1}^{N} g(\|(x-x_n)/h\|^2) x_n}{\sum_{n=1}^{N} g(\|(x-x_n)/h\|^2)} - x \tag{12.35}$$

$g(x) = -k'(x)$, $k'(x)$ 是 $k(\ )$ 的微分。对比式 (12.31), $M_G(x)$ 的第一项可看作用函数 $g(\|(x-x_n)/h\|^2)$ 对 x_n 加权计算得到的加权均值, 第二项是当前中心点 x, 则 $M_G(x)$ 是加权均值减去当前中心 x, 相当于 meanshift 量。式 (12.34) 中, 等号右侧 [ ] 内的值对所有 x 都是相同的, 因此 $p(x)$ 的梯度由 $M_G(x)$ 决定, 即 $M_G(x)$ 指向 $p(x)$ 的梯度方向。用 meanshift 算法可以求 $M_G(x)$, 通过迭代找出 $p(x)$ 最大值对应的 x, 具体步骤如下:

1) 任选一个已知样本点为初始的搜索窗口中心 x_c^i, 上标 i 表示迭代次数, 初始化 $i=0$, 下标 c 表示搜索窗口中心。

2) 令 $x = x_c^i$, 代入式 (12.35), 根据式 (12.35), 用搜索窗口内的所有样本求 $M_G^i(x)$。

3) 若 $\|M_G^i(x)\|$ 小于阈值, 则跳转至步骤 4), 否则令 $x_c^{i+1} = x_c^i + M_G^i(x)$, 即将搜索窗口中心移到加权均值处, 更新迭代次数 $i=i+1$, 返回步骤 2)。

4) $\|M_G^i(x)\|$ 小于阈值说明计算结果收敛, 终止迭代。

3. meanshift 跟踪算法

meanshift 算法用于目标跟踪时, d 维空间 R^d 中的 d 维数据分别是确定目标色彩概率分布、搜索窗口内色彩概率分布, 通过比较第 t 帧中的确定目标、第 $t+1$ 帧中各搜索窗口内的色彩概率分布相似性, 在第 $t+1$ 帧中找到目标。

直方图反映了区域内的色彩概率分布。首先对第 t 帧中的确定目标建立色彩加权直方图, 将直方图用 d 维向量 q 表示, $q = \{q_1, q_2, \cdots, q_d\}$, 如图 12.14 的第一列所示。假设将色

彩量化到 d 个区间，对于确定目标中的像素 x_n，加权直方图表达式为

$$q_m = C \sum_n k(\|x_n\|^2)\delta[b(x_n)-m] \quad m=1,2,\cdots,d; n=1,2,\cdots,Z \quad (12.36)$$

式中，常数 C 为归一化因子；$k(\|x_n\|^2)$ 为加权系数，像素 x_n 与目标中心越远则加权系数越小；$b(x_n)$ 表示 x_n 的色彩被量化至直方图的哪个区间（Bin）；$\delta[b(x_n)-m]$ 表示只有当像素 x_n 色彩被量化至第 m 个区间时，将直方图的第 m 个区间增加 $Ck(\|x_n\|)^2$，其他量化区间统计值不变；Z 表示目标的像素总数。对所有确定目标区域内的像素遍历，得到向量 q。构建的直方图与图像采用的色彩空间有关，例如，若采用 RGB 色彩空间，每个色彩分量的范围为 $0\sim255$，量化步长为 32，则每个色彩分量都有 8 个区间，色彩加权直方图向量的维度 $d=3\times8=24$。若一个像素的色彩为 $(122,56,200)$，$Ck(\|x_n\|)^2=0.3$，则其对 q_4（红色的第四个区间）、q_{10}（绿色的第二个区间）、q_{23}（蓝色的第七个区间）分别增加 0.3。

类似地，在第 $t+1$ 帧中，在以 y 点为中心的搜索窗口内对所有像素创建 d 维加权色彩直方图，如图 12.14 的第二列所示，用向量 $p(y)$ 表示为 $p(y)=\{p_1(y),\cdots,p_d(y)\}$，其中：

$$p_m(y) = C_h \sum_i k(\|(y-y_i)/h\|^2)\delta[b(y_i)-m] \quad m=1,2,\cdots,d; i=1,2,\cdots,W \quad (12.37)$$

式中，C_h 为归一化因子；y_i 是以 y 为中心的搜索窗口内的任一像素；W 表示搜索窗内的总像素数。

如果确定目标的直方图与搜索窗口直方图的相关系数 $\rho[p(y),q]$ 最大，则 y 就是第 $t+1$ 帧中目标的中心点。图 12.14 中的第三列是第 $t+1$ 帧中不同搜索窗口的直方图对比，完整包含目标的搜索窗口直方图更接近确定目标直方图。在 meanshift 算法中，每个搜索窗口的大小相同。

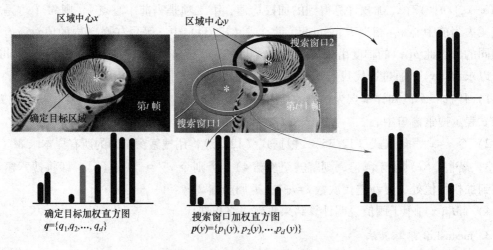

图 12.14　meanshift 目标跟踪

相关系数可近似为

$$\rho[p(y),q] \approx \frac{1}{2}\sum_{m=1}^d \sqrt{p_m(y_{\text{old}})q_m} + \left[0.5C_h\sum_i \omega_i k(\|(y-y_i)/h\|^2)\right] \quad (12.38)$$

式中：

$$\omega_i = \sum_{m=1}^{d} \sqrt{\frac{q_m}{p_m(y_{\text{old}})}} \delta[b(y_i)-m] \quad i=1,2,\cdots,W \tag{12.39}$$

式中，y_{old} 是前次搜索窗口的中心。式（12.38）约等于号右侧第一项与当前搜索窗口中心 y 无关，与 y 有关的仅有第二项，因此"找到最大相关系数 ρ 对应的 y"问题转换为"找式（12.38）等号右侧第二项（即 [ ] 内项）的最大值对应的 y"。

对比式（12.38）约等于号右侧第二项与式（12.32）的 KDE 函数，前者在后者基础上多了权重项 ω_i，前者可以看作加权的 KDE 函数。因此这里可以照搬求 KDE 最大值所对应 x 时采用的 meanshift 算法，求出式（12.38）约等于号右侧第二项最大值对应的 y。对第 t 帧中的确定目标在第 $t+1$ 帧进行 meanshift 跟踪的具体过程如下：

1）在第 $t+1$ 帧中，初始化搜索窗口中心位置 y_{old} 与第 t 帧中确定目标中心位置相同。

2）计算第 t 帧中确定目标的色彩加权直方图向量 $\boldsymbol{q}$。

3）在 $t+1$ 帧中以 y_{old} 作为搜索窗口中心，搜索窗口内的像素用 y_i 表示，计算第 $t+1$ 帧搜索窗口色彩加权直方图向量 $\boldsymbol{p}(y_{\text{old}})$。

4）根据式（12.39）求加权 ω_i。

5）更新搜索窗口中心为 y_{new}。

$$y_{\text{new}} = \frac{\sum_i \omega_i \cdot g(\|(y_{\text{old}}-y_i)/h\|^2) y_i}{\sum_i \omega_i \cdot g(\|(y_{\text{old}}-y_i)/h\|^2)} \tag{12.40}$$

$g(x) = -k'(x)$，该计算依据式（12.35）等号右侧的第一项，但比后者多了权重 ω_i。

6）本步骤是可选的，本步骤可以加快算法收敛速度。

① 计算相关系数 $\rho[\boldsymbol{p}(y_{\text{old}}),\boldsymbol{q}]$。

② 计算新位置的加权直方图向量 $\boldsymbol{p}(y_{\text{new}})$，并求其与确定目标直方图相关系数 $\rho[\boldsymbol{p}(y_{\text{new}}),\boldsymbol{q}]$。

③ 若 $\rho[\boldsymbol{p}(y_{\text{new}}),\boldsymbol{q}] < \rho[\boldsymbol{p}(y_{\text{old}}),\boldsymbol{q}]$，并且 y_{new}、y_{old} 距离大于一个像素，则 $y_{\text{new}} = 0.5(y_{\text{new}}+y_{\text{old}})$，并返回步骤②，否则转至步骤7）。

7）若 $\|y_{\text{new}}-y_{\text{old}}\|$ 大于阈值，则更新 $y_{\text{old}} = y_{\text{new}}$，返回步骤3）。

12.3.3　Camshift 跟踪

当目标在相机纵深方向上移动时，视频中的目标大小变化明显。meanshift 跟踪中的搜索窗口尺寸固定，目标过大，则搜索窗口不能完全包含目标，会出现跟踪丢失的情况；目标占比过小，则搜索窗口内的背景会对目标跟踪造成严重干扰，也会出现跟踪丢失。Camshift 跟踪算法对 meanshift 进行改进，能够自适应调整搜索窗口大小。Camshift 根据确定目标的直方图对跟踪帧构建颜色概率分布图，采用修改的 meanshift 算法计算搜索窗口中心，并根据统计矩修改搜索窗口尺寸至合理大小。当计算结果收敛并找到目标后，将目标位置、窗口大小等作为参数传给下一帧继续跟踪。Camshift 的具体过程介绍如下：

1）首先对确定目标在 HSV 色彩空间的色调分量 H 建立直方图（称为目标直方图），确定目标可以通过某种方法检测得到（如图像分割）或者手动选择目标，确定目标的色调分量直方图建立后就固定下来，不再更新。算法选用 HSV 色彩空间的色调分量，而非 RGB 色彩空间分量，理由是 R、G、B 分量均对亮度变化敏感，而色调分量对亮度不敏感，因此后者更适合作为长时间不变化的色彩表述。

2）指定"计算概率分布的区域"（以下简称 P 区）。Camshift 只在 P 区范围内跟踪目标，对于超出 P 区的范围，即使目标存在，也不跟踪。通常设置 P 区范围为整个图像。

3）对 P 区建立颜色概率分布图，也称反向投影图。

① 对图像 P 区的每个像素取色调分量 H 和饱和度分量 S，如果 S 小于阈值则令其 H 为零，这是由于饱和度小则意味着颜色不纯，此时提取的色调分量 H 中的噪声干扰过大，不具备分析的意义。

② 对于 P 区内坐标 (x,y) 像素的色调分量 H，在步骤 1）的目标直方图中查找该 H 值对应的概率，以此概率值作为颜色概率分布图中 (x,y) 点的像素值。若像素的 H 值在确定目标中出现的概率高，则在颜色概率分布图中对应位置的像素值大。反之，若像素的 H 值在确定目标中不存在，则在颜色概率分布图中对应位置的像素值为 0。因此颜色概率分布图中最亮的区域代表目标（如果目标存在的话），反之，较暗的区域一定不是目标。

4）用 meanshift 算法找到颜色概率分布图中最亮的区域并更新搜索窗口大小，对于颜色概率分布图中搜索窗口内的像素坐标 (x,y)，对应像素值用 $I(x,y)$ 表示，则

① 计算搜索窗口内所有像素的零阶矩和一阶矩：

$$M_{00} = \sum_x \sum_y I(x,y)$$
$$M_{10} = \sum_x \sum_y xI(x,y) \tag{12.41}$$
$$M_{01} = \sum_x \sum_y yI(x,y)$$

确定搜索窗口质心 $(x_c,y_c) = (M_{10}/M_{00}, M_{01}/M_{00})$。

② 将搜索窗口中心移到质心。

③ 本步为可选步骤。更新搜索窗口大小为 $s_1 \times s_2$，s_1、s_2 均为大于 3 的奇数，可以根据目标特点指定 s_1、s_2，如人脸跟踪可以指定 $s_1 = 1.2s_2$。

④ 本次迭代质心与上次迭代质心之间的距离若大于阈值，并且迭代次数未达到设定的最大值，则返回步骤①。

⑤ 本步为可选步骤。计算窗口角度：

求窗口内二阶矩：

$$M_{20} = \sum_x \sum_y x^2 I(x,y)$$
$$M_{02} = \sum_x \sum_y y^2 I(x,y) \tag{12.42}$$

计算搜索窗口主轴方向：

$$\theta = \frac{1}{2}\arctan\left(\frac{2(M_{11}/M_{00}-x_c y_c)}{(M_{20}/M_{00}-x_c^2)-(M_{02}/M_{00}-y_c^2)}\right) \tag{12.43}$$

5）设置在下一帧跟踪目标的初始化参数：

① 若跟踪成功，则下帧搜索窗口大小初始化为 $s_1 \times s_2$，搜索窗口、P 区均以 (x_c, y_c) 为中心，P 区比搜索窗口大即可。

② 若跟踪失败，则搜索窗口中心坐标为 (x_c, y_c)，大小为 $s_1 \times s_2$，P 区为整个图像范围。

6）返回步骤3），直到所有帧跟踪完毕。

Camshift 算法在计算直方图时没有采用 meanshift 的核函数加权方式，区域内的各像素点权重相同，这样，远离中心的非目标像素的影响力没有被衰减，因此其抗干扰能力不如 meanshift，但计算量比 meanshift 小很多。由于采用 H 分量建立目标直方图模型，当目标与背景颜色接近或被颜色接近的物体遮挡时，会将非目标包括在内，导致搜索窗口不断扩大，以致跟踪定位不准确甚至跟踪丢失。

OPENCV 提供了 RotatedRect CamShift（InputArray probImage，Rect & window，TermCriteria criteria）函数进行 Camshift 目标跟踪，返回值为目标中心、大小和方向。OPENCV 还提供了 meanShift（）函数进行跟踪，但与标准 meanshift 算法不同，OPENCV 中的 meanShift（）函数只是不改变窗口大小的 Camshift 跟踪。

下列程序通过按下鼠标左键并拖动选定目标区域，求出选定区域在 HSV 色彩空间色调分量的直方图，在后续各帧中对色调分量建立颜色概率分布图，运用 Camshift 算法在各帧中找到与选定目标最相似的区域。

```cpp
bool LButtonDown = false; //鼠标左键是否按下
Mat img,Mat roi_hist; //选定区域的色调分量 H 的直方图
Point Rectorigin; //鼠标左键按下选择矩形框的一个角坐标
Point Rectend; //选择矩形框的另一个对角坐标
Rect Win; //窗口矩形
int histSize[] = {180}; //色调直方图维数
int channels[] = {0}; //HSV 色彩空间的 H 分量,通道序号为 0
float range_[] = {0,180}; //色调范围为 0~180
const float * range[] = {range_};
static void onMouse(int event,int x,int y,int flags,void * );/*鼠标响应函数 */
int main(){
    VideoCapture capture(0); //视频来自摄像头
    if (!capture.isOpened()){ //检查是否开启摄像头
        cerr <<"检查摄像头是否正确开启!" << endl; return 0; }
    Win=Rect(Point(0,0),Point(0,0));//初始化面积为零
    capture.set(CAP_PROP_FPS,25); //设置帧率为每秒 25 帧
    Mat roi,hsv_roi,mask;
```

```
        namedWindow("跟踪",0); //命名显示跟踪的窗口
        setMouseCallback("跟踪",onMouse); //鼠标对特定名称的窗口响应
        TermCriteria term_crit(TermCriteria::EPS | TermCriteria::
COUNT,10,1);
        //设置迭代终止条件:最多迭代10次或相邻两次移动距离小于一个像素
        while(true){ //循环
            if(!LButtonDown) capture>>img;
            //如果鼠标左键没按下,则从摄像头读入帧,正常显示
            if((Win.area()>200)&&(!LButtonDown)){ /* 窗口最小为3×3,故
面积不应小于9 */
            //矩形面积大于200且鼠标左键弹起,说明确定目标用鼠标指定好了,开始跟踪
                Mat hsv,dst;
                cvtColor(img,hsv,COLOR_BGR2HSV); //转换为HSV色彩空间
                calcBackProject(&hsv,1,channels,roi_hist,dst,range);
                //计算当前帧颜色概率分布图
    /* Camshift跟踪,跟踪到的大小为s1×s2、中心(xc,yc)所在矩形区域的4个顶点
放在rot_rect中 */
                RotatedRect rot_rect=CamShift(dst,Win,term_crit);
                Point2f points[4];
                rot_rect.points(points); //获取矩形窗口的4个顶点坐标
                for(int i = 0; i < 4; i++)  //根据4个顶点画粉色线
                    line(img,points[i],points[(i+1)%4],Scalar(255,0,
255),4);
            } //if语句结束,本帧跟踪结束并标出了目前所在区域
            imshow("跟踪",img);
            int key=waitKey(40);  //帧率为每秒25帧,对应的帧间隔为40ms
            if((key=='q')||(key==27)) break; /*若按q键或者按Esc键,
则退出循环 */
        } //while循环结束
    } //主程序结束
    //鼠标回调函数,处理鼠标的操作
    static void onMouse(int event,int x,int y,int flags,void *){  /*鼠
标响应 */
        if(event==EVENT_LBUTTONDOWN){  //鼠标左键按下处理
        LButtonDown=true; //表示鼠标左键按下的标志置1
```

```
            Rectorigin = Point(x,y); //获得选择矩形的一个顶点坐标
        }
        if(event = = EVENT_MOUSEMOVE&& LButtonDown){/* 鼠标左键保持按下
状态的同时移动 */
            Mat img2 = img.clone(); //复制图像
            Rectend = Point(x,y); //获得矩形对角坐标
            rectangle(img2,Rectorigin,Rectend,Scalar(0,0,255),4);
            //用红色实时画出鼠标选定的矩形
            imshow("跟踪",img2); //显示标出目标的图像
        }
        if(event = = EVENT_LBUTTONUP) //鼠标左键抬起
        { LButtonDown = false; //鼠标左键按下标志清零
            Win = Rect(Rectorigin,Rectend); //使用鼠标选择的矩形
            Mat InitRoi = img(Win); //从原图像中提取矩形区域
            Mat hsv_roi;
            cvtColor(InitRoi,hsv_roi,COLOR_BGR2HSV);
            //将选取的矩阵由 RGB 色彩空间转换为 HSV 色彩空间
            calcHist(&hsv_roi,1,channels,Mat(),roi_hist,1,histSize,
range);
            //计算选定目标的直方图
            normalize(roi_hist,roi_hist,0,255,NORM_MINMAX);
            //直方图归一化到 0~255 之间
        }       //鼠标左键抬起,处理完毕
    }  //鼠标响应程序完毕
```

图 12.15a~c 为 meanshift 跟踪示例,meanshift 窗口的尺寸、方向均不变。图 12.15d~f 为 Camshift 跟踪,Camshift 窗口大小、角度随目标距离镜头远近而自适应变化。

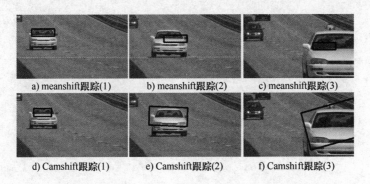

图 12.15　meanshift 跟踪与 Camshift 跟踪示例

习　题

12-1　最小距离分类器判决的原则是什么？

12-2　相关匹配工作的原理是什么？

12-3　KNN 分类器的基本原理是什么？

12-4　神经网络的基本结构包含哪几层？特征提取在哪层进行？

12-5　神经元中激活函数的作用是什么？

12-6　卷积层输入 5×5×12 的特征，要求得到的输出为 3×3×7，请问卷积滤波器有几组？每组有几个卷积核？

12-7　特征匹配一致性的基于网格的运动统计（GMS）算法的基本原理是什么？

12-8　稀疏光流估计与稠密光流估计的区别有哪些？

12-9　meanshift 算法中，每次迭代均值移动的方向有什么特点？

12-10　Camshift 算法中的颜色概率分布图如何构建？

REFERENCES

参考文献

[1] GONZALEZ R C, WOODS R E. Digital image processing：3rd ed［M］. 影印版. 北京：电子工业出版社，2012.

[2] GONZALEZ R C, WOODS R E, EDDINS S L. 数字图像处理：MATLAB 版 第 2 版［M］. 阮秋琦，译. 北京：电子工业出版社，2020.

[3] GONZALEZ R C, WOODS R E, EDDINS S L. 数字图像处理的 MATLAB 实现：第 2 版［M］. 阮秋琦，译. 北京：清华大学出版社，2018.

[4] GONZALEZ R C, WOODS R E. 数字图像处理：第 4 版［M］. 阮秋琦，阮宇智，译. 北京：电子工业出版社，2020.

[5] 章毓晋. 图像工程［M］. 4 版. 北京：清华大学出版社，2018.

[6] PETERS J F. 计算机视觉基础［M］. 章毓晋，译. 北京：清华大学出版社，2019.

[7] NIXON M S, AGUADO A S. 计算机视觉特征提取与图像处理：第 3 版［M］. 杨高波，李实英，译. 北京：电子工业出版社，2014.

[8] BURGER W, BURGE M J. 数字图像处理基础［M］. 金名，等译. 北京：清华大学出版社，2015.

[9] OPENCV Turorials［DB/OL］.［2021-07-15］. https：//docs. opencv. org/4. x/d9/df8/tutorial_root. html.

[10] 贾永红. 数字图像处理［M］. 3 版. 武汉：武汉大学出版社，2015.

[11] 杨帆. 数字图像处理与分析［M］. 4 版. 北京：北京航空航天大学出版社，2019.

[12] 李俊山，李旭辉，朱子江. 数字图像处理［M］. 3 版. 北京：清华大学出版社，2017.

[13] 胡学龙. 数字图像处理［M］. 3 版. 北京：电子工业出版社，2014.

[14] 朱虹. 数字图像处理基础［M］. 北京：科学出版社，2019.

[15] SONKA M, HLAVAC V, BOYLE R. 图像处理、分析与机器视觉：第 4 版［M］. 兴军亮，艾海舟，译. 北京：清华大学出版社，2016.

[16] SZELISKI R. 计算机视觉：算法与应用［M］. 艾海舟，兴军亮，等译. 北京：清华大学出版社，2011.

[17] 王惠琴，王燕妮. 数字图像处理与应用：MATLAB 版［M］. 北京：人民邮电出版社，2019.

[18] 杨淑莹. 数字图像处理：Visual Studio C++技术实现［M］. 北京：科学出版社，2018.

[19] 刘国华. HALCON 数字图像处理［M］. 西安：西安电子科技大学出版社，2018.

[20] 杨帆，等. 数字图像处理及应用［M］. 北京：化学工业出版社，2013.

[21] STEGER C, ULRICH M, WIEDEMAN C. 机器视觉算法与应用：第 2 版［M］. 杨少荣，段德山，张勇，等译. 北京：清华大学出版社，2019.

[22] PRINCE S J D. 计算机视觉模型、学习和推理［M］. 苗启广，刘凯，孔韦韦，等译. 北京：机械工业

出版社，2017.

[23] SNYDER W E，QI H R. 计算机视觉基础［M］. 张岩，袁汉清，朱佩浪，译. 北京：机械工业出版社，2020.

[24] KAEHLER A，BRADSKI G. 学习 OPENCV 3［M］. 刘昌祥，吴雨培，王成龙，等译. 北京：清华大学出版社，2018.

[25] 夏帮贵. OPENCV 计算机视觉基础教程［M］. 北京：人民邮电出版社，2021.

[26] MINICHINO J，HOWSE J. OPENCV 3 计算机视觉：Python 语言实现［M］. 刘波，苗贝贝，史斌，译. 北京：机械工业出版社，2016.

[27] ESCRIVA D M. OPENCV 4 计算机视觉项目实战［M］. 冀臻，译. 北京：机械工业出版社，2020.

[28] SHILKROT R，ESCRIVA D M. 深入理解 OPENCV 实用计算机视觉项目解析［M］. 唐灿，译. 北京：机械工业出版社，2020.

[29] 黄进，李剑波. 数字图像处理：原理与实现［M］. 北京：清华大学出版社，2020.

[30] 陈青. 数字图像处理学习指导与题解［M］. 北京：清华大学出版社，2017.

[31] 姚敏. 数字图像处理［M］. 3 版. 北京：机械工业出版社，2017.

[32] 禹晶，孙卫东，肖创柏. 数字图像处理［M］. 北京：机械工业出版社，2015.

[33] 徐志刚，朱红蕾. 数字图像处理教程［M］. 北京：清华大学出版社，2019.

[34] 张平. OPENCV 算法精解：基于 Python 与 C++［M］. 北京：电子工业出版社，2017.

[35] 荣嘉祺. OPENCV 图像处理入门与视觉［M］. 北京：人民邮电出版社，2021.

[36] MATLAB 图像处理工具箱［DB/OL］.［2023-02-08］. https://ww2.mathworks.cn/help/images/.

[37] OPPENHEIM A V，SCHAFER R W. 离散时间信号处理：第 3 版［M］. 黄建国，刘树棠，张国梅，译. 北京：电子工业出版社，2019.

[38] 刘兴钊，李力利. 数字信号处理［M］. 2 版. 北京：电子工业出版社，2016.

[39] 高西全，丁玉美. 数字信号处理［M］. 4 版. 西安：西安电子科技大学出版社，2018.

[40] 于凤芹. 实用小波十讲［M］. 西安：西安电子科技大学出版社，2019.

[41] BOGGESS A，NARCOWICH F J. 小波与傅里叶分析基础：第二版［M］. 芮国胜，康健，译. 北京：电子工业出版社，2017.

[42] 孙延奎. 小波分析及其应用［M］. 北京：机械工业出版社，2005.

[43] 孙延奎. 小波变换与图像、图形处理技术［M］. 2 版. 北京：清华大学出版社，2017.

[44] 王惠琴. 小波分析与应用［M］. 北京：北京邮电大学出版社，2011.

[45] 崔锦泰. 小波分析导论［M］. 程正兴，译. 西安：西安交通大学出版社，1995.

[46] MALLAT S，et al. 信号处理的小波导引［M］. 戴道清，杨力华，译. 北京：机械工业出版社，2012.

[47] 陈珺，马佳义，刘文予. 图像特征匹配算法研究及其应用［M］. 北京：科学出版社，2019.

[48] 朱红军. 图像局部特征检测及描述［M］. 北京：人民邮电出版社，2020.

[49] 杨贞. 图像特征处理技术及应用［M］. 北京：科学技术文献出版社，2020.

[50] 赵春江. 图像局部特征检测和描述：基于 OPENCV 源码分析的算法与实现［M］. 北京：人民邮电出版社，2018.

[51] SHAPIRO J M. Embedded image coding using zerotrees of wavelet coeficients［J］. IEEE transactions on signal processing，1993，41（12）：3445-3462.

[52] TAUBMAN D，MARCELLIN M. JPEG 2000：standard for interactive imaging［J］. Proceedings of the IEEE，2002，90（8）：1336-1357.

［53］ MEYER F. Color image segmentation ［C］//Proceedings of International Conference on Image Processing and Its Applications. Piscataway：IEEE Press，1992：303-306.

［54］ VINCENT L，SOILLE P. Watersheds in digital spaces：an efficient algorithm based on immersion simulations ［J］. IEEE transactions on pattern analysis and machine intelligence，1991，13（6）：583-598.

［55］ VACAVANT A，CHATEAU T，WILHELM A，et al. A benchmark dataset for outdoor foreground/background extraction ［C］//Proceedings of Workshops on Computer Vision. Berlin：Springer，2012，7728：291-300.

［56］ ZIVKOVIC Z，HEIJDEN F V D. Efficient adaptive density estimation per image pixel for the task of background subtraction ［J］. Pattern recognition letters，2006，27（7）：773-780.

［57］ ZIVKOVIC Z. Improved adaptive Gaussian mixture model for background subtraction ［C］//Proceedings of the 17th International Conference on Pattern Recognition. Piscataway：IEEE Press，2004，2：28-31.

［58］ BOYKOV Y，FUNKA-LEA G. Graph Cuts and efficient N-D image segmentation ［J］. International journal of computer vision，2006，70（2）：109-131.

［59］ TANG M，GORELICK L，VEKSLER O，et al. Grabcut in one cut ［C］//Proceedings of International Conference on Computer Vision. Piscataway：IEEE Press，2013：1769-1776.

［60］ CANNY J. A computational approach to edge detection ［J］. IEEE Trans. on pattern analysis and machine intelligence，1986，6：679-698.

［61］ SHI J B，TOMASI C. Good features to track ［C］//Proceedings of IEEE Computer Society Conference on Computer Vision and Pattern Recognition. Piscataway：IEEE Press，1994：593-600.

［62］ MATAS J，GALAMBOS C，KITTLER J. Robust detection of lines using the progressive probabilistic Hough transform ［J］. Computer vision and image understanding，2000，78（1）：119-137.

［63］ OJALA T，PIETIKAINEN M，HARWOOD D. Performance evaluation of texture measures with classification based on Kullback discrimination of distributions ［C］//Proceedings of the 12th IAPR International Conference on Pattern Recognition. New York：IEEE Computer Society Press，1994：582-585.

［64］ ROSTEN E，DRUMMOND T. Machine learning for high speed corner detection ［C］//9th European Conference on Computer Vision. Berlin：Springer，2006，1：430-443.

［65］ ROSTEN E，PORTER R，DRUMMOND T. Faster and better：a machine learning approach to corner detection ［J］. IEEE Trans. on pattern analysis and machine intelligence，2010，32：105-119.

［66］ LOWE D G. Distinctive image features from scale-invariant keypoints ［J］. International journal of computer vision volume，2004，60：91-110.

［67］ BAY H，TUYTELAARS T，GOOL L V. SURF：speeded up robust features ［C］//Proceedings of Computer Vision. Piscataway：IEEE Press，2006：404-417.

［68］ CALONDER M，LEPETIT V，STRECHA C，et al. BRIEF：binary robust independent elementary features ［C］//Proceedings of 11th European Conference on Computer Vision. Berlin：Springer，2010：778-792.

［69］ RUBLEE E，RABAUD V，KONOLIGE K，et al. Orb：an efficient alternative to SIFT or SURF ［C］//IEEE International Conference on Computer Vision. Piscataway：IEEE Press，2011：2564-2571.

［70］ BIAN J W，LIN W Y，MATSUSHITA Y，et al. GMS：Grid-based motion statistics for fast，ultra-robust feature correspondence ［C］//Proceedings of IEEE Conference on Computer Vision and Pattern Recognition. Piscataway：IEEE Press，2017：1580-1593.

［71］ BOUGUET J Y. Pyramidal implementation of the affine Lucas Kanade feature tracker description of the algorithm ［R］. Santa Clara：Intel Corporation，2001.

［72］DALAL N，TRIGGS B. Histograms of oriented gradients for human detection［C］//IEEE Conference on Computer Vision and Pattern Recognition. Piscataway：IEEE Press，2005，1：886-893.

［73］FARNEBACK G. Two-frame motion estimation based on polynomial expansion［C］//Scandinavian Conference on Image Analysis. Berlin：Springer，2003：363-370.

［74］BRADSKI G R. Real time face and object tracking as a component of a perceptual user interface［C］//Proceeding of 4th IEEE workshop on applications of computer vision. Princeton，USA：IEEE，1998：214-228.

［75］RICHARDSON W H. Bayesian-based iterative method of image restoration［J］. Optical society of America，1972，62（1）：55-59.

［76］LUCY L B. An iterative technique for the rectification of observed distributions［J］. Astronomical journal，1974，79：745-767.

［77］BIGGS D S C，ANDREWS M. Acceleration of iterative image restoration algorithms［J］. Applied optics，1997，36（8）：1766-1775.

［78］FISH D A，BRINICOMBE A M，PIKE E R. Blind deconvolution by means of the Richardson-Lucy algorithm［J］. Journal of the optical society of America：a-optics image science and vision，1995，12（1）：58-65.

［79］ZENZO S D. Note on the gradient of a multi-image［J］. Computer vision graphics and image processing，1986，33（1）：116-125.

［80］JIN L H，LIU H，XU X Y，et al. Improved direction estimation for Di Zenzo's multichannel image gradient operator［J］. Pattern recognition，2012，45（12）：4300-4311.

［81］ISO. Information technology-JPEG 2000 image coding system-Part 1：Core coding system（Fourth Edition）：ISO/IEC 15444-1-2019［S］. Geneva：International Organization for Standardization，2019.

［82］16-385 Computer Vision［EB/OL］.［2020-01-13］. https：//www. cs. cmu. edu/~16385/.

［83］Stanford university. CS 131 computer vision：foundations and applications［EB/OL］.（2016-11-28）［2022-07-15］. http：//vision.stanford.edu/teaching/cs131_fall1617/.

［84］CSE/EE486 Computer vision 1［EB/OL］.［2022-06-15］. http：//www. cse. psu. edu/~rtc12/CSE486/.

［85］School of informatics，university of Edinburgh. Hypertext image processing reference［EB/OL］.［2020-05-09］. https：//homepages.inf.ed.ac.uk/rbf/HIPR2/.

［86］Purdue University Cytometry Laboratories. Image analysis & 3D reconstruction［EB/OL］.［2021-06-19］. http：//www. cyto. purdue. edu/cdroms/micro2/.

［87］National Aeronautics and Space Administration. Tour of the electromagnetic spectrum［R/OL］.［2022-09-16］. https：//smd-prod. s3. amazonaws. com/science-pink/s3fs-public/atoms/files/Tour-of-the-EMS-TAGGED-v7_0.pdf.

［88］冯思量，范鹏，胡一凡，等. 伽马天文观测技术综述［J］. 天文学报，2001，62（1）：68-83.